应用型普通高等院校艺术及艺术设计类规划教材

城市景观设计

主　编　张文勇

北京理工大学出版社
BEIJING INSTITUTE OF TECHNOLOGY PRESS

内 容 提 要

本书从城市和景观的起源和发展研究入手，对城市景观的概念、设计范畴、设计内容、设计流程和方法进行系统的介绍，综合地理学、生态学、建筑学、心理学、色彩学、植物学及城市规划设计等学科知识，通过分析影响城市景观的自然和人文等要素，探讨观景人与景观的互动规律，阐述城市景观设计应遵循的原则、方法与步骤，力求帮助学生确立完整的城市景观设计理论框架和知识体系，引导学生建立城市景观设计的思考逻辑。

本书共分为 10 章。第 1 章概述景观设计体系及其伴随城市起源、发展的过程；第 2 章讲述西方城市化进程与景观设计；第 3 章主要内容是中国城市化进程与景观设计；第 4 章、第 5 章依次阐述景观设计的理念、要素、原则及流程；第 6 章到第 10 章结合实际案例，针对城市广场、城市道路、城市滨水、城市居住区、城市公园五种不同类型景观的梳理、分析和设计进行讲述。

本书可作为高等院校艺术及艺术设计类专业教材，也可作为设计人员的参考用书。

图书在版编目（CIP）数据

城市景观设计 / 张文勇主编 .—北京：北京理工大学出版社，2019.5（2019.6 重印）
ISBN 978-7-5682-7082-3

Ⅰ.①城…　Ⅱ.①张…　Ⅲ.①城市景观－景观设计　Ⅳ.① TU984.1

中国版本图书馆 CIP 数据核字（2019）第 100142 号

出版发行 / 北京理工大学出版社有限责任公司
社　　址 / 北京市海淀区中关村南大街 5 号
邮　　编 / 100081
电　　话 /（010）68914775（总编室）
（010）82562903（教材售后服务热线）
（010）68948351（其他图书服务热线）
网　　址 / http：//www.bitpress.com.cn
经　　销 / 全国各地新华书店
印　　刷 / 北京紫瑞利印刷有限公司
开　　本 / 787 毫米 ×1092 毫米　1/16
印　　张 / 19
字　　数 / 411 千字
版　　次 / 2019 年 5 月第 1 版　2019 年 6 月第 2 次印刷
定　　价 / 57.00 元

责任编辑 / 陆世立
文案编辑 / 赵　轩
责任校对 / 周瑞红
责任印制 / 李志强

前言 Foreword

城市景观伴随着城市起源和发展，如古巴比伦的空中花园、良渚古城遗址及外围水利系统、古希腊神庙建筑、精致的西湖风光、庞大的中央公园等，这些不同时代的城市景观是人类共同的宝贵艺术财富。城市景观的变化、发展折射出了不同历史时期的政治、经济、宗教信仰、社会文明、生活方式、审美取向的变革，凝聚了不同地域人类创造的智慧，焕发出了城市的魅力与风采。

"城市景观设计"是一个在现代大空间城市化背景下的概念，是为了解决现代城市化问题而提出的。在科学家以及城市景观设计等学科的帮助下，景观设计师能够很好地解决土地与水的搭配问题，从而构建新老城区绿地系统和公共空间系统。

"城市景观设计"是环境设计专业的核心课程。本书内容具有明确的针对性、应用性，围绕城市景观设计的各个方面进行了阐述，能够系统有效地培养景观设计创造型人才。书中汲取了近年来出版和公开发表的最新科研成果，以供读者学习和工作时参考；书中大部分图片是编者在平时工作学习中亲自拍摄的，极具实用性。另外，本书收录了部分来自网络上的图片，其中案例部分内容参阅了谷德设计网，在此向这些网络作品的作者表示感谢。

由于编者水平有限，书中难免会有不妥之处，恳请读者批评指正。

编　者

目录
Content

第 7 章　城市道路景观设计 / 146

第 8 章　城市滨水景观设计 / 182

第 9 章　城市居住区景观设计 / 205

第 10 章　城市公园环境景观设计 / 238

参考文献 / 298

第 1 章 城市景观设计与城市起源发展

1.1 城市景观设计概述

在现代城市生活中，由于视觉文化取代了语言文字成为信息社会的主导，景观因其具有更强烈的视觉吸引性，而成为现今社会流行宣传的和时尚的消费“商品”。

对于“景观”（Landscape），在不同的学科领域、不同的国家和不同的历史时期，人们都有着不同的理解，但其原意就是风景、景色、景致，是指一定区域呈现的景象，即视觉效果。“景”是指客观存在的景物，“观”是指人们在观赏和感受事物时所产生的审美情趣，即人们通过各种视觉、知觉等感知刺激后所产生的生理和心理上的感受。景观是集地理学、生态学、建筑学、城市规划学、景观园林学、园艺学、植物学、社会学、文化学、艺术学、历史学、宗教学、民俗学以及心理学和行为学等众多学科为一体的一门综合性学科。

“景观”一词的初始含义实际上源于对城市景象的描写。最早出现在希伯来文的《旧约圣经》中，用于对圣城耶路撒冷总体美景（包括所罗门寺庙、城堡、宫殿在内）的描述。后来，随着视野的扩展，景观概念的范围由城市扩大到乡村，包括自然景观在内，将人类文明影响和创造的一切美好事物都能称为景观，如人工景观、人文景观、软质景观、硬质景观、城市景观、乡村景观等。

景观作为一种学术用语，概念很宽泛，不同学科有不同的定义。

地理学家把景观作为一个科学名词，定义为一种地表景象，或综合自然地理区，或是一种类型单位的通称，如城市景观、森林景观等。艺术家把景观作为表现与再现的对象，等同于风景。建筑师则把景观作为建筑物的背景和配景。生态学家把景观定义为生态系统，是由地理景观（地形、地貌、水文、气候）、生态景观（植被、动物、微生物、土壤和各类生态系统的组合）、经济景观（能源、交通、基础设施、土地利用、产业过程）和人文景观（人口、体制、文化、历史等）组成的多维复合生态体。旅游学家把景观当作资源，是能吸引旅游者并可供旅游业开发利用的可视物像。美化运动者和城市开发商则认为景观是城市的街景立面、霓虹灯、园林绿化和小品。一个更文学和宽泛的定义则是“能用一个画面来展示，在某一视点上可以全览的景象”。

中华人民共和国人力资源和社会保障部对景观的定义：景观是指土地及土地上的空间和物体所构成的综合体。它是复杂的自然过程和人类活动在大地上的烙印。

景观设计学（Landscape Architecture）是一门建立在广泛的自然科学和人文艺术学科基础上的应用学科，核心是协调人与自然的关系。它通过对有关土地及一切人类户外空间规划设计的问题进行科学理性的分析，找到规划设计问题的解决方案和解决途径，监理规划设计的实施，并对大地景观进行维护和管理。

景观设计的专业方向：根据解决问题的性质、内容和尺度的不同，景观设计学包含两个专业方向，即景观规划（Landscape Planning）和景观设计（Landscape Design），前者是指在较大尺度范围内，基于对自然和人文过程的认识，协调人与自然关系的过程，具体说是为某些使用目的安排最合适的地方和在特定地方安排最恰当的土地利用；而对这个特定地方的设计就是景观设计（图 1-1）。

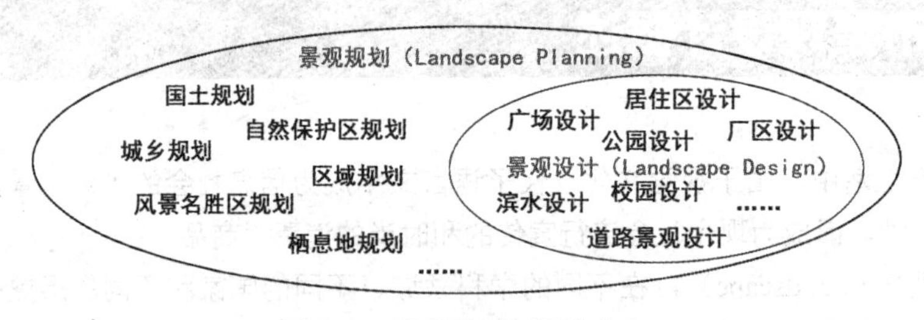

图 1-1　景观规划与设计内容

城市景观是景观学的重要组成部分。它是城市土地及土地上的空间和物体所构成的综合体，或者说是城市多种功能（过程）的载体。因而可被理解和表现为：风景，视觉审美过程的对象；栖居地，人类生活其中的空间和环境；生态系统，一个具有结构和功能、具有内在和外在联系的有机系统；符号，一种记载人类过去，表达希望与理想，赖以认同和寄托的语言和精神空间。在当代景观设计语境中，城市景观蕴涵着城市化、基础设施、策略规划和围绕熟悉的自然和环境主题的探索性意念（图 1-2）。

从 19 世纪开始，景观在审美对象之外，开始作为地学的研究对象；到了 20 世纪，景观除了作为审美对象被人从空间结构和历史演化上研究外，开始成为生态学，特别是景观生态学和人类生态学的研究对象。景观设计职业范围扩大到以拯救城市、人类和地球为目标的国土、区域、城市和物质空间规划和设计。城市景观设计并非独立于日常生活的美学行为，它既是艺术又是科学，既是实物又是理念，且与环境密不可分。城市景观具有双重属性，其一，景观的物质实体承载着该环境的历史文化发展；其二，景观也存在于人们的脑海中，并通过各种途径使人形成对该环境的印象。

城市景观作为环境形态构成要素中的主要要素之一，是城市环境的符号集合。这种符号集合代表着一个城市的环境特色，且为居民所认同，具有释放情感、刺激反应，勾起回忆和激发想象的作用。因此，城市景观既是一种城市环境的符号，又是居民和城市结构的象征，还是城市环境朝气的动力和传承，影响着城市发展的所有方向。例如西安明城墙，是中国现存规模最大、保存最完整的古代城垣，是西安的代表符号，也承载着历代西安人的深厚情感（图 1-3）。

图 1-2　浐灞湿地公园

图 1-3　西安明城墙

在这个不断全球化、蔓延城市化、全面工业化的时代里，面对越来越恶劣的生态环境、文化身份的缺失和人与土地联系的割裂，城市景观学应该承担起构建城市“自然、人、文化”共同体的任务。著名的生物学家爱德华·威尔森说：“在生物保护中，景观设计将会扮演关键的角色。即使在高度人工化的环境里，通过树林、绿带、流域以及人工湖泊等合理布置，仍然能够很好地保护生物多样性。明智的景观规划设计不但能实现经济效益，同时还能很好地保护生物和自然。”而城市景观设计不仅仅关系到环境和生态的问题，还关系到整个国家的人民对于自己文化身份的认同和归属问题。景观是城市家园的基础，也是城市归属感的基础。在处理环境问题、重拾文化身份以及重建人地的精神联系方面，城市景观设计学也许是最应该发挥其能力的学科。

1.1.1 城市景观设计的范畴与体系

自然环境是指自然界原有的自然风貌，如地形、地貌、植被、山脉、森林、江、河、湖、海等非人工形成的环境。人类在长期的生存与发展过程中，不仅能利用自然和自然环境和谐共存，而且学会了如何改造自然，让自然环境更加适合人类的生存发展，正是基于这种原因，研究人类与城市环境的关系，利用科学的、合理的设计创造出优美的城市人性化环境，是城市景观设计研究的重要课题。例如，威尼斯这座城市，正是充分利用了地理和自然环境的优势，穿过城市的运河以及犹如艺术品的建筑使城市的魅力得到了提升（图 1-4）。

图 1-4　威尼斯

环境 + 艺术品≠景观设计。城市景观设计集文化、艺术、技术、功能、审美为一体，包含诸多层面与众多学科。从层面上来分有历史的与现代的、自然的与人工的；从学科上来分有历史文脉与传统文化，社会、政治与经济，科学技术与造型艺术。尽管它涵盖面较广，但始终离不开“人”这一主题。著名评论家弗德曼在《环境设计评估》一书中写道：“一个场所设计成功的最高标志就是它能满足和支持外显或内在的人类需求和价值，也就是提供一个物质和社会的环境。在其间，个人或群体的生活方式被加强，价值被确认。必须认识到谁是使用者，这一点相当重要。”

城市景观设计是多种设计的结合体，它的设计体系是建立在人、社会和自然要素之上的。这三大要素紧密相连：从宏观上看，城市景观设计活动是围绕这三大要素展开的，如果从城市景观设计相关学科之间的联系来分析的话，设计活动除了包括设计者对使用者、环境、功能、视觉效果、精神需求、设计的手段等因素综合考虑之外，还应该将设计因素涵盖在一个社会历史文脉之中。从城市景观设计体系中可以看出，城市景观设计在宏观上维系了人与人、人与社会之间的精神交流，改善了人类的生存条件，展示了人类历史与现代的文明，所以西方建筑师们认为 20 世纪 80 年代的重要发展不是产生了这个主义或那个主义，而是产生了对环境和景观设计的普遍认同。

当今，对城市环境的重视促使了城市景观的改进和完善，城市衰败地区的更新、公共空间的建设、广场街道景观的改善成为备受瞩目的核心问题。

1.1.2　城市景观设计的工作对象

城市景观作为景观学的重要分支，研究对象涵盖了城市历史景观、自然景观和人文景观三个方面的内容。这三个方面的内容相互渗透、相互融合，共同组成了城市景观的基本骨架，也是设计师进行城市景观设计工作的重要对象。

1. *历史景观*

在城市发展的过程中，不同历史时期、不同地域的人们创造了不同的城市文化环境。美国建筑大师沙利文曾说：“根据你的房子就能知道你这个人，那么根据城市的面貌也就能知道这里居民的文化追求。”西方文豪歌德说：“建筑是石头的书。”雨果说：“人类没有任何一种重要的思想不被建筑艺术写在石头上”“注入人类家园的每一条细流都不再是自然之物，它的每一滴水珠都折射着文明之光”。日本建筑大师黑川纪章说：“其实我们创造城市就是在创造文化。如果城市的建造仅是出于经济目的，那么城市中的人是很不幸的。”

在城市现代化进程中，城市文化环境的营造，是一个高标准、高层次的课题。它不仅是物质文明的建设，同时还受到政治、经济、文化艺术、历史传统、民风民俗等诸多方面直接或间接的影响。西安作为文化古城，经历了周、秦、汉、唐等 13 个朝代，累积了几千年的历史文化，成就了大关中经济带、大关中城市群的“首府”，成为今天“一带一路”的新起点。我国学者在研究江南地区城市文化之后，将这个地区城市文化的宏观取向归纳为三个特征，即“亲水性”“文人性”和“统一变化、饶有特色”。这些特征反映在城市景观上，建筑、桥梁、园林、绿化、名胜古迹每每与水亲和，城市景观以水称胜，显现出阴柔秀美、富于灵气的性格。

文人是江南城市文化建设的参与者，起着积极的引导和示范作用，因而城市文化环境显得文质彬彬、诗意盎然。江南城市文化虽有以上两点共性，但并非千篇一律，其风格在统一中又千变万化，富有个性，饶有特色。由此可见，如果我们把握了地域文化的宏观特征，也就接触了城市文化之本，就有可能在新的城市景观设计中有所创新。

2. 自然景观

自然景观是指自然界原有物态相互联系、相互作用形成的景观，它很少受到人类影响，诸如自然形成的河流、山川、树木等。

3. 人文景观

人文景观包括两个方面：一是指人们为了满足自身的精神需求，在自然景观基础上附加人类活动的形态痕迹，集合自然物质和人类文化共同形成的景观，如风景名胜景观、园林景观等；二是指依靠人类智慧和创造力，综合运用文化和技术等方面知识，形成的具有文化审美内涵和全新形态面貌的景观，如城市景观、建筑景观、公共艺术景观等。总之，由人的意志、智慧和力量共同形成的景观属人文景观的范畴，其内容和形式反映出人类文明进步的足迹，体现出人类的创造力和驾驭自然及与自然和谐相处的能力。

人文景观设计涉及范围广泛，大到对自然环境中各种物质要素进行的人为规划设计、保护利用和再创造，对人类社会文化物质载体的创造等；小到对构成景观元素内容的创造性设计和建造。人文景观设计建立在自然科学和人文科学的基础上，具有多学科性和应用性的特点，其任务是保护和利用、引导和控制自然景观资源，协调人与自然的和谐关系，引导人的视觉感受和文化取向，创造高品质的物质和精神环境。

1.1.3 城市景观设计的主要任务

城市景观是人类文明发展的典型产物。不同的城市区域环境、区域资源、区域文化、区域发展历史和人类社会活动、生产活动不同，形成了具有地方特色的建筑和城镇形式，产生了多样性的城市环境和景观。

城市景观设计的主要任务，就是通过科学的调研方法和调研活动，了解不同城市的个性特征和景观资源，通过设计并将设计变为现实，不仅要创造出满足人们生理需要的良好的物质环境，满足人们精神需求的健康的社会环境和惬意的心理环境，更要创造出丰富多彩、形象生动的城市艺术景观，给人以美的享受，保证和促进人们的身心健康，陶冶高尚的思想情操，激发旺盛的精神和斗志。

1.1.4 城市景观设计的性质与构成

城市景观是人类改造自然景观的产物，构建城市景观的过程同时也是自然生态系统转化为城市生态系统的过程，而城市景观的塑造过程，就是人类开发、利用自然的过程，应遵循生态学原理，最小限度地减少对自然的破坏，减少对自然资源的剥夺，减少对生物多样性的破坏，形成良好的景观效果。以掠夺自然、破坏生态的方式去塑造城市景观，到头来人类会自食其果，受到自然规律的惩罚。城市景观又是历史与现实两个不同时空的复杂交织体。在纵向上，城市景观设计应尊重历史，而在横向上，城市景观设计应尊重现实和自然。

现代景观规划设计是一个人文、自然和艺术设计相结合的综合性学科。德国建筑师格罗皮乌斯在《包豪斯宣言》中从设计的角度明确提出："设计的目的是人，不是产品。"设计不是对产品表面的装饰，而是以某一目的为基础，将社会的、人类的、经济的、技术的、艺术的、心理的、生理的多种因素综合起来，使其纳入工业生产的轨道。

城市景观设计又是一门集艺术、科学、工程技术于一体的应用性学科，涵盖了城市景观的演变和发展、城市设计与规划、可持续发展的生态景观设计理念，以及各类城市景观设计的系统理论知识，具有较强的专业性。

城市景观设计的概念源于城市规划专业，包括建筑设计、广场设计、园林设计、艺术品创作、公共设施设计等内容，是多种设计的整合，需要有总揽全局的思维方法；主体的设计源于建筑与艺术专业，需要楼宇、道路、广场等构成要素；环境的设计源于园林专业，需要融入环境系统设计。实践告诉人们，一个有效的、合理的景观设计，其设计过程和方法要在理性的指导下，严格地遵循自然科学的规律。当今，城市生态景观的设计思想是靠 99% 的逻辑加上 1% 的艺术性，而 1% 的艺术性则体现在处理问题的灵活性、创造性和对人性的充分关注上。

城市景观设计的性质决定了它由以下五个方面的内容构成：

（1）场所。场所包括组织目标、组织功能、相关的材料、结构元素、空间环境，为各种特殊需要群体所制定的条例及一些临时性元素的状况。

（2）使用者。使用者包括观念、爱好、需要和态度，有关个人和群体的活动模式、社会行为以及在时间和空间上的行为变化。

（3）环境关联。环境关联包括环境和周围的特征、土地使用、提供的设施和项目。

（4）设计过程。设计过程包括参与者的作用、有关使用者的行为和场所所包括的各种因素的价值，帮助形成场所的制约因素，建成后由使用者、管理者或设计者所做的调整。

（5）社会、历史文脉。社会、历史文脉包括可能影响场所的社会和政治倾向，如经济环境、哲学思想、社会态度。

以上是城市景观设计宏观的结构框架。

具体的城市景观设计阶段为：设计前期→概念设计→方案设计→初步设计→施工图设计→现场服务→工程总结。我们也可以根据设计的阶段性把设计的整个流程划分为三个板块（图 1-5）。

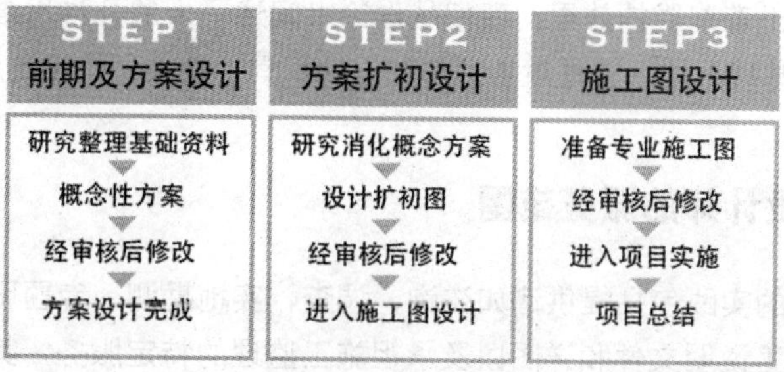

STEP1 前期及方案设计	STEP2 方案扩初设计	STEP3 施工图设计
研究整理基础资料	研究消化概念方案	准备专业施工图
概念性方案	设计扩初图	经审核后修改
经审核后修改	经审核后修改	进入项目实施
方案设计完成	进入施工图设计	项目总结

图 1-5　设计三阶段

1.1.5 城市景观设计的思维特征

任何设计都是人的一种思考过程，而在人类的思维过程中有两种方式，即逻辑思维和形象思维。

逻辑思维具有很强的推理性，它是由对各部分因素的思维整合到综合的、整体的思维过程。在思维过程中，舍弃那些个别的、非本质的东西，以一种抽象的推理和判断来达到论述的目的，找出事物的共性。逻辑思维包括目的性选择、对环境的认识、使用者的需求、功能的适应性、设计的语言、实现目标的手段、使用者的信息反馈与设计的不断完善。这是设计方法应遵循的特定思维程序。

形象思维是相对于逻辑思维而言的，它是对众多形态的认识与积累，通过想象，找出其典型的特征，经过创造性的组合，达到一个完美的造型形式。形象思维包括具象思维与抽象思维两种。具象思维是通过一种具体的形象表达一种观念，而抽象思维是通过一种寓意性的手法传达一种精神。

从设计学的角度来看，这两种思维方式同时存在，但对于城市景观设计思维整体而言却有所侧重。形象思维有它自身的逻辑性和目的性，是从感性到理性、由低级到高级的发展过程，心理结构表现形式为：表象→联想→想象→典型化。“表象”是指在实践和感知的基础上对感性形象的积累；“联想”是指通过形象找到相关的因素；“想象”是指对前者的提炼与创造；“典型化”是指设计符合目的性的典型形态。尽管形象思维有它的逻辑性，但不能脱离逻辑思维的依托，否则就成为空中楼阁。

城市景观设计是一项综合性设计。随着科学技术的发展、城市化进程的加快，新兴的科学思想及理论的产生为现代设计打下了基础，人类工程学、生态环境学、经济学等学科在城市景观设计中被广泛地应用，它们被划入社会范畴并与社会中的群体发生紧密的联系，所以这种设计是在逻辑思维与形象思维反复交叉中进行的。尽管它们之间有着密切的联系，但是有时也会表现出分离的状态，这种状态表现为对分离部分进行独立的推理，从而可以认为城市景观设计是由两种思维相互交织并形成整体→局部→整体的思维结构，只有这种思维模式才能创造出整体的城市景观设计。

人类的不断进化过程，实质上是思维方式的演变过程，其中最突出的表现为创造性。创造性思维是不断推动人类社会向前发展的重要因素，创造性思维表现为多种形式，它往往打破传统的思维模式，起到出奇制胜的效果。我们从理论上阐述了人的几种思维方式，但人的思维方式不是建立在空想的基础上的，它是对生活与知识的积累，使人们的设计思维逐步完善。

1.1.6 城市景观设计师的服务范围

现代景观建筑学的实践包括提供诸如咨询、调查、实地勘测、专题研究、规划、设计、各类图纸绘制、建造施工说明文件和详图以及承担施工监理的特定服务，其目的在于保护、开发及强化自然与人造环境。现代城市景观设计师所提供的服务，具体包括以下四个方面的内容：

（1）宏观环境规划。宏观环境规划包括对土地使用和自然土地地貌的保护以及美学和功能上的改善强化。

（2）场地规划。场地规划包括各类环境详细规划，重点是对除了建筑、城市构筑等实体以外的开放空间，如街道、广场、田野等，通过美学感受和功能分析进行选址、营造及布局，并对城市及风景区内的自然游步道和城市街区、广场、公园系统、植物配置、绿地灌溉、照明、地形平整改造以及给水排水进行设计。

（3）各类施工图、文本制作。

（4）施工协调与运营管理。

1.1.7　建筑学、城市规划与城市景观学

就相同性来看，建筑学、城市规划与城市景观学三个专业的目标都是创造人类聚居环境，核心都是将人对城市环境的关注处理落实在具有空间分布和时间变化的人类聚居环境之中。所不同的是专业分工：建筑学侧重聚居空间的塑造，专业分工重在人为空间的设计；城市规划侧重聚居场所（社区）的建设，专业分工重在以用地、道路交通为主的人为场所的规划；城市景观学侧重聚居领域的开发整治，即土地、水、大气、动植物等景观资源与环境的综合利用与再创造，其专业分工基础是场地规划与设计。当然，以上这种侧重和分工的区别是以所涉及的人聚环境的客体而论的。就人聚环境的主体——社会、文化、政治、经济等方面而论，三者又有各自的侧重和分工。建筑学、城市规划、城市景观学三者有机地叠合就构成了所说的生活世界场所工程体系（图 1-6）。

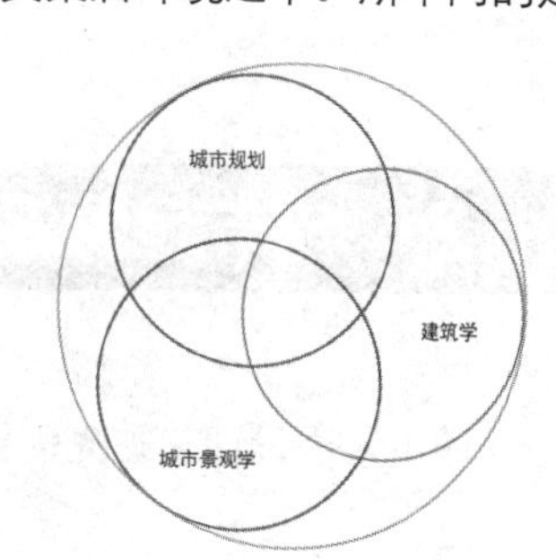

图 1-6　生活世界场所工程体系

1.1.8　城市景观设计学科的定位

（1）明晰时代要求和哲学价值观取向。价值观取向是和一定时期的社会环境的需要紧密联系在一起的。应在分析历史与现实的基础上确立面向未来的学科定位，探讨当代伦理价值、艺术美学的发展趋势，思考当代中国城市景观设计学定位和定位后的学科建设要求。

（2）城市整体景观风貌和城市的形式紧密相关。在许多传统文化中，宗教的影响及意义是最重要的，以神权为价值取向，便有了中国封建都城和古希腊、古罗马的城市景观，这种影响在中西方古老的城市中都能见到。

（3）城市是人类社会意识形态的反映。有什么样的价值观、道德观和审美观便有什么样的城市景观特点。人类文明发展到今天，人们追求一种和谐的、平等的、自由的、健康的生存价值观。这种价值观也表现在城市环境的组织与设计中。

（4）建筑、地景、城市规划三者走向融合。1999 年 6 月，在北京召开的第 20 届世界建筑师大会上通过的《北京宪章》提出“新世纪的城市将走向建筑、地景、城市规划三者的融合”，并预言“现代建筑的地区化和乡土建筑的现代化将殊途同归，而现代城市将更为讲求整体”。

（5）城市宏观文化引领城市景观设计。从城市文化研究的视野来看，改革开放初期对地域文化的寻求曾兴起一时。当时全国建筑创作有京派、海派、岭南派、西安唐风、武汉楚风等。此后随着房地产开发的发展，商业行为逐渐使地区特色消失，建筑创作也“天下大同”。对此，第 20 届世界建筑师大会在主题报告中提出“21 世纪要促进地区文化精神的复兴”的观点，并指出：“区域差异客观存在，对于不同地区和国家，建筑学必须探求适合于自身条件的蹊径，即所谓的‘殊途’。”弗兰普顿教授在报告中提出“创造具有‘地域形式’而不是‘产品形式’的建筑”，即强调建筑形式更多地取决于所在地域的特点，而不是生产技术本身。

近年来，国内学术界提倡城市文化研究应落实到区域，回归到区域，并在区域文化中实现整合。不应单纯地就城市论城市，而是要从更大区域范围来认识城市文化，把城市与其腹地及与它相关的城市视为一个相互联系的整体，从而把城市文化赖以存在的地域空间上升到应有的地位。毫无疑问，这些主张对于把握城市文化在空间发展上的层次性、多样性和差异性是十分有利的。

1.2 城市起源及发展

城市景观设计，首先需要从专业特殊角度对城市的起源、发展有深度的理解。

1.2.1 城市的起源文化

城市的形成，无论起因多么复杂，都不外乎因“城”而“市”或因“市”而“城”这两种形式。

因“城”而“市”，就是城市的形成先有城后有市。市是在城的基础上发展起来的，这种类型的城市多见于战略要地和边疆城市。

而因“市”而“城”，则是由于市的发展而形成城。先有市场后有城市的形成，这类城市比较多见，是人类经济发展到一定阶段的产物，本质上是人类的交易中心和聚集中心。

城市的起源文化是社会发展、人类聚集的结果。关于城市的起源，国内外的专家学者大体有几种解释：

一是防御说。建城郭是为了抵御外敌侵犯。氏族的首领或部落中的民众为了抵御外来氏族的侵略与掠夺，在居住地修筑城墙，以保护家园和财产。

二是集市说。认为随着社会生产发展，人们手里有了多余的农产品、畜产品，需要有个集市进行交换。进行交换的地方逐渐固定了，聚集的人多了，就有了市，后来就建起了城。

三是社会分工说。认为随着社会生产力不断发展，一个民族内部出现了一部分人专门从事手工业、商业，另一部分人专门从事农业。从事手工业、商业的人需要有个地方集中起来进行生产、交换，会形成城市与乡村的分离，这才有了城市的产生和发展。

四是私有制说。认为城市是私有制的产物。

五是阶级说。认为城市从本质上看是阶级社会的产物。

六是地域说。地域条件的优势，首先形成了古代交通运输要道，从而形成城市。

七是宗教说。不同的信仰和对神灵的崇拜，促使了庙宇的产生，吸引了大量的人口，使人口高度集中，造成了城市的发展。

早期，人类居无定所，随遇而栖，三五成群，渔猎而食。但是，在对付个体庞大的凶猛的动物时，三五个人的力量显得单薄，只有联合其他群体，才能获得胜利。随着群体的力量不断强大，收获也就丰富起来，捕获的猎物不便携带，找地方贮藏起来，久而久之便在那个地方定居下来。凡是人类选择定居的地方，都是些水草丰美，动物繁盛的场所。定居下来的先民，为了抵御野兽的侵扰，便在驻地周围扎上篱笆，形成了早期的村落。

随着人口的繁盛，村落规模也不断扩大，猎杀一只动物，整个村落的人倾巢出动显得有些多了，且不便分配，于是，村落内部便分化出若干个群体，各自为战，猎物在群体内分配。由于群体的划分是随意进行的，那些老弱病残的群体常常捕获不到动物，只好依附在力量强大的群体周围，获得一些食物。而收获丰盈的群体，消化不完猎物，可以把多余的猎物拿来，与其他群体换取自己没有的东西，于是，早期的“城市”便形成了。

《世本 · 作篇》记载：颛顼时“祝融作市”。颜师古注曰：“古未有市，若朝聚井汲，便将货物于井边货卖，曰市井。”这便是“市井”的由来。与此同时，在另一些地方，生活着同样的村落，村落之间常常为了一只猎物发生械斗。于是，各村落为了防备其他村落的侵袭，便在篱笆的基础上筑起城墙。

在《吴越春秋》中有这样的记载：“筑城以卫君，造郭以卫民。”城以墙为界，有内城、外城的区别。内城叫城，外城叫郭。内城里住着皇帝和高官，外城里住着平民百姓。这里所说的“君”，在早期应该是猎物和收获很丰富的群体，而“民”则是收获贫乏、难以养活自己、依附在收获丰盈的群体周围的群体。人类最早的城市其实具有“国”的意味，这恐怕是人类城市的形成及演变的大致过程。

自从人类的聚居方式开始出现，在部族式的村落形式基础上便产生了集镇，这也许是现代城市的雏形，继而发展成城市，也就有了城市的公共空间。

成书于春秋战国之际的《周礼 · 考工记》记述了关于周代王城建设的空间布局：“匠人营国，方九里，旁三门。国中九经九纬，经涂九轨。左祖右社，前朝后市。市朝一夫。”同时，书中还记述了按照封建等级，不同级别的城市，如“都”“王城”和“诸侯城”在用地面积、道路宽度、城门数目、城墙高度等方面的差异；还有关于城外的郊、田、牧地的相关关系的论述。《周礼 · 考工记》记述的周代王城建设的空间布局制度对中国古代城市规划实践活动产生了深远的影响。该书反映了中国古代开始有了都城建设规划的哲学思想，使周朝成为中国古代城市规划思想最早形成的时代。

据《古今律历考》记载：“卫为狄所灭，文公徙居楚丘，始建城市而营宫室。”由此文献可以看出，有关“城”和“市”的记载早于“城市”。“城”是一种防御设施，“市”是买卖交易的场所。“城”向“城市”演进的过程中，经历了城、市分离的阶段和城、市有机结合的阶段。

唐长安城市场设置是严格的里坊制，设有东市、西市（图 1-7）。宋代都城建设打破了里坊制，出现了“草市”“墟”“场”，汇集了杂技、游艺、茶楼、酒馆等设施，但到元、明、清则又回归前朝后市的格局，最典型的就是当时的北京城。城市的空间就是街道，“逛街”成为千百年来中国老百姓最通常的城市生活方式。

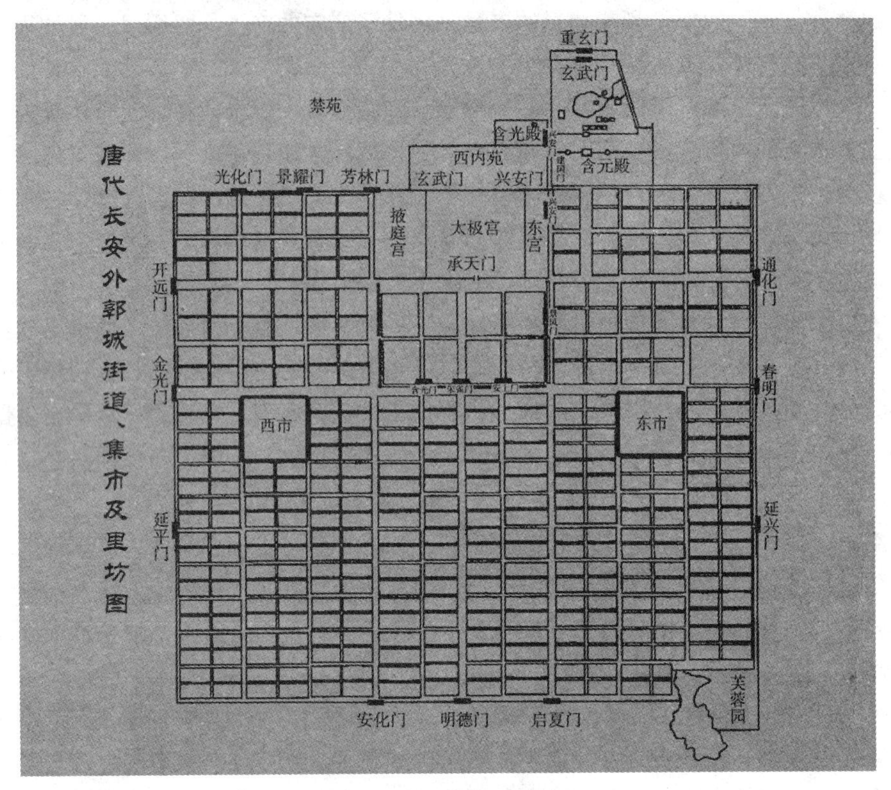

图 1–7　唐长安城市场

学者们普遍认为，真正意义上的城市是工商业发展的产物。例如 13 世纪的地中海沿岸、米兰、威尼斯、巴黎等，都是重要的商业和贸易中心。在工业革命之后，城市化进程大大加快了，由于农民不断涌向新的工业中心，城市获得了前所未有的发展。到第一次世界大战前夕，英国、美国、德国、法国等绝大多数人口都已生活在城市。随着大工业生产，在中国也出现了像上海、广州 、天津等现代城市，这不仅是富足的标志，而且是文明的象征。

城市作为文明发展的核心舞台，首先集聚了大量的人口，其中包括各类社会精英人才；同时，城市中大量的人口形成了巨大的消费需求，这就产生了市场，为货物的交易提供了稳定的场所，还促进了贸易、商业和各类制造业的发展。其次集聚了社会的财富，为部分人提供了闲暇的场所，这促进了科技和文化的繁荣。当然，作为首都的城市还是一个国家的政治中心，有的还是经济和文化中心，这样的城市在一个国家中有特殊的地位。

1.2.2　城市的等级规模

衡量一个国家和地区发达与否，最重要的指标之一是城市化的程度和城市文明的水平。

《城市规划基本术语标准》（GB/T 50280—1998）：城市是以非农业产业和非农业人口集

聚形成的较大居民点。一般包括住宅区、工业区和商业区，并且具备行政管辖功能。城市的行政管辖功能可能涉及较其本身更广泛的区域，其中有居民区、街道、医院、学校、公共绿地、写字楼、商业卖场、广场、公园等公共设施。

城市经济学对城市做了不同等级的划分，以城区常住人口为统计口径，将城市等级划分为七类（见表 1-1）。

表 1-1　以城区人口划分城市等级表

城市等级	城区人口（万）	城市等级	城区人口（万）
超大城市	≥ 1 000	巨大城市	500 ～ 1 000
特大城市	300 ～ 500	大城市	100 ～ 300
中等城市	50 ～ 100	小城市	20 ～ 50
微型城市	5 ～ 20		

此外，遍布于我国广大地区的县城、建制镇、工矿区，虽然人口未能达到设市建制的标准，但由于非农业人口比重较大，工商业比较集中，也是属于城市范畴的一种城镇型居民点。

1.2.3　城市等级规模的影响

城区人口在 5 万以上，才有基本的生活服务业。

城区人口在 20 万以上，才有较好的生活服务业。

城区人口在 50 万以上，才有较发达的生活服务业。

城区人口在 100 万以上，才有较好的产业服务业。

城区人口在200万以上，才能以合理的税费，提供较好的公共服务，否则服务不足或腐败。

城区人口在 300 万以上，才能支撑较发达的公共交通业，比如地铁和航空等，容易建成全国性大都市。

城区人口在 500 万以上，才能有较发达的国际化公共服务业，容易建成国际化大都市。

城区人口在 1 000 万以上，才会有较发达的全球化公共服务业，容易建成全球化大都市。

所以，最宜居的城区人口为 300 万～ 1 000 万（300 万～ 500 万为偏舒适型宜居城市，500 万～ 1 000 万为偏事业型宜居城市）；实力最强的城区人口为 1 000 万～ 2 000 万。

1.2.4　城市类别划分与城市群的发展

按城市综合经济实力和世界城市发展的历史来看，城市可分为集市型城市、功能型城市、综合型城市、城市群等类别，这些类别也是城市发展的各个阶段。

集市型城市：属于周边农民或手工业者商品交换的集聚地，商业主要由交易市场、商店和旅馆、饭店等配套服务设施所构成。

功能型城市：通过自然资源的开发和优势产业的集中，开始发展其特有的工业产业，从而使城市具有特定的功能。不仅是商品的交换地，同时也是商品的生产地。但城市因产业分工而形成的功能单调，对其他地区和城市经济交流的依赖增强，商业开始由以封闭性的城内交易为主转为以开放性的城际交易为主，批发贸易业有了很大的发展。

综合型城市：一些地理位置优越和产业优势明显的城市经济功能趋于综合型，金融、贸易、服务、文化、娱乐等功能得到发展，城市的集聚力日益增强，从而使城市的经济功能大大提高，成为区域性、全国性甚至国际性的经济中心和贸易中心（“大都市”）。商业由单纯的商品交易向综合服务发展，商业活动也扩展延伸为促进商品流通和满足交易需求的一切活动。

城市群：就是复数且具有紧密联系的城市在特定地理空间内的一种集聚现象。城市群是城市空间发展到一定阶段（成熟阶段）的空间组织形式。衡量城市群大小的指标主要有城市数量、城市规模、城市密度和城市之间的联系程度。

在全球城市化进程中，大城市持续增加、城镇密集区的大量出现以及发展中国家城市人口急速增长是三个极为显著的特征。城市空间和城市景观从个体城市走向都市群或都市带。都市群成为最为重要并且最有效率的城市空间组织形态。

欧洲和北美在全球范围内率先实现了城市化，自然而然形成了人口密布的城市和经济活动密集地区。法国地理学家戈特曼在 1957 年对美国东北海岸地区实地考察后，发表了具有深远影响的著名论文《大都市连绵区：美国东北海岸的城市化》，首次提出“大都市群”这一概念来描述城市空间从传统的单体城市向城市集合体发展的新模式与新形态。戈特曼认为世界级城市群是一个人口、生产活动、社会经济功能高度集聚的区域。

城市群形成的基本条件：一是具有良好的地理位置和自然条件。国外城市群都位于适宜人类居住的中纬度地带，并且都处于平原地带；具有丰富的矿产资源和海上运输条件。二是具有发达的区域性基础设施网络。三是二、三产业的拉动，各城市间产业分工清晰合理，密切协作。四是市场优化资源配置以及来自政府的引导、支持是城市群形成发展的两种主要力量。五是城市群的发展与世界经济重心的转移密切相关。

世界级城市群的发展历程和发展特点：世界级城市群是城市群中规模最大并具有世界影响力的城市群，也是一国经济发展的重要引擎，是彰显国家实力和全球影响力的主要依托。其主要表现为：区域内城市高度密集，人口规模巨大；城市间具有分工明确、特色鲜明、优势互补基础上的密切经济联系；是所在国家或地区经济最活跃、最重要的区域。

目前学界有比较大共识的世界级城市群主要有六个，即以纽约为中心的美国东北部大西洋沿岸城市群、以芝加哥为中心的北美五大湖城市群、以东京为中心的日本太平洋沿岸城市群、以伦敦为核心的英伦城市群、以巴黎为中心的西北欧城市群、以上海为中心的长三角城市群。

以上六大世界级城市群都属于世界经济发展水平最高和规模最大的区域之一。

世界级城市群以及世界城市都在产业发展上表现出以下三个规律：一是产业结构的高级化（第三产业占 GDP 的比重除了长三角城市群外都在 80% 以上）；二是核心职能的高端化；三是经济职能的外向化，都是金融、创新、高端服务业的中心以及总部经济最发达的地区。另外，世界级城市群的空间发展普遍进入多中心网络化发展阶段，都在通过建设发展轴线和多中心解决单中心聚焦的困扰，开始形成多中心、网络化的区域（城市）空间格局。

中国形成的城市群的发展情况：2016 年我国城镇化水平达到 57.4%，其中东部地区达到

64.75%，城镇人口总数超过 8 亿；建成区常住人口超过 1 000 万的超大城市达到 6 个（上海、北京、天津、广州、深圳、成都），超过 500 万以上的特大城市达到 10 个，分布在我国的东部、中部、西部和东北地区，人口超过 100 万的大城市已经过百，使得我国城市群发展拥有了充足的城市以及人口基础支撑。

中共十九大报告提出，以城市群为主体构建大中小城市和小城镇协调发展的城镇格局。城市群将成为未来推动中国经济发展的主体形态，生产力布局和新的经济增长点都将围绕城市群进行。

未来我国经济发展的空间布局或是：城市群聚集全国约 70% 的城市人口，剩余人口与地区将采取点状发展模式，形成积聚的空间布局形态。我国将形成十大城市群：京津冀、长三角、珠三角、山东半岛、辽中南、中原、长江中游、海峡西岸、川渝和关中。其中京津冀、长三角、珠三角三大城市群以建成世界级城市群为目标，在未来 20 年仍将主导中国经济的发展。

除十大城市群之外，以长株潭为中心的湖南中部，以长春、吉林为中心的吉林省中部，以哈尔滨为中心的黑龙江中北部，以南宁为中心的北部湾地区，以乌鲁木齐为中心的天山北坡地区等都有希望发展成为新的规模较大的城市群。

城市群是发达国家的主体形态，是减少空间隔阂、提升效率、增强竞争力的重要方式。城市群已经成为今天和今后经济发展格局中最具活力和潜力的核心地区。随着经济全球化的加速和城镇化的推进，城市之间的竞争不再仅仅表现为单个城市的竞争，而是越来越表现为以核心城市为中心的城市群或城市集团的竞争。

城市群的规划建设，将突破行政区划体制束缚，逐步实现城市群区域性产业发展布局一体化、城乡统筹与城乡建设一体化、区域性市场建设一体化、基础设施建设一体化、环境保护与生态建设一体化、社会发展与社会保障体系建设一体化。

1.2.5 生态城市——人与自然相生相处的和谐环境

随着社会经济的发展和人口的迅速增长，世界城市化的进程，特别是发展中国家的城市化进程不断加快，目前全世界有一半人口生活在城市中，预计 2025 年将会有 2/3 人口居住在城市，因此城市生态环境将成为人类生态环境的重要组成部分。

城市是社会生产力和商品经济发展的产物。在城市中集中了大量的社会物质财富、人类智慧和古今文明，同时也集中了当代人类的各种矛盾，产生了所谓的城市病。诸如城市的大气污染、水污染、垃圾污染、噪声污染；城市的基础设施落后、水资源短缺、能源紧张；城市的人口膨胀、交通拥挤、住宅短缺、土地紧张，以及城市的风景旅游资源被污染、名城特色被破坏等。这些都严重阻碍了城市所具有的社会、经济和环境功能的正常发挥，甚至给人们的身心健康带来很大的危害。

从广义上讲，生态城市是建立在人类对人与自然关系更深刻认识基础上的新的文化观，是按照生态学原则建立起来的社会、经济、自然协调发展的新型社会关系，是有效利用环境资源实现可持续发展的新的生产和生活方式。从狭义上讲，生态城市就是按照生态学原理进行城市设计，建立高效、和谐、健康、可持续发展的人类聚居环境。

从生态学的观点上讲，生态城市是以人为主体的生态系统，是一个由社会、经济和自然三个子系统构成的复合生态系统。一个符合生态规律的生态城市应该是结构合理、功能高效、关系协调的城市生态系统。结构合理是指适度的人口密度、合理的土地利用、良好的环境质量、充足的绿地系统、完善的基础设施、有效的自然保护；功能高效是指资源的优化配置、物力的经济投入、人力的充分发挥、物流的畅通有序、信息流的快速便捷；关系协调是指人和自然协调、社会关系协调、城乡协调、资源利用和资源更新协调、环境胁迫和环境承载力协调。总而言之生态城市应该是环境清洁优美，生活健康舒适，人尽其才、物尽其用、地尽其利，人和自然协调发展，生态良性循环的城市。

“生态城市”作为对传统的以工业文明为核心的城市化运动的反思、扬弃，体现了工业化、城市化与现代文明的交融与协调，是人类自觉克服“城市病”，从灰色文明走向绿色文明的伟大创新。它在本质上适应了城市可持续发展的内在要求，标志着城市由传统的经济增长模式向经济、社会、生态有机融合的复合发展模式的转变。它体现了城市发展理念中传统的人本主义向理性的人本主义的转变，反映出城市发展在认识与处理人与自然、人与人关系上取得新的突破，使城市发展不仅仅追求物质形态的发展，更追求文化上、精神上的进步，即更加注重人与人、人与社会、人与自然之间的紧密联系。

“生态城市”与普通意义上的现代城市相比，有着本质的区别。生态城市中的“生态”，不再是单纯生物学、纯自然生态的含义，而是综合的、整体的概念，蕴涵社会、经济、自然的复合内容，成为自然、经济、文化、政治的载体。

生态城市中“生态”两个字实际上包含了生态产业、生态环境和生态文化三个方面的内容。生态城市建设不再仅是单纯的环境保护和生态建设，还涵盖了环境污染防治、生态保护与建设、生态产业的发展（包括生态工业、生态农业、生态旅游）、人居环境建设、生态文化等方面，涉及各部门各行业；这正是可持续发展战略的要求。

生态城市的发展目标是要实现人与自然的和谐，包括人与人的和谐、人与自然的和谐、自然系统的和谐三个方面的内容。其中，追求自然系统的和谐、人与自然和谐是基础和条件，实现人与人的和谐是生态城市的目的和根本所在，即生态城市不仅能“供养”自然，而且能满足人类自身进化、发展的需求，达到“人和”。

在中国，生态城市建设成为引领区域经济发展的重要战略，进入到全面推进阶段。

第2章 西方城市化进程与景观设计

2.1 西方城市化进程与景观发展

2.1.1 西方城市化进程与城市景观发展

城市景观是城市社会发展的产物，不同社会形态中的城市显示出社会品质对城市景观的影响。根据以前人们考察与研究成果，西方城市景观的形成特点和发展变化，大体可分为古代城市与景观、中世纪的城市与景观、近代的城市与景观、现代的城市与景观四个阶段。

1. *古代城市与景观（公元476年以前）*

古代的城市发展大都属于神秘主义——宇宙城市原型。它的主要特点是自然的力量被突出，自然力量与人文相结合，城市成为人类与宇宙秩序之间的一种连接中介，整个城市景观弥漫着一种宗教神秘主义韵味。不仅反映人与天的关系，还反映人与人的关系，城市景观布局讲求礼制与等级。例如在古代埃及，神庙是城市中不可或缺的重要组成部分，宗教在人们生活中起着支配作用。研究古埃及文化的周启迪先生认为“早期埃及的城市，是神的城市，是神庙所在地与祭祀中心”。西方古代城市典型的代表有以下几种：

（1）古埃及文明文化景观。古埃及是人类文明的摇篮之一。贯穿南北的尼罗河每年定期泛滥，冲积平原土壤肥沃，孕育了灿烂的古代文化。由于地理原因，森林稀少、气候炎热、阳光充足，导致了古埃及人很早就重视园艺技术。古埃及人居住的房屋大多是低矮的平顶屋，富人的住宅周边建造有精美的建筑庭园。庭园一般是方形的，四周有围墙，入口处建有塔门，中轴线明显，园内成排种植庭荫树，园中心是水池，池中养鱼并种植水生植物，池边有凉亭。

在埃及残留的文化遗迹中，最雄伟壮观的当属金字塔，它们是法老精神与现实的象征，巨大的石头构成的纪念性构筑物在尼罗河边形成了超越自然的连续直线形景观，并构成了古埃及人心目中永恒的秩序。

古埃及新王国时期，神庙及其附属的神苑成为最重要的建筑景观。神庙建筑群或由几层台阶状的露台组成，或者铺开形成轴线序列，用围墙与外界分隔，建筑庭园内种植林荫树，道路两旁站立圣羊像。

（2）古西亚的城市景观。产生于底格里斯河和幼发拉底河流域之间的美索不达米亚文明，可以与古埃及文明相媲美。由于上游山峦重叠，河水泛滥不定，苏美尔人在不断地改善自然环境、组织大规模水利建设的过程中，建造了城邦，而后分散的城邦结合成一个帝国，建都于巴比伦。随着社会和经济秩序的稳定，人口数量的增加，巴比伦逐渐演变为以一系列宏伟的建筑为核心的城市。由于两河流域的植被丰富，当时盛行以狩猎为主要目的的猎苑。他们热衷于建造人造山丘和台地，或在大山冈上建设宫殿，或将神殿建在猎苑内的小山丘上。

公元前 7 世纪，新巴比伦城建立。整个城市横跨幼发拉底河，厚实的城墙外是护城河，城内中央干道为南北向，城门西侧就是被誉为世界七大奇迹之一的空中花园。这个大型的台地园被林木覆盖，远处看上去就像自然的山丘。露台墙体由沥青连接砖块砌成，外部局部由拱廊构成，内部则是大小不等的房屋、洞室、浴室等。整体建筑的外观如同森林覆盖的小山，耸立在巴比伦平原的中央，就像高悬在天空中一样。

（3）欧洲古代城市景观。欧洲是人类古代文明的主要发源地之一。欧洲的古代城市以古希腊和古罗马为代表，也成为古代西方文明的宝贵遗产。

① 古希腊时代城市景观。总体特点是小尺度以及人性化。古希腊的文明以爱琴海文化为先驱。克里特岛上的建筑是敞开式的，并建有美丽的花园，显示出和平时代的特点。克诺索斯王宫规模宏大，延续了几个世纪才建成，包括宫殿、起居室、众多的仓库和手工业作坊。

经历了北方民族的战乱后，古希腊成为由多个城邦组成的国家，雅典是城邦之首，集中了当时的政治、经济、文化等功能，成为集贵族政治与自由民主制度的文明之都。雅典城背山面海，按地形变化而布置。从山脚下的居住区开始逐步向西北部平坦地区发展，最后形成集市广场及城市。建筑物的排列既考虑到从城下四周仰望时的美，又考虑到置身城中的美，并且充分利用了地形。

雅典卫城是古希腊时代城市景观最杰出的代表。雅典卫城坐落在城内一个陡峭的山顶上，周围均为岩石坡面，建筑师充分利用岩面条件来安排建筑物与纪念物，并不刻意追求视觉的整体效果。除个体建筑外，它没有总的建筑中轴线，没有连续感，没有视觉的渐进感，也不追求对称形式，完全因地制宜。雅典卫城的南坡还建有为平民服务的活动中心、露天剧场、竞技场等。整个建筑非常适合人生活的尺度，据说这样的设计是最符合黄金分割比例的。

棋盘式路网，结合围合式广场和商业、宗教和公共活动中心布置，成为一种典型的布局模式，一直影响到古罗马时期的城市，甚至 2000 年后的欧洲和美国。米列都城棋盘式的道路网，形成了居住、广场和柱廊的样式，给人以秩序感和视觉的连续性，这种基本形式长期以来成为欧洲城市规划的一种传统：长长的街道和绵延的柱廊。

古希腊的民主思想盛行，公共造园活跃，促进了许多公共空间，如圣林、“体育场”的产生。圣林是依附于神庙的树林，后经发展，具有剧场、竞技场、小径、凉亭、柱廊等功能，成为公共活动的场所。“体育场”最早是作为取消战争、借体育比赛来维护和平的一个重要场地，后来一个名为西蒙的人在周边种植了梧桐树遮阴，使之最终发展成为现代意义上的公园，并成为古希腊时期非常重要的景观。

② 古罗马时代城市景观。大约公元前 500 年到公元 1 世纪前后，古罗马帝国成为历史上罕见的强大帝国，版图扩展到北非与中亚，聚集了多种民族，建立了数千个“自由化”城镇和纳税城镇，形成多样的城市景观。

古罗马城市的设计思维来自古希腊的传统和占卜。两条线直角相交，东西、南北走向的主干路构成城市的主轴，交会的中心是广场。古罗马人对城市设计的贡献是在城市中修建了巨大的供水排水工程，整个古罗马城的供水渠道有 11 条，主要供给富人的别墅、公共浴室和喷泉。

富人有自己的别墅和华美的庭园。别墅多建在郊外的山坡上，居高临下，可以俯瞰周围的原野。园林倚山而建，山地被劈成不同高程的台地，以栏杆、挡土墙和台阶来维持联系。园中一系列带有柱廊的建筑围绕庭园，每组相对独立。水、植物、精美的石刻都是造园的重要元素。园林是规则式的，为意大利文艺复兴时期的园林奠定了基础。

古罗马城市的广场是公共活动的中心。富丽堂皇的门廊、柱廊及轴线对称式的建筑布局成为城市的美学基础。维特鲁威在《建筑十书》中提出了广场设计的若干准则，如广场的尺度应满足人们的需要，长宽比设计为 3 ∶ 2。广场包括柱廊、纪功柱、凯旋门等构筑物，体现出那个时期严整的秩序和宏伟的气势。大型公共浴池和圆形竞技场是古罗马人奢靡生活的反映。

古罗马时代城市景观构筑的过程中，古罗马人从古希腊人那里学到了城市建设的美学原则，如形式上封闭的广场、广场四周连续的建筑、宽敞的大街以及两侧成排的建筑物和剧场等。但是尺度与古希腊的不同，古罗马城市景观构筑的特点是大尺度与炫耀性，建筑形式更华丽、更壮观，以显示军事力量的强大与统治阶级的显赫。

2. 中世纪的城市与景观（公元 476 年—1640 年）

在 14 世纪以前的中世纪时期，社会生产力较落后，政治和宗教成为社会的主要意识形态，社会的生活形态和生活方式都决定了城市没有统一的规划设计，总体特点是小尺度，与古希腊很相似。城市是封闭型的，城市四周都用围墙围合起来，城墙上每隔一定距离筑有塔楼，组成守卫的中心点。城市经常会被敌人侵占，在街道展开巷战是非常普遍的事情。从有利防御的角度出发，街道布局非常凌乱，道路弯曲。狭窄的街道完全可以适应当时的交通与运输工具的通行，作为政治与宗教活动中心的广场也就成为街道空间的放大；这个时期的城市空间构成形式比较简单，基本上是为人而设计的，城市景观相对比较单一，建筑、街道、广场的尺度和人的行为尺度非常相宜，给人以亲切感。

中世纪的城市规划，通常不追求整齐有序，而是从需要出发，随机而定，因此城市发展经常是不规则的。城市的组成景观如同机器一样，部件位置确定彼此类似，并常用机械方式连接，整个变化均可由部件数量的增减来反映，可以拆散、修改，也可以更换部件。这一模式特别适合建设临时性的城市，历史上一些殖民城市的设计，很多就是这种情况。

文艺复兴时期（公元 14—16 世纪），随着资本主义的萌芽，欧洲在生产力与技术上都得到巨大的发展，同时思想上也发生很大的变化。在 16 世纪，以意大利为中心的文艺复兴运动，倡导人文主义世界观，提出以人为中心而不是以神为中心，肯定人的价值和尊严。倡导个性解放，反对愚昧迷信的神学思想，认为人是现实生活的创造者和主人。在这种历史背景下，无论是城市建筑，还是景观设计，都上升到一定的高度。建筑师阿尔贝蒂重新审视了维特鲁威的城市理论，提出了城市设计的原则：便利与美观，主张从城市的环境因素出发，合理地考虑城市的选址和选型，以理性原则考虑城市建设。一些经济和文化都比较发达的城市，如佛罗伦萨、威尼斯、罗马等，由于人口增长、城市扩大，建设了新的宫殿、官邸和广场；贸易和运输的发展则改变了城市的结构，在罗马城的改造中出现了笔直的干道，放射性地通向城市重要的节点。在这个阶段，人们通过将简单、有趣、有规划的幻想和景观艺术融合起来，强加到当时人们不了解和不关心的自然中去，以此来表现人们的权威和力量。这个时期的园林形式的代表是意大利的文艺复兴园林，如著名的法尔奈斯庄园、埃斯特庄园（图 2-1）和兰特庄园。

图 2-1　埃斯特庄园

3．近代的城市与景观（工业革命时期，公元 15 世纪—19 世纪）

工业革命是世界城市史上的转折点，城市景观变化巨大且迅速。工业革命最初从欧洲开始，由于工业化生产改变了传统的生产方式，城市中出现了大量的工厂，大量人口在较短时间内进入城市，出现了与工厂相配套的具有一定功能的区域。大量遗留下来的老城无所适从；在空地上建立新的城市，由于缺乏规划经验，城市的发展比较混乱。

资本主义大工业的生产方式，完全改变了原有城市的景观。工业区在城区或郊区建立，外围是简陋的工人住宅区，形成工业区与住宅区相间与混杂的局面；在城市中心或者市郊建立火车站；城市扩展后，城郊的火车站又被包围在城市之中，加剧了城市布局的混乱。

突出功能性是这个时期城市建设的典型特征。城市规划的目的是保障居住、工作、休闲与交通四大活动的正常进行。人们通过城市规划解决城市空间出现的问题，主要方式是功能分区，促使了功能主义规划逐渐出现。在城市建设中遵循经济和技术的理性准则，注意体现最新的科学技术思想和技术美学观念；把城市看作是巨大的、高速运转的机器，以功能与效益为追求目标。

近代工业化的迅速发展、信息化的提高，促使城市的现代化程度越来越高，交通功能的完善大大提高了人们出行的便捷性与机动性。

这种大变化的历史背景，促进了城市景观的快速改变，许多从前归皇家所有的园林逐步被收为国家所有，并开始对平民开放。城市公共绿地也相继诞生，出现了真正为居民设计，供居民游乐、休憩的花园或大型公园。这个时期的城市景观的发展可以分为三个阶段。

城市景观发展的第一个阶段出现在 17 世纪后的法兰西，这是最早的殖民时期。孚勒维贡府邸花园是古典主义园林的第一个成熟的代表作品。这座花园大规模地应用了同样简单的人格化的景观，它展开在几层台地上，每层的构图各不相同。路易十四在凡尔赛宫（图 2-2）布置了一对交叉的轴线，错落有致的花园所有的景观功能都一样，那就是装饰性，包括植物、家畜以及其他自然元素，都要接受主人的控制和摆布。通过有规则的装饰布置，使它们不像大自然那样复杂，而是简化为一个简单的可以理解的几何图案。这种对其领地和受其支配的自然有至高无上的权力的布置形式，象征着他是神的化身。这里野生的东西是被排除在外的，是一个围起来的、和外界隔离的、与自然分开的、人工的花园。

图 2-2　凡尔赛宫

城市景观发展的第二个阶段出现在18世纪。这个世纪城市景观发展的中心转移到了英格兰，这里开始出现现代景观的观点，认为人和自然是有可能结合的，一批风景建筑师开始利用画家、作家和诗人的想象，并使之与自然结合。查理二世的外交官坦普尔在题为《论伊壁鸠鲁式的园林》的文章中谈到，完全不规则的中国园林可能比其他形式的园林更美。英国作家艾迪生撰文指出："我们英国的园林师不是顺应自然，而是喜欢尽量违背自然。……每一棵树上都有刀剪的痕迹。……我认为树木应该枝叶繁茂而舒展生长，不应该修剪成几何形。"受中国园林、绘画和欧洲风景画的启发，英国园林师开始从英国自然风景中汲取营养。园林师布里奇曼在白金汉郡的斯托乌府邸拆除围墙，设置界沟，把园外的自然风景引入园内。此后，园林师肯特在园林设计中大量运用了自然式手法。他建造的园林中有形状顺应自然的河流和湖泊，起伏的草地，自然生长的树木，并在规则划分的地块中间修建了弯曲的小径。1730年前后，他用这种手法改造了斯托乌府邸。肯特去世后，他的助手布朗对斯托乌府邸又进行了彻底改造，去除一切规则式痕迹，全园呈现一派牧歌式的自然景色。这种新型园林使公众耳目一新，争相效法，于是形成了"自然风景学派"。

城市景观发展的第三个阶段出现在19世纪和20世纪。这个时期的科学、工业、农业等社会各个方面都取得了前所未有的发展，人类改造自然的能力得到增强，征服自然的工具威力越来越大，当人类向着他们所宣告的征服大自然的目标前进时，同时也创下了破坏大自然、重创生态圈的最深痛、最沉重记录。这种破坏危害了大自然中的各个生命物种，当然也包括人类自己，不仅对当代造成了难以弥补的创伤，也久远地恶化了后续子孙的生存环境。

1933年，国际现代建筑协会在雅典举行会议，讨论和通过了第一个国际性的城市规划大纲《雅典宪章》，提出了城市规划功能分区的思路，既是对此前西方城市改造的一种总结，也为以后的城市改造指明了方向。

城市景观的发展经历了尺度演进、生态演进、建筑演进等，最终以日臻成熟的面貌展现于世人眼前。

（1）城市景观的尺度演进。工业革命以来，随着科技的进步以及钢结构的应用，城市景观日益向"高""大"发展，典型代表是美国1931年建成的102层、381米高的纽约帝国大厦。摩天大楼的出现，一方面显示了人类的创造力量，改善了人们的居住条件，节省了城市用地；另一方面，也带来了一定的负面效应，如安全隐患等。

（2）城市景观的生态演进。工业化以来相当长的时间内，城市无序的发展状态，引发了诸多的"城市病"，其中最严重的是城市生态问题——工厂如雨后春笋般兴建起来，高大的烟囱林立，整个城市烟雾缭绕，能见度极低。一些国家开始改善城市环境。许多城市通过土地置换，建成公园与绿地，值得称赞的是1856年在喧嚣繁荣的美国纽约市中心建造的大型"城市绿心"——中央公园，面积达340万平方米，将原本是一片近乎荒野的地方改造成一大片田园式的禁猎区，有树林、湖泊和草坪，还有农场和牧场，以及动物园、运动场、美术馆、剧院等各种设施。

（3）城市景观的建筑演进。工业社会城市景观演进的一个很重要的方面表现在建筑上，工业化使大量的人口汇集于城市，带来了大量的居住需求，引发了现代建筑革命。现代建筑以简洁、经济、实用为特点，发展极为迅速。但现代建筑相对忽略了人们的多样性需求，是其主要弊端。

4．现代的城市与景观（20 世纪以后）

从 20 世纪开始，随着城市经济的发展和人们生活水平的提高，城市的功能和科技的增强达到前所未有的高度，城市设计潮流呈现出明显的多元化特征。其特征可以概括为四点：

（1）空间标志建筑化，道路交通网络立体化。高层建筑和超高层建筑成为城市的空间标志，道路交通体系形成高架—地面—地下的立体结构网络，大力开发地下空间。

（2）大型综合体成为城市的重点。大量多功能、综合性的巨型建筑出现，建筑面积达到 100 平方米以上，巨型建筑与超高层建筑结合，成为新的“城中城”，甚至出现了 500 ～ 800 米高的摩天大楼和“插入式”城市的概念，大跨度的公共建筑，如体育馆、会展中心等成为城市的重要视点。大型交通运输设施，如大型国际航空港、大型铁路枢纽都综合了城市的多种功能，成为城市空间中一项重要的组成部分。

（3）道路交通快速便捷化。大城市的封闭式快速道路穿越市区，大运量的轨道交通安全快捷，甚至出现更快速的交通方式，都大大缩短了城市间的时空距离。

（4）城市智能化。智能化管理得到广泛运用，出现了各种智能化的办公楼、居住区，信息网络化覆盖了城市的各个方面。

受到多元化城市设计思潮的影响，城市景观在各个阶段不可避免地呈现出不同的特征，这些特征交织在一起，共同构成当今城市独特的景观面貌。

2.1.2　西方早期的景观世界——人与自然的二元论

景观不等同于自然或者环境，它是通过人的主观和清晰的方式建造的。正如奥古斯丁 · 伯克指出：景观不是自然环境。自然环境是环境的实际产物，那是一种通过空间和自然与社会相连的关系。景观是上述这种关系敏感的体现。

古老的东方哲学讲究把自然和人作为一个整体来对待。大部分西方人相信世界（先不说宇宙）是包含着人与人之间的对话或人与人格化的上帝之间的对话的。这种观点的结果是：人，排他性地认为上帝给予他支配一切生命的权力，责成他为生物中唯一能征服地球者。这样，大自然就成为人类“追求进步”或“追求利润”等活动舞台上的无关紧要的幕布。要说自然被推到显著的地位，它也只是个被征服的角色，也就是说人对自然的征服。

麦克哈格在总结美国景观设计的失误时说：“我们的失误是西方世界的失误，其根源在于流行的价值观。在我面前展现的是一个以人为中心的社会，在此社会中，人们相信现实仅仅由于人能感觉它而存在，宇宙是为了支持人到达他的顶峰而建立起来的一个结构，只有人具有大自然赐予的统治一切的权力。实际上，上帝是按照人的想象创造出来的，根据这些价值观，我们可预言城市的性质和城市景观的样子。无须到更远的地方去寻找，我们已经看到了诸如热狗售货亭、霓虹灯广告、清一色的住宅、粗制滥造的城市和破坏了的景观等。这就是把一切都人格化，具有人的特点以及以人为中心的形象，他不是去寻求同大自然的结合，而是要征服自然。”

在我们中间，很多人相信世界只存在着人与人之间，或人与上帝之间的对话，而大自然则是衬托人类活动的淡薄背景。自然只是在作为征服的目标时，或者说得好听些，为了开发的目的时才得到重视，而开发不仅实现了前者的目的，还为征服者提供了财政上的回报。

由一神论衍生出来的伟大的西方宗教是这些道德观念的主要根源。所谓“人是公正和具有同情心的，无可匹敌的”等偏见都产生于这些宗教。不过，《圣经》第一章“创世纪”所说的故事，其主题是关于人和自然的，这是最普遍被人接受的描写人的作用和威力的出处。这种描写不仅与我们看到的现实不符，而且错在坚持人对自然的支配与征服，激发了人类最大的剥夺和破坏的本性，而不是尊重自然和鼓励创造。

在过去久远的年代，人类还没有足够的力量改变自然，他们持有什么观点对世界来说是无足轻重的。而今天，当人成为最大的破坏自然的潜在力量，自然的最大剥夺者时，人持有什么样的观点就变得十分重要了。人们想知道，随着知识与力量的增长，西方人对自然的态度和人在自然中的地位的态度是否有所改变。但是，尽管具有了全部现代科学知识，我们面对的仍是那种哥白尼以前的人。不管是犹太教徒、基督教徒还是不可知论者，他们还盲目相信人有绝对的神性和神力、人与自然分离、人支配和征服地球等观点。

在二元分离价值观的指导下，科学技术与人文艺术渐行渐远。前者致力于用工程措施解决自然环境问题，往往把与社会人文相关联的问题拆解成一个个单一的工程问题，比如用修堤筑坝的单一水利工程对付洪灾；后者深入到形而上学的主观世界中，常常和解决现实问题的客观方法背道而驰，比如在城市建设中只强调视觉效果的“城市化妆艺术”。近年来，科学与人文或者工程与艺术的二元割裂直接反映在了当代中国的景观规划设计专业实践中，最突出的是忽视生态和人文价值，仅仅关注视觉“美”的问题，由此产生了大量中看不中用的景观美化工程和金玉其外、败絮其中的奢华建筑。

二元分离价值观点，反映了古人古老的、愤怒的报复心理。这些观念既不接近实际，也无助于我们达成生存与进化的目标。人类巨大的破坏性力量是不值得称赞的，人对自然万物的依赖，要求人类与其经历过的并赖以生存的世界更加和谐。

2.1.3 西方城市古典园林的形成

西方现代城市景观的形成和传统造园有着密切的关系，它是以园林为核心内容发展起来的。从人类的发展历程来看，造园并不是人类与生俱来的，人类最初开始造园活动是受到了自然植物群的启发。西方园林的早期类型主要是圣林、园圃、场圃、乐园。圣林最早出现于公元前 27 世纪以前的古埃及，而乐园是波斯的园林类型，它们与古希腊的园林相结合，构成了西方古典园林的风格，形成了西方古典园林的雏形。

从西方国家，如希腊、意大利、法国、英国等国至今保留的古典园林遗址可以看出，西方古典园林的形成与当时的社会生活形态紧密相关，正如美国设计师汤姆逊在《20 世纪的园林设计——始于艺术》一文中写道：“在整个西方世界的历史上，园林设计的精髓表现在对同时期艺术、哲学和美学的理解。”因此，西方古典园林设计风格的形成是基于西方国家的自然、社会、历史、经济、文化艺术和宗教背景的。

意大利位于欧洲南部的亚平宁半岛上，境内山地和丘陵占国土面积的 80%，白天有凉爽的海风，这一地形和气候特点，是意大利传统园林——台地园的重要成因之一。意大利庄园的设计者多为建筑师，常用建筑设计的方法来设计园林，他们将庄园进行整体规划，以地形、建筑、植物、水体、雕塑及小品等构成一个环境整体，使庄园的各个景点融合于统一的构图之中。意大利古典园林艺术充分反映出古典主义的美学原则，园林布局采用中轴对称式，重点突出、主次分明、比例协调、变化统一、尺度宜人，设计师和艺术家们注重运用几何透视学原理来创造理想的景观效果。

意大利古典园林对法国的园林产生了深远的影响。法国园林在借鉴意大利园林设计手法和造园要素的基础上，进行了创新设计。法国园林创始人勒诺特尔就创造出堪与意大利园林相媲美的园林作品。在他的作品中，表现出一种庄重典雅的风格，即路易十四时代的“伟大风格”，这种风格体现了古典主义的灵魂，勒诺特尔把这一灵魂充分体现在园林艺术中。如他设计的沃－勒－维贡特庄园、凡尔赛宫等。这时期的造园风格均以豪华、壮丽的宫苑，表现帝王至高无上的统治权力。英国的造园风格受意大利文艺复兴运动的影响，基本上吸取了意大利园林的造园样式，后来法国的园林发展受到英国人的关注。18 世纪威廉 · 肯特和风景园林的出现标志着英国造园风格的正式形成。从此，英国造园在世界园林史上确定了重要的地位，并对西方造园艺术产生了极大的影响。英国古典园林的特点是花园面积较大，花园与自然中的树林、牧场、草地、湖面能很好地衔接在一起，这充分表现出自然的特征和自然的景色。英国园林的另一个特点是植物的广泛运用，自然风景式园林的开创者肯特以“自然厌恶直线”作为园林设计的新美学思想，通过精心构思与设计，使园林有了较好的景观效果。

意大利、法国、英国所形成的园林风格在欧洲风靡一时，这和它们国力的强盛有很大的关系（图 2-3）。由于人类生活在不同的地域，而不同的地理环境、不同的生活方式、不同的社会形态、不同的审美需求对人工环境大小、风格及规划布局的形式都会产生影响。西方古典几何式园林的形成，除了受以上因素的影响外，西方的哲学基础、美学思想、宗教的影响都起了一定的作用。西方古典园林美学思想是建立在“唯理”的基础上的，他们用古希腊“最美的线形”和“最美的比例”思想作为评判美与丑的标准，认为“最美”是由数字来衡量和确定的。艺术美来源于数的协调，只要确定了数的比例关系就能产生美的效果，其“黄金分割规律”学说和几何透视的审美思想对西方古典绘画、建筑、雕塑等产生了深刻的影响，西方古典园林的风格正是在这种美学思想的影响下形成自己特有的风格的。

图 2-3　邱园

2.2 西方艺术文化对景观设计的影响

西方当代艺术的发展，把艺术与设计引进全新的天地，艺术的概念推动了设计理念的拓展，对当代景观主义设计、新建筑的变革成果产生了巨大影响。

2.2.1 工艺美术运动

“工艺美术运动”起源于19世纪下半叶的英国一场设计运动，起因是由于当时简单的工业化批量生产造成了设计水平的下降，面对这种局面，“工艺美术运动”最主要的代表人物拉斯金、威廉·莫里斯及其艺术小组拉斐尔前派，主张继承传统，反对矫揉造作、华而不实的维多利亚风格，提倡艺术化手工艺产品，在装饰上推崇自然主义和东方艺术。“工艺美术运动”影响遍及欧洲各国，也影响了欧洲的园林设计。莫里斯认为：“庭园无论大小都必须从整体上进行设计，外貌壮观……。另外，庭园必须脱离外界，决不可一成不变地照搬自然的变化无常和粗糙不精……。”在“工艺美术运动”中真正受此影响并有所创造的是植林设计，但它还遗存着维多利亚风格的痕迹，设计师在设计中钟爱乡村田园的风貌和自然的景观，在不同功能的小尺度空间环境中构筑花园景观，追求简洁、纯净、高雅、浪漫的设计风格。“工艺美术运动”所倡导的自然主义和东方情调对传统规则式造园手法的留恋，同样也影响着园艺家杰基尔和建筑师路特恩斯，他们从大自然中获取创作的灵感，根据不同环境和景物的状况，把传统中的规则式园林和自然式园林两种设计手法相结合，以自然植物为造景主要内容，创造出各具特色的景观。这种设计思想及原则，成为当时园林设计的一种潮流，并对以后的欧洲园林设计，甚至对当今的城市环境景观设计都产生了深远的影响。

2.2.2 新艺术运动

新艺术运动是19世纪末、20世纪初在欧洲和美国产生并推广发展的一次影响面相当大的艺术实践活动。它涉及许多国家和众多设计领域，时间长达10余年，是设计史上一次非常重要、具有相当影响力的形式主义运动。它受英国“工艺美术运动”的影响，反对传统中烦琐矫饰的维多利亚风格和其他过分的装饰风格。同时，希望通过新的装饰风格来改变由于工业化生产造成的产品粗糙，以及人们对工业化时代所产生的一种恐惧和厌恶，重新唤起人们对传统手工艺的重视和热爱。由于新艺术运动在欧洲各国产生的背景相似，并没有形成一种统一的风格，而是利用自然中各种有机形态和简单的几何构成形式探索新的设计风格。

新艺术运动和景观设计的密切联系集中体现在建筑设计风格的探索上。其中最杰出的代表人物是西班牙“新艺术”建筑设计师高迪，他在作品设计中追求自然形态的曲线美，采用自然花草图案、阿拉伯风格的图案、抽象几何构成图形，并通过不同的组合手法、曲线装饰，在建筑和园林中极端地展示他的装饰才能，使其设计风格在新艺术运动中独树一帜。其中最能表现其设计思想和特点的代表作品有圣家族大教堂（图 2-4）、米拉公寓（图 2-5）、巴特罗公寓等，这些建筑在形体和立面细部装饰上完全采用了自然主义风格。另外，在景观设计上高迪也进行了大胆的创新与探索，在设计奎尔公园环境时，努力将设计、艺术、雕塑融为一体，企图设计一个与周围乡村环境和谐一体的公园，通过建筑表现其立体的绘画，装饰的动机充满了儿童式的想象和天真。极富韵律感的流线所构成的围墙、长凳、柱廊和绚丽多彩的马赛克镶嵌装饰，使整个环境生动活泼，充分展示了高迪的风格特点。

图 2-4　圣家族大教堂

图 2-5　米拉公寓

新艺术运动影响到许多设计领域，但是对园林的影响远不如建筑，即使在园林设计上有些探索，也是出于建筑师之手，他们的设计目标更多是从建筑语言的角度考虑的，园林设计并没有成为艺术运动的主流之一。因此，新艺术运动中的园林设计以家庭花园为主，尽管如此，其中有些建筑师在园林中的设计探索，给当时的园林设计带来了新的面貌，例如著名建筑师贝伦斯开创了用建筑的语言来设计园林的一种新的风格，这些园林与建筑紧密结合，形成一个整体，通过墙、绿篱划分成不同的空间，利用不同层次的平台贯穿空间，花架、长廊、敞厅成为造园的重要因素。

从开始追求曲线的形式，发展到直线与几何形状作为设计的主要形式，注重功能的需求，抛弃单纯的装饰性，成为新艺术运动追求的目标。所以，新艺术运动中的园林设计所产生的不同风格，对以后的景观设计也产生了广泛的影响。

2.2.3 现代艺术

到 20 世纪初叶（20 世纪 30 年代前），现代艺术有了蓬勃的发展，它们是建立在工业文明和技术进步的信念之上，以创造新的艺术形式为目标，逐渐将古典主义的具象艺术形式，从平面状态和较为单一的形式表现向着更为广阔的艺术设计领域拓展，人们对艺术的功能和形式有了更新的认识，在艺术观念上有了质的飞跃，艺术不再是仅供人们视觉和精神享受的产品，而是表现为更为广阔的自由世界，更加适应社会多元化发展的需要，艺术以不同的思想理念、不同的形式走向自然，走向社会并融入人们的生活。西方现代艺术所表现出的思想观念和艺术容量是超前的、巨大的，它为建筑设计、工业设计、景观设计、平面设计、视觉设计、家具设计等设计领域的发展提供了设计灵感，丰富了设计语言形式和艺术手段。

现代艺术起源于后印象主义的三位著名画家，即法国塞尚、高更和荷兰凡·高。从印象主义发现新路子的塞尚，并不赞成印象主义所描绘的对象溶解在光线之中，他反对印象主义过于注重光的描绘而忽略了物象的实体。塞尚的艺术原则是强调主观感受的重要性，要求根据个人的特殊感受和理性改造对象的形体，使之更单纯坚实和具有重量感（图 2-6）。

图 2-6 塞尚的作品

塞尚是第一个真正意义上用主体意志改变艺术对象的画家。他否定模仿自然，把客观物象条理化、秩序化和抽象化，所创造的艺术方法最后直接导致了立体主义的产生。

由于特殊的生活经历，高更在艺术追求上形成了独特的风格，摆脱了明暗对比法、立体法等约束，用平涂的画面、强烈的轮廓线以及主观化的色彩来表现经过概括和简化了的形；无论是形或色彩，都服从于一定的秩序，服从于某种几何形的图案，使绘画带有极强的音乐节奏性和装饰性，概括客观、色彩夸张、强调主观，这些构成了高更综合主义的特征，被他解放了的色彩则孕育了野兽派的诞生。

荷兰画家凡·高用强烈的色彩、奔放粗野的笔触和扭曲夸张的形体来表达内心世界的情感，他的这种表现方法直接影响了德国表现主义的产生（图 2-7）。

图 2-7　凡 · 高的作品

艺术家对主观创造性的强调是现代主义的精髓，在三位画家的努力探索下，艺术不再是对自然的模仿或再现，而是脱离了写实的束缚，促进了艺术向多元探索的方向发展。抽象派艺术、构成主义、立体主义、表现主义、未来主义、达达主义、波普主义等艺术形式相继产生，对现代设计艺术的发展起到重要的推动作用。

2.2.4　现代抽象派艺术

抽象绘画（Abstract Painting）泛指 20 世纪想脱离模仿自然的、传统的绘画风格和观念。20 世纪 30 年代到第二次世界大战后，由抽象观念衍生的各种形式，成为 20 世纪最流行、最具特色的艺术风格。抽象主义绘画创始人康定斯基最早画出了抽象绘画，他在其抽象理论著作《论艺术的精神》《关于形式问题》中，强调色彩和形的独立表现价值，主张画家用心灵体验和创造，通过非具象的形式传达世界内在的声音。他的理论涉及抽象形式的法则与美感、绘画中的音乐性、创作过程中的偶然性等问题，他的抽象艺术实践开辟了西方抽象艺术的先河。抽象艺术主要研究的是艺术的自律性问题，色彩和线条被当成一种抽象的元素，艺术家根据自身对形式美的感悟，创造自己的形，绘画从自由的、想象的抽象转向几何的抽象。“纯形式”本身成为艺术的意义所在。康定斯基的抽象绘画形式后来成为建筑与景观设计重要的形式语言。

另外，两位著名的抽象主义“风格派”画家蒙德里安和马列维奇，在继承康定斯基抽象理论的同时，探索和发展出一套与康定斯基的那种浪漫主义风格完全不同的抽象几何画风，使抽象绘画成为更加纯粹的形式表达。蒙德里安认为艺术存在着固定的法则：“这些法则控制并指出结构因素的运用、构图的运用，以及它们之间继承性相互关系的运用。”他在绘画作品中，采用非对称的形式，利用水平直线相交建构骨架，构成一种具有清晰和规则的造型形式，用大、小不同的正方形以及三原色和无彩色系，建立起具有内在联系和秩序感的视觉形象。他探索的目的在于寻找到一种运作过程的系统化方法，他和“风格派”的艺术家们认为，他们的创造过程不但要适合于图画的绘制和抽象雕塑的创造，而且能适合整个城市景观的建设，它的适用性已超出了绘画的范围，因此对形式法则的研究有着重要的意义。这一艺术思想对现代建筑设计观念的形成起到重要的作用，它使设计师们领悟到，形式是可以建立在一种清晰单纯的几何的逻辑基础上的，它使西方古典建筑从厚重的墙体和维多利亚式的风格中解放出来，转变成可以进行几何化的立体构成。因此，蒙德里安的绘画艺术对整个 21 世纪的建筑设计、产品设计、家具设计、广告设计以及后来的景观设计都产生了深远的影响。

几何抽象绘画的另一个开拓者马列维奇，他的画风同蒙德里安有很大区别，他的几何抽象绘画表现出更多的自由度，在平面的基础上寻找图形的内在平衡和秩序，使不同形态的几何图形构成强烈的形式感，通过几何图形的相互对置，使零散的画面取得整体的统一，利用形与色的相互映衬关系表现出某种构图的美学意趣。马列维奇创造出这种动态的、自由构成形式关系的目的是试图将他的至上主义艺术推广成为一种设计的普遍模式，将二维的画面转化为三维的空间。他的这种设想经过半个世纪的发展，终于成为当代很多建筑师和景观设计师们探索的一种表达形式，并被设计师们运用在实践工程中（图 2-8）。

图 2-8　马列维奇的作品

从抽象表现主义开始，当代艺术家在继承现代艺术的基础上，开始了新的实践和创造，力求寻找到新的艺术表现形式，他们探索新媒介、新模式或新的表现方式，并取得了令人瞩目的成就。以抽象表现主义为起点，以反对现代主义和变异现代主义艺术观念为目标，开始了新一轮的艺术变革，从而使艺术出现了一个新的面貌。其主要艺术流派有波普艺术、观念艺术、偶发艺术、环境艺术、行为艺术、大地艺术、人体艺术、光效应艺术、照相写实主义艺术和极少主义艺术等。

2.2.5 波普艺术

“波普”一词翻译成中文为大众的、流行的意思。波普文化是从英国一小部分知识分子中发展起来的，他们开始关注新的媒介——电视、电影、广告、摇滚乐等，与当时的文化、艺术、思想、设计建立起了紧密的联系。

从本质上来讲，“波普”设计运动是与以美国为代表推崇国际主义设计风格的分庭抗礼，是一个反现代主义设计运动。波普设计运动的倡导者认为大众文化是对国际主义设计风格的反叛，是大众文化对物质的崇拜，波普设计运动追求的新颖、古怪、新奇成为这个时代的主要设计特征之一。从总体来看，波普设计具有形形色色、变化无常的折中风格特点，没有确定的统一风格。所以，它被认为是一个形式主义的设计风格。

在波普艺术的影响下，景观设计师在不同的界面上利用各种材料进行探索与尝试。玛莎·施瓦茨是波普艺术景观设计的代表人物，她既学习了美术，又学习了风景园林设计，这为她开拓设计思路打下了基础。受波普艺术的影响，玛莎·施瓦茨在大众艺术与园林景观设计之间找到了一片可供开垦的处女地，她的设计跨越了高雅艺术与大众文化之间的鸿沟，开创了一种全新的园林景观设计形式。她认为现代园林景观的设计不仅是为了满足功能的需要，同时也是表达人们看待世界的思想方式，因此，她的园林设计作品是以戏谑代替严肃，以奇异的构思、大胆的造型、浓烈的色彩、重复或连续的集合秩序表达对景观的理解（图2-9）。

图2-9　玛莎·施瓦茨的作品

波普艺术在景观设计中的特点主要是：充分利用场地中固有的元素进行设计；利用非常规的材料创造大众化的园林环境；批判地继承现代主义构图原则和极简主义的设计特点。

2.2.6 拼贴艺术

拼贴是波普艺术的一种重要艺术表现形式。著名建筑师盖里借鉴了拼贴艺术手法构成了圣莫尼卡住宅建筑，他的这种创作设计理念与他生活的洛杉矶城市景观有着密切的关系，人们认为他的作品就是对构成洛杉矶城市各种元素和环境的评价。另一位美国建筑师埃瑞克·欧文·莫斯对废品非常感兴趣，他试图利用废品，采用波普艺术的拼贴手法构筑“废品建筑”，力求化腐朽为神奇，在大片荒废的工厂遗址尝试着他的构想。其作品“加里社团办公大楼”“3520海德大街”“8522国民大街”都不同程度地表现出废品拼贴的艺术形式。他的这一创意对当代工厂遗址景观改造有重要的启迪作用。

拼贴艺术以一种崭新的视觉形象出现在人们面前，无论是风格独特的建筑，还是环境设计都为人们展现了一个全新的景观。著名建筑师摩尔设计的美国新奥尔良意大利广场，采用了历史符号的拼贴手法，他选择了历史不同时期的符号，通过文脉的联系、象征性的表现、建筑语言的重构，创造了一个充满卡通式的、梦幻般的复杂空间和景观效果（图2-10）。

图2-10 美国新奥尔良意大利广场

2.3 西方现代景观设计

2.3.1 西方现代景观设计的观念与思潮

从20世纪40年代起，西方景观设计观念的二元化格局逐渐被打破，出现了多元化发展的态势。

1. 现代主义与景观设计

以美国现代主义景观设计师托马斯·丘奇在20世纪40年代设计的“加州花园”、1948年设计的“唐纳花园”为代表作。从唐纳花园看出丘奇的设计遵循四个原则：

（1）统一性，就是将整个建筑和庭院的平面作为一个整体考虑。他认为，建筑与庭院是一个整体，并非各自孤立，它们之间相互联系也彼此影响，建筑使得环境更加完整，环境则延续了建筑。

（2）功能性，就是服务于普通家庭的需求和使用者的审美愿望。

（3）简洁性，既能制造美感又能节约成本，这是丘奇好莱坞式的设计思想的体现。

（4）尺度感，人性化的尺度让各个部分的关系舒服并且愉悦。

唐纳花园表出现代主义景观的一些特征为：

（1）拒绝任何历史风格。现代主义建筑兴起的主要因素之一是新材料的运用和工业的急剧发展，人们充满着对现代主义新型表现形式的憧憬。

（2）景观是空间的而不是形式的。空间是无形无边界的，不拘泥于任何固定的形式和场景。

（3）景观是为人的。一切为人的使用目的。

（4）轴线的瓦解。师法自然，在动态中寻求平衡。

（5）建筑和庭院是融为一体的。

（6）植物是用来体现植物的实体和雕塑性等特征的个体。

2．后现代主义与景观设计

后现代主义思想大约产生于 20 世纪 50—60 年代，它没有一个明确的起始界限，当时西方科学技术的进步，促进了经济的快速发展。同时，这种发展所带来的环境问题日趋严重，人们对到处充满着机器的社会越来越感到厌倦，渴望人性的自我回归和文化价值的体现。人们开始向往田园牧歌式的生活。因此，后现代主义成为当时西方盛行的一种哲学与文化思潮，它影响到社会和文化的各个领域，涉及建筑、绘画、音乐、工业设计、景观设计、广告设计、平面设计、服装设计等多方面。

20 世纪 70 年代，受后现代主义影响的新的社会意识、科学思想、文化思潮、艺术风格与流派逐渐影响到园林景观设计，特别是新的艺术形式，如波普艺术、大地艺术、极简主义艺术以及建筑设计领域的解构主义思潮的兴起，为园林景观设计师提供了更加丰富的设计语言，后现代主义思想为现代园林设计的发展带来了新的设计理念和手法。这时期的园林设计师开始在多个方向和领域寻求创新与突破。

后现代主义园林景观是现代主义园林景观的延伸，是对现代主义园林景观的批判与继承。它的设计思想源于后工业化的发展，园林景观设计以地理环境、历史文脉为出发点，从科学、艺术、生态的角度寻找园林景观设计的意义，注重园林景观设计的艺术性、文脉性、生态性，以复杂性和矛盾性替代现代主义园林景观的简洁性和单一性，用高情感和高技术来倡导个性化和人性化，由于后现代的多元化设计思想的趋同程度不同，导致产生了多元化的设计手法和设计风格。在后现代主义思潮的影响下，现代园林设计与景观设计形成了特有的风格特点，这种特点主要表现在以下几个方面：

现代主义提出的“功能决定形式”的设计原则遭到质疑。后现代主义认为，设计应该崇尚以人为本的设计原则，关注人的情感与心理空间的体验，注重设计的人性化、自由化、个性化的追求。

现代主义设计思想表现为一种对传统的否定，而后现代主义在环境场所设计中强调历史文脉的延续性，在吸收传统文化设计元素的同时，不拘泥于传统的逻辑思维方式，使传统文化和现代文化相结合，从而满足现代人们的精神需求和物质需求。后现代主义在景观设计中打破传统设计的审美法则，采用非传统的设计形式，如混合、叠加、突变、错位、变异及象征、隐喻等手法，以期创造一种融感性与理性、传统与现代的多种设计风格。

受历史主义和文脉主义艺术思潮的影响，后现代主义作品中经常出现隐喻的手法，这种手法常带有创作者的个人情感、色彩和武断的作风，使建筑及环境的意义进入玄学之中。可以说隐喻无固定的形式，这种设计手法超越了现代主义对待地貌和植被的功能主义设计原则。

后现代主义园林景观注重对意义的追求，通过直接引用符号化的传统语汇或通过隐喻与象征的手法将意义隐含在设计之中，使园林景观带上文化性或地方性印迹。最常见的隐喻手法：首先是以筑波中心为代表的精神化隐喻，其次是非物质化隐喻，最后是明喻。园林景观设计中的隐喻是把自然再现为一种理想状态的图像，使观者将眼前的实际景象与一种熟悉的自然模式联系起来，产生思想或情感上的共鸣。

3. 解构主义与景观设计

在法国巴黎远离市中心的一个区域，居住着较多外来的移民，文化背景各异。在这里需要建设一个重要的科技文化活动中心。鉴于这一特点，拉维莱特公园最初的设计宗旨是强调“混合”的特性，将科学活动、文化展览、娱乐休闲、工业发展等相结合，将高雅与通俗、贵族与贫民、本土文化与异国文化艺术结合起来，为游客提供丰富多彩的活动，使其能被广大民众所接受。

当代哲学家德里达提出的解构主义哲学观对设计师屈米产生了重要的影响。屈米设计的拉维莱特公园，抛弃以往的先例，从中性的数学构形或理性的拓扑构成着手，设计了三个自律性的抽象系统，即点系统、线系统、面系统。屈米在 120 米间距的网格中用红色的钢结构构筑成“点”的形式；运用一个种有树木的林荫道和一条蜿蜒曲折的散步道构成“线”的形式；大面积的草坪、硬质铺地和修整过的地表、主题园构成了 “面”的形式。这三种构成体系各自都以不同的几何秩序来布局，相互之间没有明显的关系，从而形成强烈的交叉与冲突，构成了一个矛盾体。屈米正是受到当代波普艺术和观念艺术思想的影响，创造性地设计出了一种融不同思想观念、不同文化形态，被公认的解构主义杰作。解构主义的出现给建筑和景观设计带来了新的生机。

以屈米为代表的解构主义设计是现代主义设计和后现代主义设计之后的一种新的设计风格，其主要设计特点为反中心、反权威、反二元对抗、反非黑即白的理论。通过一系列由点、线、面叠加的构筑物、道路、树木、草地和场所创造出了一个与传统意义截然不同的公共性开放空间。整个公园完全融入周边的城市景观中，创造出了一个新型的城市公园景观。

4. 极简主义与景观设计

极简主义，又称最低限度艺术，是艺术评论家芭芭拉 · 罗斯在 1965 年提出的，是在解构主义的基础上发展起来的一种艺术门类。极简主义艺术产生于 20 世纪 60 年代的美国，主要体现于抽象几何绘画或雕塑。其作品最显著的特点是由三角形、矩形、立方体等简单的几何形体或由数个单一形体的连续重复所构成，反对追求个人表现而刻意夸张的行为，是一种无主题、非比喻、无参照的艺术。

极简主义景观在西方景观设计中的兴起，引起学术界和设计界的普遍关注，它创造性地融合了景观设计中的古典主义、早期现代主义和极简主义艺术的精神与形式，秉承了现代主义景观科学、实用、理性的传统，强调艺术在景观设计中的地位与作用，将景观简洁的形式与复杂的内涵结合起来，体现出强烈的现代感和理性化的特征。这种艺术表现形式很快就被彼得 · 沃克和玛莎 · 施瓦茨等先锋园林设计师运用到园林景观设计中。彼得 · 沃克综合了极简主义、古典主义和现代主义的表现形式，创造了独特的极简主义景观。在其充满神秘感的景观设计作品中，他运用简单的几何化形体、重复的结构形式，将自然材料以一种脱离这些材料原始的自然结构的方式集合在一起，创造出一种在新结构中产生新意味的视觉综合体验。例如“剑桥中心屋顶花园”项目，他的景观设计在当时引起很大的反响，并成为现代主义园林景观的典型代表（图 2-11）。

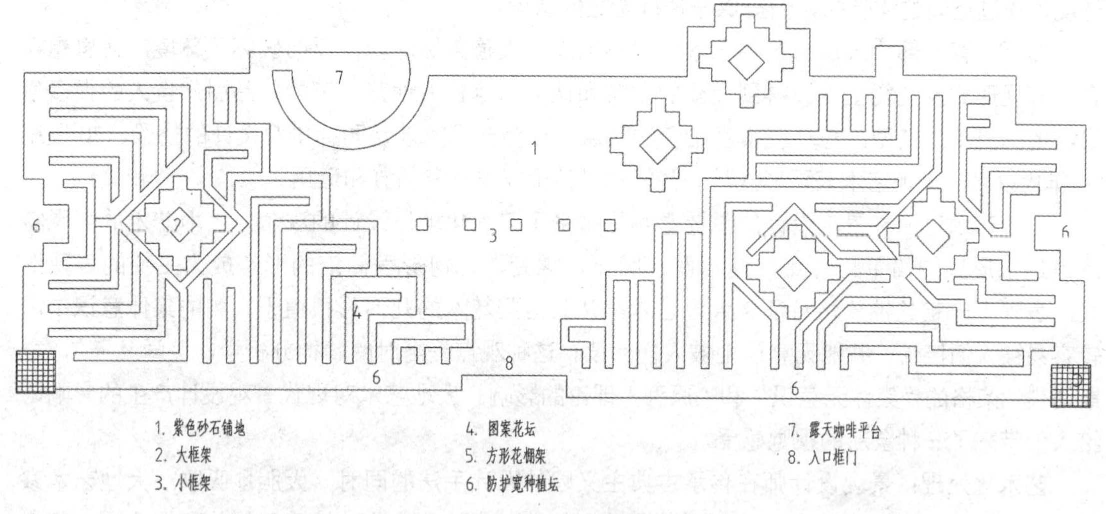

图 2-11　剑桥中心屋顶花园

极简主义景观设计的主要特点为：

（1）几何的平面构成形式。这种形式利用直线、弧线和螺旋线，通过几何构图形成简洁的、具有一定规律的秩序。如有的作品采用正方形的网格状构图，利用旋转错位、相互叠加的手法进行组合排列，产生一种简洁的美感。

（2）简洁的造型。极简主义的造型将形体简化到最基本的几何元素，将视觉对象减少到最低程度，力求以简化的符号形式表现丰富的内容；以简洁的几何体为基本语言，运用重复、几何化的结构形式将材料集合在一起。

（3）推崇客观的真实存在。极简主义景观设计不仅追求抽象的构成形式，而且强调客观的真实存在，表现的只是真实存在的物体，不表现除本身以外的任何东西，不参照也不意指任何属于自然和历史的内容和形象，以独特新颖的形式建立自己的环境特征。

（4）生态思想在设计中的渗透。极简主义景观在设计中对溪流、池塘、湿地、植被、树木系统注重保持其自然形态和生态作用，特别是在土壤和植被的处理上保持了良好的蓄水和排水性。

（5）植物在景观设计中的运用。极简主义景观设计的精华在于对自然要素的强化，规则的几何构图形式与植物的自然形态相辅相成形成对比，使环境产生一种纯净的美感和自然的张力。

（6）现代材料的运用。极简主义景观设计在广泛运用传统材料的同时，对现代材料的运用也得心应手，传统材料中的岩石、卵石、砂砾、木材等都以一种人工的形式表达出来，并纳入严谨的几何秩序中，表现出一种人工的美。现代材料中的金属、混凝土、反光玻璃等也大量地被运用在现代景观设计中。

5．大地艺术与景观设计

20世纪60—70年代，一些艺术家走出画室，来到野外，创造大尺度的雕塑作品。在创作中他们十分关注自然环境因素对雕塑的影响，并继承了极简艺术的抽象性，因此大地艺术是从雕塑艺术发展而来的。著名的大地艺术家有马克尔·海哲、罗伯特·莫里斯等，他们的作品被称为“大地景观”或“大地艺术”。这些艺术家试图通过作品来拯救被现代文明侵蚀与破坏的环境，通过空间的体验向人们提供一种概念性的认识。

然而，有一部分人认为这种艺术形式不但没有改善自然环境，反而破坏了环境，在思想观念、表现形式及功能上难以得到大众的欣赏和认可。尽管大地艺术家的作品引起世人的很多争议，但其简单的造型，与环境紧密结合的特点，成为艺术家涉足园林景观设计的桥梁。20世纪90年代以后，大地艺术表现形式被一些园林设计师或雕塑家借鉴和运用。

大地艺术对园林景观设计的重要影响是带来了艺术化地形设计的观念。大地艺术的表现特点是追求形式的简单化，点、线、面、圆弧、螺旋、几何形等简洁的形态成为主要的表现形式，表现出一定的抽象性特征。大地艺术家认为这些基本的几何形根植于人类的集体意识中，较容易被人们接受，并能无意识地被人们阅读。这种观点受当时的精神分析学、美学及卡尔·古斯塔夫·荣格的“集体无意识”和“原型”理论的影响。大地艺术对现代景观设计产生的影响，给人们带来了一种全新的视觉感受。

艺术化处理：景观设计师在传承古典主义园林设计手法的同时，大胆地吸收了大地艺术家的创作思想，用主观的艺术形式创造或改造园林地形，使艺术化的地形既能与环境协调，又能体现自己的特色，给人的视觉带来新的冲击力，艺术化的地形不仅能塑造宏伟的景象，而且还可以营造亲切的小空间。大地艺术和以往的艺术形式相比，创新之处主要表现在对自然要素的关注上，当他们选择了诸如沙漠、森林、草地或工业废墟作为设计场所时，同时也选择了与之相对应的创作材料，如沙、木、草等。

大地艺术与生态主义思想的融合：随着科学技术的不断进步，工业化进程的加快，人类生存的环境日趋恶劣。面对这种现状，许多大地艺术家都怀着一种社会责任感进行艺术创作。这主要表现在对现代工业废弃地的关注，艺术家通过在工业废弃地上的创作，对工业生产的副作用进行揭示和批判，以引起人们关注生态问题和社会问题。美国景观设计师哈格里夫斯的一些设计作品被认为是生态主义与大地艺术的综合体。他的设计常常通过科学的生态过程分析，得出合理而又夸张的地表形式，在突出艺术性的同时，遵循了生态性的原则（图2-12）。

图2-12　美国田纳西州查特诺加公园

2.3.2　工程技术影响下的现代景观设计

20 世纪 70 年代，随着工业的发展，新技术、新材料不断涌现，人们对未来的高科技产生了更多的创意构想。建筑设计界形成了一种“高技派”风格，其设计的作品崇尚“机械美”，强调工艺技术与时代感，凸显当代工业技术的新成就。在设计中采用暴露结构，如将结构构件、风管、线缆及各种设备和管道显露的设计手法，强调工艺技术与时代感。受高技派风格的影响和对新材料的青睐，当代景观设计师也开始选择金属、塑料、玻璃、合成纤维材料，采用现代高科技设计手段来营造空间环境。现代工程技术在景观中的应用集中体现在声、光、电等设计方面，如现代喷泉水景采用计算机程控技术和循环供水方式，使喷泉水景在供水和水的造型变化设计上有了很大的改善。因此，现代科技的发展为景观设计师提供了更多的可能，他们通过新材料、新技术的运用，结合光影、色彩、声响等表现形式，创造出了具有时代气息和强烈视觉效果的景观作品。

2.3.3　后工业景观设计

在欧洲和美国，工业生产的发展带来了生态环境和社会发展不平衡等许多问题，随着后工业时代的到来，现代化的新型工业生产逐步替代了过去的高能耗、高污染的落后工业企业，这些落后的工厂被要求迁移到城市的边缘和居住人口较少的地区，因此，城市中出现了大量的工业遗址。20 世纪 90 年代，景观设计师尝试用园林设计的手法对工业遗址进行再利用，后工业景观设计就是用景观设计的途径来对工业遗址的改造，在秉承工业景观的基础上，将衰败的工业遗址改造为能和现代城市的发展融为一体，满足现代人类生活需要的景观场所。1970 年美国景观设计师将西雅图煤气厂改造成公园，就是对工业遗址进行改造与再利用的先例。工业遗址由于受到工业生产的污染，要将这些受过污染的土地转变为绿色公园往往比一般的园林设计复杂得多。首先要利用恢复生态的技术对受污染的土壤、水体进行处理，尽快地恢复植被。在设计方法上主要有以下特点：整体保留原有场地的工业设施，如厂区的规划，厂区功能的划分，厂区道路及绿化的保留，厂区工业建筑物、构筑物和设备设施；保留厂区的部分景观片段，使其成为改造后场所的标志性景观；保留厂区中部分建筑物、构筑物、机械设备的结构和构件，如墙体、基础设施、框架、烟囱等。保留这些构件和设施的目的是希望通过它们看到以前工业场所的景象，唤起人们的联想和记忆。

当今，在大量的工业废弃地改造过程中，景观设计师运用科学与艺术结合的手段，以达到工业废弃地的环境更新、生态恢复、文化重建、经济发展的目的。德国曾经是欧洲的工业中心之一，从 20 世纪 80 年代后期到 90 年代，德国用现代化的工业生产方式替代了落后的工业生产方式，因此引发了一场大规模的工业遗址和旧工业区的更新改造，而对旧工业区的保护与再利用过程进一步促进了生态技术的发展，也促进了后工业景观设计的成熟。1989 年，德国政府决定将鲁尔区杜伊斯堡市北部钢铁厂遗址改造成公园。杜伊斯堡公园是德国 20 世纪 90 年代后工业城市公园的代表，其成功地将废弃的钢铁厂转变为具有新型文化内涵和多种功能的现代景观，对后工业城市公园设计产生了重要的影响（图 2-13）。

图 2-13　杜伊斯堡公园

2.3.4　泛景论与景观设计

泛景论认为，人类发展与社会进步的本质是生活形态的发掘和进步，当今世界是人、自然、人造系统组成的三极世界。其基本表现为：人——生活形态，人造系统——地景艺术，自然——生态控制与管理。泛景论将人类的一切营造，无论城市、街道、建筑、景观，还是农田、水库、道路、矿山，通通定义为人类为追求其生活形态而营造的物质媒介——人造系统，它与人、自然一起构成了客观世界。泛景论重视由于人造系统的建立造成的自然破坏，强调人造系统与自然的相互尊重、地脉与文脉的交融。提出以新的视点认识世界，以新的手法改造世界，目标是在人类扩展生活形态时，努力改造旧的、营造新的人造系统，使之与人类新的生活形态相适应，与自然相和谐。

泛景论的最大特点之一是将人造系统确认为独立的世界一极，从而让人们反思人造物作为独立的有内在规律的一极对人类和自然的影响，为今后的营建和改造制定正确的策略。人造系统有两个重要属性，即自身的生命周期和与自然的融合度。人造物因人类生活形态的需要而营造，也因生活形态改变而衰败，因此人造系统也具有生命周期。人造系统的另外一个特征是要与自然有很好的融合度。新的人造系统以何种方式融于自然，已与自然融为一体的人造系统如何发挥其价值，这些都是人类将要面对的问题。

人造系统有其独立的价值。随着历史的发展，许多人类所留存的遗址不再肩负过去的功能、生活形态，然而通过这些特定的符号，可以体现出不同年代的历史文化、民俗习惯、审美情趣等价值。

泛景论糅合了各种心理学、经济学、游憩学理论，同时将景观生态学、恢复生态学等理论相结合，提出了生态控制构想，在合适的空间尺度和时间尺度上解决人、人造系统与自然和谐相处的问题。泛景论作为一个新的理念尚未有大规模的社会实践，其目标就是在基地范围内营建一个与人类发展、自然生态相协调的人造系统。

2.3.5 可持续的景观设计

近年来，许多国家以城市可持续发展为主题举行了各种专题的学术研讨会，其中由联合国人居署发布的城市发展环境报告指出：“城市环境不仅包括水和空气等物质成分的质量、废弃物的处理率、噪声水平、邻里条件及开敞和绿色空间的可得性等内容，还包括生态条件、休憩活动的机会、景观与建筑的艺术形象以及城市的生活适宜度等内容。可持续的城市环境就是指在城市的发展中与地区、国家和全球生态系统内不断变化的生产潜力相协调的城市环境。”

著名的英国建筑事务所 RMJM 在其《环境设计手册》中这样写道：“建筑消耗全世界将近 50% 的能源，建筑占用 50% 的原材料，生产 40% 的人造垃圾，造成多达 35% 的环境污染”。美国麻省理工学院埃伦菲尔教授在解释“可持续”时说：“可持续是一种可能性，是一种人类和其他的全部生命能够在我们的这个星球上永远生生不息的可能性。可持续是文化的必然归宿，但绝对不能一蹴而就。现代的、技术化的客观世界其实就是人类和自然的各种病症的诊断和疗效方法的总和。”景观设计师玛吉 · 鲁迪克对“可持续”的解释是没有人知道它的确切定义是什么，“可持续”是人们意识到的一个问题，但对它的意识还不十分清晰，人们只是知道它的一些基本原则，如尽可能弱化人类的影响，关注自然系统，将环境健康和社会经济可持续发展结合起来，任何索取大于需求的行为都是反可持续原则的。

1972 年 6 月 5 日至 16 日，在瑞典斯德哥尔摩召开了第一次联合国人类环境会议，会议通过了《联合国人类环境宣言》；1992 年 6 月 3 日至 14 日，在巴西里约热内卢召开了第二次世界环境与发展会议，通过了《里约环境与发展宣言》《21 世纪议程》等重要文件，并签署了《联合国气候变化框架公约》《联合国生物多样性公约》，充分体现了当今人类社会可持续发展的新思想。随后，可持续的理念便渗透到各个领域。景观设计领域更不例外，1993 年 10 月，美国景观设计师协会（ASLA）就发表了《ASLA 环境与发展宣言》，提出了景观设计学视角下的可持续环境和发展理念，呼应了《可持续环境与发展宣言》中提到的一些普遍性原则，包括：人类的健康富裕，其文化和聚落的健康和繁荣是与其他生命以及全球生态系统的健康相互关联、互为影响的；我们的后代有权利享有与我们相同或更好的环境；长远的经济发展以及环境保护的需要是互为依赖的，环境的完整性和文化的完整性必须同时得到维护；人与自然的和谐是可持续发展的中心目的，意味着人类与自然的健康度必须同时得到维护；为了达到可持续的发展，环境保护和生态功能必须作为发展过程的有机组成部分等。作为国际景观设计领域最有影响的专业团体，ASLA 还提出：景观是各种自然过程的载体，这些过程支持生命的存在和延续，人类需求的满足是建立在健康的景观之上的。因为景观是一个生命的综合体，不断地进行着生长和衰亡的更替，所以，一个健康的景观需要不断地再生。没有景观的再生，就没有景观的可持续。培育健康景观的再生和自我更新能力，恢复大量被破坏的景观的再生和自我更新能力，便是可持续景观设计的核心内容，也是景观设计学根本的专业目标。《ASLA 环境与发展宣言》还提出了景观设计学和景观设计师关于实现可持续发展的战略，这些战略包括：

（1）有责任通过设计师的设计、规划、管理和政策制定来实现健康的自然系统和文化社区，以及两者间的和谐、公平和相互平衡。

（2）在地方、区域和全球尺度上进行的景观规划设计、管理战略和政策制定必须建立在特定景观所在的文化和生态系统的背景之上。

（3）研发和使用满足可持续发展和景观再生要求的产品、材料和技术。

（4）努力在教育、职业实践和组织机构中，不断增强关于有效地实现可持续发展的知识、能力和技术。

（5）积极影响有关支持人类健康、环境保护、景观再生和可持续发展方面的决策制定，价值观和态度的形成。

从 ASLA 的可持续景观概念出发，可以通过以下几个层面来理解可持续景观：

（1）生命的支持系统。景观是生态系统的载体，是生命的支持系统，是各种自然非生物与生物过程发生和相互作用的界面，生物和人类自身的存在和发展有赖于景观中各种过程的健康状态。如果把人与其他自然过程统一来考虑，那么景观就是一个生态系统，一个人类生态系统。

（2）生态服务功能。如果从生命和人的需求来认识景观，那么景观的上述生命支持功能，就可以理解为生态系统的服务功能，诸如提供丰富多样的栖息地、 食物生产、调节局部小气候、减缓旱涝灾害、净化环境、满足感知需求并成为精神文化的源泉和教育场所等。

（3）可再生性与可持续性。无论对自然生命过程还是对人类来说，景观能否持续地提供上述生态服务功能，取决于景观能否自我更新和具有持续的再生能力。基于以上几点，可以说，景观设计就是人类生态系统的设计，可持续景观的设计本质上是一种基于自然系统自我更新能力的再生设计，包括如何尽可能少地干扰和破坏自然系统的自我再生能力，如何尽可能多地使被破坏的景观恢复其自然的再生能力，如何最大限度地借助自然再生能力进行最少的设计。这样设计所实现的景观便是可持续的景观。

从当今对可持续发展理论上的探索来看，在景观的规划、设计和工程实施及管理等各个方面，可持续景观实现的途径有四个方面：

（1）可持续的景观格局。从整体空间格局和过程意义上来讨论景观作为生态系统综合体的可持续性，建立可持续的生态基础设施。

（2）可持续的生态系统。把景观作为一个生态系统，通过生物与环境关系的保护和设计以及生态系统能量与物质循环再生的调理，来实现景观的可持续，利用生态适应性原理，利用自然做功，维护和完善高效的能源与资源循环和再生系统。

（3）可持续的景观材料和工程技术。从构成景观的基本元素、材料、工程技术等方面来实现景观的可持续，包括材料和能源的减量、再利用和再生。

（4）可持续的景观使用。景观的使用应该是可持续的，通过景观的使用和体验，教育公众，倡导可持续的环境理念，推动社会走一条可持续发展的道路。

目前尽管对什么样的景观才是可持续景观正在进行定量研究中，但至少可以确定某种“可持续的景观”应该具备的某些基本特征，如在对非生物的自然过程的影响上，可持续景观有助于维持地上和地下水的平衡，能调节和利用雨水；能充分利用自然的风、阳光，能保持土壤不受侵蚀，保留地表有机质；避免有害或有毒材料进入水、空气和土壤；优先使用当地可再生和可循环的材料，包括石材、植物材料、木材等，尽量减少“生态足迹”和“生命周期耗费”。在对生物过程的影响上，可持续景观有助于维持乡土生物的多样性，包括维持乡土栖息地环境的多样性，维护动物、植物和微生物的多样性，使之构成一个健康完整的生物群落；避免外来物种对本土物种的危害。在对人文过程的影响上，可持续景观体现出对文化遗产的珍重，维护人类历史文化的传承和延续；体现出对人类社会资产的节约和珍惜；创造出具有归属感和认同感的场所；提供关于可持续景观的教育和解释系统，改进人类关于土地和环境的伦理。所以，一个可持续的景观是生态上健康、经济上节约，有益于人类的文化体验和人类自身发展的景观。

2.3.6　生态学与景观设计

生态学是城市社会学的一个门派，它试图运用生态学在动物、植物世界所归纳出来的规律去分析人类社会。现代生态学起源于达尔文的进化论，它告诉人们：物竞天择，适者生存。早在 200 年前，英国经济学家马尔萨斯在他的《人口原理》一书中提出：“人类不加节制地过度繁殖，将使自己沦于贫乏和困苦的境地。”该书给城市设计者的启示在于，环境是具有一定容量的，资源也不是取之不尽、用之不竭的。100 多年前，霍华德针对工业革命给英国城市带来的一系列问题，提出了城市空间的发展与环境相关联等论点。从 20 世纪 60 年代起，人们开始认识到环境评价对城市发展和自然资源管理的重要性。麦克哈格是第一个将生态观运用于城市设计领域的理论家。他把自然价值观带到城市设计上，强调分析大自然为城市发展提供的机会和限制条件，认为“从生态角度看，新城市形态绝大多数来自我们对自然环境演化过程的理解和反响”。

景观生态学是一个全新的概念，它是由德国的植物学家特罗尔提出的。景观生态学是地理学、生态学以及系统论、控制论等多学科交叉、渗透而形成的一门新的综合学科。它主要从地理学科和生物学科入手，将地理学对地理现象的空间相互作用的横向研究和对生态系统机能相互作用的纵向研究结合为一体，以景观为对象，通过物质流、能量流、信息流和物种流在地球表层的迁移与交换，研究景观的空间结构、功能及各部分之间的相互关系，研究景观的动态变化及景观优化利用和保护的原理与途径。从一些生态学专著和教科书的论述来看，生态学基本上被统一定义为“生态学是研究生物与环境之间相互关系的科学”。地球上所有物种都经历了形成与传播、繁衍与兴盛、衰落与临危，直至灭亡的过程，所有生命逐渐形成一个相互作用的、平衡的、由生命构成的生物圈，这个生物圈赖以生存的基础离不开土壤、空气、阳光、水等自然物质世界。人类生存依赖于地球上那些尚未完全开发的生产力，假设它们维持生命的功能丧失，或被破坏到衰竭得不可收拾的地步，那么人类也将无法生存。从生态学角度来看，所有的土地、森林、植被、空气、阳光和水域都是相互联系、相互作用的。

景观生态的研究包括以下主要内容：

（1）景观生态系统要素分析。即对气候、地貌、土壤、植被、水文和人造构筑物等组成要素特征及其在系统中的作用进行研究（图 2-14）。

（2）景观生态分类。根据区域内景观生态系统的整体特征和功能的调查，进行个体单元空间范围的界定以及群体单元的类型归并。

（3）景观空间结构研究。对个体单元空间形态和内部异质性的分析。

（4）景观生态过程研究。研究空间结构和生态过程的相互作用，它是景观生态评价和规划的基础。

景观生态学的应用领域主要包括生物多样性的保护、土地持续利用、资源管理和全球变化。

城市是人口相对比较集中的地方，城市的景观生态环境更容易遭到破坏，为解决城市发展中面临的问题，促进城市生态环境建设，联合国于 1971 年在“人与生物圈计划”中明确提出了要从生态学的角度来研究城市。

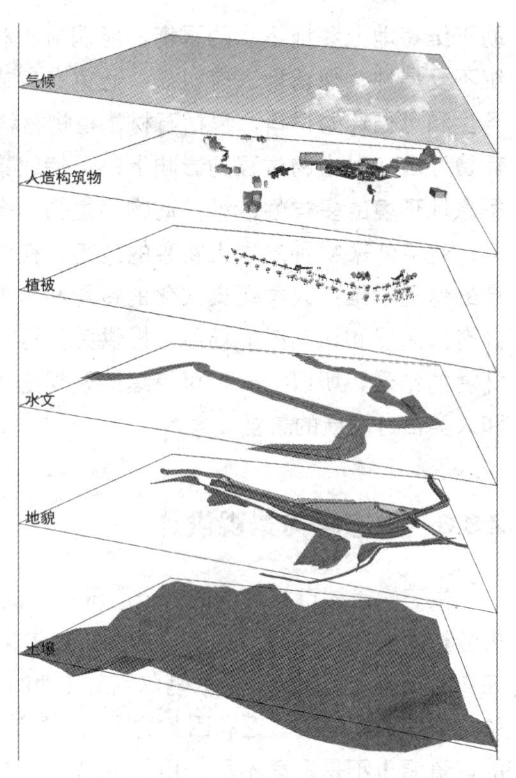

图 2-14　景观生态系统要素

生态城市建设是一项任重道远的工作，生态城市建设需要有良好的自然环境基础、强大的经济支撑、先进的科技条件、健康的文化背景、稳定的社会环境、社会成员整体素质的提高等。真正的生态环境是在自然的演变和发展过程中形成的，不同的生态环境会有不同的生物与之共存，如果用一种模式来对待生态环境设计的话，那么许多物种就会消亡。在景观设计中如果要强调景观的生态设计，也应该是与常规或结合环境有区别的设计，这是一种最低程度地降低对环境的负干扰的设计，是一种有限的“生态环境景观设计”。

我国的经济发展起步较晚，经济水平、科技水平和西方发达国家相比还存在较大的差距，人们的生态意识还很薄弱，因此，我国根据国情现状，发出了创建生态园林城市的号召，要求城市建设首先从生态园林城市建设入手，并颁布了《关于创建“生态园林城市”的实施意见》和《国家生态园林城市标准》。现阶段我国的城市景观设计与建设，必须将生态园林城市作为“生态城市”建设的阶段性目标。

第3章 中国城市化进程与景观设计

3.1 中国城市化进程与景观发展

3.1.1 中国特色的城市化发展进程

2018 年 8 月 29 日，参考消息网转载英国“每日邮报”网站 2018 年 8 月 24 日报道称，考古学家们在中国西北俯瞰秃尾河的一处山脊上发现了一座有 4 000 年历史的失落古城遗址。

这个被称为“石峁”的古城曾有一座作为中央宫殿的巨型阶梯金字塔，以及防御石墙、制作工具的碎片和多处布满了殉葬用的人头骨的葬坑。公元前 2300 年至公元前 1800 年是该城市最繁荣时期，曾经涵盖 988 英亩（约 6 000 亩）的面积。

该城市中的金字塔建在一座黄土山头上，拥有 11 级拾级而上的巨大台阶。由于该金字塔的高度至少为 230 英尺（70.104 米），因此在这个定居区域的每个地方（包括郊区甚至偏远的农村地区），都可以看到它。所以它很可能是在持续地提醒石峁古城的民众，不要忘记居住在顶部的统治精英的权威，这是有关“社会金字塔”的一个活生生的范例。

宫殿是用夯实的泥土建立在巨型金字塔顶上的，并采用了木质的廊柱和屋面瓦。当时的统治精英居住在金字塔建筑群内，那里很可能也是手工业生产的场所。在金字塔的表面发现刻有眼睛和人脸的图案。

在城门的外面，有一个巨大的开放式广场，可能是举行宗教仪式和政治集会的地方。

在石峁古城，群体献祭的做法是司空见惯的——仅在外围防御城墙的旧址上就发现了 6 处填满被砍下的人头的葬坑。在石峁古城的其他遗址中还发现与献祭有关的人类遗骸和玉器。玉器和献祭人员可能通过宗教仪式被填塞在石峁古城的城墙内，以强化其作为庄严的权力中心的意义，增强城墙的御敌功效，并使之成为完全意义上的权力场所（图 3-1）。

图 3-1　石峁古城

石峁古城曾拥有精心构建的文明，这说明在公元前 2000 年的时候，黄土高原曾出现了代表政治和经济中心地带的复杂社会形态。重要的是，研究发现与中原文明有关的铜器时代后期的核心标志，事实上很早之前就在石峁古城形成了。

关于中国城市发展阶段，中国人民大学王鸿生教授在 2011 年提出，如果从文明史的角度梳理中国城市的发展，根据中国历史发展的大坐标，中华文明史上的城市发展可划分为四个阶段：古代农业社会的城市；晚清至民国时期的转型城市；20 世纪 50—70 年代的计划经济体制下的城市；20 世纪 80 年代以来的现代城市（图 3-2）。

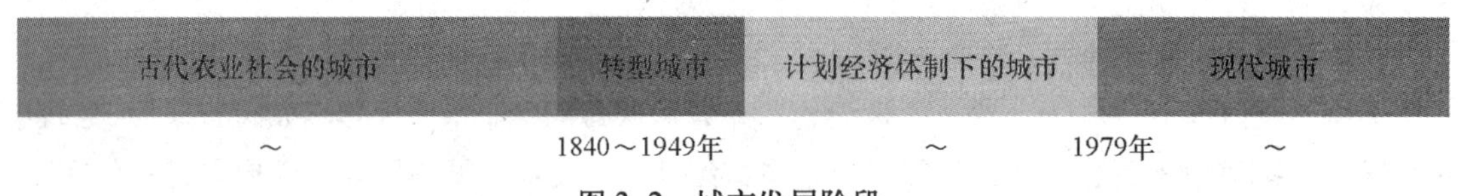

图 3-2　城市发展阶段

这四个阶段的中国城市，能反映中华文明不同的空间布局形式和中国人不同的生存方式。将这四个阶段串联起来，就是一部简明的中华文明空间布局形态演进史。

1. 中国城市发展的第一阶段——古代农业社会的城市

这是自然经济基础上在特殊地理位置形成的人居中心。相对中国北方游牧民族而言，古代城市只是出现在农业民族的聚居区。相对广大农村、乡镇而言，古代城市具有更加重要的政治、经济和文化功能。当然，传统农业社会的城市虽然可能很大，人口也可能很多，比如唐朝的长安人口就达到 200 万，但和今天相比，古代城市的复杂程度不高，开放度相对有限，其形态相对稳定，几千年基本上都无本质上的变化。

在中国古代，皇朝的都城是最典型的古代城市。比较有名的都城有秦朝的咸阳，西汉、隋唐的长安，东周、东汉、北魏的洛阳，北宋的汴京（开封），以及曾作为六朝古都的南京，元明清的北京等。这些城市都曾是都城，也都是重要的地域性中心城市。作为都城，这些城市首先是皇朝统治国家的中心，即政治中心，同时也是文化中心，但却不是经济中心，这是因为传统政治的功能是统治。中国的传统政治有中央集权的性质，都城就是古代国家机体的大脑和心脏，因而必然是政治中心。另外，由于政治权力在古代的社会生活中有主导性作用，政治权力对社会文化有着极大的影响，因而都城必然也是文化中心。反过来，传统社会的经济基础是自然经济，经济活动主要分布在广大农村地区，因而，都城只是最重要的消费中心而已，根本算不上经济中心。

中国古代社会除了都城规模宏大、人口众多外，全国还有数不胜数的地域性中心城市，这些城市是都城与广大农村地区联系的中间纽结，尤其是州府、县府所在的中小城市，其作用更为重要。在古代，中国传统文明的形式基本上没有改变过，因而都城在传统文明中的重要性也始终没有改变。比较而言，在古代许多其他文明的发展过程中，都城的功能还随文明的演变而有所改变。比如，古罗马在帝国时期是都城和政治中心、文化中心。但古罗马帝国时期产生的基督教后来成为国教，古罗马帝国灭亡后，基督教成为古罗马留给中世纪欧洲的精神遗产。自中世纪以来，罗马一直是欧洲的宗教中心，而法国的巴黎、英国的伦敦、德国的柏林、西班牙的里斯本等城市，则成为各国的政治中心。这显示了西方文明政教分离的特点。还如，在古巴比伦，城市的最高建筑是塔庙，塔庙是宗教中心和天文观测台，因而都城一般既是政治中心，也是宗教中心和文化中心。古代伊斯兰文明发展的过程中，虽有政教合一的特点，但宗教的影响往往要超越政治，所以，麦加作为圣城有特殊的地位。比较而言，中国古代有儒释道三教，儒家有文庙或孔庙，是每个城市的配属性建筑和文化仪式场所。佛教寺院和道观多半建在山中或郊野，十分注重风光和环境的优美，城里也有相当多的分布，这是为了方便与信众的交流。但从整体上看，古代中国没有宗教意义上的伟大城市。

这时城市的发展，有自发的因素，也有规划的因素。

古代一些城市是自发形成的聚居区——村镇的扩展；一些城市则是人们选择特定地址建造的。当然，自发扩展的城市也不排除相应的规划，选择并规划建造的城市也不能完全排除自发扩展的成分。

从自发的视角看，一个城市的兴起总有其人口和产业的基础，并有其地利之便，或傍山临水，或四通八达，主要还是所谓地利。总之，任何城市都存在于特定的地理环境中。地理环境是城市存在的自然基础，也给城市风光提供了大背景，因而城市总是和一定的自然景观相联系。

一些大城市的选址和规划，往往着眼于大格局，比如北京有“北依山险、南控平原”的地势，南京则是“虎踞龙蟠、依山傍水”，上海则可“通江达海”，西安乃是“关中腹地”且有“四方关隘”。 城市的地理位置决定了其宏观之景，就像一个人的体貌特征。但从理论上看，中国古人在规划包括城市在内的大小人居环境时，一般都会考虑风水，并要应用《周易》的理论，这形成了中国古代城市和人居环境的一个重要特色（图 3-3）。

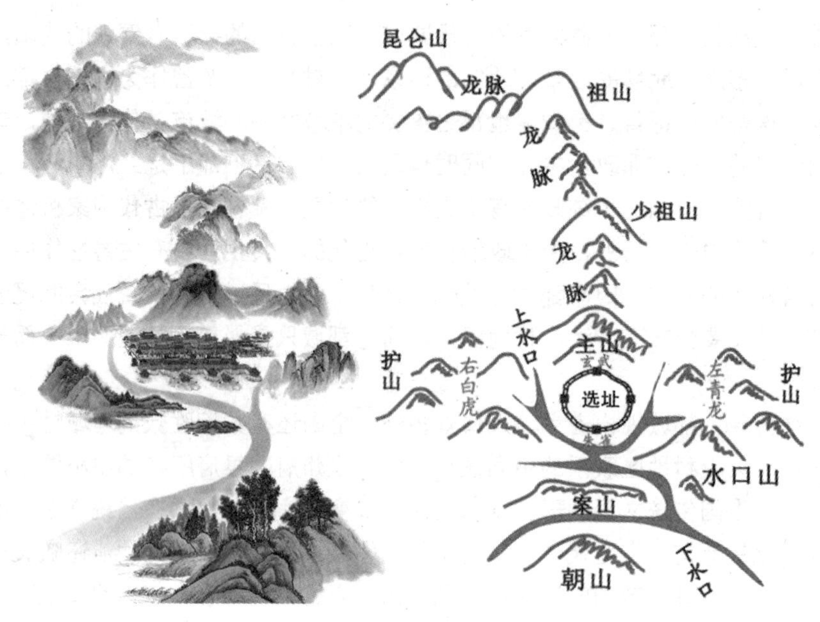

图 3-3 风水

明朝的北京城，以皇城为中心，皇城前左建太庙，右建社稷坛，并在城外南北东西四方分别建天坛、地坛、日坛以及月坛。皇帝每年在冬至、夏至、春分、秋分分别到四坛举行祭祀。天地日月、冬夏春秋、南北东西，这种对应显示了中国古代天人合一的宇宙观念。

中国作为一个拥有上下五千年文明史的东方古国创造了灿烂的古代文化。在城市建设方面也形成了自己的特点，体现着这一东方文明的内涵。

（1）城市发展沿革。商周时期，城意味着国家，受封的诸侯国有权按爵位等级建造相应规模的城。到战国时期，周朝的条令不再起作用，各地按需要自行建城，城市规模和城市分布密度大大提高。秦统一六国后，取消分封诸侯的制度，实行中央集权的郡县制，城市成为中央、府、县的统治机构所在地。以后 2000 年的封建社会中，这一体制基本沿袭下来。

（2）城市选址。中国古代城市选址原则可以概括为以下几个方面：选择适中的地理位置，即择中原则；考虑可持续发展的因素，即“度地卜食，体国经野”的原则；考虑自然景观及生态因素，提出“国必依山川”的原则；考虑设险防卫的需要；考虑水源及交通问题，往往选择水陆交通要冲。

（3）城郭之制。从春秋一直到明清，除秦始皇的咸阳外，其他各朝的都城都有城郭之制。城郭之制即“筑城以卫君，造郭以守民”“内之为城，外之为郭”的城市建设制度。一般京城有三道城墙：宫城（紫禁城）、皇城或内城、外城（郭）；府城有两道城墙：子城、罗城。

（4）筑城方法。夏商时期已出现了版筑夯土城墙；唐朝以后，渐有用砖包夯土墙的例子；明朝砖产量增加，砖包夯土墙才得到普及。城门门洞结构，早期用木过梁，元朝以后砖拱门洞逐渐推广。水乡城市依靠河道运输，均设水城门。此外为防御侵袭，有些城市还设有“瓮城”、“马面”、城垛、战棚、城楼等设施。

（5）都城布局。中国古代有两种城市形式：一种为方格网式规则布局，多为新建城市，受礼制思想影响，实例较多，如北魏、隋朝、唐朝的洛阳，元大都与明朝、清朝的北平；另一种为较为自由的不规则布局，多为地形复杂或由旧城改建的城市，受地形或现状影响较大，所谓“凡立国都，因天材，穷地利。故城郭不必中规矩，道路不必中准绳”。实例如汉朝的长安，南朝的建康。具体来讲有以下三方面的特点：

① 居住区。为加强对城内居民的控制，宋朝以前各朝均实行里坊制度，即把城内居住区分为许多里坊，内有街巷，四周用高墙围起，早启晚毕；北宋后由于城市发展而取消，代之以商业街和街巷的布置形式，并用“厢坊”或“保甲”等制度来控制城市居民。

② 市场。唐朝以前城内的市场集中在某几个里坊内，设有市楼或市署，由市令管理，和里坊一样按时启闭；在里坊里有少量零星分布的小商店；在城外、郊野可自由设市，称为“草市”。北宋以后，随着商业的发展，基本废除了击鼓而集的里坊式市场，形成了开放的商业街以及集中于庙宇内的市场贸易。

③ 娱乐场所。从南北朝到唐朝多依靠宗教寺院及风景区作为城市居民的娱乐场所。汉朝以后三月上巳去郊外水边修禊以及九月重阳登高的风俗逐渐盛行，市民出城踏青、春游、秋游也渐多。如唐长安城南的曲江，宋朝东京郊外的名胜和一些私家园林，都是春游胜地。

（6）道路系统。中国古代城市绝大多数采取以南北向为主的方格网布置，这是由建筑物的南向布置延伸出来的。为适应各地不同的条件，在具体处理上也是因地制宜的。在地形完整的新建城市（如隋朝大兴城）中，采用均齐方整的布置方式；而在有山川河流或改建城市（如南朝建康、汉朝长安）中，则根据地形随意变通，不拘轮廓的方整和道路网的均齐。城市道路在宋朝以前都是土路，没有路面，宋朝以后的砖石路面在南方城市得到广泛的应用。

（7）都城绿化。中国古代对都城绿化都十分重视，历代帝都道路两侧都种植树木，北方以槐树、榆树为主，南方则以柳树、槐树并用，由京兆尹（府）负责种植管理。对于都城中轴上御街的绿化布置，更为讲究：路中设御沟，引水灌注，沿沟植树。这种道边植树的做法，唐朝时传到了日本。

（8）防火问题。宋朝东京发展很快，房屋密集，接栋连檐，常有火烛之灾，所以设立了消防队。城内每隔一里允许设负责夜间巡逻的军巡捕，并在地势高处砖砌望火楼瞭望。南北朝以后，都城及州县城设鼓楼供报时或报警之用。从元大都开始，在城市居中地区建造高大的钟楼与鼓楼。

（9）排水处理。汉朝长安已采用陶管和砖砌下水道；唐朝长安则在街道两侧挖土成明沟。宋东京有四条河道穿城而过，对用水、漕运、排水都大有好处。明朝时北京设有沟渠以供排泄雨水，并设有街道厅专司疏浚掏挖之职。清朝北京沟渠疏浚由董姓包商世袭承揽，称为“沟董”，并绘有详尽的北京内城沟渠图。

（10）城市规模。中国古代都城规模之大，在世界古代城市建设史上是少有的。在世界古代城市面积比较中，中国古代都城占据了前七名。

总的来说，我国古代城市建设，在理论上有其独特之处，有大量的优秀实例。我国古代等级森严的周礼制度，注重天、地、人相互关系的风水理论，对我国古代城市建设有极其重要的影响。而著名的五大古都（西安、洛阳、开封、南京、北京）是中华民族宝贵的历史遗产。所有这些都是现代的中国规划师、建筑师们应高度重视，认真加以研究、借鉴和学习的。

2．中国城市发展的第二阶段——晚清至民国时期的转型城市

此时中国城市开始转型，城市面貌开始发生极大的变化。这是由于西方资本主义的影响，使传统城市的形态和功能发生了部分变化，逐渐向现代城市转型。这一时期的城市居民成分更加复杂，产业格局也大为改观，尤其是工商业成为推动城市发展的重要力量。此外，由于西方文化开始冲击中国传统社会，城市首先成为两种文化交融和碰撞的前沿，中国沿海沿江一带的城市文化风气开始变化。从直观上看，中国城市的建筑风格也发生了变化，西式建筑包括教堂、一般性的住宅和公共建筑，开始融入中国的城市，使一些城市在外观上有了浓厚的西方特色。城市建筑外观变化的后面还有深刻的政治、经济和文化背景。晚清时期中国沿海沿江的一些城市中，如上海、天津、汉口等，出现了外国租界。据统计，从 1845 年英国按《上海租界章程规定》取得第一块租界，至 1902 年奥匈帝国设立天津租界，中国土地上先后出现了 27 块租界（图 3-4）。

图 3-4　法租界

租界是列强借不平等条约取得公民领事裁判权之后，在中国城市中按照自己的意愿构建起来的相对自治的区域。外国人在租界投资办厂或从事贸易活动，建教堂，办学校、医院，当然还会有烟馆、妓院等。租界的出现很能代表中国近代城市的特色。

一般而言，租界的经济文化繁荣程度要高于周围地区，比如繁荣时期的上海租界就曾被称为“十里洋场”。有租界的城市一般都有地域之便，且有较大的市场和较频繁的贸易活动。有的租界还逐步成为城市的商业中心，拉动了其他行业的发展，从而对城市的布局产生影响。此外，租界在一定程度上也刺激了中国民族资本主义的发展，传播了西方民主、科学文化和宗教信仰，甚至还吸引了相当数量的中国上流阶层进入租界居住。此外，清末和民国时期中国政局乱象丛生，外患不断，相比而言，租界的自治权排斥了中国的行政权，租界内公共设施较完善，治安相对平

稳，这还为某些中国人物提供了庇护，在战争时期甚至一度成为平民避难的场所。

从总体上看，晚清和民国时期的中国城市开始走出传统城市那种稳定不变的模式，向现代城市转型，这是中西文化交汇时期中国的人居空间的变化。其中东南沿海和沿江一带的城市和一些沿边城市变化较大，发展较快，最典型的有上海、广州、武汉、青岛、天津、哈尔滨等。晚清时期中国的香港、澳门由于不平等条约，整个城市都成为特殊的租界，受到西方文化的影响，城市面貌变化更大。相对而言，中国大多数中部和西部城市虽然受到了西方文明的冲击，但整体上还是保留了传统的特色。这与当时中国经济社会发展的区域性和阶段性密切相关。值得一提的是，这一阶段中国传统文明的现代转型之路曲折崎岖，中国城市发展的内外环境险恶多变，城市发展的形态往往被扭曲，甚至被打断和破坏。当然，由于 1949 年中国政治环境的变革，这种城市转型的模式也未能持续。

3．中国城市发展的第三阶段——计划经济体制下的城市

中华人民共和国成立之后，在 20 世纪 50—70 年代实行了严格的计划经济体制，此阶段中国的城市格局、面貌、功能和运行机制都发生了极大的变化。从总体上看，城市的工业得到了较大发展，农村则建立了人民公社，城乡之间形成了所谓二元结构，城市和农村之间的产品和人员的流动，都被完全纳入了国家的计划经济体制之中。

这一时期的中国城市，在发展格局上有一个明显的特点，即东南沿海原来那些工商业比较繁荣的城市，由于朝鲜战争和台海对抗而未能继续繁荣发展。这一阶段的城市有两个重要变化（图 3-5）。

西安的大庆路是20世纪50年代苏联对华援建的175个项目之一的西电公司配套设计建设的，全长6. 6千米。路中间是一条宽约100米的绿化带，绿化带南北两侧是两条主干道，整个大庆路宽度将近200米。

图 3–5　大庆路

其一，中国在前两个五年计划（1953—1957，1958—1962）时期，由于建设苏联援助的156个大型工业项目，一些有工业基础的城市有新的工业项目上马，因而有了新的发展。这些城市中有长春、抚顺、哈尔滨、沈阳、鞍山、洛阳、太原、武汉、兰州、重庆，甚至包括北京在内，都增加了工业项目。此外，还出现了一些新建设的工业城市，如白银、包头等。

其二，三线建设（1964—1978）时期，原来集中在大城市中的一些军事工业项目，出于战备的目的搬迁到山沟里，这使得中国中西部一些省份的工业有所加强，东南沿海城市的发展仍然受到抑制。

从总体上看，中国的工业在城乡布局方面更加分散，但在全国的分布方面趋于均衡。从城市功能的角度看，20 世纪 50—70 年代的中国城市有一个最大的特点，即“单位化”。在实行对城市工商业的社会主义改造之后，严格的计划经济体制使所有“城里人”都成了“单位人”，单位全面的人事管理辅以城市严格的户口管理，使得城市各单位之间、城乡之间人员的自由流动完全受到了限制。城市的总体发展基本上由中央政府的计划控制，城市区域的发展完全呈现为“条块组织”的延伸。

在这种体制下，城市的市场功能大大弱化，文化活力明显减退，长期发展的动力在逐步消失。

4. 中国城市发展的第四阶段——20 世纪 80 年代以来的现代城市

20 世纪 80 年代以来，中国的城市发展进入了一个全新的阶段。“改革”是推动中国城市发展的最大动力。具体来看，中共十一届三中全会以来，执政党坚持以经济建设为中心，先后推出一系列经济体制改革的政策，诸如农村土地承包，使得农民有闲暇时间进城务工；在城市推进经济体制的改革，推动了非公有经济的成长，中国城市的经济成分开始多元化；在市场经济发展的过程中，中国的城乡一体化进程也逐步开始。

中国改革的推进离不开城市的开放。实际上，中国的改革除了农村土地承包制度之外，主要是在城市进行的，许多改革的措施都是在城市先行先试的。

具体来看，中国的开放，也就是首先把一些城市推到改革的前沿。比如，中国在 1980 年开始创办深圳特区，到 1984 年又进一步开放天津、上海、大连、秦皇岛、烟台、青岛、连云港、南通、宁波、温州、福州、广州、湛江、北海等 14 个沿海港口城市。1992 年国家又对 5 个长江沿岸城市，东北、西南、西北地区 13 个边境市县，11 个内陆地区省会（首府）城市等，实行和沿海一样的开放政策。实际上，城市的开放度在一定意义上反映了中国改革推进的广度和深度（图 3–6）。

图 3–6　西安鸟瞰

改革开放的政策带来了市场力量的加强、科技的进步和管理水平的提升，推动了中国城市的发展。

改革开放以来，中国城市的外观和格局、城市生活的内涵、城市和乡村之间的关系等，都发生了令人惊奇的迅速改变。中国内地甚至把社会发展的总趋势概括为“城市化”，即中国的发展也就是一个城市化的过程。

在城市化过程中，许多农民进城务工；进入大学的农民子女毕业后，许多人在城市找到了新的工作；由于农业生产所需劳动力减少，第二、第三产业则逐步发展，农村人口也有向乡镇、县市和区域性中心城市转移的趋势。因而，中小城市和区域性中心城市逐步发展起来。从历史的角度看，这种城市化对应着中国由农业社会向工业社会和后工业社会的过渡。

改革开放以来，城市的单位之间，甚至城乡之间，人员开始相对自由地流动，这令城市居民的结构发生了变化。尤其是在 20 世纪末期国家推进住房商品化，居民购买商品房引入了贷款机制，这令城市的房地产业迅猛发展，房地产市场的扩张加速了中国的城市化进程。与此同时，城市人的生活方式也发生了很大变化，城市体系逐步复杂，服务业得到了长足发展；城市产业中的科技含量提升，管理体系逐步现代化。当然，中国城市的迅猛发展，也暴露出一系列不尽如人意、前所未有的问题，如堵车问题、环境污染问题、人员在全球化时代自由流动条件下的社会安全问题等。

3.1.2　中国特色的城市景观设计

1. 中国古代的城市景观设计

中国古代城市的发展有着与其他文明截然不同的历史形式，但控制这种形式的力量就是王权和宗教。从中国历史上第一个朝代夏朝开始，到春秋战国时期，中国的城市建设主要表现在以宫室为主体的高台建筑群落上。中国古代的城市，特别是都城和行政中心，往往是按照一定的制度进行规划和设计的。《周礼 · 考工记》中提出的中国古代城市营建中最完整的思想体系和设计原则是官衙居中，尊祖重民，功能清晰，严谨规整，棋盘式的街道和街坊的划分体现了主次有序、均衡稳定的空间构图，符合中国古代社会的政治理念和审美观。

历代王朝都倾注全国的力量建设都城，犹以唐史前长安、元大都、明清北京城为最。

汉长安城是经秦咸阳兴乐宫、章台、轵道等宫殿、道路改建而成的都城。城墙全部用黄土夯筑而成，高 12 米，宽 12 ～ 16 米；墙外有壕沟，宽 8 米，深 3 米。

长安城城垣周回 60 里左右（汉里），城高 3 丈 5 尺，四周各开 3 座城门，四面都有渠水或河水环绕。南面由东向西依次为覆盎门（杜门）、安门、西安门；西面由南向北依次为章门、直门、雍门；北面由西向东依次为横门、洛门、利门；东面由北向南依次为宣平门（东都门）、清明门、霸门。由于是先建宫殿居宅后围城垣，里面有建筑物的限制，外面西侧又有泬水限制，秦汉时的渭河河道也比现在要偏南许多，紧逼着汉长安城城区，在北侧也限制着城墙的修筑，所以汉长安城的城墙除东面平直以外，其他三面均凸凹曲折。当时城中宫殿所占的面积还不到一半，有相当大一部分民居。汉武帝时大兴土木，在未央宫北面增修高祖时草创的北宫，并新建有桂宫、明光宫等宫殿群，占去城中大部分空间，普通居民的居住区域只剩下很小一部分。

因城墙建于长乐宫和未央宫建成之后，为迁就二宫的位置和城北渭河的流向，把城墙建成了不规则的正方形，缺西北角，西墙南部和南墙西部向外折曲，过去称长安城“南为南斗形，北为北斗形”，或称为“斗城”。汉长安城内的街道布局，古人有“八街九陌”的说法，街道布局与宫殿的平面布局一样，都不够规整。文献记载汉长安城的一般居民区共划分为160个里。在长安城北面的横门东西两侧，设有九个市进行交易；另外在覆盎门外也设有市，城南还有专门交易书籍的“槐市”。

汉长安城是古丝绸之路起点、发源地、决策地，是与古罗马城并称的世界上最早的国际化大都市，是当时世界上规模最大的城市，因而有“东长安，西罗马”的美誉。2014年6月，汉长安城未央宫遗址作为“丝绸之路：长安—天山廊道的路网”的起点被列入世界遗产名录。

自宋代以后，由于经济和贸易的发展，城中的商业、娱乐、休闲等活动活跃，导致坊里制的分区形式解除，拆除防墙，沿街开店，城市生活丰富多彩。住宅布置在巷内，以取得安静的环境，“街巷结合”成为一种新的道路和分区系统的形式。

南宋绍定二年（1229）的《平江图》是世界上第一幅用精确比例绘制的城市设计图。该图描绘了宋代平江（今苏州）的城市空间结构——矩形网状的街巷与河网相结合，行人与商业在前街，水源和交通（舟运）在后河，这种“前街后河”的城市空间系统，也成为城市的景观特色。

明清北京城被公认是世界罕见的城市设计杰作。15世纪初，由元大都移位发展并扩建而成，遵循了自古以来都城设计的形制，又因地制宜地引入西山的水系，在城市中心形成三片水面，使占地62平方千米的内城空间结构既严谨又生动，同时整个人造的都城又包含着自然的形态，格网式的道路系统，以及按功能不同而宽度各异的大街、小街、胡同，有机地组成网络。

2. 古代园林是影响城市景观设计的重要资源

中国古代的城市景观不仅依存于城市设计，同时各时期丰富的园林景观也成为体现城市特色景观的重要资源。

中国的造园历史悠久，是世界园林起源最早的国家之一，素有“世界园林之母”的称号，在世界园林史上占有极重要的位置。纵观中国的古典园林发展史，大致经历生成期—转折期—全盛期—成熟期—成熟后期五个时期。

（1）生成期——商周秦汉，以皇家园林为主，园林规模宏大。殷商时期（约公元前130—约公元前1046年）出现的“囿”，是最早园林的雏形。苑囿多借助天然景色，以围篱的形式，种以蔬菜，放养动物，供帝王狩猎之用。苑囿地域宽广，一般是方圆几十里甚至上百里，供奴隶主在里面进行游憩、礼仪等活动。娱乐活动不止供狩猎之用，还是欣赏自然界动物活动的审美场所。

周朝的灵囿、灵沼（养殖、灌溉）、灵台（观天象、祭祀）标志着中国园林史的真正开始。秦汉时期处于由囿向苑转变的发展阶段。秦始皇完成六国统一后，大肆营建宫苑，以彰显帝王至高无上的权力。最有名的是阿房宫，规模宏大，气势雄伟。

汉武帝时期在长安城城垣外面有三个大的发展，即在城西和城南分别修筑建章宫和明堂，在城西南开凿昆明池，以及拓展上林苑。建章宫建在未央宫西侧，周回30里，规模比长乐、未央两宫都大，可俯视未央宫，有凌空阁道，跨越城墙，连通未央宫。

昆明池开凿于汉武帝元狩三年（前120年），是一个大型人工湖泊，周回40里左右，占地300多顷，是供练习水战、游览和模拟天象的地方。园林早先的狩猎功能依旧，但已转化为以游憩玩赏为主。当时的造园概念比较模糊，总体规划较粗放，设计较原始。

汉代建筑艺术的发展，为木结构建筑打下了深厚的基础，形成了中华民族独特的建筑风格，各种形式的屋顶造型及建筑色彩丰富了园林建筑的多样化形式。

(2)转折期——魏晋南北朝，私家园林突起，寺庙园林兴盛。多年的政治动乱和社会动荡，使得传统的礼教随帝王权势兴衰，让人们逃避现实而转向自然。受山水诗、山水画的影响，以可观、可居、可游为主体的私家园林作为一个独立类型异军突起。魏晋南北朝时期的狩猎、通神、求仙的功能基本消失或仅保留象征意义，游赏追求视觉美的享受成为主导。佛教和道教的流行，使寺庙园林开始兴盛，对风景名胜区的开发起着主导性的作用。

(3) 全盛期——隋唐，写意山水园兴盛，私家园林开始发展。隋唐时，皇家园林的“皇家气派”基本完成，规模的宏大反映在总体布局和局部设计上，出现了一些像西苑、华清宫、大明宫、九成宫等具有代表性的作品。大明宫是大唐帝国的大朝正宫，唐朝的政治中心和国家象征，位于唐京师长安（今西安）北侧的龙首原。大明宫始建于唐太宗贞观八年（634 年），原名永安宫，是唐长安城三座主要宫殿“三大内”(大明宫、太极宫、兴庆宫)中规模最大的一座，称为“东内”。自唐高宗起，先后有 17 位唐朝皇帝在此处理朝政，历时达 200 余年。大明宫是当时全世界最辉煌壮丽的宫殿群，规模宏大、格局完整，被称为“中国宫殿建筑的巅峰之作”。由大明宫开创的宫殿建筑布置方式，奠定了东亚中古及其后的古代宫殿制度，是唐朝以后中国宫殿建筑之范本，对中国明清故宫，日本、韩国等东亚宫殿建筑产生了重要影响。大明宫平面略呈梯形，占地面积约 3.2 平方千米，是明清北京紫禁城的 4.5 倍，被誉为千宫之宫、丝绸之路的东方圣殿。

传统的道家所追求的人工与自然协调统一的哲学思想，在城墙包围城市的布局中极力施展出自然的景色，皇家园林和私家园林中包含了众多的河流、湖泊、山石和自然植物，这些设计都遵循了一定的自然法则，“虽由人作，宛自天开”（图 3-7 至图 3-9）。

图 3-7　拙政园

图 3-8 狮子林

图 3-9 承德避暑山庄

私家园林的艺术性有了更大的升华，着意于刻画园林景物的典型性格及局部细致处理，以诗入园，因画成景，诗情画意。写实与写意相结合的创作方法又进一步深化，意境的创造便处于朦胧状态，为宋代文人园林的兴盛打下了基础。

（4）成熟期——两宋元明清初，写意山水园、寺观园林和私家园林处于兴盛时期。从唐宋时期至清代，又经过1000多年的发展，至康熙、雍正、乾隆时代园林已臻成熟。私家园林、寺观园林、皇家园林遍布各地，无论是数量之多，还是造园水平之高，都超越了历史上的各个朝代。从造园的风格上看，形成了以苏杭地区为代表的江南派（代表作有拙政园、网师园、留园等）；以广东地区为代表的岭南派（代表作有佛山的梁园、顺德的清晖园、东莞的可园等）；以皇家园林为代表的北方派（代表作有北京颐和园、圆明园，承德避暑山庄等）三大园林派系。园林风格的差异主要表现在各自选园要素及造园形象和技法上的不同。这时的中国传统园林发展成为一个完善的体系，达到巅峰状态，指导着后传统园林建设。《园冶》就是对中国传统造园进行全面系统的理论总结的专业著作。

宋代的造园活动，由单纯的山居别业转为在城市中营造城市山林，由因山就涧转为人造丘壑，大量的人工理水、叠造假山，再构筑园林建筑成为宋代造园活动的重要特点。

唐宋时期的园林效法自然，往往又高于自然，极富诗情画意，形成写意山水园，不仅在形式上，而且在造园手法上，均开创了新风。特别是在一些本来就具备丰富风景资源的城市，如杭州等地，通过开发、利用原有的自然美景，逢石留景、见树插荫、依山就势，逐步发展成更美丽的风景园林城市。

到明清时期，中国古典园林达到顶峰时期，元明清三朝建都北京，北京也因此成为著名的园林胜地；而苏州、杭州及江南的私家园林，造园艺术融合了自然美、建筑美、绘画美和文学艺术，并高度统一，形成了中国自然式园林的艺术风格。

（5）成熟后期——清代中末期，清代末期结束了中国古典园林史。清末民初，封建社会解体，西方文化大量涌入我国社会，进入了现代园林阶段。

在中国城市产生发展的过程中，阴阳五行和风水思想对城市形态和美学理念的形成起到了非常重要的影响。其具体表现在城市的形态布局上，强调“折中”“守中”，讲究“寻耦”“对称”等。风水思想对中国古代城市形态的影响首先表现在对城市的选址上，对于不同尺度的自然环境，风水理论提出不同的城市要与不同的山川“龙气”相适应，并强调水对城市的作用。

中国古代城市的美学思想主要体现在其特有的文化观念中，是在探求天、地、人三者和谐共生的过程中对聚居环境的一种修正。

与西方景观二元论不同，东方景观世界尊崇自然的一元论。古老的东方哲学讲究把自然和人作为一个整体对待，人不是高于自然的主宰，而是它的从属部分，即所谓的“天人合一”的思想。这种价值观对弥补西方认知论的不足，建设和谐的人地关系有重要意义。但是受道家、佛家等的影响，传统哲学中也存在消极避世和固守传统的价值观。这些思想沉积在中国大地几千年形成的乡土景观和民间文化中，同时也反映在包括古典园林在内的文化遗产里（图3-10）。

中国的隐逸文化由来已久，从商末“不食周粟”的伯夷、叔齐开始，中国文人就有“道不行，乘桴浮于海”的隐逸传统，这种文化对中国古典园林的影响尤其显著。中国古典园林肇始于魏晋，盛行于唐宋，而到明清时期达到高峰。魏晋园林远离城市“肥遁”或“嘉遁”到自然山林中，唐宋的“宴集式”园林则在城市内独立发展，到明清园林就和住宅结合在一起了。也就是说古代文人从最初隐逸到自然中过“桃花源”的生活，逐渐过渡到把理想的自然模式在住宅庭院中表示出来，隐逸到自家的“自然”中。封建文人把他们理想中的自然模式复制到自家的园林中，可以隐逸在他们的世外桃源里尽情享受而不理会现实社会的变化，甚至为了兴建园林不惜耗尽天下财富，影响社会发展，结果是两种自然模式越走越远。

图 3-10 承德避暑山庄

3．中国现代景观规划设计的发展

从 19 世纪下半叶到 20 世纪中叶，由于世界列强的侵略，以及军阀割据的困扰，中国城市化的发展不均衡。1949 年新中国成立后，城市经历了三个模式的发展阶段，每个阶段都打上了时代的印记。

第一阶段（1949—1985）：城堡型发展模式。中国在 1985 年前，市区人口最多的上海、北京、天津、沈阳、武汉五个城市，它们各自的市区面积均不及现在市区面积的 1/3。平均每平方千米城市人口超过 2 万，可谓高度密集。当时的全国一线城市，如广州、西安，市区面积仅 200 平方千米左右；二线城市市区面积则在 30 平方千米左右。

这个时期的中国的城市化，呈现出以下特点：

（1）政府是城市化动力机制的主体。

（2）城市化对非农劳动力的吸纳能力很低。

（3）城市化的区域发展受高度集中的计划体制的制约。

（4）劳动力的职业转换优先于地域转换。

（5）城市运行机制具有非商品经济的特征。

这种城市化的结果是形成了城乡之间相互隔离和相互封闭的“二元社会”。这里所说的二元社会结构，是指政府对城市和市民实行“统包”，而对农村和农民则实行“统制”，即财产制度、户籍制度、住宅制度、粮食供给制度、副食品和燃料供给制度、教育制度、医疗制度、就业制度、养老制度、劳动保险制度、劳动保护制度甚至婚姻制度等具体制度所造成的城乡之间的巨大差异，构成了城乡之间的壁垒，阻碍了农村人口向城市的自由流动。

20 世纪 50—60 年代的中国，景观发展主要是学习苏联城市建设模式，以建设城市绿地系统为主，大力发展绿化，以点、线、面为城市绿地格局，掀起了轰轰烈烈的覆绿造林运动，“荒山变果山、见缝插绿”等，为以城市绿化为主的景观规划设计阶段。

第二阶段（1986—2000）：桶型发展模式。1986 年后，国家针对一、二线城市改革发展颁布了一些政策规定。1992 年，广东省实施《中华人民共和国城市规划法》。1997 年，广州上报国家的城市规划仅 500 平方千米。但实际上，其间对城市空间发展没有一个统一规定，建设部凭感觉办事，缺乏空间指导，制度性安排也严重滞后，对二、三线城市更无规定，把城市空间约束在一个固有的政治套子里。其间就是把城市当成一个桶，什么东西都往里放。农民工不算城市人口，郊区也不是城市，只有高密度建筑区、容积率达到一定比例的才是城市，因而城市的概念是城乡概念。

第三阶段（2001 年以后）：园区型发展模式。其间，国家对地方的政策放宽了，各种开发区如雨后春笋般诞生。国家级、省级、市级，通过“以征代建”“以租代建”“想建就建”等方式，围绕城市或城镇，大量开发区或工业区迅速发展，园区面积迅速扩大。即便是浦东，也是在 1998 年金融风暴后迅速发展起来的，仅它今天的面积就已超过了上海 200 年发展的空间，园区型城市成为中国城市今天发展的基本形态。

改革开放以后，受到国外先进的景观设计理念影响，大量的景观设计思潮涌入，有关部门提出把自然景观与人文景观当作资源来看待，从生态、社会经济价值和审美价值三个方面来进行评价，最大限度地保存自然景观，最合理地使用土地。最具影响力的景观设计是以俞孔坚为代表的土人景观，追寻“天—地—人—神的和谐”，设计有中山岐江公园、黄岩永宁公园、沈阳建筑大学、上海世博后滩公园等，将人与人、人与自然完美结合，独树一帜。

3.1.3　中国生态文化传统为当代生态文明建设留下了宝贵经验

中国生态文化传统是在悠久的农业文明中延续了数千年之久的伟大传统，尽管它存在时代局限性，但是它留下的关于人与自然和谐相处的丰富经验和深刻智慧为人类建设生态文明提供了宝贵的资源。深刻学习和领会成果，会在城市景观的设计实践中产生重大影响。

第一，生成论的整体思维模式有助于人们形成健全的生态思维。思维方式是一个民族审视、思考、认识和理解他们生存于其中的世界的习惯方法、定式和特定的倾向，是影响一个民族发展的精神文化的底层结构。与西方工业文明时代导致主客体二分论普遍流行的构成论、外因论和机械论的思维方式相比，能够形成天人合一思想的中华民族的传统思维是生存论、内因论和有机论的整体思维模式。这种整体思维模式在道家表现为“道生万物”的形态，在儒家则表现为“太极化生万物”的形态，其共同特征是把整个宇宙万物看成由同一根源化生出来的。

由于万物并非同出于一个像上帝那样的外在本源，而是产生于宇宙生成过程中共同的自然根源，它们具有从共同的本源而获得内在的进化动力和统合一体的力量，具有相互间的亲缘关系，这就好比同一个家族的成员出自一个共同的祖先一样。根据这种思维方式，它能够促进人们从过程取向上理解宇宙由无机物演化出有机物，由有机物演化出生命，由生命演化出人类的进化过程，从而把握万物与人类同源同根之统一性，肯定人类具有动物性和生物性，也具有地球特性和宇宙特性。

这种思维方式也能够促进人们理解人类与非人类生命在生命之网上的复杂关系。因为，万物出于共同本源和自发原因而相互感应和协调，自然形成一个动态平衡的和谐整体，而不是一种机械的秩序。人类作为生命，与万物是相互依存的，人不能离开天地万物而独立生存。人类不仅与所有非人类生命物种是一体关联的，而且所有生命与其存在的无机环境也是一体关联的，这种联系是一种动态的网络联系，不同的事物都是这个网络上的纽结，是各种生命之线织成了这个生命之网，人类只是其中的一根线。不仅花草树木、鸟兽虫鱼是生命之网的一部分，就连海洋、河流、土壤、空气这些生命存在的环境，也是组成生命之网的一部分。中国生态文化传统以人们直接的生存经验为基础，通过对流变的自然节律和生物共同体的有机秩序的悟性体验，具体真切地把握了人类生存与自然界的有机联系，深刻地洞悉到了人类只有维持与自然界长期的和谐共生关系，才有可能获得持久健康的生存。这种生态智慧对于现代人来说依然是弥足珍贵的生存法宝。

第二，尊重生命价值的生态道德观有利于完善当代生态伦理。在中国的生态文化传统中，自然整体的演化不仅被人们看成一个永恒的生命创造过程，而且是一个生命价值的创造过程。所有生命出自一源，生于同根，就像是同一个大家庭的不同成员，所以人们应该尊重所有生命，爱护天地万物。这种生态道德观不仅是一种对认知理性的把握，而且需要一种关爱生命的情感体验。孔子把人的道德态度当成人的内心情感的自然流露，甚至认为动物也存在与人相似的道德情感，并且可以引发人类的良知。孔子说："丘闻之也，刳胎杀夭则麒麟不至郊，竭泽涸渔则蛟龙不合阴阳，覆巢毁卵则凤凰不翔。何则？君子讳伤其类也。夫鸟兽之于不义也尚知辟之，而况乎丘哉！"（《史记·孔子世家》）荀子认为："凡生乎天地之间者，有血气之属必有知，有知之属莫不爱其类。今夫大鸟兽则失亡其群匹，越月逾时，则必反铅，过故乡，则必徘徊焉，鸣号焉，踯躅焉，然后能去之也。小者是燕爵，犹有啁噍之顷焉，然后能去之。"（《荀子·礼论》）儒家这种以鸟兽昆虫具有与人类一样的同情同类的道德心理，给中国古代珍爱动物、保护动物的行为以深远的影响。"劝君莫打枝头鸟，子在巢中盼母归"就是对人们保护动物的一种感人至深的呼唤。它把人性对同类的怜悯与关怀之情投射到动物身上，强调了人与动物在生命关系和情感关系中的一体感通性。虽然这种"因物而感，感而遂通"的体验在人类的移情作用和对生物情感心理的把握上有夸大之处，但对有血气的、有感知能力的动物的相互同情的体察，并把它与人类的人性关怀联系起来，从而使人类产生一种尊重和保护生物生存的强烈的情感动力，为生态伦理学提供了科学所不能给予的"情理"支持，这是当代人在生态伦理学中非常缺乏的发自内心深处的对生命的天生的爱与同情，是一种亟待恢复和培育的"情感理性"。人类对生物的爱与关怀，人类的生态良心，并不完全出于对人与自然关系的科学认识，更重要的是出于情感归属的需要，科学认识所理解的自然是非常不完整的，人类必须从情感上体悟自然，领会自然，热爱自然，才能发自内心地尊重和关爱生命，才能真诚地产生“万物一体”“民胞物与”的生态关怀，才能对养育人类生命的自然界产生报恩情怀，真正建立起守护地球上所有生命之家园的生态伦理学，而不只是止于保护人类生存环境的生态伦理学的狭隘境界。

第三，天人合一的生存境界对于人们形成生态生存论的态度，改变物质主义的恶习，促进人们追求健康、文明的精神生活具有强大的推动作用。天人合一是中国生态文化传统中一个根本性的主题，也是中国主流文化的儒家和道家所主张的一种协调人与自然关系的指导思想，同时还是农业文明时代人们所向往的一种至高的生存境界。它是一种有目的地维护人类生存的全球生态环境的价值理想，即使是科学的生态学也缺乏这种文化价值的合理性。正如罗尔斯顿所说：“尽管传统文化没有作为科学的生态学，但他们常常具有词源学意义上的生态学：栖息地的逻辑。他们具有全球的观点，依据这种观点，他们有目的地居住在一个有目的的世界上。我们很难说，科学至今已经给我们提供了一种全球观点，在这种观点中，发现我们真正生活在自己的栖息地上。”栖息地的逻辑，就是一种朴素的直观经验的人类生态学，它能够在人类物质的感性生存活动中体验到所有生命的相互作用和相互依存，自觉地遵守人们长期形成的保护自然生态环境的习惯，合理地利用和节约自然资源。它要求人们除了满足基本的物质生活需求外，应该节制奢侈生活的物质消费欲望，过一种“少私寡欲”“知足常乐”的简朴生活，应把更多的时间和精力投入丰富的社会生活与崇高的精神生活中去。通过批判地继承天人合一的价值理念，能够改变当代人把自己当成“经济人”、当成消费动物的理念，改变人们只是在物质消费的攀比中来实现自己人生价值的病态生活态度，而把人类的物质生活看成地球生态过程的一个组成部分，把维持自己较低消费的物质生活看成恢复地球生态环境的一种生态义务。

天人合一的人生境界也能使人深刻地认识到，把人的毕生精力和时间用于猎获奢侈消费品和寻求感官刺激，是人生的最大迷失，是人生意义的彻底丧失。人的有意义的生活能够通过追求精神价值来充实和完善。无论是对科学的探究、艺术的创造、道德的完善，还是对人的天赋和潜能的开发，都能为自己揭开一个博大、美妙、崇高、深邃、神奇的精神世界。并且，对天人合一境界的追求，不仅能调节人的物质生活与精神生活的平衡，防止人单方面地沉湎于物质享乐，而且能激励人们独立自主地选择生活、创造生活，去经历和体验对人类同胞的关爱和对所有生命的关怀，去体悟人与自然融为一体的愉悦感受。因此，通过了解中国生态文化中的天人合一的思想和境界，能够深化每一个社会成员对人生价值的认识，丰富自己对生命意义的体验，并促进人们在全球生态危机日益加剧的今天形成必需的生态生存论的态度，重建一种健康、文明、环保的生活方式，为建设生态文明所需要的智慧、道德和精神氛围提供不竭的历史源泉。

第四，协调人与自然关系的农业生态实践经验，能够促进人们形成自觉维护生态环境的良好行为习惯。中国的生态文化传统是在近万年的农业文明的生态实践中逐渐发展和成熟的。早在三皇五帝的上古时期，人类的祖先就已经具有了保护环境，规范人们生产、生活行为的传统。据传，黄帝教导人民，要大家“时播百谷草木，淳化鸟兽虫蛾，旁罗日月星辰水波土石金玉，劳勤心力耳目，节用水火财物”（《史记·五帝本纪》）。《逸周书》载有夏代的禁令：“禹之禁，春三月，山林不登斧，以成草木之长；夏三月川泽不入网罟，以成鱼鳖之长。”周代更有严峻的生态保护规定《伐崇令》：“毋填井，毋伐树，毋动六畜。有不如令者，死不赦。”周代还建立了世界上最早的环境保护和管理机构，设置了“山虞”（掌管山林）、“泽虞”（掌管湖沼）、“林衡”（掌管森林）、“川衡”（掌管川泽）等机构，较好地保护了当时的动植物资源。荀子在继承前人经验的基础上，提出了一个名为“圣王之制”的持久利用资源和环境保护的规划：“圣王之制也，草木荣华滋硕之时，则斧斤不入山林，不夭其生，不绝其长也；鼋鼍、鱼鳖、鳅鳣孕别之时，罔罟、毒药不入泽，不夭其生，不绝其长也。……洿池、渊沼、川泽谨其时禁，故鱼鳖优多，而百姓有余用也；斩伐养长不失其时，故山林不童，而百姓有余材也。”（《荀子·王制》）荀子的圣王之制，已经把保护生态环境、永续利用生物资源和实施可持续发展贯彻到了对君王威德的政治制度的实践要求中，以后历朝历代都对生态环境保护的制度和法规有所增加。尽管由于人口增加的巨大生存压力在一定时期内导致了局部生态环境破坏的加剧，但这种长期的协调人与自然关系的生态实践，还是在很大程度上缓解了生态危机的全局性爆发，保障了中国农业文明长期延续的生态前提。

3.1.4 当代中国城市发展的挑战

在农业文明时期，有的城市会因天灾人祸而被废弃，如新疆的一些古代绿洲城市。有的大城市则会在改朝换代期间遭遇人祸，如咸阳、长安、洛阳、开封等都城曾经屡遭兵燹。

古代城市的形成一般都经历了较长的时间，其生命周期与自然环境和社会的稳定度直接相关。只要城市周围的农业生产环境不被破坏，遭遇破坏的城市其生命力往往都可以恢复。所以，从整体上看，世界上还是有许多古城经历了天灾人祸，仍然屹立在那片被先人选定的地址上。

但在工业文明时代，城市的发展模式发生了巨大变化，城市的发展也面临着一系列前所未有的新挑战，城市发展的稳定性和生命周期都有了一些变化，应值得注意。

其一，资源枯竭。工业文明耗费资源的方式完全不同于农业文明，工业化的过程中形成了一些新兴的资源依赖型城市。这些城市是比较纯粹的工业城市，其崛起的速度往往是惊人的。比如，20 世纪 50 年代中国工业化的起步阶段就出现了一批新兴的工业城市，但经过 30—50 年的工业化发展，不少依靠矿产和森林资源的新兴城市渐渐失去了发展的动力，陷入资源枯竭、产业萧条、经济衰退的困境。2008 年被国家发改委列入中国首批资源枯竭的城市中，就包括阜新、伊春、辽源、白山、盘锦、石嘴山、白银、个旧、焦作、萍乡、大冶、大兴安岭（地区）等。对这些城市而言，原来的工业化发展之路已走到尽头，要实现可持续发展，必须实现产业转型，找到新的发展模式。

与之类似，由于商品经济的发展，一些著名传统产品大行其道，生产量大增，也可能导致其有限的原料出现短缺，如瓷都景德镇可能会面临高岭土资源不足的问题，生产紫砂壶的江苏宜兴也可能有“五色土”不足的问题。

总之，资源枯竭型城市是工业时代的特殊产物，也可以说是工业文明的废墟化。当然，这类城市的命运只能通过产业与发展模式的转型来改变。

其二，城市缺水。一些城市不顾及资源环境承载能力的物理极限，盲目地扩张城市功能，放大城市规模，增加经济总量。这样使全国大跨度的调水、输电、输气，治污的压力越来越大，其中水带来的问题尤为突出，全国目前 657 座城市中 400 多座城市是缺水的，必须依靠地下水维持生产生活，其中 110 座城市严重缺水，严重缺水就必须依靠超采地下水维系生产生活。但是地下水如果过度超采，就会带来地面沉降问题，部分城市地面沉降的面积越来越大。

同时，由于城市人口的增加和工业的发展，许多城市的水质都遭到了污染，对城市的生命力造成了伤害。

在南方，昆明滇池水质的退化引起了关注；北方的北京和天津都是有名的缺水城市。其中天津在海河边上，离海也不远，这样的城市缺水，除工业发展、人口增加造成的用水量增加外，主要原因是水质的污染。为了解决这两个华北重镇的缺水问题，国家启动了南水北调工程。从全局看，调水工程虽能基本解决城市的缺水问题，但是使现代城市更加成为一种人工构造的复杂系统，不再是原来意义上的依赖自然环境存在的城市。

在东南沿海，上海的苏州河与黄浦江也都曾随上海的发展而数变其色；在内陆，则有一些中小河流被造纸厂排出的污水污染，对两岸村庄居民的健康造成了危害。

总之，在中国近几十年发展的过程中，水的命运曾经很“悲惨”。今天，在现代城市中，喝水已成为一种日常的消费行为。

其三，环境影响。20 世纪 70 年代以来，相关部门对全国有代表性的 55 座城市进行了扩张遥感监测，该监测表明，平原地区的城市多数以原来的城市中心区为中心进行环形扩张。城市化过程对自然地理环境的影响有四大方面，分别为地形、气候、水文、生态。

地形：对原来的地形进行改造，使之趋向平坦或起伏更大（如摩天大楼）。这种地形容易造成水土流失、滑坡、泥石流等地质灾害。

气候：强烈改变了下垫面的原有性质，使气温、降水等要素发生变化，使城市产生热岛效应，也影响了日照、风速和风向。形成城市热岛效应，将城市大气污染带到郊区，也将郊区大气污染带到城区，扩大了污染物的污染范围，减缓了净化速度。

水文：市政建设破坏了原有的河网系统，使城区水系出现紊乱，也使降水、蒸发、径流出现再分配。易使城市在暴雨时排水不畅，造成地面积水，也使水质、水量和地下水运动出现变化；过量抽取地下水会导致地面沉降。

生态：城市的生产生活污染、交通工具，尤其是工业“三废”，破坏了所在地区的生态环境，也影响了生物的多样性。城市是人类对自然地理环境影响和改变最大的地方。

其四，现代城市病。现代大都市享受了太多工程技术创造的方便，但也面临着很多技术和工程风险。比如突然的停电、停水，交通堵塞，噪音充斥，空气质量差，环境污染，有的住所过分拥挤。

另外，由于人口集中且数量庞大，城市对一些社会风险就十分敏感，如发生过的 SARS、禽流感等。

从总体上看，中国社会自 1840 年以来已经历了多次变革，有些变革还伴随着惊天动地的政治、军事、外交、社会事件，这构成了中国近现代的历史。

与之相比，改革开放是稳步推进的，但也对中国人的观念和生活方式产生了无与伦比的影响。从性质上看，当代中国的城市化，实际上是中华文明空间形态的历史性转变。

对这个转变过程而言，人们既是主动的推动者，又是被动的卷入者。在这个突飞猛进的城市化过程中，现代人需要静下心来，从历史和文化的角度全方位地审视这一突如其来的大转变，以更理性的态度和视角来认识中国的城市化，尽力打造体现中华文明现代特色的城市，努力提升现代中国人生活场所的质量。

3.1.5 现代中国全面推进生态城市建设引领经济发展

欧美等西方发达资本主义国家，虽然最先出现生态环境危机，而且由于其工业文明的过度发展引起了全球的生态危机，但是它们并未提出以生态文明的方式从根本上解决生态危机问题，而是基于崇尚科技理性的文化传统，试图以生态现代化来改善工业文明的生产模式，以解决自己国家的生态环境问题。尽管生态现代化在欧美国家的环境恢复中起到了一定的作用，但是这主要是依赖于获取发展中国家大量的资源，同时把本国不能生产的污染工业转移到发展中国家，并且把大量有毒废物输出到发展中国家，从而以发展中国家和整个世界的环境退化为代价来实现的。

中国政府则从人口过多、资源短缺、生态环境压力大、工业文明发展程度不高的基本国情出发，通过扬弃工业文明的世界观、价值观，吸收其合理因素，积极利用现代科学知识成果，建立生态文化，促进具有中国特色的生态文明模式的形成，这对大多数发展中国家建设生态文明产生了积极的影响，从而也为全球生态环境的恢复带来了成功的希望。

中国生态城市建设的全面推进始于 2003 年，但有关生态城市的理论研究和城市生态环境治理的探索可以追溯到 20 世纪 70 年代。中国生态城市建设是伴随着经济的持续发展、工业化和城市化水平的不断提高带来的城市环境日益恶化和人口、资源与环境矛盾日益加剧而产生的，经历了从认识逐步深化、解决具体生态环境问题到全面建设生态城市三个阶段。

1. 认识深化与理论摸索阶段

在城市化过程中，城市发展与生态环境以及与人的发展之间的冲突日益凸显。

第一，以城市为中心的人口聚集带来持续的资源消耗、环境污染、用地紧张、住房短缺、供水不足、基础设施滞后等问题。

第二，交通拥堵以及由此带来的出行成本增加、交通安全、交通能耗与环境污染等问题。

第三，城市化加快对水资源、土地资源、生物资源、矿产与能源等的供给造成了巨大的压力。

第四，城市化过程中出现的水环境污染、空气污浊、噪声污染、垃圾包围、温室效应、酸雨危害、毒物及有害废弃物扩散城市污染问题。

第五，不恰当的规划和建设导致城市历史文化和地方特色的遗失等问题。

20 世纪 70 年代，中国当时的城市化水平还很低，城市化过程中的生态环境问题还未显现。但中国政府非常重视城市化建设，在 1971 年就积极参与了联合国“人与生物圈”（MAB）研究计划，加入了该计划的国际协调理事会，并当选为理事国。

1978 年将城市生态环境问题研究正式列入了国家科技长远发展计划，并建立了中国 MAB 研究委员会，许多学科开始从不同的领域研究城市生态学，在理论方面进行了有益的探索。

1982 年 8 月 28 日在第一次城市发展战略思想座谈会上提出了“重视城市问题，发展城市科学”的主张，并把北京和天津的城市生态系统研究列入 1983—1985 年的国家“六五”计划重点科技攻关项目。

1984 年 12 月在上海举行的“首届全国城市生态学研讨会”，可以看作中国城市生态学研究、城市规划和建设领域的一个里程碑；同年成立了中国生态学会城市生态专业委员会，为推进中国生态学研究的进一步开展和国际交流开创了广阔的前景。

1986 年江西省宜春市提出了建设生态城市的发展目标，并于 1988 年初进行试点工作，这可以认为是我国生态城市建设的第一次具体实践。宜春市的城市规划与建设应用环境科学的知识、生态工程的方法、系统工程的手段、可持续发展的思想，在市域范围内调控自然、经济、社会的复合生态系统。宜春市的生态城市建设理念开启了我国生态城市建设的探索之旅。

2．城市生态环境整治阶段

中国生态城市建设的实践是从具体的城市生态环境问题整治入手的。1988 年 9 月，国务院环境保护委员会发布了《关于城市环境综合整治定量考核的决定》的通知，指出“当前我国城市的环境污染仍很严重，影响经济发展和人民生活。为了推动城市环境综合整治的深入发展……使城市环境保护工作逐步由定性管理转向定量管理”，将城市环境的综合整治纳入城市政府的“重要职责”，实行市长负责制并作为政绩考核的重要内容，制定了包括大气环境保护、水环境保护、噪声控制、固体废弃物处置和绿化等五个方面在内共 20 项指标进行考核。可以说，“城市环境综合整治考核”是我国城市建设思想发生转变的开始，开始认识到污染防治以及生态环境建设在城市发展过程中的重要作用。

为了提升城市生态环境保护水平，我国从单纯的环境问题整治提升到城市生态环境建设。“九五”期间，我国制定了《国家环境保护“九五”计划和 2010 年远景目标》，提出城市环境保护“要建成若干个经济快速发展、环境清洁优美、生态良性循环的示范城市，大多数城市的环境质量基本适应小康生活水平的要求”，原中华人民共和国环境保护部于 1997 年决定创建国家环境保护模范城市。先后有 30 多个城市被命名为国家环境保护模范城市，为全面推进生态城市建设打下了良好的基础。

1999 年海南率先获得国家批准建设生态省，开启了省域生态建设战略。

3．生态城市建设全面推进阶段

2000 年，国务院颁发了《全国生态环境保护纲要》，明确提出要大力推进生态省、生态市、生态县和环境优美乡镇的建设。生态省（市、县）建设，就是以生态学和生态经济学原理为指导，以区域可持续发展为目标，以创建工作为手段，把区域（省、市、县）经济发展、社会进步、环境保护三者有机结合起来，总体规划、合理布局、统一推进，努力消除现阶段条块分割、部门职能交叉、相互掣肘的管理体制弊端，将区域（省、市、县）可持续发展的阶段性目标时限化、具体化、责任化，把区域小康社会建设的宏伟目标转化为扎实的社会行动。

2001 年，国家批准吉林和黑龙江建设生态省，陕西、福建、山东、四川也先后提出建设生态省。许多城市如天津、广州、上海、宁波、昆明、成都、贵阳、长沙、扬州、威海、深圳、厦门、铜川、十堰等都先后提出建设生态城市的奋斗目标。

2003 年 5 月，原中华人民共和国环境保护部发布《生态县、生态市、生态省建设指标（试行）》，根据可持续发展三大支柱的内涵，从经济发展、生态环境保护、社会进步三个方面制定了生态省、生态市和生态县建设指标体系，对生态城市建设的评价标准做出了比较明确的规定。

2006 年，原中华人民共和国环境保护部先后制定了《全国生态县、生态市创建工作考核方案（试行）》和《国家生态县、生态市考核验收程序》，对生态城市建设、验收、评价、考核等工作提供了具体的考查标准和有力的政策指导。

2008 年 1 月，对相关指标进行了修订，以期在实践工作中更具指导性和操作性。自此，生态城市建设在全国全面展开。

截至 2011 年底，我国 287 个地级以上城市中提出“生态城市”建设目标的有 230 多个，所占比重在 80% 以上；提出“低碳城市”建设目标的有 130 多个，所占比重接近 50%。综观中国的生态城市建设，大致可概括为六类示范性生态城市，即景观休闲型城市、绿色产业型城市、资源节约型城市、环境友好型城市、循环经济型城市和绿色消费型城市。

伴随着现代生产力的发展和国民生活水平的提高，人们对生活的质量也提出了更高的要求，对生态环境质量的要求越来越高。现代人对生态需求与消费比以往任何时期都显得重要。由此可见，下一轮的国际竞争实际上是生态环境的竞争。从一个城市来说，哪个城市的生态环境好，就能更好地吸引人才、资金和物资，处于竞争的有利地位。因此，建设生态城市已成为下一轮城市竞争的焦点，许多城市把建设“生态城市”“花园城市”“山水城市”“绿色城市”作为奋斗目标和发展模式，这既是顺应城市演变规律的必然要求，也是推进城市持续快速健康发展的需要，其原因可归纳为以下几点：

一是抢占科技制高点和发展绿色生产力的需要。发展建设生态型城市，有利于高起点涉入世界绿色科技先进领域，提升城市的整体素质、国内外的市场竞争力和形象。

二是解决城市发展难题的需要。城市作为区域经济活动的中心，同时也是各种矛盾的焦点。城市的发展往往引发人口拥挤、住房紧张、交通堵塞、环境污染、生态破坏等一系列问题，这些问题都是城市经济发展与城市生态环境之间矛盾的反映。建立一个人与自然关系协调与和谐的生态型城市，可以有效解决这些矛盾。

三是提高人民生活质量的需要。随着经济的日益发展，城市居民生活水平也逐步提高，城市居民对生活的追求将从数量型转为质量型、从物质型转为精神型、从户内型转为户外型，生态休闲正在成为市民日益增长的生活需求。

3.2 现代中国城市景观设计

3.2.1 现代中国城市发展下的景观设计

1. *建设美丽中国、建设生态文明是现代中国主要发展战略*

中国景观的巨变，体现为旧城市空间的消解与演替、新城市空间体系的构建、城市化波及的乡村空间格局的变化，以及因资源索取与开发导致的自然生态体系的破裂，同时包含着工业生产和人们生活所形成的对环境的污染。

在城市景观巨变的这些年中，促生了时效性强、见效快的城市美化运动。城市化进程中的两个主角——公共空间和居住区绿地，以极速发展的方式出现在人们的城市空间中。一方面由于综合的城市基础设施未经积累和时间的沉淀，另一方面是超城市化进程中开发的时效性，追求更高的效率和经济效益有紧密的联系，通常以其展示性作为首要表现，追求视觉上的震撼效果，追求比例和尺度上的宏大、材料和形式上的奢华，所以往往缺乏人性化、生态性、可持续性，甚至存在审美上的错位。

这类景观缺乏生态过程中生产性以及循环性，并且在后期的维护中持续不断地耗费巨大的资源。即使这些新的城市空间、城市景观是人们所喜爱并乐享其中的，也要警醒隐藏在平民喜悦和集体自信背后的最大危机——生态危机。虽然需求与能源是不可调的矛盾，但城市景观本身是可以具有生产功能和自我循环的。

中国正处在城乡一体化建设的关键时期，也是重构乡村和城市景观的重要历史时期。城市化、全球化以及唯物主义向未来几十年的景观设计学提出了三大挑战：能源、资源与环境危机带来的可持续挑战，关于中华民族文化身份问题的挑战，重建精神信仰的挑战。景观设计学在解决这三项世界性难题中的优势和重要意义表现在它所研究和工作的对象是一个可操作的界面，即景观。在景观界面上，各种自然和生物过程、历史和文化过程，以及社会和精神过程发生并相互作用，而景观设计本质上就是协调这些过程的科学和艺术。

中国的人地关系面临空前的紧张状态。设计人与土地、人与自然和谐的人居环境是当前的一大难题和热点，也是未来几个世纪的主题之一。所以，城市景观规划设计作为一门以人与自然的和谐共生为宗旨、以在不同尺度上进行人地关系的设计为己任的综合性学科，在中国具有广阔的应用前景。

景观设计中形式、语言的崛起和完善，生态性、人性化的缺失，是并存在这些年中国当代城市景观设计中的特征。在中国速度的超城市化过程中，由于比较注重遵循经济规律，但对自然规律不够尊重，曾经出现推平了坡地山体、填平了沼泽洼地、拉直了自然河流、损毁了历史遗迹、废弃了传统民居、抛弃了特色文化的情况，使得城市、建筑、景观“千城一面”。种种这样的城市化行为，生态系统的崩解，生物多样性的消失，致使生态环境迅速恶化，出现了城市沉陷、内涝，导致了沙尘暴、洪灾、水患等灾害频繁发生，空气质量下降，消亡了极具特色的地方文化等。面对资源约束趋紧、环境污染严重、生态系统退化的严峻形势，2012 年 11 月，中共十八大从新的历史起点出发，做出“大力推进生态文明建设”的战略决策，从十个方面绘出生态文明建设的宏伟蓝图。十八大对生态文明建设的重大成就、重要地位、重要目标、重要内容进行了全面深刻论述，从而完整描绘了今后相当长一个时期我国生态文明建设的宏伟蓝图，总体要求是：树立尊重自然、顺应自然、保护自然的生态文明理念，坚持节约资源和保护环境的基本国策，坚持节约优先、保护优先、自然恢复为主的方针，着力树立生态观念、完善生态制度、维护生态安全、优化生态环境，形成节约资源和保护环境的空间格局、产业结构、生产方式、生活方式。着眼于全面建成小康社会、实现社会主义现代化和中华民族伟大复兴，全面推进中国特色社会主义事业经济建设、政治建设、文化建设、社会建设、生态文明建设“五位一体”的总体布局。

生态文明建设其实就是把可持续发展提升到绿色发展高度，为后人“乘凉”而“种树”，就是不给后人留下遗憾而是留下更多的生态资产。生态文明建设是中国特色社会主义事业的重要内容，关系人民福祉，关乎民族未来，事关“两个一百年”奋斗目标和中华民族伟大复兴中国梦的实现。

加快生态文明建设，着力打造美丽家园，是国家社会经济发展的重大战略，也为城市景观设计开创了光辉发展的未来。

2. 城市景观设计坚持可持续发展理念

要树立尊重自然、顺应自然、保护自然的生态文明理念。这是推进生态文明建设的重要思想基础，体现了新的价值取向。人类与自然是平等的，人类不是自然的奴隶，人类也不是自然的上帝。在开发自然、利用自然过程中，人类不能凌驾于自然之上，人类的行为方式应该符合自然规律，按照人与自然和谐发展的要求，在生产力布局、城镇化发展、重大项目建设中都要充分考虑自然条件和资源环境承载能力。总结近 30 多年来中国城市建设经验，在今后的城市景观规划、设计中应该关注以下问题：

第一，高度重视生态环境和可持续发展。人类一直企图在自然中留下自己的痕迹，一直在征服自然、改造自然，城市就是这一活动的最大产物，然而随着城市越来越繁荣，人类文明的程度也越来越高，人们却远离了土地，远离了自然。现代城市景观设计追求视觉冲击、标新立异、张扬的自我。

1987 年，世界环境与发展委员会在《我们共同的未来》报告中第一次阐述了可持续发展的概念，取得了国际社会的广泛共识。可持续发展是指既满足现代人的需求，又不损害后代人满足需求的能力。换句话说，就是指经济、社会、资源和环境保护协调发展，它们是一个密不可分的系统，既要达到发展经济的目的，又要保护好人类赖以生存的大气、淡水、海洋、土地和森林等自然资源和环境，使子孙后代能够永续发展和安居乐业。可持续发展与环境保护既有联系，又不等同。环境保护是可持续发展的重要方面。可持续发展的核心是经济和社会的发展，但要求在严格控制人口、提高人口素质和保护环境、资源永续利用的前提下进行。可持续发展观作为人类全面发展和持续发展的高度概括，不仅要考虑自然层面的问题，而且要在更大程度上考虑人文层面的问题。不仅要研究可持续的自然资源、自然环境与自然生态问题，还要研究可持续的人文资源、人文环境与人文生态问题。从单纯地关注自然—社会—经济系统局部的自然属性，到同时或更加关注社会经济属性，以把握人与自然的复杂关系，寻找全球持续发展的途径，这是现代生态学研究的一个重要特征，也是环境社会学与社会生态学兴起的根源。

第二，注重与城市总体和区域规划相衔接。城市景观的设计是与城市整体定位、总体规划息息相关的，中国自古就有城市规划和园林设计，古代都城的选址和布局以及规模都是经过深思熟虑的。近些年来，随着经济的长足发展、社会教育和可持续理念的不断进步和完善，以及缺少定位和规划带来的问题日趋凸显，我国加大了对城市规划方面的投入力度。作为城市建设组成部分的景观设计，要高度重视与总体规划、区域发展规划相衔接。

第三，重视保护古城和古建筑。中国城市的历史悠久，有很多驰名中外的名城、古城，诸如洛阳、西安、南京、开封、杭州、北京等。这些在历史古籍、文学巨著、趣闻野史中随处可见的名称，就能把人们的思绪送回到那些波澜壮阔或曲折诡秘的古老时代。当年梁思成先生对老北京城的保护问题上所提出的古城保护思想中，分析了北京城的特点，最先指出了对古城进行整体保护的意义。这么多年来，这些伟大的城市跟随时代的步伐进行着变革，在规模宏大的城市改建中，有意或无意中损毁和破坏了很多古建筑和传统符号。不少的古建筑在城市的日新月异中逐渐消失了，取而代之的是摩天大楼和各种风格的现代标志性建筑。我们在感慨古老的中国旧貌换新颜的同时，也为那些古建筑的消失扼腕痛惜。近些年，历史遗产的保护问题得到了政府和社会的重视，人们也深刻地认识到了这个问题的严重性。但古城和古建筑的保护力度及保护方法仍需要落实。

第四，注重建筑、景观风格相协调。当今，交通条件和信息网络日趋发达，为各国家的经济、文化等频繁交流提供了条件。世界在变小，变得更加相互依赖，全球化也使得各个城市文化日趋近似，使人们无论生活在哪个城市，城市面貌和景观也越来越相像。大家互相交流学习的结果就是进行城市建设时的概念、技术和手段几乎一样。一个城市几乎上演所有的风格，即现代、时髦、复古、个性等，在繁华和缤纷的掩映下城市失去了本来的鲜明个性和地方特色。在景观设计中，最容易被忽视的是其作为社会精神文化系统的作用。

对建筑物、场地和景观三者之间缺乏整体设计理念和协调艺术。许多人认为景观就是对已有空间的一种美化，是随意性的附加物。目前很多建筑在建设时毫不考虑与周围环境的和谐关系，在建设完工之后，才让景观师“随便种种树栽栽花”，这是缺乏整体景观概念的行为。虽然局部环境设计也属于景观设计，但景观应是更高层次上的一种统一。美好的景观是一种和谐、一种完整，任何将环境割裂成部分来设计的思想都是不对的。城市景观实质是一种协调艺术，建筑实体与由建筑围成的虚空是互动的，在设计过程中应该作为整体来设计。

第五，景观设计要重形式，更要重功能。由于中国园林的创作者和使用者一般都是文人士大夫，主要是玩赏和抒发情怀，所谓“诗情画意”，这也是中国园林的精髓和特点，所以中国的园林从一开始就是作为一件艺术作品来处理，功能性相对较薄弱。而现代景观已经不只是艺术的概念，而是一种人们日常看到、听到、感觉到并生活在其中的视觉生活空间，需要考虑更多人的因素。因此，景观的功能性越来越重要，景观设计绝不应该只考虑美观，而应该把更多的精力投入到功能的处理中去。

如今，在城市景观的建设当中，大铺装、大草坪、大喷泉、大广场等过分追求视觉冲击景观和气派的城市景观泛滥，而并没有足够重视人们对景观、环境的功能性需求，甚至完全没有考虑居民的生活规律和参与程度，脱离城市所处的自然环境与人文环境，致使中国许多城镇形象雷同，没有独特的景观风貌。现在，如何营造出类似巴黎、伦敦等鲜明的城市空间构架特征，是中国景观规划设计师应该肩负起的使命。

第六，景观方案确定量化标准。我国不论是单项景观设计，还是系列完整景观方案，都没有提出法定规定的量化标准，也没有就城市景观设计建立科学、系统的法规体系。这也是目前我国景观设计中存在种种问题的根本原因之一。所以，根据景观设计行业的情况和城市景观建设的基本原则，确定城市景观设计方案的量化标准是当务之急。

在城市景观设计中，不仅要考虑美观，营造宜人的健康环境，满足当代人们的需求，而且要注重保护人类生存的自然环境，维持生态系统的良性循环，构建城市与现状环境相协调并具有可持续发展的模式。因此，为了使城市景观设计更完美，要研究探索景观设计以达到期望意图、目标的系统方法，还需要进一步探索具有挑战性的创新思路，从而保证社会、经济、环境的协调，人与自然的和谐。

在实施城镇化战略这一巨大系统工程的进程中，具体进行景观设计要透彻地了解、掌握国情、省情、市情和县情，着眼于全球思考，立足于地方行动，要精心地研究和组织实施。优秀的景观规划设计应该以画家的眼光、音乐家的听觉去创造城市的自然之美，应该以诗人的爱心、哲学家的智慧、儿童的天真去拥抱自然。

3. 厘清文脉、凸显特色是中国城市景观发展的方向

城市的历史文脉，是指一个城市的历史、文化的发展脉络。它在时间的维度上见证历史、积淀文化，是城市文明的结晶，是社会发展的缩影，镌刻出各时代的潮流与特征；它在空间的维度上展示出独特的民族神韵和地方文化魅力，是城市宝贵的资源和财富。

考古学家发现，我国最早的城市出现于距今约 5500 年前，也就是史前时期我国就已有了城市生活的痕迹。当时的人从不固定的游牧生活逐渐转换为相对固定的城市生活，不同的自然气候、区域地理，造就了迥异的居住形式、劳作方式、生活习惯和民俗民风。我国各地的地理环境差异较大，南方、北方、东部、西部等地区几千年历史沉淀下来的文化既相互联系也存在很大差异。在这种环境下，各地的城市形态、面貌也就各具特色，有的是保存较好、个性鲜明的老城，如苏州老城、平遥古城；有的是被历史施上浓墨重彩、饱含沧桑的古城，如北京、西安；有的是被西方文明浸染过的城市，如青岛、香港、澳门。

城市的历史、文脉以及承载的精神差异导致了呈现出的城市面貌不同。著名的“六朝古都”南京，曾是东吴，东晋，南朝的宋、齐、梁、陈六国都城，后又做过南唐都城。朱元璋先定南京为大明首都，后明成祖迁都北京，南京亦为南都城。太平天国时期，南京名为天京，是太平天国的首都。“中华民国”时期，南京是民国政府中央政权的所在地。经历了历史几千年沉淀的南京，蕴含了深厚的人文资源和名胜古迹，明孝陵、中山陵、秦淮河、玄武湖、莫愁湖、雨花台等，处处彰显着豪迈大气和厚德载物的内在气质。如图 3-11 所示，深刻的历史感、深厚的文化底蕴和名都风采形成了南京独具魅力的历史人文景观。

图 3-11　南京

历史文化具有继承性，人类喜欢有历史文化内涵的建筑、环境、遗迹。城市承担了现代人物质与精神的双重寄托，从中可以感受人类的进步和延续人类优胜劣汰的生存史，给人们提供了寻找心灵家园和判断优劣与否的心理依据，人们依据历史，可以认识人类社会的发展，可以认识自己所处的环境，从而做出决定以确定人类今后的发展方向。历史文化扩大了现代人的精神空间，人们可以从过去的生活中寻找慰藉、自信、勇气、方向等。人们在城市景观建筑中寻找的这种历史感要由景观设计者来完成。

对于城市的景观设计者来说，一方面要厘清历史文脉，另一方面要凸显城市特色。

城市特色，是人们对一个城市历史与文化的、形象的、艺术上的总体概括，这种概括既是感性的认识，又是可以上升为理性的、意识性的总体认识。一个城市的特色是它区别于其他城市的符号特征。城市特色主要由文物古迹的特色、自然环境的特色、城市格局的特色、城市景观和绿化空间的特色、建筑风格和城市风貌的特色以及城市物质和精神方面的特色构成。城市在形成发展中所具有的自然风貌、形态结构、文化格调、历史底蕴、景观形象越是有差异，特色就越容易显现，这种个性和特色源于历史和传统。在现代的城市景观设计中，一方面应保持这种文化延续性，使城市景观反映一定的历史文化形态，另一方面，要从历史片段、历史符号的联想中凝缩历史文化的遗迹，并在城市景观中得以再现和升华。

真正的现代城市景观设计应是人与自然、人与文化的和谐统一。景观作品，尤其是规模较大的景观作品，一定要融合当地文化和历史以及运用园林文学，比如借鉴诗文来创造园林意境，引用传说来加深文化内涵，题名题联来赋予诗情画意。要用最少的投入、最简单的维护，充分利用当地的自然资源，达到与当地风土人情、文化氛围相融合的境界。作为中国人，更要了解中国的文化传统、风俗民情，更好地创造出中国人喜好的生活环境和空间。

3.2.2　中国城市景观迎来新的发展机遇

到 2011 年底，中国城镇人口达到 6.91 亿，城镇化率首次突破 50% 关口，达到 51.27%。这表明中国已经结束了以乡村型社会为主体的时代，开始进入以城市型社会为主体的新时代。2050 年之前，中国的城市化率将提高到 70%，这就意味着每年平均需增长 1% 左右的城市化率。城市化建设已经成为国家高度重视的社会经济发展的重大战略。

2012 年 11 月，中共十八大提出中国特色的“四化”目标，要坚持走中国特色新型工业化、信息化、城镇化、农业现代化道路，推动信息化和工业化深度融合、工业化和城镇化良性互动、城镇化和农业现代化相互协调，促进工业化、信息化、城镇化、农业现代化同步发展。

2013 年 3 月 25 日，《国务院办公厅关于做好城市排水防涝设施建设工作的通知》（国办发〔2013〕23 号）提出，积极推行低影响开发建设模式。各地区旧城改造与新区建设必须树立尊重自然、顺应自然、保护自然的生态文明理念；要按照对城市生态环境影响最低的开发建设理念，控制开发强度，合理安排布局，有效控制地表径流，最大限度地减少对城市原有水生态环境的破坏；要与城市开发、道路建设、园林绿化统筹协调，因地制宜配套建设雨水滞渗、收集利用等削峰调蓄设施，增加下凹式绿地、植草沟、人工湿地、可渗透路面、砂石地面和自然地面，以及透水性停车场和广场。新建城区硬化地面中，可渗透地面面积比例不宜低于40%；有条件的地区应对现有硬化路面进行透水性改造，提高对雨水的吸纳能力和蓄滞能力。

2013年9月6日，《国务院关于加强城市基础设施建设的意见》（国发〔2013〕36号）提出城市化建设的基本原则：

（1）规划引领。坚持先规划、后建设，切实加强规划的科学性、权威性和严肃性。发挥规划的控制和引领作用，严格依据城市总体规划和土地利用总体规划，充分考虑资源环境影响和文物保护的要求，有序推进城市基础设施建设工作。

（2）民生优先。坚持先地下、后地上，优先加强供水、供气、供热、电力、通信、公共交通、物流配送、防灾避险等与民生密切相关的基础设施建设，加强老旧基础设施改造。保障城市基础设施和公共服务设施供给，提高设施水平和服务质量，满足居民基本生活需求。

（3）安全为重。提高城市管网、排水防涝、消防、交通、污水和垃圾处理等基础设施的建设质量、运营标准和管理水平，消除安全隐患，增强城市防灾减灾能力，保障城市运行安全。

（4）机制创新。在保障政府投入的基础上，充分发挥市场机制作用，进一步完善城市公用事业服务价格形成、调整和补偿机制。加大金融机构支持力度，鼓励社会资金参与城市基础设施建设。

（5）绿色优质。全面落实集约、智能、绿色、低碳等生态文明理念，提高城市基础设施建设工业化水平，优化节能建筑、绿色建筑发展环境，建立相关标准体系和规范，促进节能减排和污染防治，提升城市生态环境质量。

在发展措施上提出，加强生态园林建设。

城市公园建设，到2015年，确保老城区人均公园绿地面积不低于5平方米、公园绿地服务半径覆盖率不低于60%。加强运营管理，强化公园公共服务属性，严格绿线管制；提升城市绿地功能；设市城市至少建成一个具有一定规模，水、气、电等设施齐备，功能完善的防灾避险公园。

2015年10月11日，《国务院办公厅关于推进海绵城市建设的指导意见》（国办发〔2015〕75号）提出，海绵城市是指通过加强城市规划建设管理，充分发挥建筑、道路和绿地、水系等生态系统对雨水的吸纳、蓄渗和缓释作用，有效控制雨水径流，实现自然积存、自然渗透、自然净化的城市发展方式。

2016年2月2日，《国务院关于深入推进新型城镇化建设的若干意见》（国发〔2016〕8号）提出，牢固树立创新、协调、绿色、开放、共享的发展理念，坚持走以人为本、四化同步、优化布局、生态文明、文化传承的中国特色新型城镇化道路，以人的城镇化为核心，以提高质量为关键，以体制机制改革为动力，紧紧围绕新型城镇化目标任务，加快推进户籍制度改革，提升城市综合承载能力，制定完善土地、财政、投融资等配套政策，充分释放新型城镇化蕴藏的巨大内需潜力，为经济持续健康发展提供持久强劲动力。

2017年10月召开的中共十九大提出，以城市群为主体构建大中小城市和小城镇协调发展的城镇格局。在形成京津冀、长三角、珠三角、山东半岛、辽中南、中原、长江中游、海峡西岸、川渝、关中十大城市群的同时，实施城乡一体化建设战略、生态文明建设战略、现代乡村振兴战略。

2018年7月6日，生态文明贵阳国际论坛2018年年会“森林城市·绿色共享”专题论坛发布了《全国森林城市发展规划（2018—2025年）》，提出了到2020年，我国将建成6个国家级森林城市群、200个国家森林城市，到2025年建成300个国家森林城市。以服务“一带一路”、京津冀协同发展、长江经济带三大国家战略为重点，综合考虑森林资源条件、城市发展需要等因素，提出努力构建森林城市优化发展区、森林城市协同发展区、森林城市培育发展区、森林城市示范发展区；“丝绸之路经济带”森林城市防护带、“长江经济带”森林城市支撑带、“沿海经济带”森林城市承载带；京津冀、长三角、珠三角、长株潭、中原、关中—天水六个国家级森林城市群的“四区、三带、六群”的森林城市发展格局；森林城市建设的重点是扩展绿色空间、完善生态网络、提升森林质量、传播生态文化、强化生态服务、保护资源安全。

国家高度重视城市化建设的发展战略，为城市景观设计者创造了前所未有的发展机会，也为当代中国的景观设计探索提供了巨大的空间。

“绿水青山就是金山银山”“像对待生命一样对待生态环境”“保护生态环境就是保护生产力”“以系统工程思路抓生态建设”“实行最严格的生态环境保护制度”，反映了中共领导和全国人民治理生态环境，建设生态文明的决心和信心，也为城市景观设计者提供了彰显才华、成就伟大作品的宽松环境。

当代实践的复杂性、矛盾性和多元化并存，直面观念冲突并付出努力的实践和以犬儒主义为特征的无价值表达的设计并存。中国城市的基础设施建设和面对自然的态度与举措刚刚开启，无论未来中国的城市化进程继续以中国速度前进，还是放缓脚步，真正意义上的当代景观设计才刚刚开始。

城市景观设计不是一个现时现世的简单工程，它将成为历史，永远镌刻在关乎人们生存与审美的史书中。人们不能改变历史，但人们却可以客观地去评价历史，去发现所存在的问题，去查漏补缺；人们不可能拥有全世界，却可以主动地去认识世界，去创造真正属于人们自己的东方世界。人们的目的是在当今世界全球化、现代化的背景之下，寻求一种适合中国人的，属于人们自己文化的，同时又是世界的一种合理的居住、生活方式。

人们不仅是城市景观的设计者，而且还是绿色环境、可持续发展理念、生态文明的践行者，美丽中国的建设者。

第 4 章 现代景观设计

4.1 现代景观设计基本理念

4.1.1 新价值观主导下的审美

城市景观设计的美学评价源于人类的精神需求。今天，人们对生活的理想已不单单停留在物质的层面上，“诗意地栖居”成为人们追求的目标。城市的景观与建筑在承担重要的使用和实用的功能之外，还被界定在艺术审美的范畴之内，无论是西方艺术史还是中国艺术史，都给建筑以较高的美学评价。

景观美学与建筑美学虽同属于空间艺术美学范畴，但景观美学更加侧重于建筑与建筑之间、建筑群体之间、建筑与周边环境之间的和谐，追求的是一种城市形象的整体。美学价值范围广泛，内涵更丰富，而且随着时代的发展，人们的审美观也在变化。

城市景观规划的基础是空间设计，着重于城市空间形态、城市竖向轮廓、建筑高度分布、景观视廊、城市建筑景观等。美学审美要求以艺术的手法，从绘画、雕塑、音乐及建筑等方面，研究造型的决定因素，满足人们的五官对于景观艺术的需求，核心包括三个方面：

形态美：视觉景观的美感给人以欢快愉悦、赏心悦目、流连忘返的感受。

生命美：是指生命系统的精华和神妙，包括高等动物、植物和人类自身，当前世界对于维护生物多样性的重视正是这一思想的体现。

生态美：归纳为对自然简洁明快的表达，反映的是人对土地的眷恋，并具备了有着美丽外表、良好功能的生态系统和按照生态学原理、美学规律来设计的特点。

从以上可以看出，景观设计学在推动人类物质生活环境变化的同时，也体现着人类生存理想和精神审美的不断演变。

中国风景园林是多维空间的艺术造型，有史以来就始终坚持在以讴歌自然、推崇自然美为特征的美学思想体系下发展。生态园林强调艺术美与自然美、形式美与内容美的辩证统一，以艺术为手段，以展示自然美为目的，以形式美为框架，以内容美为核心，力求体现不是自然却胜似自然的生态效益和人文景观；强调动静结合、静中寓动、动中求静，静态景物中有动感、动态事物里蕴藉着无限清幽纯朴的静谧之趣；强调远与近、大与小、明与暗、露与藏的对比，烘托、借衬，更注重疏与密、高与低、俯与仰的搭配，尤其注重林冠线的变化和色彩调配；强调以植物组景为主，并追求色相与季相变化，特别注意追求形象美、层次美、风韵美；强调景物之间的相互借衬与烘托，并注重外景的亲和、融合、呼应、渗透。

当代中国的城市景观设计，应充分发扬这些具有民族特色的生态美学观点，在最大限度地体现空间的艺术美的同时，将这种空间意识与城市的历史美感和城市精神相结合，以体现出城市的独特意境，给人们以特殊的艺术知觉。

审美是以较高形式反作用于实践的过程，中国当代景观设计在颠覆和离弃传统美学的同时，在语言形式和建构的层面汲取了现代主义的营养，当代艺术的介入又增加了其丰富性，而当代景观美学的最大转变源于价值观的转变。

生态学的崛起和人性化的释放导致传统的带有精英式和永恒性的美学形式发生转向，通常，美是通过大量的重复与提炼的过程，最终使事物熟悉化和舒适化而获得的，它依赖于比例、色彩和语言之间的高度协调、和谐，稳定及平衡是其要义。但是，新价值体系的建立产生了新的审美取向，在某种程度上的“自然美”也是美的最高境界，其背后涌动着的是自然规律控制下的生态美。生态美被当代景观设计提到了一个新的高度，可能是杂乱的、无序的，但是是具有生命力的。正如“野草之美”也是被符号化了的当代景观美学转向的一个重要特征（图 4-1）。

图 4-1　浐灞国家湿地

4.1.2 景观设计是现代艺术的实践体现

景观设计与艺术最大的不同是，它不仅向人们提供了精神文化与审美上的需求，还向人们提供了物质需求。美国景观设计师理查德·多伯在《环境设计丛书》中指出："环境设计是比建筑范围更大，比规划的意义更综合，比工程技术更敏感的艺术，这是一种实用的艺术，胜过一切传统的考虑，这种艺术实践与人的机能密切联系，使人们周围的物有了视觉秩序，而且加强和表现了人所拥有的领域。"

现代艺术所表现出的丰富性、多样性以及艺术大师们的作品中的各种思想、理念、表现手段、选用的语言符号，都对建筑和景观设计的发展起到了巨大的推动作用。

现代艺术从实质上表现出对以往各种艺术界限的突破，将艺术推向极端的状态，探索和尝试了绘画艺术与其他视觉艺术的关系，艺术与设计艺术的关系，艺术与非艺术的界限，艺术与自然的关系，艺术与生活的关系等。这些多方位、多层次的问题探索，为当代建筑设计和景观设计提出了新的思想理念，极大地丰富了造型设计的语言，拓展了造型艺术设计的艺术手段，同时深刻地影响和改变了人们的审美方式。这些艺术探索和实践对当代景观设计的实践创作产生了极大的影响。

现代艺术家提出"生活就是艺术""人人都是艺术家"的口号，这种艺术观念的转变，改变了现代艺术过于强调形式，将生存、生活变成关注的重点。他们将艺术转变成生活，又把生活转变成艺术，两者之间的互换，表现了当代艺术对关注界限的突破，推动了建筑设计、工业设计、产品设计、家具设计、景观设计等领域设计理念的变革。

城市的公共艺术产品是城市景观的有机组成部分，也是现代艺术最重要的表现形式之一。园林、雕塑、建筑等综合设计的组合艺术，是城市环境设计中画龙点睛的重要组成部分。除去美化功能，还是特定纪念性、主题性的大型艺术最为适合的表现形式。

在城市景观设计中，公共艺术的表现形态是千变万化的，规模也大小不一。可以是一组兼具地方特色和娱乐的雕塑物，或是一栋具有历史情感的建筑，或者是街道中的各种装饰元素。无论公共艺术以什么面貌出现，必须是一种可被感知和认知的形式，可以引导接受者或观赏者去领会创造者的理念。根据空间环境与作品之间的互动关系，公共艺术可归纳为十大特征、三大类型、四大表现形式。

1. 十大特征

（1）参与性。公共艺术是开放的、民主性的，参与方式是多种多样的，并能公正地对待每个参与者的意见。

（2）互动性。通过艺术家与艺术、公众之间的良性交流、沟通，实现作品的公共性。

（3）过程性。注重作品的过程，而不仅仅是它的结果，在时间变化的过程中不断呈现新的意义。

（4）问题性。优秀的作品通过表达自己的价值立场，发现社会问题，体现社会公正和道义，具有社会价值。

（5）观念性。公共艺术不再是形式上的艺术，而是作为一种思想上的体现，通过公众的参与，最终影响公众的观念。

（6）多样性。就场所而言，公共艺术的展示空间是很广泛的；就艺术形态而言，它又是多元的。

（7）地域性。创作的元素和表现的风格、材料等，都应该体现出一定的地域文化。

（8）强制性。人们无法因为个人的喜好而回避公共艺术，因为公共艺术带有强制性的影响力，所以要求创作者考虑大多数人的审美要求。

（9）通俗性。公共艺术作品应满足公共性下的通俗化倾向，强调亲和力，但是也要提升文化层次，反对一味地迎合民众的做法。

（10）综合性。公共艺术的创作要综合考虑功能、人文、环境、材料、心理情感等诸多方面的要素，涉及社会学科与自然学科等诸多学科的综合。

2．三大类型

（1）点缀环境的公共艺术。考虑尺度、色彩、质感、体量等视觉因素与实地环境相呼应。

（2）体现实地文化特性的公共艺术。根据当地的生活习惯、文脉联系、历史特性等来塑造作品，以和谐的方式与实地的文化背景相对应。

（3）依靠环境而存在的公共艺术。凸显作品与环境的依存、融合关系，通过实地观察和考量，以材质、造型的默契呼应，以比例、尺度和节奏的恰当把握，使作品处于融洽的环境氛围中。

3．四大表现形式

（1）公共设施。现代城市公共艺术的产品最终表现为公共设施。公共设施除了使用功能，还具有装饰性和意向性，其创意和视觉意向直接影响着公共艺术的表达，如路灯、座椅、垃圾筒、电话亭等。

（2）城市色彩。城市色彩是对构成城市公共空间景观色彩环境的一切色彩元素的总称，包括建筑物色彩、广告招牌色彩、标识色彩、街头小品色彩、道路铺装色彩等。

（3）城市雕塑。作为城市景观中主要的标志物和公共艺术的重要表现形态，城市雕塑往往被赋予深刻的文化内涵，能引起人们的共鸣。城市雕塑在表现形式上可以分为具象和抽象两种，其质地和材质需要体现出地域特征和时代精神。

（4）城市照明。城市照明不能局限于路灯本身的技术层面，还应考虑审美需求。从城市景观的层面出发，在白天与周围空间协调，在夜晚创造良好的气氛。同时，还要挖掘城市的文脉，使照明成为构筑城市公共艺术的一个不可或缺的元素。

4.1.3 现代景观——人与自然的和谐发展

西方和东方认知哲学的最大不同可以说是“一分为二”和“合二为一”的区别。

以人为中心的观点，无视进化的历史，始终强调突出个性，力求得到公正和同情是西方传统的瑰宝，但西方的傲慢与优越感是以牺牲自然为代价的。它们不知道人和人的同源者和同伴以及那些低级和野蛮的物种是相互依存的——当它们为人和人的工作做出奉献时，随着人的进化，它们受到了破坏。

西方哲学家主张把认知的主体和被认知的客体分离开来，主体的人站在局外来分析现实中的客观事物。这种分析方法显然能客观明晰地了解客体功能，在此基础上形成了灿烂的工业文明，但它也带来了许多不可调和的矛盾和问题，具体表现在自然与人的对立、工程技术与人文艺术的分离两个方面。

在东方中世纪的封建观念中，东方人与自然中的和谐以牺牲人的个性而取得。这种观点始终认为，人不仅是一种独一无二的物种，而且有无比的天赋。这样的人，知晓他的过去，和一切事物和生命和睦相处，不断地通过理解而尊重它们，谋求自己的创造作用。

东西方的利益相互排斥，但为了从两种世界中取得最好的效果，必须避免各自走向极端。人生存于自然之中是无可辩驳的事实。但是，承认人独有的个性，从而承认人应得到特殊的发展机会和负有责任，这是很重要的。

假如东方是一个自然主义艺术的宝库，那么西方则是以人为中心的艺术博物馆。这些都是伟大的（即使范围比较狭窄）遗产、灿烂的财富，包括音乐、绘画、雕刻和建筑。雅典的卫城、罗马的圣彼得大教堂、法国奥顿的大教堂和英国伊利的大教堂等都表达出了人类的神圣性，但是相同的观念扩大和应用于城市的结构形式上就使这些观念的虚幻性暴露了。教堂作为人与上帝之间对话的舞台，被赞叹为超自然的象征。当人的至高无上的观念在城市形式上表现出来时，人们就要寻找证据来支持这种人的优越感，但找到的只能是一些武断的定论。尤其是坚持人对自然的神圣性，伴随而来的是坚持某些人骑在其他所有人头上的神圣不可侵犯的至高无上的观念。对文艺复兴时期的城市纪念性建筑成就，特别是罗马与巴黎等城市，需要以一种单纯的头脑去欣赏，而不能去欣赏它们的创作动力。

如果我们抛开这种令人惊奇的、刺耳的、无知的所谓“人是至高无上的”断言，眼睛往下看，就能找到另一种传统，这种传统比孤立的纪念性建筑更为普通，各处都有，很少受到建筑风格潮流的影响，这就是当地的传统。经验主义者可能并不知道一些基本的设计原则，但他观察了事物之间的关系，他不是教条的牺牲品。农民就是个典型的例子。他只有在对土地了解并通过管理确保土地肥沃的前提下才能富足起来。对于建筑房屋的人来说也是如此。如果他对自然的演进过程、材料和形式等都很了解，就能创造出适合该地的建筑来，这些建筑将会满足社会进步与居住的需要，是具有表现力和耐久的。

要求西方人接受道教、神道教和禅宗，从而使西方的观念适应更为宽容的态度，这种转变的希望十分渺茫。不过，我们看到西方的民间艺术和东方的多神论作品有许多相似之处。18 世纪英国的风景艺术传统是又一座伟大的沟通桥梁。这一时期的诗人和作家，他们发展了人和自然相互和谐的观念。 由于对东方的发现，人和自然相互和谐的概念在一种新的美学中得到了肯定。在以上这些前提下，英国由一个忍受贫困、土地贫瘠的国度转变成为今天景色优美的国家。这是真正的西方式传统，意味着人和自然的统一。以后，少数建筑师又发展了这一经验，实现了最为显著的转变，并坚持了下来。不过，这种对自然演进过程的初步了解，其根基是有限的。因此应该说西方无与伦比的、领先的科学是了解自然演进过程更好的源泉。

经过东西方文化的不断碰撞、探索与发展，人与自然的和谐发展成为景观设计共同的认知，不仅会影响价值观念体系，也会在社会实现的目标上有所反映。

4.1.4　生态环境和可持续发展成为共识

生态兴则文明兴，生态衰则文明衰。古今中外，这方面的事例很多。恩格斯在《自然辩证法》一书中写道，“美索不达米亚、希腊、小亚细亚以及其他各地的居民，为了得到耕地，毁灭了森林，但是他们做梦也想不到，这些地方今天竟因此而成为不毛之地”。对此，他深刻指出：“我们不要过分陶醉于我们人类对自然界的胜利。对于每一次这样的胜利，自然界都对我们进行报复。”在我国，现在植被稀少的黄土高原、渭河流域、太行山脉也曾是森林遍布、山清水秀、地宜耕植、水草便畜。由于毁林开荒、乱砍滥伐，这些地方的生态环境遭到严重破坏。塔克拉玛干沙漠的蔓延，湮没了盛极一时的丝绸之路。楼兰古城因屯垦开荒、盲目灌溉，导致孔雀河改道而衰落。这些深刻的教训，一定要认真吸取。

中华文明积淀了丰富的生态智慧。孔子说:“子钓而不纲，弋不射宿。”《吕氏春秋》中说:“泽而渔，岂不获得？而明年无鱼；焚薮而田，岂不获得？而明年无兽。”这些关于对自然要取之以时、取之有度的思想，有十分重要的现实意义。此外，“天人合一”“道法自然”的哲理思想，“劝君莫打三春鸟，儿在巢中望母归”的经典诗句，“一粥一饭，当思来之不易；半丝半缕，恒念物力维艰”的治家格言，这些质朴睿智的自然观，至今仍给人以深刻的警示和启迪。中华传统文明的滋养，为当代中国开启了尊重自然、面向未来的智慧之门。

当前，随着世界可持续发展指导思想的建立，在全球范围内，已经出现了一个日益明显的“经济生态化”发展趋势。它的表现遍及经济发展和人们生活的各个方面，包括发展各种生态产业，例如生态工业、生态建筑业、生态旅游业和进行各种生态区域、生态城市建设等。可以看到，科学发展观指导下的国家政策倾斜将对此提供保证。目前我国经济社会发展的具体进程已经使人们明确地看到，实现生态与经济协调，从而促进经济社会的可持续发展已经是我国的必然发展趋势。城市自然生态环境建设与复兴也将是必然的。

人类在经济、社会发展的过程中同自然环境，以及人与自然共处的生态系统要具有协调性。这种协调性既包括经济、社会活动与环境的协调性，也包括人们对人与自然协调关系的认识，倡导环境文化和生态文明，以尽可能少的资源消耗和尽可能小的环境代价取得最大的经济产出，同时实现最少的废物排放，追求经济、社会、环境的可持续发展。

1. 用生态学的理论指导生态规划设计

城市生态重建是以城市开放空间为对象，以生态学及相关学科为基础进行的城市生态系统建设。它不同于一般的城市绿化和景观建设，注重生态系统结构与功能的恢复，以及健全生态过程的引入，从而使系统具有一定的自稳性和持续性。20 世纪 80 年代，城市绿地、公园的生物保护功能被重视，城市绿地功能从以前的美化与游憩向生态恢复和自然保护方面推广。用生态学的理论来指导城市绿地建设，使城市绿地纳入更大区域的自然保护网络，成为发达国家可持续城市景观建设实践的主要内容。

生态学是对所有生物之间关系的研究，包括人与其所生存的生物环境和物理环境之间的关系。

生态规划是利用已有的科学和技术信息进行思考，并在一系列的选择中最终得到一致意见的过程。生态规划可以定义为利用生物、物理和社会文化的信息提供一些允许和约束条件，从而为景观利用决策的制定过程提供依据。伊恩·麦克哈格曾经为生态规划总结了如下的框架："所有的生态系统都渴望生存和繁荣。这种状态可以描述为有序—适当—健康，而它的对立面则是无序—不当—病态。为达到第一种状态，对于生态系统来说，环境的适当状态可以定义为所付出的工作和所进行的改造的最小化。适当的状态和适应的过程本身就是健康的体现，而对适当性的寻求过程就是适应。对于人类来说，在所有可用来达到成功适应的手段中，总体上的文化适应和细节上的规划看来是最直接和最有效的方法，能够维持和改进人类的健康和福利。"阿瑟·约翰逊将此理论的核心原则进一步解释为："对任何有机体、人工系统、自然和社会的生态系统来说，最适应的环境就是能够为它们提供可以维持健康或能量的环境。这种方法可以适用于任何规模，既适用于花园里的植物栽培，也可以指导一个国家的发展。"生态规划方法首先是一个研究地方生物、物理系统和社会文化系统的过程，从而揭示出某种特定的土地利用方式在哪里实行最合适。正如伊恩·麦克哈格在其著作和很多公共演讲中多次总结过的："这种方法定义出一种最有潜力的土地利用方式，集中了几乎所有的有利要素而排除了几乎所有的有害条件。满足这一标准的区域被认为是可以考虑的、适合土地利用的区域。"

生态学在实践层面介入景观设计，并作为景观设计的一个基本理论，是过去十年中中国景观设计发生转向的重要特征。设计师所关注的对象是从人的需求转化为自然与人的双重平衡，并试图在满足人的基本需求的同时更多地考虑自然的需求。生态学在当代景观设计语境中表现为以下层面的实践：

第一个层面，生态学方法与技术的介入，生态设计依赖于科学的场地分析和对生态系统的研究，包括生态技术的运用。在某种意义上，生态设计与艺术的表达存在着冲突，《人类栖息地、科学和景观设计》一书中论述了当代景观设计应该"多一些科学、少一些艺术"的观点。俞孔坚主导的"反规划"理论，引起关注和讨论，其核心是景观安全格局的建立，在城市"正"的规划之前，首先进行反向的面向生态系统的规划，从几个不同安全级别的层面划定不建设的区域，"反规划"的出发点是物质城市的彼岸——自然，应对的问题是中国超城市化进程中城市新空间与自然空间及生态系统之间的矛盾。

第二个层面，生态学法则的运用，在实践层面主要影响的是设计观念。巴里·康芒纳在《封闭的循环——自然、人和技术》一书中阐述了生态学的四条法则：每一种事物都与别的事物有关；一切事物都必然有其去向；自然界所懂得的是最好的；没有免费的午餐。这四条原则让人们重新思考在大地上的创造，生态学法则在景观设计语境中表现为人工元素介入自然空间的方式，其终端表现为"最少介入"，以审慎的态度对待现代社会的物质进步，批判过度的设计。

2. 城市生态景观设计的意义

城市景观的生态过程，主要依靠人为输入或输出不同性质的能量和物质来协调和维持。随着社会经济的发展，以及政治、文化等因素的变动，城市景观变化极快，特别是城市景观边际带的变化尤为明显。由于城市景观系统对人类调控的高度依赖性，城市的自然生态过程被大大简化和割裂，城市功能的连续性和完整性都很脆弱，一旦人类活动失调，就很容易导致城市功能，特别是城市生态衰退，城市的总体可持续性和宜人性下降。

城市生态景观设计必须考虑三个方面的意义：

首先，必须考虑到景观的地理外在要素，如地质、地貌、地形、水体、植被的造型能力，使之合乎自然形态规律并按照美的目的来建造。

其次，要考虑生态的可持续发展问题，目的是使景观能够有序地可持续发展，植物、水体、天空、水土都处于规律的变化之中，人与自然协调生存。

再次，还要考虑到人类社会及历史人文的要素，探究景观的合乎时代性和文化民族地域的特征性，保留和传承人类的历史文化。

具体到城市的生态景观设计，就必须考虑到城市的地理位置，地形、地貌、水体等特征，城市的可持续发展，以及城市的历史、城市的现状、城市的当代功能定位等一系列要素。

3. 重视生态环境重建中的构成要素

生态环境主要是指以生态学原理（如互惠共生、化学互感、生态位、物种多样性和竞争等作用）为指导而建设的绿地系统。在此系统中，乔木、灌木、草本和藤本植物被因地制宜地配置在一个群落中，种群间相互协调，有复合的层次和相宜的季相色彩，具有不同生态特征的植物能各得其所，从而可以充分利用阳光、空气、养分、水分、土地空间等，彼此之间形成一种和谐有序、稳定的关系，进而塑造一个人类、动物、植物和谐共生、互动的生态环境。

建设生态环境是城市发展的必然方向，即在城市建设当中，模仿自然生态景观，通过艺术加工，创造出既美丽又具有降尘、降噪、放出氧气等多种生态功能的城市景观。

绿道实际上是城市区域沿道路、河流等进行绿化，形成的绿色带状开放空间。它们连接公园和娱乐场地，形成完整的城市绿地或公园系统，揭示出城市内部千变万化的生活方式。连接郊野的绿道能够将自然引入城市，也能将人引出城市，进入大自然，使城市居民可以体验自然环境之美。

绿色开发能更有效地利用其他自然资源。那些设计或选址不当的建筑不仅破坏景观，占用良田，而且不断蚕食野生动物栖息地。与此相反，绿色设计在增加销售卖点和舒适性的同时，能起到保全和改善自然环境、保护珍贵景观的作用。对新建筑的精心绿色设计和对老建筑的更新利用，能极大地减少建筑材料的消耗，保护森林和濒临灭绝的生物种群。认识到植物生态环境的存在与发展是人类文明的标志，以研究人类与自然间的相互作用，以及以动态平衡为出发点的生态环境设计思想开始逐步形成并迅速扩张。

生态园林在城市建设中具有植物造景、增加群落景观的作用。生态园林是以植物造景为主，木本植物为骨干的生物群，是由乔木、灌木、草本、低等植物、动物和微生物以及所在地区的气候、土壤条件综合而成的微观人工植物群落，又包括植物的相互联系的生态网络，涵盖了宏观城市系统，发挥了吸碳吐氧、调节温度与湿度、消噪除尘、杀菌保健、吸收有害气体、防风固沙、水土保持、促进绿地水循环、防震避灾等生态功能。

物种多样性是促进城市绿地自然化的基础，也是提高绿地生态系统功能的前提，所以，生态绿化应恢复和重建城市物种多样性。人们应尽量保护城市自然遗留地和自然植被，建立自然保护地，维护自然演进过程；修建绿色廊道和暂息地，形成绿色生态网络；增加开放空间和各生物斑块的连接度，减少城市内生物生存、迁移和分布的阻力，给物种提供更多的栖息地和更便利的生存环境空间。

生态绿化要发挥健全城市的生态功能，将更多的野生动植物引入城市，满足市民与大自然接触的需求。城市要尽量保存适应野生动植物生存繁衍的栖息地。西方国家常以野生动物的种类及数量来衡量城市绿地和生态环境质量，这对于我国也有借鉴意义。

保护和建立半自然栖息地是生态绿化实现自然保护的重要途径。“半自然栖息地”是指人类干扰之前保留自然植被痕迹的地方，如遗留的林地、湿地、草地以及废弃的深坑、水库和人工湿地系统，是水生动物良好的栖息场所，在一定程度上弥补了大量自然环境的丧失。

生态公园是模仿自然环境、保护城市生物多样性的理想途径，如伦敦中心城区的海德公园、中山市的岐江公园都是较好的例子。中国大多数城市中的自然环境与外部大自然断绝联系，但通过划分城市的生态功能区，构建城市的“绿楔”“绿廊”以及“绿网”，能够恢复城市外部生物基因的正常输入和城市内部生物基因的自然调节。特别是在草地生态、森林生态、淡水生态系统中的生态交换关系，不仅要求是水平向的而且应该具备垂直向的承载条件（如自然坡岸、湿地、攀缘面等）。城市在引入自然群落运行机制时，宜划分正常生态区、过渡生态区、变异生态区、半自然生态区等不同区域，确立各级生态功能区之间、城市生态区之间与外部生态区之间的生境通道和生态走廊，为不同干扰承载力的生物群落之间的基因系统和调节创造条件，如西安沣东农博园（图 4-2）、沣河湿地公园、昆明池遗址、沣东沣河生态景区等共同构成了这片区域的生态框架。

4. 向人性化方向发展

21 世纪是一个人与自然和谐共存、持续发展的生态时代。城市环境的生态建设趋势是向着自然化、森林化、人文化方向发展，而城市环境设计的中心就是人在自然中生活，自然更贴近人。

城市空间根据人的需求构筑，也根据人的需求改变，人是城市的主人。随着社会文明的发展，人的需求被放到越来越重要的位置。城市景观的功能要满足市民的生活需求，并且营造出来的城市景观氛围要富有人情味。

图 4-2　西安沣东农博园

中国的改革开放被认为是中国新现代纪元的开始，其中最大的改变是人性化的释放，中国人的日常生活变得具有个性化和多元化。中国公共城市空间在经历了群体集会的功能之后，转化为真正的日常生活的人性化场所，但新的城市空间和景观被赋予了新的意义，承载着新城市的梦想。极力改变现状的最好方法便是差异性的创造，创造新的气象是每一个城市建设的目标，所以说真正宜人的景观空间远远承载不了大尺度景观的梦想，这反倒促成了以视觉形式的表达为主要目标的设计。

4.1.5　城市景观设计与环境相关的因素

人们对环境的评价，首先表现为整体的与情感的反应，然后才是以特定的方法去分析和评估它们。物质的对象首先引起一种给予背景更特定的意向的感觉，情感方面的意向在判断中起主要作用。人类最初始的感觉及总体的反应影响着后来的与环境相互作用的倾向，这种总体情感上的反应是基于环境及其特定的方面所给予人们的意义。这种意义，部分是人们与环境相互作用的结果。

人类的活动可分解为四部分，即活动本身，活动的特定方式，附加的、邻近的或联想的活动，活动的意义。现代主义设计运动特别强调功能的概念，而意义的重要性也增加了，意义不是脱离功能的，其本身是功能的一个重要的方面。实际上，环境的意义是关键和中心。所以，有形的环境是用于自身的表现，用于确立群体的同一性，有形的要素不仅造成可见的、稳定的文化类别，同时也含有意义。在传统城市和建筑中，位置、方向、高度、领域的划定、尺度、形状、色彩、材质等都具有重要的意义。

影响人们行为的是社会场所，这包含了物质环境和精神环境，物质环境给人们提供了认知的线索，而精神环境则表现于城市文化的积淀。每种环境都有一种“代码”，当人们认知了这些代码后，其行为便可以容易地适应与之相符的场面和社会情境。从环境中的行为来看，情境包括了社会场所及其背景，根据人的文化和特定的亚文化所提供的线索来判断场所中人和情境有着重要的作用。

1．*聚居观与环境的关系*

中国是一个历史悠久、以农耕为主的多民族国家，有着深厚的文化底蕴，并形成了自己独特的人居观，如“非于大山之下，必于广川之上”“仁者乐山，智者乐水”“人之居处，宜以大地山河为主，以山水为血脉，以草木为毛发，以烟云为神采……，山得水而活，水得山而秀”。

吴良镛教授在《人居环境科学导论》一书中提出的城市、建筑、地景“三位一体”的构成关系是其重要的思想之一。三者和谐统一所构成的物质和文化环境形态，是人类所追求的理想聚居环境。

中国地域辽阔，一方水土养一方人，因此形成了不同的地域文化，而不同的地域文化和民族生活特征形成了各自不同的文化形态和社会内容。我国历史上自然、人文、地理的构成和划分，从地域文化的派别上和文化形态上显示了地方城市景观形成的客观性和有机性，如延安的红色文化及其高识别度的地域建筑形式，使这个城市有着独特的气质（图 4-3）。

图 4-3 延安

2. 城市建筑物与环境的关系

一座城市从最初的聚落开始演进，随着时间的推移而发展，从而获得自我意识与记忆。城市中的人造物不仅是城市中的某一对象的有形部分，而且包括所有的历史、地理、结构以及与城市总体生活的联系。在城市中最多的构筑物就是建筑，从考古发现的村落遗址中可以看到当今城市的雏形，建筑的不断聚合增多才逐步形成乡村、集镇并发展成现代城市的形式。中国古代城市以线状街道空间为主要特征，而欧洲国家城市以团状形成城市空间特征，无论城市是线状还是团状空间特征，构成空间特征的媒介主要是建筑物，因此建筑物是城市空间最主要的视觉对象，建筑的形态、建筑的组合形式、建筑的立面、建筑的色彩、建筑的质感形成了环境的主要特征。城市空间和自然空间的最大区别就在于城市中有大量的建筑，不同的建筑又具有特定的使用功能，城市中的建筑是组成城市景观的重要因素之一。

建筑伴随着城市的起源而开始出现，根植于文明的形成过程。建筑作为城市的构成要素，是人类文明的构造物；建筑作为人类生活的固定舞台，体现着世代相传的品位与态度，体现着公共事件与个人悲剧，体现着新老事物。在现代城市中，具有特殊功能的新型构筑物成为现代城市景观的重要组成部分，比如电视塔、桥梁、立交桥、隧道、防洪堤等，这些构筑物的出现大大拓展了城市建筑物的概念，同时丰富了城市景观。

3. 城市规划与环境的关系

优美的城市不仅具有完美的空间形态、美丽的自然环境，而且需要有一个科学合理的城市规划，城市空间环境是人类在城市活动中不断积累形成的。在构筑居住场所的过程中，场所的安全性、便利性、舒适性、卫生性等满足人类基本生存需求的条件成为首先考虑的因素。同时，不同地区的民族在建造和规划自己家园的过程中，会受到民族的生活习性、宗教信仰、传统文化、审美趋向的影响。历史上，人类创建了许多著名美丽的城市和村镇，比如中国的古村镇宏村、西递、西塘、乌镇、周庄、平遥古城等，都是至今保留完好的历史文化遗产（图 4-4）。

图 4-4　宏村

从历史文献记载以及对城镇遗迹的发掘与考察研究中，都可以看到历史城镇的发展及其规划思想和建筑美学。城市规划从早期的自发行为逐步发展到今天科学、合理的规划，经历了一个漫长的过程。在城市规划中，生产力分布、资源状况、自然环境、城市现状、建设条件等都是必须考虑的因素。其中，风景资源、地形、地貌、河流、湖泊、丘陵、绿地等因素在城市规划中是否能被科学地利用，对塑造城市空间形态美、环境美起着重要的作用。

自然、人工和社会是构成城市设计美学的三个主要的要素。

在自然要素中，自然景观的利用是体现当今城市特征和发展能力的一种标志，自然景观成为城市发展的目标之一。荷夫认为："城市环境是城市规划设计的必要部分，而城市环境中这些未被认识的自然进程就发生在我们周围，它同样是城市景观形态的基础之一。城市环境是城市设计的一项基本要素，景观规划设计并非简单意味着寻求一种可塑造的美，景观规划设计在某种意义上寻求的是一种包含人及人赖以生存的社会和自然在内的，以舒适为特征的多样化空间。"

4. 城市道路与环境的关系

城市交通和道路是两个不同的概念，交通是指车辆和行人的流动状态，道路则是为了满足交通的需求而建造的工程设施。

道路规划是城市规划的重要组成部分，城市道路除了供交通使用外，还有其他多方面的功能，是居住在城市中的居民主要的活动场所之一。城市道路规划与设计是否科学、合理，对城市空间与环境景观有着重要的影响：在城市道路规划中，道路可以将城市的自然景观、人文景观、历史古迹、沿街建筑群、住宅小区、商业中心、城市广场、绿地等联系起来，组成一系列有节奏、有韵律的环境空间。在景观设计中，道路和景观环境密不可分，无论是城市的主干道还是次干道，都是人们从一个活动空间转移到另一个活动空间的必经之路。在现代城市环境建设中，道路作为城市重要的景观来设计，使城市街道在功能和意义上有了更大的延展。

4.2 现代景观设计理念的落实

4.2.1 城市中的自然景观设计

1. 重建自然景观

人类对自然不断增强的干预和持续改造取得了成功，为自身的生活和发展带来了极大的便利，但是这不是无偿的，自然演进过程不总是具有价值属性的，也没有一个综合的计算体系来反映全部费用和利益。人们没有认识到填平河口沼泽地、砍伐高地上森林的结果及相关的对水体的影响——洪水泛滥和干旱。一般都没有认识到郊区的建设与河道的淤积是有关系的，也没有认识到在河中废物积聚和远处井水的污染是有联系的，通常认为城市发展总是不断扩大，而与所在场地的自然演进过程没有什么联系，但是这种发展方式所聚集的后果是不可预估的。地球气候变化、能源浪费、生物的多样性减少、森林面积减少、淡水资源受到威胁、化学污染、混乱的城市化、海洋的过度开发和沿海地带被污染、空气污染、极地臭氧层空洞等，就犹如推倒了多米诺骨牌一般，使整个地球生态系统都出现这样或那样的不良反应。自然的演进过程具有整体的特性，对系统的局部改变会影响到整个系统。自然景观的重建一度为景观设计专业所遗忘，直至 1970 年“地球日”创立，才又被纳入景观设计理论和实践的范围。

图 4-5 流水别墅

设计师赖特能成为一代建筑大师，无疑与他把建筑看作对自然界的敏感回应有关。他设计的草原式住宅和流水别墅（图 4-5），表现了对自然的尊重和崇尚。这种对自然朴素而强烈的愿望，反映了对自然的热爱与好奇。

约翰·波特曼把自然景观引入建筑中与建筑相互渗透，建筑中有阳光、泉水、高大的树林、灌木和花卉，人们轻松地在室内享受着自然的恩泽，但这一切都是商业的推动。在美国的许多大型商场和购物街中，自然完全融入其中，有高大的喷泉、潺潺的小溪、参差的树木、茂盛的花草，阳光从玻璃天棚中泻下，透过斑驳的树叶落在木椅子上，儿童在嬉戏，水中还有水鸟，这丰富多彩、变化万千的场景就是美国景观特征的写照。它如同其他商品一样，组成了人们日常生活场景的一部分。城市的可持续发展和生态效应得到关注，人的自然化的倾向又受到大家的重视，自然环境延伸到城市景观和生活中，成为城市生活特征中的一部分（图 4-6）。

图 4-6　底特律的复兴中心

把自然环境延伸到商业化的城市中，自然的元素加上超平常想象的技术和能力，移到城市建筑中，成就了一道道风景。人与自然接触交流更加密切，人们也从中得到了更多的快乐。

城市的景观规划能使人们比以往更明智地使用资源。自然景观重建，使有种群关系的乡土物种重新生长在可以繁衍的场地上，以恢复一个地方原有自然风貌的过程，是修整景观的积极方法之一，其目标是重新建立人类移居前的原生植被，模仿当时物种的组成、多样性和分布模式。

重建自然景观这种艺术，首先，必须明确景观设计的目的就是要寻求人与自然的最大和谐。以自然景观来设计、以美的规律来设计、以求人与自然的和谐来设计才是景观设计应有的最深刻含义。其次，必须熟悉区域的自然景观和原生植物种类。接着是要将它简化并形成某种风格，但不能失去设计场地内原有复杂系统的美感，还要具备植物种植技术。最后，要了解自然景观需要明智的管理。特别是经过重建的自然景观，只有在维持设计的空间结构的同时，才能永久保持充满活力的自然特色。

丰富的资源以及广阔多变的景观可以使人们拥有健康、美丽的环境，但这只有在普遍运用景观生态学原理进行规划时才有可能达到。越来越多的土地开发者聘请景观设计师来为其进行场地规划，以开发出更吸引人、更适于环境，也更合乎经济效益的城市景观。

2. 设计遵从自然、设计结合自然

人类源于自然，生存于自然，得益于自然，因此，在人口膨胀、自然恶化的今天，人们向往和回归自然的心情与日俱增，希望在城镇中重现和领略到大自然美景的愿望越来越强烈。虽然城镇空间不允许更多的自然风光，然而，创造“小中见大”“壶中天地”的自然景色，可以取得与自然协调的生理、心理平衡。

人类生活在一个生物世界里，人们对植物、动物和微生物都有所了解。这是一个非常复杂的并且相互关联的系统，而人类能够对这个系统造成很严重的破坏，同时也会对人类自身造成破坏。人和自然的关系问题不是为人类表演的舞台提供装饰性的背景，或者是为了改善一下肮脏的城市，而是需要把自然作为生命的源泉、生存的环境、神圣的场所来维护，尤其是需要不断地发现自然界本身还未被人们掌握的规律，寻根求源。

天造地设，非以人工刻意塑造、修饰的风景，就是自然景观；天然景观是国家、地区自然历史的投影，其形成在千百万年或数亿年，其规模非人力所能及。例如，陕西榆林的毛乌素沙漠，在古代曾经水草肥美。5 世纪时毛乌素南部（今靖边县北的白城子）曾是匈奴民族的政治和经济中心。后来由于不合理开垦、气候变迁和战乱，地面植被丧失殆尽，就地起沙，形成了沙漠。毛乌素沙漠是在一两千年的时间里逐渐扩展而成的，大约自唐代开始有积沙，至明清时已形成茫茫大漠（图 4-7）。到了 21 世纪初，已经有 600 多万亩沙地被治理。80% 的毛乌素沙漠得到治理，水土也不再流失，黄河的年输沙量足足减少了 4 亿吨。

图 4-7 毛乌素沙漠

工业化在人和自然之间筑起一道厚厚的高墙，在文明生活的天地中，触目皆是人造景物。人是自然的一部分，远离自然就容易造成身心的不平衡，所以文明越进步，生活越紧张，自然景观的陶冶也就越感迫切。因此，如何开发、利用和保护自然景观的问题，是与现代生活所必需的其他要素同等重要的。

在人们的观念里面，一味地在追求着“高、大、奇”的目标，而很少切实考虑自身真正的需求。在中庸观念深入人心的国家，从某种程度上来说，对于这些目标的追求，可以显现人们进取的一面，但是这也在更大程度上推动了现实中浪费的一面。用大理石、花岗石来装点那些空旷的广场，用耗费普通建筑好几倍材料的代价来满足对“新、奇”建筑的追求；听到的也是到处修建“某某第一高楼”“某某第一大道”“某某第一广场”的豪言壮语，也许这是景观行业发展的一个必然阶段，或者十几年，或者几十年之后，我们的景观能真正“朴实”起来，但愿这个阶段尽量短一些。人们应该拥有的是一颗平和、淡定的心，如果真能如此，那么我国 960 万平方千米土地上的乡土景观将是何其的丰富多彩，而那样的景观，应该是人们所真正追求的。

总之，一切设计都可以自然为材料，从自然中获得灵感。设计是一个文化工程，不仅应尊重自然，展示自然的魅力，还应减少建设浪费，减轻对生态系统的污染，走节约、环保的可持续发展之路。

3. 正确解读场地

伊恩·麦克哈格认为，从事现代建筑设计、因地制宜地设计建筑、景观及开展规划等工作的人们，必须非常了解土地是如何形成、如何发展的以及土地蕴含的深意，以便有针对性地进行改造；能够分辨出哪些地方是适合改造的，并且能够找出适当的建设场地和适宜的改造形式。

场地设计这一环节在很多设计中并没有得到足够的重视和理解，更有甚者把场地设计这一环节大大忽略了。场地设计是一种在土地上安排构筑物和外部空间塑造的艺术，而这种安排构筑物和外部空间塑造的艺术肯定不是游离于建筑之外的东西，而是把建筑落在场地上，是景观规划其中一种功能的体现。这种建筑功能的延续，使景观规划既联系城市规划，又联系建筑。场地设计应该是为人设计的，而不单纯是为园林和景观规划而设计的。

场地设计也可表达一种过程。安妮·威斯顿·斯本抱怨说：“建筑师甚至是一些景观建筑师坚持认为景观是构成客体的视觉工具，只负责景观中的山、树和花的形状和颜色，而不是激发它的过程。”

景观空间的建造是不能与特定的视觉、触觉等感官分离的，景观是一种不断交换的媒介，是一种在不同时期、不同社会的虚拟和实质的实践中蕴含和演变的介质。因此，所有关于景观的意念和实质产物都不是一成不变的。

此外，景观意念既不是世界共享的，也不是以同样方式跨越文化和时间出现的；景观的意义和价值，以及它存在的和形态上的特质也不是固定的。

把森林、湖泊、江河、溪流、草原、沼泽、雪山、冰川、山脉、丘陵、名树古木、草地、奇花异草等丰富多样的地形、土壤、气候、地质和植被，融入城市景观、建筑中，就构成了千变万化的丰富景观。这些丰富的自然景观不仅是构筑乡土景观的重要元素，还使不同区域具有独特性、地域性以及引以为豪的区域价值和对不同生物群落的认识价值。

4. 体现乡土韵味

进行此类景观设计的要点是，尽可能地减少人为因素对场地的干预。在对场地的梳理过程中尽量考虑更多的独特的、适宜的能对野生动植物保护和增益的项目。因此，进行此类景观设计的前提，是对场地进行细致充分的调研。

5. 融合环境元素

自然景观的独特美是景观设计宝库中的一朵奇葩。要充分运用现有场地的景观要素，结合从自然美景、艺术作品中发掘和提炼出的灵感，使当地的自然特征和美景组成一幅美丽的画卷。无论是葱郁的大树还是矮小的肉质植物，都与自然的岩石形态、干涸或潺潺的小溪以及绵延起伏的地势交相呼应，共同描绘出景观的背景。丰富的树种和特有的野花可以描绘出一幅成功的景观设计图。景观设计师对自然景观的欣赏和接纳，影响着住宅、公共建筑、道路以适应自然场地的要求，没有比自然赋予的美更适合人类，因此景观设计师有时运用的设计手法来自直觉或瞬间的灵感，如犹如自然画卷的旧金山艺术宫（图 4-8）以及与环境融为一体的越战纪念碑（图 4-9）。

图 4-8　旧金山艺术宫

图 4-9　越战纪念碑

在景观植物的设置上，宜采用相互关系稳定、相互促进的植物群落，但是要考虑自然中该群落所处环境的相关参数，比如土壤 pH 值、水、阳光、温度、湿度等。在植物设计时，要充分了解植物的习性、本地植物间的相互联系，这样就能在很大程度上摆脱养护的限制。为了营造自然优美的视觉效果，即使是同一种植物也无须均衡统一，植物株距也不用相同。植物的配置种类和规格，需配合设计意图来选择，最终的生长模式和层次都是十分重要的。

岩石景观也是大自然赐予景观设计师的另一份厚礼。它们被精心保留下来，并不断得到优化。如同当地的植物群落一样，岩石和天然石形态构成花园或景观的灵魂。石材利用方面还应注重可持续性原则。石材在景观设计中具有诸多功能：碎砾石可以用于铺路，充当结构填料，修建园墙、水池或水景、挡土墙、入口拱门和立柱、藤架支柱、台阶。在确定项目主色调时，选择与场地相适应的石材也很重要。建造建筑物时经常会有多余的石材，对这些石材可以进行再利用。当地景观石形成诸多设计的典型结构，其中一个通过石材营造“场地感” 的明显手法就是在平台、种植床和挡土墙中采用本地采集的石材，可以把石材景观设计成瀑布、河流和细流。水道的不规则性，使细流和水景充满了历经岁月洗礼的沧桑感。石材景观可以被设计成完全干涸的状态，然而却可以给人一种涓涓细流般的感觉。这种视觉假象在各个国家的造园历史上都得到了充分演绎。

4.2.2　生态城市规划设计

任何一个城市都有自己特定的社会条件、自然条件和相应的经济生态问题。生态城市规划的任务就是要从这些特定的条件出发，研究解决或减少这些问题，改善和提高城市经济效益与生态效益的战略对策。

1. 生态城市的特点

目前，生态城市理论研究已从最初在城市中运用生态原理，发展到包括城市自然生态观、城市经济生态观、城市社会生态观和复合生态观等综合城市生态理论，生态城市的特点也在研究和实践中日益深化。

（1）高效性。生态城市一改现代工业城市“高能耗”“非循环”的运行机制，在自然物质—经济物质—废弃物的转换过程中，必须提高一切资源的利用率，达到物尽其用，地尽其利，人尽其才，各施其能，各得其所，优化配置，物质、能量得到多层次分级利用。该系统的有效运行在产业结构方面的表现为“第三产业 > 第二产业 > 第一产业”的倒金字塔结构。

（2）高效率性。以现代化的城市基础设施为支撑骨架，为物流、能源流、信息流、价值流和人流的运动创造必要的条件，从而加速各种流动的有序运动，减少经济损耗和对城市生态的污染。

（3）整体性和前瞻性。生态城市不是单单追求环境优美，或自身的繁荣，而是兼顾社会、经济和环境三者的整体利益，不仅重视经济发展与生态环境协调，更注重人类生活质量的提高，也不因眼前的利益而以“掠夺”的方式促进城市暂时“繁荣”，保证城市社会经济健康、持续、协调发展。

（4）高质量的社会人文环境。发达的教育体系和较高的人口素质是可持续发展生态城市的基础条件之一，应该具有良好的医疗条件和社区环境。

（5）环境质量指标国际化。生活环境优美，管理水平先进，城市的大气污染、水污染、噪声污染等环境质量指标达到国际水平。城市的绿化覆盖率、人均绿地面积等指标也达到国际要求。同时，对城市人口控制、资源的利用、社会的服务、劳动就业、城市建设等实施高效率的管理，以保证资源的合理开发和利用。

（6）和谐性。 生态城市的和谐性，不仅反映在人与自然的关系上，如人与自然共生共荣，人回归自然、贴近自然，自然融于城市，而且反映在人与人的关系上。现在人类活动促进了经济增长，却没能实现人类自身的同步发展。生态城市是营造满足人类自身进化需求的环境，充满人情味，文化气息浓郁，拥有强有力的互帮互助的群体，富有生机与活力。生态城市不是一个用自然绿色点缀而僵死的人居环境，而是关心人、陶冶人的“爱的器官”。文化是生态城市最重要的功能，文化个性和文化魅力是生态城市的灵魂。这种和谐性是生态城市的核心内容。

（7）区域性。生态城市作为城乡的统一体，其本身即为一个区域概念，是建立在区域平衡基础之上的，而且城市之间是相互联系、相互制约的，只有平衡协调的区域，才有平衡协调的生态城市。生态城市是以人—自然和谐为价值取向的，就广义而言，要实现这一目标，全球必须加强合作，共享技术与资源，形成互惠共生的网络系统，建立全球生态平衡。广义的区域观念就是全球观念。

同时，一个符合生态规律的生态城市应该结构合理。结构合理就是合理的土地利用，拥有良好的生态环境，充足的绿地系统，完整的基础设施，有效的自然保护。关系协调是指人和自然协调、城乡协调、资源更新协调、环境胁迫和环境承载能力协调。

2. 生态城市规划标准与原则

生态城市规划应满足以下八项标准：

（1）广泛应用生态学原理规划建设城市，城市结构合理、功能协调。

（2）保护并高效利用一切自然资源与能源，产业结构合理，实现清洁生产。

（3）采用可持续的消费发展模式，物质、能量循环利用率高。

（4）有完善的社会设施和基础设施，生活质量高。

（5）人工环境与自然环境有机结合，环境质量高。

（6）保护和继承文化遗产，尊重居民的各种文化和生活特性。

（7）居民的身心健康，有自觉的生态意识和环境道德观念。

（8）建立完善的、动态的生态调控管理与决策系统。

生态城市规划的原则有以下四个：

（1）社会生态原则。这一原则要求生态规划设计重视社会发展的整体利益，体现尊重、包容和公正。生态规划要着眼于社会发展规划，包括政治、经济、文化等社会生活的各个方面。公平是这一原则的核心价值。

（2）经济生态原则。经济活动是城市最主要、最基本的活动之一，经济的发展决定着城市的发展，生态规划在促进经济发展的同时，还要注重经济发展的质量和持续性。这一原则要求规划设计贯彻节能减排、提高资源利用效率以及优化产业经济结构，促进生态型经济的形成。效率是这一原则的核心价值。

（3）自然生态原则。城市是在自然环境的基础上发展起来的，这一原则要求生态规划必须遵循自然演进的基本规律，维护自然环境的基本再生能力、自净能力和稳定性、持续性，人类活动保持在自然环境所允许的承载能力之内。规划设计应结合自然，适应与改造并重，减少对自然环境的消极影响。平衡是这一原则的核心价值。

（4）复合生态原则。城市的社会、经济、自然系统是相互关联、相互依存、不可分割的有机整体。规划设计必须将三者有机结合起来，三者兼顾，综合考虑，使整体效益最高。规划设计要利用这三方面的互补性，协调相互之间的冲突和矛盾，努力在三者之间寻求平衡。协调是这一原则的核心价值。

以上这些原则都是普遍性的，但城市是地区性的，地区的特殊性又受到自然地理和社会文化两个方面的影响。因此，这些原则的具体应用需要与空间、时间和人（社会）结合，在特定的空间中有不同的应用。

3. 生态城市的建设内容

第一，城市生命。支持城市生态系统的生存与发展取决于其生命支持系统的活力，包括区域生态基础设施（光、热、水、气候、土壤、生物等）的承载力、生态服务功能的强弱、物质代谢链的闭合与滞竭程度，以及景观生态的时、空、量等的整合性。

（1）水资源利用。水资源利用包括市区和郊区。市区：开发各种节水技术节约用水；雨污水分流，建设储蓄雨水的设施，路面采用不含锌的材料，下水道口采取隔油措施等，并通过湿地等进行自然净化。郊区：保护农田灌溉水；控制农业污染，禽畜牧场污染，在饮用水源地退耕还林；集中居民用地以更有效地建设、利用水处理设施。

（2）能源。节约能源，充分利用阳光，开发密封性能好的材料，使用节能电器等；开发永续能源和再生能源，充分利用太阳能、风能、水能、生物制气。

（3）交通。发展电车和氢气车，使用电力或清洁燃料；市中心和居民区限制燃油汽车通行；保留特种车辆的紧急通道；通过集中城市化、提高货运费用、发展耐用物品来减少交通需求；提高交通用地的利用效率；发展船运和铁路运输等。

（4）绿地系统。打破城郊界限，扩大城市生态系统的范围，努力增加绿化量，提高城市绿地率、覆盖率和人均绿地面积，调控好公共绿地均匀度，充分考虑绿地系统规划对城市生态环境和绿地游憩的影响；通过合理布局绿地以减少汽车尾气、烟尘等环境污染；考虑生物多样性的保护，为生物栖境和迁移通道预留空间。

第二，人居环境。人居环境的表现形式是社区的格局、形态，人作为复合生态系统的主体，其日常活动对城市生态系统起着重要作用。因此，生态城市规划中强调社区建设，创造和谐优美的人居环境。

（1）生态建筑。开发各种节水、节能生态建筑技术，建筑设计中开发利用太阳能，采用自然通风，使用无污染材料，增加居住环境的健康性和舒适性；减少建筑对自然环境的不利影响，广泛利用屋顶、墙面、广场等立体植被，增加城市氧气产生量；区内广场、道路采用生态化的“绿色道路”，如用带孔隙的地砖铺地，孔隙内种植绿草，增加地面透水性，降低地表径流。

（2）生态景观。强调历史文化的延续，突出多样性的人文景观。充分发掘利用当地的自然、文化潜力（生物的和非生物的因素），以满足居民的生活需要；建设健康和多样化的人类生活环境。

第三，生态产业。生态产业是按照生态经济原理和知识经济规律组织起来的基于生态系统承载能力，具有高效的经济过程及和谐的生态功能的网络型、进化型产业。它通过两个或两个以上的生产体系之间的系统耦合，使物质、能量能多级利用、高效产出，资源、环境能系统开发、持续利用。

生态产业注重改变生产工艺，合理选择生产模式。循环生产模式能使生产过程中向环境排放的物质减少到最低程度，实现资源、能源的综合利用。

生态产业规划通过生态产业将区域国土规划、城乡建设规划、生态环境规划和社会经济规划融为一体，促进城乡结合、工农结合、环境保护和经济建设结合，为企业提供具体产品和工艺的生态评价、生态设计、生态工程与生态管理的方法。

第四，环境教育。环境教育的最终主体是人，强调人人参与，普及对各层次、各行业市民的环境教育是创建生态城市的重要保障，也是生态城市规划的一个重要方面。典型的做法是：

（1）为市场运作创造条件，通过与经济利益相结合，将环保事业推向市场。

（2）创造合作的机会，如学校、机关、社区等，扩大社会影响。

（3）深入宣传生态思想，转化为每个人日常生活中的切实行动。

（4）通过政策、法令强制执行。

第五，城市生态系统建设。

（1）高质量的环保系统。对不同的废弃物按照各自的特点及时处理和处置，同时加强对噪声和烟尘排放的管理，使城市生态环境洁净、舒适。

（2）高效能的运转系统。高效能的运转系统包括畅通的交通系统，充足的能流、物流和客流系统，快速有序的信息传递系统，相应配套有保障的物质供应系统和城郊生态支持圈，完善的专业服务系统等。

（3）高水平的管理系统。高水平的管理系统包括人口控制、资源利用、社会服务、医疗保险、劳动就业、治安防火、城市建设、环境整治等。要保证水、土等资源的合理开发利用和适度的人口规模，促进人与自然，人与环境的和谐发展。

（4）完善的绿地生态系统。不仅应有较高的绿地覆盖率指标，而且应布局合理，点、线、面有机结合，有较好的生物多样性，组成完善的复层绿地系统。

第5章 城市景观设计要素、原则及流程

5.1 城市景观设计要素

5.1.1 城市景观的自然要素

城市景观发展到今天，远远超出了古典园林的范畴，在城市中的景观设计要素，也从建筑、植物、山石、水体四大要素，发展到精神、人文、心理等综合要素。

在进行城市景观设计时，设计师的灵感源于自然界，源于对场地自然特征的深刻理解。设计师要充分利用自然乡土的元素资源，如自然的地形、树木、山石、水等，使它们在设计中重新焕发生机和活力，这样的作品也会给人一种特别亲切、朴实的感觉。水体与地形的组合构成风景的骨架，植物往往起烘托和造景的作用。

1. *地形元素*

地形是地表的外观形态。就风景区范围而言，地形包括山谷、高山、丘陵、草原以及平地等复杂多样的类型；从城市绿地范围来讲，地形包括土丘、台地、斜坡、平地或因台阶和坡道所引起水平面变化的地形。地形是景观设计各个要素的载体，为水体、植物、构筑物等要素的存在提供一个依附的平台。景观中的地形设计直接联系着众多的环境因素，既影响空间构成和空间感受，也影响景观、排水、小气候等。

英国著名建筑师戈登 · 卡伦（Gordon Gullen）在《城镇景观》中说：“地面高差的处理手法是城镇景观艺术的一个重要部分。”计成在《园冶》中提出：“高方欲就亭台，低凹可开池沼。”前者常称为大地形，后者则称为微地形，在景观中的地形常为后者。

在地形的设计中，首先要考虑的是对原地形的利用，结合基地调查和分析的结果，合理安排各种坡度要求的内容，使之与基地地形条件相吻合。其次是进行地形改造，满足造景的需要，并形成良好的地表自然排水类型，避免过大的地表径流。地形改造与园林总体布局要同时进行。

（1）地形的作用，体现在以下几个方面：

① 分隔空间。对原基础平面进行挖方使其下沉，形成凹地形。这类地形具有内向性和不受外界干扰的空间，视线较封闭，容易形成向心的视觉聚集视线，在构图中心精心布置景物，形成视觉交点。由于周边地势较高，应注意排水的处理，以免雨天成为集水的水洼和水塘。

在原基础平面上添加泥土使其上升，形成凸地形。这类地形可给人一览众山小的感觉，具有代表权力和控制视线的特征。设计时应注意土壤安息角、滑坡的问题。

② 控制视线。有以下内容：

诱导视线：人们的视线习惯于沿着最小阻碍的方向通往开放空间。为了能在环境中使视线停留在某一特殊焦点上，可在视线的一侧或两侧将地形增高，封锁分散的视线，同时在视线的端点设置景物，使视线停留在焦点上。

建立空间序列：地形可交替地展现或屏蔽景物或目标。这种手法常被称为“断续观察”或“渐次显示”。当一个赏景者仅看到一个景物的一部分时，对隐藏部分就会产生一种期待感和好奇心。设计师利用这种手法，去创造一个连续变化的景观，引导人们前进。

屏蔽作用：将地形改造成土堆的形式，以此来屏蔽不悦物体或景观，如公园中通过地形堆砌遮蔽周围的一些建筑等。

制高点：地形的制高点能提供广阔的视野，起到俯视的作用；设置建筑或标志物，则可起到控制全园的作用。

③ 影响游览路线和速度。人们习惯在平坦的地面行走，地面有台阶或坡时则会影响行走的方向、速度和节奏；在地形复杂的山野林间行走速度较慢，在地形平坦宽阔的广场草地可奔跑跳跃。

④ 改善小气候。使用朝南坡向，能够受到冬季阳光的直接照射，并使温度升高；凸面地形、瘠地或土丘等可用来阻挡冬季寒风。

⑤ 美学功能。优美的山峦、险峻的山峰都是人们喜爱欣赏的美景。景观设计是模仿自然而高于自然，地形的处理如同山峦一样，跌宕起伏。地形与植物、水体一样属于自然要素，可以软化硬质的构筑物，形成优美的“大地景观”；作为植物景观的依托，地形的起伏产生了丰富的林冠线的变化。

（2）景观中常用地形的类型，包括平地、坡地和山地。

① 平地。平地是景观中最常用的地形。平地的坡度在 1% ～ 7% 这个范围之内，在上面活动没有倾斜感，给人一种安全稳定的感觉，也是大部分人习惯行走和游玩的场所。平坦的地形，也要有大于 5% 的排水坡度，以免雨后积水，尽量利用道路边沟排除地面水。

平地便于文体活动、人流集散，造成开朗景观。在现代城市公园中常设有一定比例的平地，地面铺装有沙石、草坪等。

② 坡地。坡地的坡度在 8% ～ 12%，一般当作活动场地，供游戏玩耍等，但运动等则不适宜，给人一种不稳定的感觉。坡度在 12% 以上，活动较困难，可作为植物种植用地，丰富天际线。变化的地形从缓坡逐渐过渡到陡坡与山体连接，在临水的一面以缓坡逐渐伸入水中。草坡的坡度最好不要超过 25%，土坡的坡度不要超过 20%。

③ 山地。景观中山地往往是利用原有地形，适当改造而成。山地常能构成风景、组织空

间、丰富景观，大型公园多运用。土山坡度要在土壤的安息角内，一般由平缓的坡度逐渐变陡，故山体较高时则占地面积较大。

（3）地形设计的要求，包括以下五个：

① 功能优先，造景并重。地形改造与景观总体布局同时进行，改造后的地形条件能满足造景及各种活动使用的需要；考虑景观用地的城市周边有无山体，地形的起伏可以看成是山脉的延续。

② 利用为主，改造为辅。利用原有地形，高方欲就亭台，低凹可开池沼，达到浑然天成的意境；在创造一定起伏的地形时，要合理安排分水和汇水线，保证地形具有较好的自然排水条件。园林中每块绿地应有一定的排水方向，可直接流入水体或是由铺装路面排入水体，排水坡度允许有起伏，但总的排水方向应该明确。

③ 景观用地中的功能活动要求。游人集中的地方和体育活动场所，要求地形平坦；划船游泳，需要有河流湖泊；登高眺望，需要有高地山冈；文娱活动需要许多室内外活动场地；安静休息和游览赏景则要求有山林溪流等。不同功能分区有不同地形要求，而地形变化本身也能形成灵活多变的景观空间，创造出景区的园中园，使得空间具有生气和自然野趣。

④ 因地制宜，顺应自然。不同植物对地形地势的要求不同，有的植物喜湿润土壤，有的则喜干燥、阳光充足的土壤。在景观设计时，要通过利用和改造地形，为植物的生长发育创造良好的环境条件。城市中较低的地形，可挖土堆山，抬高地面，以适宜多数乔灌木的生长。利用地形坡面，创造一个相对温暖的小气候条件，满足喜温植物的生长等。

⑤ 就地取材，就地施工；填挖结合，土方平衡。

2．*植物元素*

（1）植物元素在城市发展中的作用。森林、海洋、湿地并称为三大生态系统，而占据首位的森林构成是植物，植物通过光合作用、过滤作用、吸附作用等为人类提供生存必需的环境。

① 净化空气。植物通过光合作用，吸收二氧化碳并释放氧气。有关对榉树林的研究指出：单独一棵树的叶子的表面积为 1 600 平方米，在一个良好的环境中，每小时能产生 1.07 克的氧气。一个城市居民，平均有 10 平方米的森林绿地面积，就可以吸收呼出的全部二氧化碳，加上城市生产建设产生的二氧化碳，人均绿地面积必须达到 30 ～ 40 平方米。

植物的枝叶和叶面对烟尘和粉尘有明显的阻挡、过滤和吸附作用。国外研究资料表明，公园植物能过滤掉大气中 80% 的污染物，林荫道的树木能过滤掉 70% 的污染物，树木的叶面、枝干能拦截空气中的微粒，即使在冬天，落叶树也仍然保持 60% 的过滤效果。植物对有害气体具有吸收和净化作用，如臭椿、珊瑚树等可吸收二氧化硫，女贞、大叶黄杨等可吸收氟，悬铃木、水杉等可吸收氯气。因此，绿色植物被称为“人类的肺脏”。

② 净化水体和土壤。城市中的大气降水，随地表形成径流，冲刷和带走大量地表污物；许多水生植物和沼生植物对净化城市污水有明显作用。据报道，在种有芦苇的水池中，悬浮物减少 30%，氯化物减少 90%，有机氮减少 60%，磷酸盐减少 20%，氨减少 66%；草地可以大量滞留有害的金属，吸收地表污物；树木根系可以吸收水中的溶解质，减少水中的细菌含量。

在有植物根系分布的土壤中，好气性细菌比没有根系分布的土壤多百倍至几千倍，将土壤中的有机物转化成无机物。植物生长靠根系吸收土壤中的水分和营养物质，具有净化土壤的能力。

③ 树木的杀菌作用。针叶树放出的挥发性气体，对许多细菌、某些感冒病毒有相当强的抑制或杀菌作用。城市中绿化区域与没有绿化的街道相比，每立方米空气中的含菌量要减少 85 % 以上。

④ 改善城市小气候。人们在夏季公园或树林中会感到清凉舒适，这是因为太阳照到树冠上有 30% ～ 70% 的辐射热被吸收。树木的蒸腾作用需要吸收大量热能，从而使公园绿地上空的温度降低。由于树冠遮挡了直射阳光，树下的光照量只有树冠外的 1/5，从而给休憩者创造了安闲的环境。由于植物的生理机能，植物蒸腾大量的水分，增加了大气的湿度，给人们在生产、生活上创造了凉爽、舒适的气候环境。

植物在为建筑和土壤提供隔热的同时，也减少了气温的波动。植物在白天大量吸收热量，在晚上慢慢地将热量释放出来，不仅能够降低白天的温度，还能够使夜间变暖。

⑤ 降低噪声。研究证明，植物宽大的树叶对噪声具有吸收和消解的作用。减弱噪声强度的机理是噪声波被树叶向各个方向不规则反射而使声音减弱；噪声波使树叶发生微振而消耗声音。

（2）植物元素在城市景观设计中的意义。在城市景观设计中，经常利用植物的形态特征表现特质美，利用植物的色彩和季相变化表现季节美，利用植物的装饰特性表现艺术美，利用植物的寓意和象征表现社会美；在城市景观功能方面，可以利用植物材料本身的特性，发挥生态作用、防护作用、实用作用和社会作用。

植物是环境绿化的基础材料和主题。在城市景观绿地中，利用不同树形，采取孤植、小规模丛植或大量带状种植等不同方式限定各个空间，可提供自然的景观景点，消除建筑物硬线条带来的不良影响。

植物微观群落是植物与植物之间建立的互惠的、共生的关系。特定的“乔灌草”搭配是物种亿万年进化的结果，符合自然规律，并且能够使群落中的各种生物生长良好，发挥最大的生态效益（图 5-1）。

绿量是城市绿地生态功能的基础。用较少的绿地，增加更多的绿量，肯定要选择光合效率高、适应性强、枝繁叶茂、叶面积指数高的植物。城市绿地需要一定的开阔空间，但如果大量布局草坪，则显绿量不足，竖向空间层次不够丰富，生态效益也相对降低。要克服广场化倾向，减少草坪花坛，使绿化向立体化扩展，形成地面、墙面、屋顶多层次、多景观的绿化景观体系。要特别重视推行利用不同物种在空间、时间和营养生态位上的差异来配置植物，最终形成“乔灌草”结合、层次丰富、配置合理的复合植物生态群落。植物群落是城市绿地的基本结构单元，直接决定着绿地的结构和功能。要创造丰富的植物人工群落，达到相对稳定的绿地覆盖，提高绿地的空间利用率，以最大限度地增加绿量，使有限的城市绿地发挥最大的生态效益和景观效益。

城市绿地中不同的植物配置形式，能构成多样化的园林观赏空间，造成不同的景观效果，为城市景观增色添辉。选择合理的植物，是绿地景观营造成功的关键，也是形成城市绿地风格、创造不同意境的主要因素。

图 5-1　景观植物造景

树丛是植有茂密树林的室外空间，可以中和太阳辐射的热量，创造一个独立的被动式微气候。正常情况下树丛往往位于庭园建筑的北侧来挡住寒风的侵袭，可以设计成几何的网格，或用非常自由的形式来创造一个广阔的树荫区。常绿树是一种非常好的树种，巨大的树冠可以产生很大的树荫。林间小道为在树丛的浓荫下散步创造了一个绝佳的场所。乔木、灌木、地被植物、草皮或者是它们的组合，在降低阳光对地面的直射和反射方面都有非常显著的效果。

园林植物具有明显的季相特点。随着季节的变化，植物在树形、色彩、叶丛疏密和颜色等方面也会发生变化，可利用树木外形、结构和色彩的丰富多变将植物进行配置，形成丰富的景观效果，给游人在不同视觉、不同观赏特性等方面增添游兴。各国园林部门对秋色叶树木的造景倍加重视。在欧美一些国家的园林中，大量利用山毛榉来构造秋景，景色美丽宜人。一个优良的秋色叶树种，应具备下列基本条件：第一，秋天的叶片变得醒目、亮丽，明显不同于其他观赏期的颜色，观赏价值较高；第二，生长势较强，有较厚的叶幕层，最好是乡土树种；第三，必须是落叶树种，色叶期较长，有一定的观赏期（图 5-2）。

图 5-2　银杏林

景观生态学上衡量城市景观好坏的一个重要标准就是看其植物种类的多样性和本土化程度。物种多样性是维持生态系统稳定的关键因素。在我国各地的植物景观设计中，由于片面地追求景观的视觉效果，都存在大量引进外来植物品种种植的现象，有时甚至完全不顾本地的气候和土质状况。由于外来植物的介入，城市生态环境被人为地加以改变，生态群落遭受破坏；为了街道的整齐和气势的营造，往往在整条街道栽种单一树种而不维持原始状况下多树种的混种，最终导致物种多样性的破坏，使城市生态系统变得脆弱而不稳定。

由此可见，在植物配置中，首先，要提高对植物品种的认识，加强地带性植物生态型和变种的筛选和驯化，构造具有乡土特色和城市个性化的绿色景观，慎重而节制地引进外来特色物种。其次，既要考虑植物的生态习性，又要熟悉它的观赏性；既要了解植物自身的质地、美感、色泽及绿化效果，又要注意植物种类之间的组合群体美与四周环境协调，以及其所处的地理环境条件。

（3）园林植物的分类与树种选择的原则。

① 园林植物的分类。从规划设计的角度依植物的大小、形态划分，可分为乔木、灌木、藤本、地被植物。

乔木：具有体形高大、主干明显、分枝点高、寿命长等特点。依据植物的高度、叶形和常绿落叶又可分为小乔木（8米以下）、中乔木（8～20米）、大乔木（20米以上）；针叶常绿乔木、针叶落叶乔木；阔叶常绿乔木、阔叶落叶乔木。

灌木：没有明显的主干，多呈丛生状态，或分枝高度较低。灌木有常绿和落叶之分，在公园绿地常以绿篱、绿墙、丛植、片植的形式出现。依其高度可分为大灌木（2米以上）、中灌木（1～2米）和小灌木（不足1米）。

藤本植物：不能直立，依靠其吸盘或卷须依附于其他物体上的植物称为藤本植物。藤本植物有常绿和落叶之分，常用于垂直绿化。

地被植物：多为低矮的草本植物，用以覆盖地面、稳定土壤、美化环境效果等。

② 树种的选择，有以下四项原则。

a. 尊重自然规律，以乡土树种为主。乡土树种是本地区原有分布的天然树种，对当地的土壤、气候具有较强的适应性，可以抗御各种灾害，苗源多，易存活，最能体现地方特色，同时还能减少运输成本。作为城市绿化的主要树种，应大力提倡。

b. 选择抗性强的树种。树木的生长离不开土壤、水、日照等自然条件，而以人工环境为主的城市中空气、土壤污染严重，对树木的生长不利。选择抗性强的树种，能对城市中污染的土壤、空气有较强的适应性，对病虫害有较强的抗御性，能在城市恶劣的环境中生长。

c. 速生树种与慢生树种相结合。速生树种的生长周期短，早期成长速度快，能很快形成绿化效果，但易受外界因素损害，寿命短；慢生树种生长速度较慢，从小苗到大树形成绿化效果通常需要30～40年时间，影响城市绿化的效果与景观。将速生树种与慢生树种合理搭配，既能满足城市绿化的需要，又能避免速生树种衰败时的萧条现象，达到合理的更新。

d. 以植物群落为基本单元进行树种的选择和搭配。研究表明，绿色植物的生态效益高低与绿化三维量有密切的关系。

（4）园林植物在景观中的运用。不同形态、大小、色彩的植物通过规划、设计进行合理的搭配，形成优美的植物景观。

① 孤植。乔灌木的孤立种植类型，也可同一树种的树木2株或3株紧密地种在一起，形成一个单元，远看和单株栽植的效果相同。其主要表现为植物的个体美，功能是蔽荫和作为局部空旷地段的主景。

孤植树一般设在空旷的草地上、宽阔的湖池岸边、花坛中心、道路转折处、角隅、缓坡等处。构图位置十分突出，比较开阔，并有适合的观赏视距和观赏点，最好有天空、水面、草地等自然景物作背景衬托；孤植树也是树丛、树群、草坪的过渡。

孤植树的树种选择：姿态优美、体形高大雄伟的树种；圆球形的、尖塔形的、伞形的、垂枝形的树种；叶色富于季相变化的树种；色艳芬芳的树种；果实形状奇、巨、丰的观果类树种；树干颜色突出的树种。

② 对植。乔灌木相互呼应栽植在构图轴线的两侧称为对植。常用在园林入口、建筑入口、

道路两旁、桥头、石阶两旁，以衬托或严谨，或肃穆，或整齐的气氛。

树种选择：圆球形、尖塔形、圆锥形的树木，如海桐、圆柏、黑松、雪松、大叶黄杨等。

③ 列植。乔灌木按一定的株行距成排种植，或在行内株距有变化，多用于行道树。行道树在北方多为落叶树，以免影响冬季的日照，热带多用常绿树，遮挡夏季的阳光。列植形成的景观比较整齐、单纯，气势大。

④ 丛植。由数株到十数株乔木或灌木组合而成的树种类型。在高度、体型、姿态和色彩上互相衬托形成一定的景观。树丛组合主要考虑群体美，是园林绿地中重点布置的一种种植类型。常选蔽荫、树姿、色彩、开花或芳香等方面有特殊价值的植物。用两种以上的乔木或乔灌木混合配置。

⑤ 群植。一般在 20 ～ 30 株或以上乔木或灌木混合栽植的称为群植。主要表现群体美，属于多层结构。群植树种的构成：一般采用针、阔叶树搭配，常绿与落叶树搭配，乔木与灌木和草搭配，形成具有丰富的林冠线和三季有花，四季有绿，春、夏、秋、冬季相变化的人工群落。群落上层多选喜光的大乔木，如针叶树、常绿阔叶树等，使整个树群的天际线富于变化。群落中层多选耐半阴的小乔木，选用的树种最好开花繁茂，或是有美丽的叶色。群落下层多选花灌木，耐荫的种类置于树林下，喜光的种植在群落的边缘。灌木应以花木为主。

（5）园林植物在景观中的组合。

① 林缘线处理。林缘线是指树林或树丛边缘上树冠投影的连线，是植物配置的设计意图反映在平面构图上的形式。

空间的大小、景深层次的变化、透景线的开辟、氛围的形成等，大多依靠林缘线处理。

② 林冠线处理。林冠线是指树林或树丛空间立面构图的轮廓线。不同植物高度组合成的林冠线，对游人空间感觉影响较大。树木的高度超过人的高度，或树冠层挡住游人视线时，就会感到封闭；采用 1.5 米以下的灌木则感觉开阔；同一高度级的树木配置，形成等高的林冠线，比较平直、单调，但更易体现雄伟、简洁和某一特殊的表现力；不同高度级的树木配置，能产生出起伏的林冠线。因此在地形变化不大的草坪上，更应注意林冠线的构图。

③ 背景树的选择。如果用不同的树种，则树冠形状、大小、高度等应一致，结构要紧密，形成完整的绿面，以衬托前景。背景树宜选择常绿、分枝点低，绿色度深或对比强烈，树冠浓密，枝叶繁茂，开花不明显的乔灌木，如珊瑚树、雪松、广玉兰、垂柳、海桐等。

植物景观同其他景观一样，需要精心细致地思考，并熟知各种植物的观赏特性、形态及生长环境，通过合理的搭配才能创造优美的软质景观。

3. 空气元素

空气无处不在。空气是恩培多克勒和柏拉图提出的构成自然的四种基本元素之一，也是被认为占据着“空”的原始物质。

历史上的园林设计者塑造了空气的流动，设计了通风降温的空间，这在地中海气候区尤为明显。阿尔伯蒂和维特鲁威都深知太阳的方位决定着冬季温暖空间的设计。两人都相信，透彻理解太阳在天空中的方位对于在夏天创造凉爽、荫蔽的地方至关重要。这两位建筑师不仅抓住了太阳方位的重要性（图 5 3），还注意到季节的环境条件在作为创造供夏季使用的微气候基础时所扮演的重要角色。他们意识到“空气”——风，在冬季要回避或者阻挡，但在夏季生活空间的设计中却不可或缺。

通过对被动式园林要素的恰当布置，能够创造出利用空气流通来制冷的被动式微气候。利用简单的景观和建筑形式如座椅、小径、凉亭、藤架、亭阁、游廊等可对空气进行引导、集中和加速。相反，一些在夏季能够有效地改善微气候的园林形式到冬季就变得极不舒适了（图 5-4）。

通过将被动式景观元素融入环境中以减少对空调的依赖是节能的需要。更重要的是，空气作为一种珍贵的物质、生命的呼吸介质，与这种运动建立起联系所带来的身体和精神上的益处应该是设计的基本宗旨。

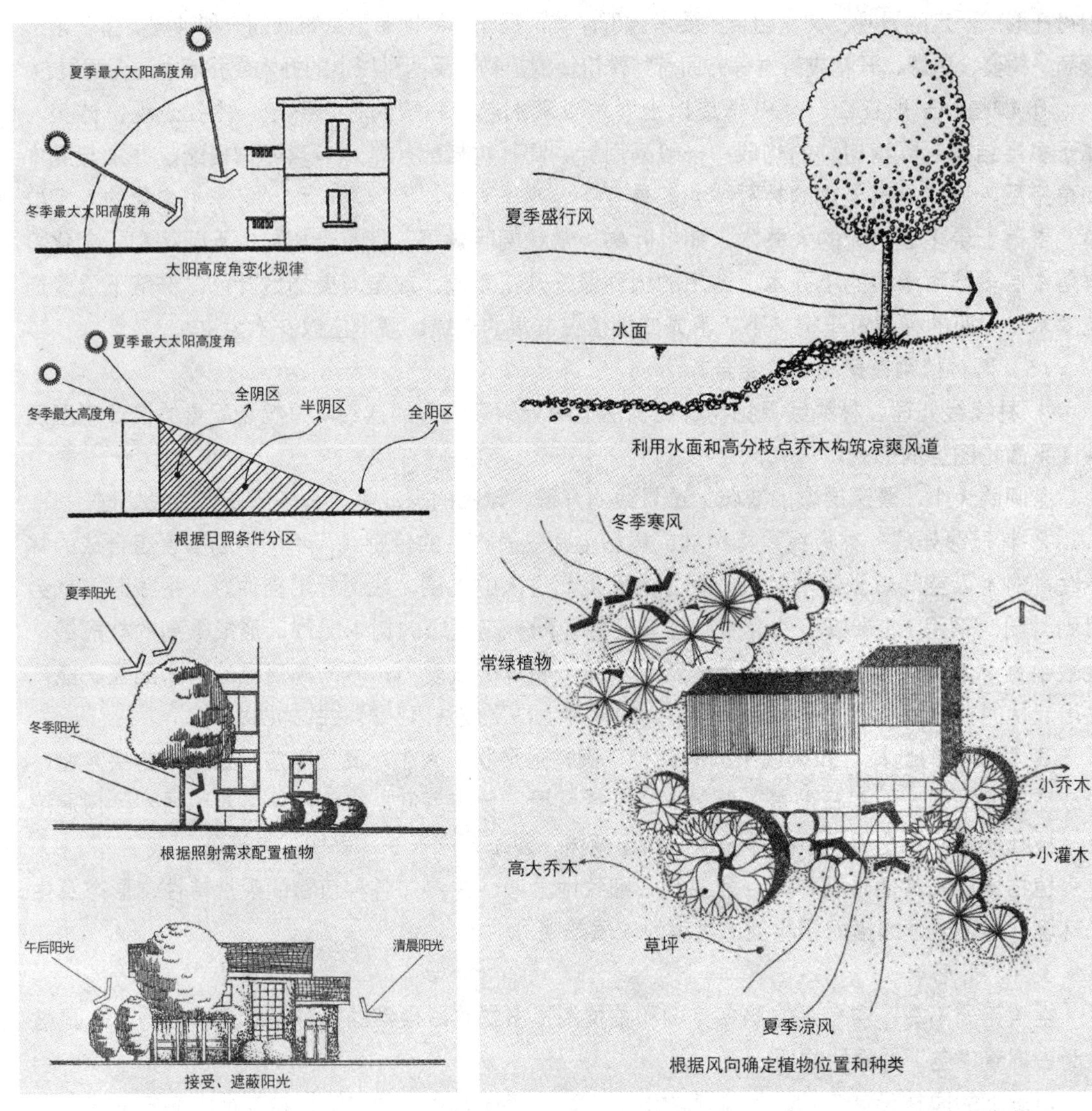

图 5-3　太阳高度角

图 5-4　风

4．水元素

水是景观中的一个永恒的主题。水能产生很多生动活泼的景观，形成开朗的空间和透景线，无论是东方园林还是西方园林，水都是必不可少的元素。

自然界里“青山绿水，山清水秀”的自然环境和自然景观美不胜收，是人类永久的向往。从古至今，人们一直在模仿天然的水景观，并对天然水景观进行再塑造。近年来，随着我国住宅建筑领域的大发展，水景成为建筑景观设计的重要组成部分。为满足人们赏水、亲水的需要，从住宅小区到城市广场的环境设计都在加大水体、水景在环境中的应用，涌现出了大批亲水住宅和喷泉广场。

水景观概括来说可以分为两大类：一是利用地势或土建结构，仿照天然水景观而成，如溪流瀑布、人工湖（图 5-5）、养鱼池、涌泉、跌水等，这些在我国传统园林中应用较多。二是完全依靠喷泉设备造景。各种各样的喷泉，如音乐喷泉、程序控制喷泉、旱地喷泉、雾化喷泉等，这类水景是近年来在建筑领域广泛应用的，其发展速度很快。

图 5-5　曲江池

（1）水的用途，包括以下四点：

① 消耗。用于人和动物消耗，运动场地、野营地、公园都存在着消耗水的因素，水的来源、水的运输方法和手段成为水体设计的关键。

② 灌溉。灌溉包括喷灌、渠灌、滴灌三种类型。

③ 控制小气候。流动的水体周围负氧离子浓度最高，大面积的水域能影响周围环境的空气温度和湿度。

④ 提供娱乐条件。水体作为游泳、钓鱼、划船等场所。

（2）水的景观特性，包括以下内容：

① 水的状态。水有静水、流水等多种状态，每种状态各有自己的特征。

静水：平静的水一般在湖泊、水池中可见到。水的宁静、轻松和温和，能驱除人的烦恼，如湖泊、池沼等，常设置在公园中的安静区。

流水：流动的水具有活力，令人兴奋和激动，加上潺潺水声，很容易引起人们的注意。流水具有动能，在重力作用下由高处向低处流动，高差越大动能越大，流速也越快，如溪涧、叠水、瀑布等。

② 可塑性。除非结冰，水本身没有固定的形状。水形是由容器的形状决定的，同体积的水能有无穷的变化特征。

③ 水声。水流动时或撞击某一实体时会发出声音。依照水的流量或形式，可以创造出多种多样的音响效果，完善和增加室外空间的观赏特性。

④ 倒影。水能形象地映出周围环境的景物。

（3）水的审美观，包括以下内容：

① 水的否定性情感起源。在《淮南子·览冥训》中："往古之时，四极废，九州裂……，水浩洋而不息……。于是女娲炼五色石以补。"有了洪水就要治水。古时出现了诸如堰、坝、堤、水库、运河等治水或水利工程，这样的大体量人工构筑物作为自然山水的"入侵者"是有悖于普遍的风景评价标准的，但由于它具有对水的征服及利用含义，在处理得当的情况下，作为壮观的人类力量的象征进入审美意识，如良渚古城外围大型水利系统、都江堰工程等。

② 重源观念。在中国传统的水审美观中，水首先是"源"的问题。中国古典园林和造园理论深受山水画的影响，重源观念在园林的意境创造过程中表现得尤为突出。例如，在明计成的《园治·相地篇》中："立基先究源头，疏源之去由，察水之来历。"在乐嘉藻的《中国建筑史》中："水泉之在庭园，如血脉之在身体……源不易得也。"在陈从周的《说园》中："园林之水，首在寻源，无源之水，必成死水。"

（4）亲水心理。人类对水怀有特殊的情感，自古以来就傍水而居，临水而饮，无水之处几无人烟。人们在水边感到空气清新、舒适。建造水景时要考虑亲水性，如亲水平台、栈道等。

（5）水构成的景观，包括以下内容：

① 湖、海。景观中的大片水面，一般有广阔曲折的岸线与充沛的水量。大者可给人以"烟波浩渺，碧波万顷"的感觉。因此用比拟、夸张的手法引人联想而称"海"。大面积的水面视域开阔、坦荡，有托浮岸畔和水中景观的基底作用，如北京的北海公园。

景观中观赏的水面空间，面积不大时，宜以聚为主；大面积的水面空间可加分隔，形成几个不同趣味的水区，增加曲折深远的意境和景观的变化。

② 水池。水池可分为规划式水池、自然式水池或水塘。

规划式水池：是指人造的蓄水容体，池边缘线条挺括分明，池的外形属于几何形。主要用于室外环境中，可以映照天空或地面物。

自然式水池或水塘：人造或自然形成。岸线多以自然驳岸为主，考虑亲水性时可设置部分亲水步道。整个岸线全设计成亲水道路，有将水岸线封死的感觉，可设计成时而亲水时而远离水面，若隐若现，呈现一种神秘感，增加景观的空间性。

③ 流水。用以完善室外环境设计的重要的水的形态。作为一种视觉因素，根据规划的关系和设计的目标以及周围环境的关系，考虑水所创造的不同效果。公共空间中的流水设置，以能形成空间焦点和动感为主；自然环境中的流水以小溪流和水涧为主，形成一种神秘的空间感。

④ 瀑布。流水从高处突然落下而形成的。瀑布的观赏效果比流水更丰富，常作为布局的视线焦点。在设计中除处理好它与环境的尺度和比例关系外，还应考虑所处位置。通常将其安排在向心空间的焦点上、轴线的交点上、空间的醒目处或视线容易集中的地方。瀑布可以分为自由落瀑布、叠落瀑布和滑落瀑布三类。

自由落瀑布：不间断地从一个高度落到另一个高度，特性取决于水的流量、流速、高差以及瀑布口边的情况。自由落瀑布作为设计的不定因素，在处理和表现上要特别认真研究瀑布的落水边沿，特别是在水量较少的情况下，不同的边沿产生的效果也就不同。

叠落瀑布：在瀑布的叠落过程中添加一些障碍物或平面，控制水的流量、叠落的高度和承水面，产生的声光效果比一般瀑布更丰富多变，更引人注目。

滑落瀑布：水沿着一斜坡流下，类似于流水，差别在于滑落瀑布是较少的水流动在较陡的斜坡上。

在必要时可在一连串的瀑布设计中，综合使用以上三种类型，以创造不同的效果。

⑤ 喷泉水。喷泉水可利用天然泉设景，也可造人工泉。喷泉多为人工整形泉池，常与雕塑、彩色灯光等相结合，用自来水和水泵供水。

（6）水面的分隔与联系。水面的分隔与联系主要由堤、桥、岛等形成。

① 堤。堤可将较大的水面分隔成不同景色的水区，又能作为通道。园林中多为直堤，曲堤较少。为避免单调平淡，堤不宜过长。为了便于水上交通和沟通水流，堤上常设桥。堤在水面的位置不宜居中，多在一侧，以便将水面划分成大小不同、主次分明、风景变化的水区。

② 桥。小水面的分隔及两岸的联系常用桥。一般建于水面较狭窄的地方。但不宜将水面平分，仍需保持大片水面的完整。

③ 岛。岛在园林中可以划分水面空间，使水面形成几种情趣的水域。水面仍有连续感，却能增加风景的层次，尤其在较大的水面中，可以打破水面平淡的单调感。

（7）水岸的处理。景观中水岸的处理直接影响水景的面貌。水岸可有缓坡、陡坡、垂直等多种形式。当岸坡角度小于土壤安息角时，为防止水土的冲刷，可以种植草和地被植物，使其根系保护岸坡，也可采用人工砌筑硬质材料护坡。当岸坡角度大于土壤安息角时，则需人工砌筑成驳岸。

5．色彩元素

色彩是现代景观环境设计中需要关注的要素之一，在景观视觉效果中起着越来越重要的作用，影响着人们的心理，也改变着人们的生活。色彩艺术在人们的生活中起着非常重要的作用，没有色彩，世界将呈现出一片灰暗，生活也将失去它独有的美感。

大自然万物纷繁，山川、河流、密林、天象等缤纷异彩，它们的色彩不仅因地域而不同，而且随时间推移而变化，呈现给人们流动的、难以捉摸的色彩画卷。自然景观色彩的组成要素，大多取自自然，不可能像绘画、雕塑那样自由地运用色彩。但同时也应看到，正是由于景观环境要素大多来源于自然，因此这些自然要素无须调色，就已具有了自然美，色彩之间的组合就显得更加自然生动和亲切（图 5-6）。

图 5-6　张掖丹霞地质公园

景观环境中的色彩，归纳起来，大约有以下两种。一种是自然色彩，种类多而且易变化，特别是其中植物的色彩，一年中植物的干、叶、花的颜色都在变化，而且每种植物有其不同的色彩及变化规律。另一种是景观环境的基调色，多是生物色彩，如植物的色彩，它在景观环境中所占的比例较大。

色彩属于视觉艺术，遍布于墙上、街道上、建筑上等很多地方，在人们的生活中处处可见，点缀生活、装扮城市、美化环境等，给社会增添魅力和感官享受，是精神文明的重要体现。景观环境色彩的组合应以满足视觉需求为原则。视觉需求是一个不断变化、发展的因子，同时也有相对稳定的一面。由于多次欣赏了某些色彩，神经通路在大脑皮层上日益加深，便形成了牢固的暂时的神经联系，造成这种审美无惊奇感，但习惯欣赏的东西是从内心欢迎的，故产生了愉快的情感。

在景观色彩的组合时，应适应视觉需求不断发展、变化这一特点，以求景观环境色彩的组合顺应时代要求。

对于建筑、小品、铺装、人工照明等这些人为物的色彩，人们可以直观地进行设色，使它们的色彩与其他要素的色彩形成对比色或类似色的组合。在色彩组合时，常可利用人工物的色彩，在景观中形成画龙点睛之笔。

（1）色彩艺术在景观设计中的重要作用。色彩具有能够调节人情绪的特殊作用。不同的色彩给人的视觉感受和心理感受不一样，使人产生的情绪也不一样。红色通常让人感到热情，产生兴奋的感觉；黑色则令人感到压抑、沉闷、冷酷，这就是色彩独有的特色。色彩在园林设计中担任的角色是非常具有其独特性的。

① 丰富园林景观。园林景观包括色彩、形态、味道等美学特征，是由各种色彩通过一定的美化而成的，风格迥异、姿态多样。色彩不同方式、不同手段的运用，制造出别样的园林景观，给人神秘而美妙的独特感。

② 创造不同意境。园林是城市生态环境的一个亮点，亲和、唯美、与生态相适应的园林设计能够给人带来亲切感。意境一直是我国几千年来所追求的精神效果，就像古诗词需要意境美与现实结合一样，在园林设计中，色彩作为一种精神层次的表达形式，能够完美体现园林设计

的思想和效果，既是人们主观想象的产物，又是园林景观的客观反映。

③ 能给人带来美感。色彩既抽象地活在人们的思维中，也客观而真实地存在于园林设计中。色彩具有一种张力美，不同的色彩可以表现出不同的艺术形态，体现出不同风格的主题。园林设计主要是围绕生态环境而进行的，因此色彩的表现上应更加体现环境的主题，给人一种质朴、安然、和谐的美感。

（2）色彩艺术在景观设计中的具体应用。园林景观建筑加之色彩予以补充和点缀，就更显得多姿多彩，俨然是一幅天然美的图画。色彩在园林景观中是富有多样化的，其给予园林景观生命和活力，把一个没有生命的客观物体点缀得活灵活现，仿佛在一瞬间拥有了生命。园林设计凸显的主题可以是多种多样的，按色调的角度来说，主要有暖色系、冷色系、对比色、同类色、金银色和黑白色等。

① 暖色系。暖色系所带给人的感受就是温暖、和谐、安稳，是园林景观设计中较为常用的色彩，主要有红、黄、橙三种比较接近的色彩，其象征着欢快、热情、温暖、和谐等多种美好的含义，被广泛运用于花坛、大厅以及一些热烈的场面。暖色系还具有平衡人们心理温度和活动的重要作用，不宜大面积使用在可见度高的地方，如高速公路等，容易吸引人们的视觉，分散注意力，造成危害。

② 冷色系。冷色系的色彩主要是指青、蓝及其邻近的色彩。由于冷色系的波长较短，可见度比较低，在视觉上给人造成距离感。在园林景观建设中，对一些空间较小的环境边缘，可以选择冷色系的植物或者花卉来进行组织与设计，达到增强空间深远感的目的。由于冷色系具有收缩感，同等面积的色块，在视觉上就显得比较小。在园林景观的建设上，冷色系与暖色系合理搭配，可以渲染出一种明朗欢快的氛围。现代一些城市的广场设计上，一般将一些冷色系与暖色系的植物或者花卉摆在一起，给人带来视觉上的满足感。但是单调地使用冷色系一般会给人带来非常肃静、庄严的感觉，常被用于一些大型园陵的设计上。

③ 同类色。同类色就是相差不大、比较接近的色彩，其在色相、明度、纯度上都比较接近，很容易混淆，难以辨认，协调度很好，在空间和心理上都会产生柔和的感觉，并且对于造景来说，也能凸显出层次感。

④ 对比色。对比色主要是指运用色彩的强大差异，合理科学地搭配与组织，比较醒目、张扬，能够吸引人们的注意力。在室外环境设计中使用得较多。在园林景观建设中，主要通过对比色组成各种具有艺术感的图案、花坛、建筑物等，能营造出强烈的视觉效果，让人感受到快乐与热闹。另外，补色具有不同的明度与纯度的对比，通过合理的补色，能使园林在植物种植上的面积搭配合理。

对比色在景观植物造景中有着重要的运用，特别是在植物花卉的组合中，人们常常用“万绿丛中一点红”来形容此方式的特征。使用对比色，可以大大提高园林的艺术效果，是园林建设中常用的一种手法。

⑤ 金银色和黑白色。在园林景观设计的点缀中很少用到，大部分应用在墙体、护栏等一些建筑方面。金银色在现代园林建筑中是比较普通的色彩，其他环境中使用较少；黑白色被称为极色，多应用在南方传统的园林建筑中，表现出古代文人清雅的风格。

5.1.2 城市景观的构成要素

在我国古代，秦尚黑色，大气古朴；南北朝崇尚蓝色，明快飞扬；宋代推崇“存天理，去人欲”，清新雅致的绿色成为主流。此外，象征皇权的黄色和气势磅礴的中国红则始终是中华民族心中永不褪色的国色。随着社会的发展、城市的功能完善，城市景观构成系统呈现出多元化、复杂化的趋势。从宏观的属性角度可以将城市景观的构成要素归纳为灰色、绿色和蓝色三种。

灰色要素是指城市景观中的人造构筑物。它包括城市中的建筑、桥梁、立交桥、道路、广场、生产设施、公共设施、历史古迹等多种类型（图 5-7）。

图 5-7 灰色要素

绿色要素是指城市中的各种具有生命力的景观要素。它包括城市中的丘陵、山脉、树林、绿地、动植物等。城市是人类改造自然的最大产物，城市中的自然形态在人类改造能力不断增强的情况下，遭到严重的破坏，人工景观充实着整个文明、整个城市。纯真的自然景观也只有在乡村中才得以显现。

蓝色要素是指城市中的河流、湖泊、湿地等水景（图 5-8）。

图 5-8 蓝色要素

灰色、绿色、蓝色三要素在城市中表现出各种形态，三者之间既独立又融合，并衍化出许多新的空间形态和景观形式。

5.1.3　城市空间的构成要素

大自然中有着无数充满形式感的形态，有的形态就显露在事物的表面，几乎是一目了然；有些是隐蔽的，体现在事物的内部；有些表现在视觉形态上；有些体现在结构上；有些体现在色彩、肌理上。

学者们研究认为："几何成分在自然界中很少，少得几乎没有机会在人类中留下印象。"正因为几何形状在自然界中很少见，所以将自然形态归纳为点、线、面、体四个构成要素，进行形式特征的研究。

不同时代的生活方式与审美心理都有一定的差异性，设计者都会根据社会的物质基础、审美需求、技术水平创造新的物质形态。

构成设计是研究形态结构美学的基础学科，不仅从理论上研究各种形态所带来的审美心理，把握形态与审美的关系，也通过各种构成要素以及形式特征的研究来把握形态元素在构成中的特殊艺术语言和形式在视觉审美中的意义。

在视觉的表达领域，主要有三种艺术想象表现方式，即具象表现、意象表现和抽象表现。而抽象的点、线、面、体基本元素，对寻找形态的关联性和差异性，探求它们的逻辑价值，发现其特质从而达到加深对设计行为体验的目的具有重要的意义。

设计创作对于每一个设计师而言，都有属于自己的独特的风格和语言，只有借助形式的、科学技术的不断创新，才能展现设计观念、设计手法、设计语言所表达的丰富性和可能性。

自然界中的山峦、湖泊、树林、草地、建筑物和构筑物形成了城市许多不同的景观格局。为了帮助理解它们的视觉特征，用基本而合理的方法进行分析，组成这些成分的物体都可以看作一个"基本建筑模块"，用物质形态最简单的抽象形态点、线、面、体进行设计分析。

1. 关于点构成要素

点从几何形态上来讲，只是一个极小的、没有面积的痕迹。在空间环境中，点可能是一座城市、一个广场、一个花坛。从景观设计学的角度来看，点是相对的，本身没有大小之分，没有方向感，但可以在空间中界定一个位置，有一种围合与向心的作用。

点在环境中很容易成为视觉中心、几何中心、场力中心，与环境中的其他形态有明显的区别。点经常被用于一个特定的目标，充当标界，作为重大设计的焦点、兴趣点，比如道路交叉结合点中的花坛、广场中的纪念碑等（图 5-9）。

图 5-9　人民英雄纪念碑

点往往和线、面等形态产生对比。孤立的点在环境中没有任何意义，只有和环境中的其他形态相结合时，才会发挥它在空间中的作用。点有实点和虚点之分，实点是指在环境中点状形态的实体构成要素，有形状、大小等特征；虚点是指通过视觉感知过程，在空间内形成的视觉注目点。

点在设计中可以独立运用，也可以组合运用，点的连续排列形成线化，就像一条虚线。点的线化往往能产生韵律感、层次感、秩序感。当多数点集合在一起时，就会产生点的面化。相同元素的疏密排列组合、重复运用，会形成一种有意味的结构形式，具有一定的秩序感。点具有灵活性、装饰性，并且常常发挥着视觉中心作用、定位与平衡作用。

2. 关于线构成要素

线是构成空间形态的基本要素之一。如果在一个方向上延伸一个点，就可以产生一条线。在自然景观中，自然的线型很常见。自然界的线型表现为河流、植被的边缘、天际线、地平线、田野的边界等。线的形态有垂直线、水平线、斜线、折线、曲线、放射线等。线在人造空间环境中表现为线形态的实体，如道路、栏杆、铺地的图案，不同区域相交所形成的线，不同空间的高低所形成的线等（图 5-10、图 5-11）。

图 5-10 点、线结合

图 5-11 护城河

线有虚实之分。线需要一定的厚度来标记，线同时又表现出一定的性质，直线在空间中表现出平稳性和安全感，曲线给人以动感。线还具有长短和方向感，不同的线往往表现出不同的特征。线可以广泛用作边界，在建筑、城市规划和景观设计中，线是重要的定义性和控制性的要素。所以，在景观设计中，可以根据不同环境特性的需要，正确使用不同属性的线，利用各种形态的线进行空间设计。

3. 关于面构成要素

面是点的结合体，是由线的运动与扩展而形成的，物体的体积都是由面构成的。面和点、线相比，具有较大的面积和复杂的形象，有平面、曲面和扭曲面。面的形态比较直观，有规则的几何形面、非规则的几何形面、自由形面，任何形态的面都可以通过分割而获得新的形态的面。面同样有虚和实之分，如大地的表面、建筑的墙面、静止的水面等均为实面，而密集成行的树木所形成的面就为虚面。实面在设计中可以作为一种媒介，用于其他设计处理。面的运用可加强明暗和色彩的对比，面可以增加空间层次的形象，能有效地吸引人的注意力，而设计要素中的色彩、肌理、空间等，通过面的形式才能得到充分的体现（图 5-12）。

图 5-12　建筑曲面

4. 关于体构成要素

体是二维平面在三维方向上的延伸，汇集了点、线、面三者的共同属性。

体有两种类型，一种为实体。它直接由各种物质组成，可能是任何不规则的形态，有些可能是圆滑的，而有些则是坚硬有棱角的。另一种为虚体，表现为开敞性，由平面或其他实体界定而围合的空间。比如街道两侧建筑围合成的空间，多栋高楼围合成的空间，自然环境中山峦、树林围合成的空间，北京四合院围合成的空间。城市环境中随处可见实体和开敞的虚体，它们相互联系、连接，并以一种详细规划的式样从一个空间流到另一个空间（图 5-13）。

点、线、面、体是造型艺术活动的基本视觉元素，我们可用构成的设计理念，将繁杂的自然形态归纳为点、线、面、体几何形态，并以各自的相互关联的形态关系为依据，用纯形态构成的设计形式，创造一个新的视觉形式，有形状、体积、大小、颜色、质感等特征。这些特征和空间环境构成一个整体，不仅丰富了空间的形态，而且满足了人类在物质与审美上的需要（图 5-14）。

图 5-13 建筑围合

图 5-14 点、线、面组合的罗马人民广场

5.2 城市景观设计原则及流程

5.2.1 影响城市景观要素变化的因素

在自然界中任何基本要素都不是孤立存在的。我们所见到的或感知到的每一种形状，都可以简化为点、线、面、体这些要素中的一种或几种的结合。通常它们都是组合在一起的，各要素的形态特征有时模糊不清，许多点可以表现为一条线和一个面，如果从不同的距离和环境空间中看，近处表现为面的形态远距离看只是一个点。

1．数量

当基本要素在环境中孤立存在时，它的特征较明显，而且与其他周围环境没有明显的关系。当一个要素由多个数量组合，或由多要素、多数量组合时，原来特征明显的基本要素在空间形态、空间格局、视觉感知上都会发生变化。基本要素组合数量的多少、组合方式的不同，都会增加设计过程中的难度和复杂性。比如在环境中规划设计一座建筑物，要简单得多，而要规划设计一组建筑群时，就需要考虑环境的整体规划，交通，朝向，建筑物相互之间的位置、组合关系等因素（图 5-15）。

图 5-15 风格统一的罗马街头

2．位置

要素在空间中的每一个位置，都会与环境中的其他要素建立一种关系，给人以不同的感知，或者平衡、稳定，或者运动、紧张；空间环境中的位置有前后、高低，形态有垂直、水平、倾斜。要素的位置可以通过平行排列、 交叉错位等组合手法创造各种形式，在环境景观中，要素的位置对环境具有明显的作用。

3．形状

要素中的点、线、面在环境空间中基本上都是有体积和形状的，从简单的几何形状到复杂的有机形状，这种形状的变化对景观都会产生影响。基地、建筑、构筑物和植物等都表现出各种形状和形式，几何的规则形体和自然的有机形态混合在一起，产生了丰富的景观物质形态。因此，城市景观设计不仅要解决好城市功能的要求，而且要将景观视觉美感的创造作为设计的重要任务之一。

4．色彩

无论是自然要素，还是人工要素，色彩是物质形态的重要特征，同时也是与面和体有关的最重要的变量之一。色彩有很多属性，有些表现在物理或视觉上，有些则表现在心理上。在一定的视觉范围之内，人的视觉对色彩的感知往往超过了对物体形状的认知，人对物象表面色彩的知觉主要表现在色相、明度、纯度三种色彩属性上。在自然界中，物体很少有强烈的高饱和度色彩，尤其在人造景观中，很少采用高纯度的饱和色。一座城市、一组建筑群、一条街道等除了在空间形态、造型上给人们留下印象外，它们的色彩同样是吸引人们的重要特征之一。色彩的配置与应用是设计中的一个重要环节，物象色彩应用得是否合理对人的视觉与心理会产生直接影响，并会影响到环境的品质，因此城市景观的色彩设计需要纳入城市环境设计的整体规划中。

5. 肌理

肌理是指物体表面的组织结构。物体内在的组成成分与组织结构不同，会产生不同的组织肌理，给人以不同“质”的印象，如石材、木材、金属、纺织物等都是由不同的肌理组成而表现出不同的质感。人对肌理的反应主要表现为两种特征：一种是视觉感知，另一种是触觉感知。视觉可感知出材料的光滑特征，触觉可感知出材料的光滑、粗糙、柔软等特征。不同材料的肌理特征与质感，为真实形态构成组织与设计创造了有利的条件（图 5-16）。

图 5-16 材料的质感（意大利天使与殉教者圣母大殿）

6. 空间

空间是作为直观形体的先天的客观形式，任何直观的形体都有形状、大小、方位、远近等空间特性。人们随处都可以感受到空间的存在，空间是一种知觉现象，是人脑对空间特性的一种本能反应。在设计中，空间设计往往显得比具体形态的设计更为重要，因为空间和人的联系最为紧密。

5.2.2　城市景观空间设计要素

1. 景观空间构成原理

空间 + 人 = 环境。人生活在环境之中，不知不觉地受到环境空间的影响或作用于环境空间。

环境分为自然环境和人造环境（社会环境）。自然环境亦称地理环境，是指环绕于人类周围的自然界。自然环境包括大气、水、土壤、生物和各种矿物资源。自然环境是人类赖以生存和发展的物质基础。在自然地理学上，通常把这些构成自然环境总体的因素，分别划分为大气圈、水圈、生物圈、土圈和岩石圈五个自然圈。人造环境（社会环境）是指人类在自然环境的基础上，为不断提高物质和精神生活水平，通过长期有计划、有目的的发展，逐步创造和建立起来的人工环境，如城市、农村、工矿区等。景观空间构成就是在人与环境的相互作用下，对环境空间有目的地组织划分非限定的组织形式。凯文 · 林奇在《城市意象》中将空间形态抽象归纳为以下几种：

（1）场所与节点：场所是被赋予社会、历史、文化、人的活动等特定含义之后的城市空间。节点就是“观察者可以进入并且作为据点的重要焦点，最典型的为路线的交互点或者具有某些特征的焦点”。

（2）路线与轴线：路线是“观察者天天、时时通过，或可能通过的道路”。轴线是看不见摸不着的，但它在空间的组织中起到灵魂作用，把众多要素统一在一个整体中。

（3）领域与地区：领域是人们对城市感知的重要源泉。当人们走进某一领域时，会感受到强烈的“领域效应”，形成不同的城市意象。“地区是指观察者内心可进入其中，并具有某种共同性与统一性特征，因此是可以认知的区域。”

环境空间的限定与设计都有其目的性，不同的目的性使得空间创造具有多样性和多元性。多样性和多元性从不同程度上满足了人类生存与发展的需要，即物质需求与精神需求，在空间的组织形式上也不能脱离这两条最基本的要求。

环境设计是一门综合性的学科，从大的分类上来讲应遵循实用性、艺术性、技术性三者的统一结合体原则。框架体系的确定并不代表就能设计出符合上述条件的空间形态，还需在景观设计中研究形态要素和造型原则，探讨空间形态的创造，即空间的构成。

（1）基本形状。空间的构成离不开最基本的概念性元素，即点、线、面、体。

从几何学里可以认识到，所有形式中最重要的基本形状是圆、三角形和正方形。

① 圆是最稳定的一种形态。它表现出一种以自我为中心的态势，把圆和直线及规则的形式结合起来，可以变换出多种具有运动感的形式。

② 三角形具有稳定与不稳定的双重特性。以三角形的一边作为底边时，它表现出一种稳定感；以三角形的一个角为支点时，又呈现出一种不稳定感。

③ 正方形给人一种四平八稳的感觉。它表现出一种静态的合理性，如果将正方形像三角形那样放置，同样可以得到一种稳定感或不稳定感。

（2）形式的变化。形式的变化离不开最基本的形体。每种形体都可以通过体量的增加或减少以及要素的增加或减少而组合产生新的形态，主要有度量变化、削减变化、增加变化。

① 度量变化：在不改变其形状特征的前提下将其形状进行拉伸或压缩。

② 削减变化：任何形态都可以寻找到或恢复到最原始的基本形态，如正方形、三角形、圆形。如果用这些最基本的元素或相近的元素形态，在不破坏形态的基础上做减法，去掉一些局部，这就是削减变化。

③ 增加变化：用最基本的元素形态相加，一种为相同形态元素的相加，另一种为不同形态元素的相加，相加的可能性有借助空间紧张状态相加、边缘与边缘的接触、面与面的接触、形态之间的穿插。

在环境空间形态的设计中，按一定基本形态进行设计固然有它的优势，但这种形式不能完全满足人类对空间功能与审美的要求，可以在许多设计作品中出现不同元素形态之间的组织构成变化。这些组织构成形式经人们富有创造性的变化，尤其是不同元素形态之间的叠加所产生的新的形态，给人们创造了全新的空间形态和视觉效果。

（3）空间限定的形式。空间限定是指利用各种空间造型手段在原空间之中进行划分。空间是不以人的主观意识而客观存在的。宇宙就是一个无限广阔的空间，而人们所研究的环境与建筑空间相对于宇宙空间来讲要小得多。空间往往是物与人、物与物相互作用而产生的，空间都具备了一定的形态，而空间形态的产生，必须依据具体的“物”来划分、围合。

空间的围合就是用围合的手法限定空间，被围合起来的中间部分是人们使用的主要空间，由于围合限定的要素不同，内部空间的状态也有很大的不同，内外之间的通透关系也不一样。这种限定手法似乎很简单，但它的变化和效果却丰富多样。围合的尺度、形态、特征决定了空间的特质（图 5-17）。

图 5-17　围合空间（苏州重元寺内庭园）

空间的围合主要依靠垂直要素。垂直要素是空间的分隔者，作为一道屏障围合成的空间具有一定的向心作用。围合有实围合和虚围合之分。围合和开放本身对自然环境来讲没有任何价值，围合的程度和质量只有与给定空间环境的功能发生关系时才有意义。例如，当人们需要一种庇护和私密性的环境空间时，就会寻求一个围合的，但不一定是闭合的私密空间。

在外部环境空间中，无论是限定的空间，还是开敞的自由空间，都离不开空间构成的三要素，即底面、顶面和垂直面。

在外部环境中，有时尽管没有明确的空间围合，但是由于底面和顶面有不同物质的铺设和遮挡，在人们的视觉中也会形成不同的心理空间。例如，人行道和机动车道由两种不同的材料铺装，界定出人行道和机动车道两个不同的空间；陆地和水面由两种不同的介质构成，自然形成了陆地和水面两个不同的空间环境，这些都属于水平限定的特质。构成底面的每一种物质都有其规划上的重要意义。底面的处理对于空间环境功能的界定与不同底面的衔接过渡都很重要。底面的形态和模式如果处理得好，可以使环境中的建设要素与场地和谐地融为一体。

在空间的三个面中垂直面是最显眼的，垂直因素通常最具视觉上的趣味。它对创造景观具有重要的作用。垂直面的设计既可控制，有时也不可控制，设计师在设计中应选择可控制的垂直物，例如植栽、砌墙，当人们面对周围都是建筑的广场时，建筑的垂直面就不是所能控制的。

利用高差变化也是空间限定常用的设计手法，如地面的抬升与下沉；人行道和机动车道通过两者不同的高差创造出不同的功能空间环境；舞台也是利用抬升的手法，形成空间环境的中心；下沉式广场同样也是利用这种高差创造出不同功能的使用场所，形成独立的空间。

（4）空间的组合形式。在人们生活的周围所感知的空间中，都是多种空间的组合形式。这些空间组合形式，极大地丰富了环境空间的形式。无论何种空间的组合形式都离不开最基本的形式原则，从建筑学理论的角度运用几何学的原理，对空间的组合形式进行归纳，空间组合关系主要有空间内的空间、穿插式空间、邻接式空间、由公共空间连接的空间。空间的组合形式主要有集中式、线式、辐射式、组团式、网格式、框格式、自由式、轴线式、垒积式。但现实中空间形态的设计、空间的组合形式还要受到其他因素的影响和制约，例如历史传统的、人文科学的、社会经济的、自然条件的、审美习惯的等。在现实中进行的景观设计，并不一定完全遵循这些原则，更多的是在寻找规律性的同时，创造出一种富有新意的空间形态与组织方式。

2. 环境空间的知觉认知

对于正常人来讲，知觉是与生俱来的，其中包括视觉、听觉、嗅觉和触觉。人类的各种交流活动和知觉有着密不可分的联系，因此，知觉也成为景观规划设计必须考虑的基本要素。

环境规划设计师了解了人类的知觉特征，就会在环境空间设计中，从人性化设计出发，关注人类的各种需求，更好地把握设计要素，设计出能够满足人们各种需求的环境空间。

人类对外部自然环境的感知，有 2/3 的信息是通过视觉获得的，这种感知是人们感知周围世界的一个积极的过程。感知的过程实际上是唤起人们记忆的过程，尽管感知自然环境主要是依靠知觉，但是在通常情况下都会将所有的官能感受综合调动起来，因此感知是综合的、活跃的。人类对周围的自然界不是消极的认知，而是对周围一些无意识行为做出有意识的分析。

（1）视觉认知。人类的绝大多数信息是靠视觉获得的，但视觉也有它的局限性，正常人的视力，在夜晚可以看见天空闪烁的星星，但看不见星体的形状。人类在较近的距离可以看见山体的形态，但在远距离只能看见山脉的轮廓线。在 0.5 ～ 1 千米的距离之内，可以分辨出人群；在 70 ～ 100 米的距离内，可以分辨出性别和大概的年龄；在约 30 米处，人的面部特征、发型、衣服的款式都可以看清；在 20 米左右的距离内，可以看清人们的表情；在 1 ～ 3 米的距离内可以进行一般的交流。如果距离进一步缩短，就可以观察到对方所有的细节动作。

（2）听觉认知。听觉是人类另一重要的知觉器官，在 7 米之内，人们可以进行交谈，听力不会受到太大的影响；在 30 米左右的距离里，可以听见大声的讲话，当超过这个距离时，如果不是特殊的声响或是借助扩音设备，不可能听清楚人们在说什么。

（3）嗅觉认知。在正常情况下，人类的嗅觉只能在非常有限的范围内感知到不同的气味。只有在小于 1 米左右的距离内，才能闻到从别人身上散发出的气味。香水或者别的较浓的气味可以在 2 ～ 3 米处感觉到。

3．环境空间距离、尺度的认知

环境空间既是无限的，也是有限的，两者之间是一种相对的关系。在各种环境空间中，距离和尺度对人的交往、亲密程度和心理都会产生重要的影响。而尺度不是一个抽象的概念，包含着丰富的信息和含义，具有人性和社会性的概念，甚至具有商业和政治价值，是空间语汇中一种最基本的要素。

（1）空间距离的认知。在环境空间中，人们是通过一些重要的参照线索来估计物体在空间中的距离，能够做出相应的判断与分析。面对几万或几十万平方米的大场地，设计师在图纸上勾画他们的设想时，很难感知空间的准确距离和尺度，只有在对场地反复考证，并借助计算机辅助设计和场地模型才能确定设计的适宜性。

每个人都希望拥有自己的空间。在不同的空间距离中，在人们的生活以及同其他人的关系中，距离不仅重要而且关键。人类空间的距离分为亲密距离（0.15 ～ 0.45 米），在这种距离内可以进行爱抚、安慰、保护等行为；个人距离（0.45 ～ 1.2 米），在这种距离内能看清对方表情等，可获得交流的消息；社会距离（1.20 ～ 3.60 米），在这种距离内有社会交往的意向；公共距离（3.60 ～ 7.50 米），在这种距离内人们会形同陌路。这些不同的距离都有它们的用处和特征，对促进环境空间中人的行为目的有着重要的参考价值，从而设计出更加舒适的环境空间。

（2）空间尺度的认知。尺度是建筑反映其使用者在世界上的社会角色的重要部分，是社会空间语言中最重要的要素之一。对于一个城市和一栋建筑很重要，对于人类同样重要。

在各种交往场合中，接触的亲密程度之间的关系可以推广到人们对于城市和建筑尺度的感受。在尺度适中的城市和村镇中，人们生活和工作的便利性得以充分显现，交流的机会增多，情感的距离就会拉近，接触的频率也会增加。而像在北京、上海这样的特大型城市，城市的尺度巨大，人们的出行主要依靠机动车辆，如公共汽车、轨道交通、私家车或自行车，从城东到城西有时需要两三个小时；人口众多、高楼林立、宽大笔直的道路和纵横交错的立交桥，这种空间尺度的城市使人们亲密接触的机会减少。今天，当人们漫步在城市中仅存的古街巷、神游在古民居村落中，聆听着古城街道两侧商家里的喧嚣之声时，会深刻地感受到那是一种心灵的距离，是一个宜人的空间尺度。

4. 城市环境空间的属性

从现代城市的发展结构和空间属性的角度来分，城市可分为工业空间、商业空间、交通空间、休憩空间、学习与办公空间、服务空间等类型。不同类型的空间相应地承载着各种社会活动，包容着特定的人群，形成各自的环境空间特色。比如，现代化工业环境空间规划得较为整齐、方正；商业环境空间一般都显得喧嚣繁华；休闲、娱乐环境空间设计得比较活泼自由、变化多样；交通空间往往显得较为单一。

城市的发展是一个动态、新旧共生的循序渐进的过程。城市作为一个共生的空间，空间功能往往具有复合性特征。因此，在设计中不能脱离整体环境去看待某个空间的属性。

5.2.3　景观要素组合的形式美法则

在自然界和人造景观中，要素存在于一切物质形态中。多种要素的组合形成了景观的整体。每一种要素在整体环境中所占的比重和所处的地位，都会影响到环境的整体统一性，所以，景观要素的统一关系、主次关系、对比关系、比例关系、韵律关系的创造，都应遵循形式美法则。如果建筑与环境作为社会的象征、思想的聚集地，那么必须具备一套实现这个目标的技术手段，而美的形式法则正是景观设计探索高于生活的崇高境界的手段。

从东西方对形式美学的探索来看，出发点和侧重点各不相同，有的从“经验概念”中来概括，有的从“纯粹概念”上来区分。中国的形式美学往往是一种经验的总结，有许多是从哲学、宗教学中移植或演化过来的，与经验思维有许多相同或相通之处。西方形式美学在经验性上同中国形式美学的重大区别就在于它们与科学的紧密联系。从毕达哥拉斯学派开始，西方形式美学就与数学结下了不解之缘，之后，物理学和天文学也对西方形式美学产生了直接的影响。所以，西方美学关于形式的阐述是思辨的，而中国对形式美学的探索往往是脱离自然科学的，多从政治的、道德的或个人经验的角度进行形式美的探讨。国家与民族之间的审美差别，并不排除客观存在事物所表现出来的共性。人类在创造自然、改造自然的进程中，始终离不开形式美的法则，追求内容与形式的完美结合。

1. 统一关系

在对统一关系的认识方面，不能认为形态的相同就是统一。人们在创作和设计作品中强调的整体统一性，不仅表现在对象的外在形式上，还表现在对象内在本质的相互联系中。作品的统一性表现在许多方面，有形式感的统一、表现手段的统一、内容与形式的统一、设计风格的统一等。

2. 主次关系

无论自然形态还是人造形态，都表现出形式的多样性、差异性，而主次差异对景观的整体性影响最大。在景观设计中，主体要素构成了环境的主要特征和重点，次要要素则丰富了空间的形态和层次。绘画作品中有主要表现对象和次要表现对象；电影故事中有主角与配角；音乐作品中有主旋律；小说中有主要表现人物等。在建筑设计和景观设计中，无论是平面到立面、内部空间到外部空间、整体的形式到局部的装饰，都存在着主与次的对比关系，如米兰大教堂的空间组织、外立面的形式，故宫建筑群的平面布局，都是把重点部分放在轴线中央，加以强化，突出主体。

在城市规划设计中，城市的布局往往是围绕着标志性建筑物或城市主要广场而展开，如法国巴黎就是以香榭丽舍大道为轴线，以凯旋门广场为中心而规划设计的。

3. 对比关系

对比是客观世界存在的一种现象，它存在于事物的方方面面。在设计中对比是常用的手法。对比的现象很多，如简与繁、多与少、大与小、高与低、快与慢、明与暗、冷与暖、主与次等。对比现象不仅表现在视觉上，而且表现在心理上、形态上、数学上、运动中等。对比实质上是事物本身存在的一种差异，这种差异有时表现为某一方面，有时表现为多方面，对比的结果实际上是产生一种变化，以打破原有的平衡关系。

4. 比例关系

比例关系无论是对画家还是设计师的创作和设计来讲都是形式问题的核心。它是画家和设计师尽力掌握，又力求摆脱其束缚的矛盾体。圣・奥古斯丁说："快感产生于美，而美取决于形状，形状取决于比例，比例又取决于数……没有一种有秩序的事物是不美的，尺寸、形式和秩序之多少，是一切事物完善程度的标准。"

美不仅表现在和谐上、形态上、色彩上、材质上、工艺上、技术上，比例关系在建筑设计和景观设计中也有着重要作用。纵观古希腊、古埃及的建筑，文艺复兴时期的意大利、法国古典园林都是力求用合理的比例关系达到建筑、园林艺术的完美。

5. 韵律关系

韵律关系是形式美的一种形式，属于多样式的一种。韵律本来是音乐中的常用术语，但现在也被诗歌、绘画、设计等学科广泛采用。韵律实际上表现为一种秩序与节奏，这种秩序与节奏在自然界中随处可见，例如层层梯田、起伏的山峦、层层波涛等。自然界中的这种现象，向人们展示了一种美。韵律所表现的是相同或相近似形态之间的一种恒定的、有规律性的变化关系。这种关系表现为连续的韵律关系、渐变的韵律关系、起伏变化的韵律关系。人类正是受到各种自然现象的启发，而将韵律变化关系运用到建筑设计和景观设计中的，如地面的铺设、阶梯的排列、线角的组合、形态之间的组合与变化等。韵律关系在设计中的运用，既求得了整体的统一，又创造了丰富的变化（图 5-18）。

图 5-18 连续喷泉产生的韵律感（埃斯特庄园）

5.2.4 景观设计方法与流程

现代城市景观呈现一种开放性、多元化的发展趋势，每个城市、每个环境区域都有各自的特色，如何充分展现它们的个性化和特殊性，是每个设计师都会遇到的问题。

城市景观设计应从当地的区域特点出发，以新的发展理念塑造着城市未来的环境，以新的城市文化和景观创造着人们的生活，以景观设计方案和表现图的形式来表达设计者的构思，达成业主、管理者、使用者和设计师之间的共识，使设计能够得到及时的补充和修改，让设计更加完善。

城市景观设计是一门综合性很强的设计学科，景观设计师需要具备独立思考的能力，能够根据实际，提出具有创意、逻辑清楚、结构明晰的设计思路，制定项目计划，控制实际进程。

城市景观设计师要做的是如何创造条件使灵感成为现实，发掘开展新的途径。运用一个相对严谨、科学的方法与程序，可以支持设计师全面地考虑涵盖设计专业的基本问题，不遗漏和设计相关的重要因素，确保设计作品的科学性、合理性。

1. 景观设计的工作流程

景观设计的工作流程具有一定的特殊性，常用的工作流程如下：

（1）接受设计委托，与业主商议景观意向。

（2）进行景观勘察，评价景观结果。

（3）根据设计目标系统及评价结果进行景观规划设计。

（4）与业主及相关规划管理部门共同进行规划评价。

（5）根据规划评价意见进行初步设计，与各相关专业取得协调。

（6）根据初步设计的结果组织施工图设计。

（7）与施工方进行图纸会审及图纸交底。

（8）去施工现场进行必要的技术指导。

（9）根据制定的景观养护计划，定期监督景观的养护与维护过程。

（10）在养护过程中，根据现场情况，对原有景观设计进行必要的调整和修改。

2. 景观设计阶段与工作重点

景观设计阶段分为前期考察调研阶段、中期方案设计阶段和后期实施评估阶段。

（1）前期考察调研阶段。前期考察调研阶段是对项目的一个认知和了解过程，为设计分析与构思打下基础。它的工作内容包括文字资料收集、图纸资料收集、现场勘察、资料整理等。

① 文字资料收集：包括外部条件资料收集和内部条件资料收集两个方面。

a. 外部条件资料收集：主要是指规划基地周围与城市的关系。它包括城市的历史沿革，城市的总体发展模式；基地所处的地理位置、面积及在城市中的地位；基地服务范围内的人口组成、分布、密度、成长、发展及老龄化程度；基地所处区位的自然环境，包括气候、地形、土壤、地质、水体、生物、景观等；基地的周边土地使用与交通状况；基地所在区位的政治与经济活动状况；地区特征、与周围环境的关系、历史文物、文化背景；当地植被状况，了解和掌握地区内原有的植物种类、生态、群落组成等；该地段的能源情况，排污、排水设施条件，周围是否有污染源。

以上内容视项目大小可选择性进行资料收集。

b. 内部条件资料收集：基地内部现状条件。它包括甲方对设计项目的理解，要求的景观设计标准及投资额度；从总体角度理解项目，弄清景观环境与城市绿地总体规划的关系；与周围市政的交通联系，车流、人流集散方向，这对确定景观空间的出入口有决定性的作用；基地内有无名胜古迹，自然资源及人文资源状况等；相关的周围城市景观，包括建筑形式、体量、色彩等；数据性技术资料，包括规划用地的水文、地质、地形、气象等方面的资料。

② 图纸资料收集，包括基地地形图、现状植被分布图、地下管线图。

a. 基地地形图。根据面积大小不同，甲方提供不同比例的园址范围内总平面地形图。图纸明确标出以下内容：设计范围（红线范围、坐标数字），园址范围内的地形、标高及线状物体的位置，周边环境，与市政交通联系的主要道路名称、宽度、标高点数字以及走向和道路、排水方向，周围机关、单位、居住区的名称、范围及发展状况。

b. 现状植被分布图。主要标明现有植被基本状况，保留树木的位置，并注明品种、生长状况、观赏价值的描述等。

c. 地下管线图。图内包括上下水、环卫施工、电气等管道的位置、大小。

③ 现场勘察。无论项目大小难易，都必须到现场进行认真勘察，熟悉基地的情况，并对设计环境周边情况进行摄影，以影像形式记录周边的建筑形式、场地内植物的形态、大小、水系的情况等，对前期所收集的基础资料进行核对和补充。同时给设计者一个对基地的感性认识，帮助其进行设计构思、布局等。

④ 资料整理。在前期资料收集的基础上进行整理，针对项目的理解情况，对基地进行综合分析和评价。内容包括基地的优势、劣势、机遇与挑战，并编制总体设计任务书。

（2）中期方案设计阶段。这个阶段主要是确定设计的主题，构思建设内容，进行方案设计。

① 设计定位。明确景观在城市环境中所扮演的角色和承担的功能，如广场有集会广场、商业广场、休闲娱乐广场之分。不同的广场定位，其服务对象的需要和设计方案的制定是有明显差异的。

② 案例研究。景观设计师根据规划设计的城市景观项目定位，对国内外类似的优秀案例资料进行收集，分析研究。总结出成功的经验与失败的教训，参考在类似问题解决上采取的策略和办法。景观设计师对案例的研究分析，可以借用其他案例真实直观的形象，向业主表达自己的设计理念；相似规模和尺度的分析比较过程可以使景观设计师和业主直接地感知场地的大小和意义，有助于景观设计师直观地获得空间需求和布局的大体印象。

案例研究，并不是拷贝或抄袭别人的设计作品，是在借鉴别人设计理念的基础上，融入自己的想法，不断完善自己的设计构思。

③ 设计概念。设计师通过挖掘基地的自然生态、历史文化等提炼出的设计主题，并围绕主题进行方案构思和布局，提出设计概念。

设计概念是景观设计师创造性思维的展现，是在前期各种因素综合评价的基础上而得出的合理的结论。一个科学合理、构思新颖的设计概念不仅会渗透到设计对象本身，而且会对周边的环境产生积极的影响。它涉及社会、政治、经济、文化、科学技术、环境保护等众多方面。在适合项目目标背景环境的概念确立后，景观设计师需要与建筑师、工程师、园林设计师等多种专业人员合作，针对项目中所遇到的问题、对各个层面尺度进行探讨研究，相互启发，以确定最小的细节也能支持全局的理念。

④ 文本的策划与说明。文本的策划与说明是表述概念的重要方法之一。通过文本或 PPT 文

件的展示，景观设计师可以直观地向业主阐述设计理念主题、创意构想、未来的城市景观，以此作为设计的动机和宗旨。

景观设计师在方案汇报时，应抓住主题思想，突出重点，准确、清晰地将设计理念表达出来。作为景观设计师，绝不能忽视策划方案阶段的汇报，因为它是能力表现的一部分，设计师不同的表现，会给业主留下不同的印象。

策划方案是在景观设计的目标深化、细化的基础上完成的。城市景观设计基本的目标可以概括为：适用性目标、宜居性目标、社会性目标、环境性目标、形象性目标等。策划文案的确立和组织围绕以下五点展开：

a. 为谁设计（who）：了解景观受众的景观需求是设计的首要问题。满足人们的需要，为人们提供所需要的优美环境，满足全社各阶层人们的娱乐需求。

b. 为什么设计（why ）：对设计自身意义的追寻，在设计的文案阶段一一罗列需要解决的问题，并给出答案。

c. 设计的场所（place）：场所是景观设计中十分重要的内容。场所的环境包括物理环境和人文环境两大块，寻找不同的场所设计环境是设计勘察的意义所在。

d. 设计什么（what）：根据调查得出设计结论。景观选择要考虑自然美和环境效益，尽可能反映自然特性，使各种活动和服务设施项目融合在自然环境中；有些情况下自然景观需要加以恢复或进一步强调。

e. 什么时候设计（when）：包括设计完成的时间，以及当下设计的时尚趋势和审美取向。

设计构思从抽象的立意思维到具体的构思成果的表达，要求设计师具有丰富的空间想象力，养成多看、多想、多动手、多方案构思的习惯，不断优化设计方案，达到最佳设计效果。

⑤ 深化设计。在方案概念设计的基础上，经业主认定后，对方案进行深化设计，将方案的概念落实到具体元素的设计与运用上。深化设计还包括技术细节的制定，好的设计无论是在全局的把握还是在细节上，都能成功地传达概念构思。景观设计师对每个项目的设计首先应从宏观处入手，将整个设计主题分解成若干分主题。

美国凯文 · 林奇通过对城市居民的访问，在了解了一般人对于所居住城市的印象后，归纳出城市设计的五项要素：即路径、边界、区域、节点、标志物。这五项要素同时也适用于城市景观设计，并起到决定性的作用。

路径——从城市设计的角度来看，路径是指城市中所有的通道，联系着城市的每个部分。路径包括道路、街道（以人行为主）、支路、小路等，功能各异，网络通达，不能堵塞；道路应该具有可识别性、连续性和方向性。道路的个性不取决于道路的宽度，而决定于道路两侧土地的使用和建筑物的性质。在大城市汽车交通日益增长的情况下，一种外加的快速路系统，打破了人们视觉上的协调，可以借大面积的绿地来淡化这种扰乱和突兀的印象。步行环境的创造是当今城市设计的一个主要问题，设计时应当考虑人行走时的方便、安全和多种需要，满足购物、观景、休憩的功能，形成城市形象的突出点。

边界——边界是除路径以外的另一种线形的要素。城市边界往往是河流、山脉、铁路、公路，或者是天然的与人造的隔离绿带。清晰的边界分隔出城市的区域，分清楚边界的两个侧面，同时形成一定的领域，使城市形象明确而多样。

区域——原有城市往往由于不同的自然条件和人工条件，如山、河、地形、道路、铁路等不同历史时期所形成的肌理、空间、形式、功能等，以及居民不同的阶层、种族等而构成不同的区域。每个区域的主题元素可以是一个，也可以是多个，有物质性的，也有社会性的。在大规模的旧城改造中，仍然破坏了不少城市区域特征和边界，避免出现千城一面的现象。

节点——城市的节点不是点，而是一个面，一个空间或场所。节点也可以是广场、重要道路的交叉口或整个区域中心，既是功能的聚焦，又是视觉和感觉的焦点。

标志物——标志物是城市的突出形象。成为标志物的条件是多样的，形体高大或形体小巧；形式独特、具有唯一性，也可以是色彩对比突出于城市底色之上；或者是具有纪念意义或民俗风情。标志物可以使城市形象更加生动，富有情趣。大城市往往可以有多个标志物，可以是历史的，也可以是新创造的，但是应当把历史的、现有的和未来拟建的标志物统筹安排来考虑。

在深化设计过程中，每一个新引入的设计都应该使整个项目设计更科学合理，更能满足功能要求。景观设计师和艺术家的区别不仅在于表现形式美、艺术风格等因素，还需要关注各种功能和技术问题，各方面相互关联的综合设计直接关系到设计的成败。所以，不同学科的整合设计及技术细节的制定也是深化设计的重要组成部分。

⑥ 细部设计与设计实施。当项目设计方案最终被确定后，要使项目从一个设计概念到设计成果得以真正实现，由纸上变为现实，必须对每个元素进行具体深入的细部设计，绘制精确的施工图纸。

细部设计的好坏直接关系到作品的最终效果，施工图是设计的重要组成部分，是景观设计师和施工人员联系的桥梁。景观设计师通过施工图这种设计语言诠释自己的设计理念，施工人员按照施工图的设计说明与要求将景观设计师的设计理念转化为现实，成功的作品都是通过严谨、准确、详细、严格地执行各种规范和标准来实现的。优秀的设计作品除了具有独特的设计创意外，施工技术与质量是实现其价值的重要保证。

（3）后期实施评估阶段。将设计成果直接运用到项目实施中，通过工程技术施工将图纸画面建设成实际景观。

评估是在设计项目施工完成并投入一段时间的运行使用后，对设计方案进行理性的、科学的评定与总结，以检验这个设计项目在哪些方面对城市环境产生了负面的影响，在功能上有哪些方面设计得不够完善，尽可能采取补救措施。通过这个过程，景观设计师可以在实际的工程中不断地积累经验，提高自己的设计水平。

3. 工作方法与辅助设计技术

（1）工作方法：适应任务的要求和项目的特点，一般有以下五种：

① 图底分析法：主要用于对场地（或地区）的分析。目的是明确地认识场地现有的建筑实体覆盖与开敞空间在量和分布上的关系与特征。这是认识城市肌理的重要手段。

② 观察分析法：景观设计师对场地亲自勘察，取得第一手资料。资料内容以人文、社会为主，特别要注意对空间环境的体验与感受，既要使用文字，也要利用地图。通过调查，形成纲要性的基础资料。

③ 景观视觉分析法：景观设计师对场地周围的自然环境和人造环境进行分析，主要从视觉角度分析，包括视点、主要视线、视线走廊、可能的视线阻挡等。分析中注意既要有静态的，

也要有动态的，甚至包括在不同速度下所观察到的不同图景。

④ 计算机模拟法：计算机模拟技术可以进行许多辅助设计的工作，包括分析、制图和三维动画等。

⑤ 设计语言的转换：将文案中的文字语言转换为设计视觉语言，可以归结于“感觉”，还可以用发散性思维将一些感觉上的词汇转换为形象的联想物和事件。

（2）常用的辅助设计技术，包括以下三种：

① GIS 技术。近年来，随着信息技术的发展，GIS 技术被广泛地运用在城市规划和城市景观设计中。GIS 是 20 世纪 60 年代中期发展起来的新技术，最初是用来解决地理学问题的，至今已成为一门涉及测绘学科、环境科学、计算机技术等多学科的交叉学科。GIS 又称地理信息系统，是在计算机软件和硬件支持下，以一定的格式存储、检索、显示、综合分析现实世界的各类空间数据及属性特征的技术系统。

② 虚拟现实技术（VR）。VR 提供了对现实环境或设计的景观在计算机中进行再现的能力，具有极强的真实再现能力。VR 可以用于修建性详细规划、风景园林设计和古建保护等专项规划设计，具有丰富的表现能力，能提供真三维环境景观。

③ 遥感技术。遥感技术的发展使人类对自身的生存环境有了进一步的认识，它的优势表现在可以提供全球或大区域精确定位的高频度宏观影像，扩大了人类的视野，实现了时空的跨越与转移，利用这种技术，人类可以更科学、更准确地对环境进行分析研究。

4．城市景观设计的评价标准

任何一项工作都应该建立自己的评价体系，以衡量成果的优劣。现代社会的发展变化很快，城市景观设计还不能建立一套很完整的标准，但是评价的重要性却是显而易见的，而且贯穿于整个设计过程中，同时也起到了指导作用。以城市设计的评价内容作为参考依据。

（1）城市设计十大评价要素，包括适宜的容量、宜人的环境、多样的综合、便捷的通达、自然的结合、文脉的连贯、清晰的结构、视景的和谐、空间的特色和发展的余地。

（2）国外评价标准。20 世纪 60 年代以后，欧美一些发达国家十分重视城市景观设计的评价。对于“优秀的城市景观设计”，英、美两国提出评价标准可以归纳为：

重场所而不是重建筑物：城市景观设计的结果应该是提供一个好的场所为人们享用。

多样性：多种内容的活动能使人产生多种感受，可以吸引不同的人在不同的时间以不同的原因来到这里。这是创造赏心悦目的城市环境的一个重要因素。

连贯性：在旧城市改造中应该仔细对待历史的和现有的物质形体结构。人们愿意接受有机的和渐进式的变化，喜欢历史的融合。

人的尺度：以人为基本出发点，重视创造舒适的步行环境，重视地面层和人的视界高度范围内的精心设计。

通达性：社会上不分年龄、能力、背景和收入的各种人，都能自由到达城市的各场所和各部分。

通道和方向：包括出入口、路径、结构的清晰、安全、目标的方位和标识指示等。

易识别性：重视城市的标志和信号，将其作为联系人和空间的重要媒介。

可识别性的表达：是由使用者评价的，强调视觉上的识别度。

适应性：是指成功的城市设计应具有相当的可能性去适应条件的改变，以及不同的使用及机遇。

与环境相适应：包括历史文化要素的协调。

功能的支持：包括空间的领域限定、相应功能的明确性，以及与提供的设施相关的空间位置。

自然要素：通过地貌、植被、阳光、水和天空景色所赋予的感受，研究、保护、结合并创造富有意义的自然景象。

视景：研究原有的视景并提供新的视景。

视觉舒适：保护视域免受不良因素，如眩光、烟尘、混乱的招牌或光线等令人讨厌的事物的干扰。

维护和管理：便于使用团体维护、管理的措施。

第6章 城市广场景观设计

6.1 城市广场概述

城市广场作为城市外部公共空间体系的一种重要组成形态，具有悠久的发展历史。它与城市街道绿地、公园、开放的城市自然风貌（山、川、湖、海等）共同构成了城市富有特色的外部空间环境。城市是人类聚集生活的有机整体，广场是城市文明的重要象征，也是构成城市景观最具魅力的部分。广场作为城市的公共活动空间，主要功能是供人们漫步、闲坐、用餐或观察周围世界，人们在此享受着“客厅”“起居室”这一具有自我的领域。广场具有展示功能，广场的建设在整个城市规划中占有不可或缺的地位，一个规划设计好的广场可以成为一座城市的标志。

6.1.1 城市广场的定义

城市广场是随着城市空间的产生而产生的。“广场”一词源于古希腊，被称为“Agora”，意为“一片开敞空地”，后发展为能够包容各式各样城市生活的“集会的地方”，作为市民各种活动聚会的露天场所，如雅典市中心广场是希腊进行各种重大政治和国事活动的场所。古罗马时代广场，是古罗马的市场与公共集会地、讨论地或法庭，如恺撒广场。中世纪、文艺复兴和巴洛克时代的广场，原指意大利城镇中的广场或市场，后泛指周围有房屋的空旷场地，如圣马可广场。古典主义时代的广场，指的是街、路、广场等场所，如旺道姆广场，原是供停放四轮大马车用的，后来改作小汽车停车场。近代的广场是指四周植树以供休息的广场，或指街道交汇的广场。现代城市广场正是在此基础上发展而来的。

对现代城市广场的定义有多种解释，日本建筑师芦原义信在《街道的美学》一书中从空间构成的角度提出：“广场是强调城市中各类建筑围成的城市空间。”广场在空间构成上应具备以下四个条件：

（1）广场的边界线清楚，能成为图形。此边界线最好是建筑的外墙，而不是单纯遮挡视线的围墙。

（2）具有良好的封闭空间的“阴角”，容易构成图形。

（3）铺装面直到广场边界，空间领域明确，容易构成图形。

（4）周围的建筑具有某种统一和协调，与宽、高有良好的比例。

同济大学编著的《城市规划原理》从城市功能的角度对广场概念进行了诠释：“广场是由于城市功能上的要求而设置的，是供人们活动的空间。城市广场通常是居民社会活动的中心，广场上可组织集会、供交通集散、组织居民游览休息、组织商业贸易的交流等。”

从现代城市广场的特点来看，城市广场是为了满足多种城市社会生活需要而建设的，以建筑、道路、山水、地形等围合，由多种软、硬质景观构成的，采用步行交通手段，具有一定的主题思想和规模的结点型城市户外公共活动空间。城市广场是城市空间环境中最具公共性、开敞性、开放性，也是人们活动最频繁的场所，被人们称为“城市中的客厅”。

因为城市广场兼有集会、贸易、运动、交通、停车等功能，所以在城市总体规划中，应对广场布局做系统安排，而广场的数量、面积大小、分布则取决于城市的性质、规模和广场功能定位。

围绕一定主题配置的设施、建筑空间或道路的围合以及公共活动场地是构成城市广场的三大要素。只具备特征而不具备要素的，如单纯的绿地或空地，或只具备要素而不具备特征的，如仅供某一商住区或建筑物使用，出于商业目的而冠名为“××广场”，则不应纳入城市广场范畴。

城市广场是一个城市历史文化的融合，是自然美和艺术美空间体现的场所。它的规划建设不仅调整了整个城市建筑布局，加大了生活空间，改善了城市生活环境的质量，也让城市迈上了更健康、更文明、更讲究生活素质和城市文化的台阶。

6.1.2 城市广场的产生与发展

城市广场的功能变化、文化特征与城市经济、社会发展有着重要关系。广场作为城市空间的重要部分，是一个城市的象征，是城市历史文化的融合。追溯广场的起源、形成与发展，可以看出城市的发展历史和文化。由于东西方历史和文化的差异，广场的功能和形式表现也有所不同。

1. 西方城市广场的发展历史

城市广场是西方古代城市中一种人本主义象征的“广场文化”。西方人对自我个性的展示和对现实生活的重视，使得城市社会活动丰富。人们日常的注意力多集中在室外，因此形成数量众多的公共建筑和城市广场。从城市整体空间形态来看，街道与广场的组合呈现出一种清晰而明确的网络结构，广场是外部空间的核心和城市的重心、街道空间交汇和发散的节点空间。诸多的广场与建筑群、标志物一起成为精美的“城市客厅”。

西方城市广场的发展有数千年的历史。早在公元前4世纪末，一些希腊城邦国家已经出现相当成形的、由公共建筑围合成的广场原型——阿果拉广场，它是在方形住宅区街廓的中央，由神庙、集会堂与长廊围合而成的广场空间。

从古罗马时代开始，广场的使用功能逐步由集会、市场，扩大到宗教、礼仪、纪念和娱乐等，广场固定为某些公共建筑前附属的外部场地。利用尺度、比例关系，使整体的各个部分相互协调，善于用规整的空间突出广场的形象，具有严格的轴线关系。

这样的广场原型逐渐转化成古罗马帝国的集会场，以及中世纪欧洲形形色色的教堂、市政厅广场。广场更随着古希腊与古罗马帝国的殖民城市与后期欧洲人的航海扩张而传播到北非、美洲与亚洲。

一般来说，历史城市的特色是由具有公共功能的建筑和各种各样的公共场所决定的。有 2000 多年历史的巴黎，最早是从西堤岛发祥的。当时居民仅几百人，居住在不到半平方千米的旧城岛上。公元 4 世纪，古罗马人的一个部落强占岛上高卢人村庄，并建立了“巴黎吉”人的首府，巴黎从此得名。公元 6 世纪起，巴黎成为法兰西王国的首都，以后历代法兰西的封建王朝均以巴黎为国都。

16 世纪古典主义城市广场，注重端庄典雅的纪念性构图，广场设计手法严谨，广场中多布置主体标志物。

17 世纪巴洛克时期，城市广场空间最大程度上与城市道路联成一体，广场不再单独附于某一建筑物，而成为整个道路网和城市动态空间序列的一部分。如意大利威尼斯的圣马克广场被称为“欧洲最美的客厅”，一直是威尼斯的政治、宗教和传统节日的公共活动中心，是由公爵府、圣马克大教堂、圣马克钟楼、新旧行政官邸大楼、拿破仑翼大楼圣马克图书馆等建筑和威尼斯大运河围成的长方形广场，长约 170m，东边宽约 80m，西侧宽约 55m。广场四周的建筑都是文艺复兴时期的拜占庭式、哥特式的精美建筑。

从西方城市的历史发展来看，公共场所的本质目的是庇护社区，同时仲裁社会冲突。广场是人们行使市民权、体验归属感的地点。广场有其特定功能，即集会、阅兵、宗教仪典。但无论是参与者还是旁观者，都会认为是集体性活动，并且这种参与包括了机制安排自由的可能。在某一层面上，广场空间的公共性对权力机构具有反向的、制约的作用。广场的这些特质促使权力机构在一开始就希望能控制它在实质上的形式，设置了各种政府的象征元素。

现代城市将西方中世纪的大教堂变成了各种功能的摩天大楼，建筑从中世纪教堂的宗教活动场所变成了具有不同功能的办公、商贸、文化娱乐场所。这些不同时代的建筑在功能上都具有很强的吸引力，使得与之相邻的公共开放空间都成为市民重要的活动场所。

2. *中国城市广场的发展历史*

中国古代城市缺乏西方集会、论坛式的公众活动的广场，最初的广场是兼有交易、交往和交流活动的场所。考古发现，4000 多年前，在石峁古城城门的外面就建有巨大的开放式广场。在庙宇前进行氏族会议、宗教仪式等活动的前庭或戏台，可被看作是最原始、最古老、最简单的广场。在很多小城镇上还有进行商业活动的市场和码头、桥头的集散性广场。中国以家族为本位的传统文化价值观，限制并束缚了人的个性，导致古代城市户外空间形态呈现出一种规整、松散的结构状态。城市的街、巷作为联系建筑组群的交通网络体系，成为城市公共空间的主体。这些空间除主要的交通功能外，兼有集市商贸、人际交往等多样化的城市公共活动，具有流动的共享空间特征，街道自然放大的端口、交汇的节点则成为街市合一的小型公共广场。

中华人民共和国成立初期到 20 世纪 70 年代，举国上下忙于生产和建设，城市广场仅仅作为集会和游行的场地，以政治集会为主导功能，是大规模群众性的政治集会场所。天安门广场是全国性的，各级城镇一般也都有一个规模不等但性质类似的广场。这类广场一般都设有主席台，有较大面积的开敞空间，但没有多少绿化。

改革开放以来，随着中国城市经济和文化生活的发展，许多城市广场的主导功能都发生了变化。以兰州的东方红广场为例，在 20 世纪末的 20 年间，经历了两次主要的改造，即 80 年代的公园化改造和 90 年代的商业化改造。

20 世纪 80 年代初期，随着大规模群众集会的减少和人民生活水平的提高，原来以政治集会为主的城市广场，越来越多地成为市民日常活动的场所，成为居民晨练、散步、休憩的地方和节假日的主要观光点，由此推动了会场型广场的公园化改造，掀起了广场的绿化和美化运动。例如，东方红广场的公园化改造，不仅大面积地植树、种花、种草，还建造假山、瀑布、流水，设置了不少供人们休息的石凳、长椅，原来的会场被改造得更像是公园或市民活动中心。

20 世纪 80 年代后期到 20 世纪 90 年代初期，受到市场经济推动和城市土地有偿使用的影响，城市广场的商业和市场价值得到了高度重视。广场内首先是小贩云集；接着是各种展销活动不断，广场成为各类广告，特别是体积庞大的充气型广告的堆放场；再到后来，开发商介入，对广场进行从边缘到中心的商业开发包围和步步为营式紧逼，使得广场的商业氛围越来越浓重、开敞空间越围越小。东方红广场的商业化改造，曾受到过不少人，包括国内著名规划专家的批评，但这并没有改变它的商业化进程。位居广场正中的东方红地下商城和占据东南一隅的百盛购物中心相继落成，如今的东方红广场成为兰州的主要购物中心之一。

城市中心广场的这种从会场到公园，再到购物中心的演化，并不是广场功能的一种完全和简单的更替，而是一个功能兼容和主导功能的演变过程。今天的东方红广场，主席台仍在，代表着它还具有某种集会功能；还具有一定的开敞空间，每天还有数目不少的人在那里晨练，也还是一个老百姓集中活动的公共场所。但是，它作为会场和公园的功能已经被大大地弱化了，而商业中心功能明显超过了其他方面，占据了主导。

20 世纪 90 年代后期，中国经济发展速度上升到一定的水平，市民的精神生活从基本的衣食住行向娱乐休闲转变。广场在更大程度上成了人们娱乐、交往的公共场所。人们不仅需要大而空的集会礼仪广场，更需要广场上有温馨、私密、空间宜人的景观和娱乐休闲空间。如今，广场作为城市中重要的社交活动场所，还承载着保护市民公共安全、应急疏散的重要功能。

6.1.3 城市广场的分类

随着现代城市的发展，城市功能的多样性需求增强。城市广场按照主要功能、用途及在城市交通系统中所处的位置，可分为公共活动广场、 宗教广场、交通广场、商业广场、文化广场、街道广场等；按照广场形态分为规整形广场、不规整形广场及广场群等；按照广场构成要素可分为建筑广场、雕塑广场、水上广场、绿化广场；按照广场等级可分为市级中心广场、区级中心广场和地方性广场。

现代城市广场形态越来越走向复合化、立体化，比如下沉式广场、空中平台和步行街等。尽管城市中有不同功能与性质的广场，但它们的分类是相对的，现实城市中各种类型的广场都或多或少具备其他类型广场的某些功能。

1．公共活动广场

公共活动广场一般有市政广场（城市中心广场）、集散广场、纪念性广场等。

（1）市政广场。常常位于由城市主要干道围绕而形成的历史地段，往往处在城市的中心，因此也称为城市中心广场。市政广场周围依附着具有一定象征意义的公共建筑，平时为城市交通服务，同时供旅游及一般活动之用，需要时可供大型的集会活动之用。这类广场面积较大，并有合理的交通组织，与城市主干道相连，可满足人流集散需要，但一般不允许车辆驶入和通行。

市政广场在特定的场合和特定的时间，发挥着特有的功能，比如举行庆典、阅兵、迎接贵宾，但大部分时间都作为一个瞻仰、纪念、旅游、休闲的公共场所。因此，市政广场往往给人的感觉是一个严肃、庄重、规整的公共场所，例如北京天安门广场（图 6-1）、莫斯科红场（图 6-2）、巴黎市政厅广场等。

图 6-1　天安门广场

图 6-2　莫斯科红场

① 天安门广场。饱经风雨沧桑的天安门广场是我国举行重大庆典、盛大集会和外事迎宾的神圣重地。中华人民共和国成立后的天安门广场，经历了三次大规模改造，改造后的广场东西宽 500 米，南北长 880 米，总面积达 44 万平方米。其中，硬质铺地 20 万平方米，周围路面 30 万平方米。广场中心干道上铺砌由橘黄、蓝青色花岗石组成的“人”字形路面，长达 390 米，宽 80 米。中心干道可同时通过 120 列游行队伍。广场北面是天安门城楼，西面是人民大会堂，东面是中国国家博物馆，南面是毛主席纪念堂。站在天安门广场上，环顾四周，新老建筑物十分和谐地融合在一起，形成具有强烈民族特色的建筑环境。站在天安门城楼上可俯瞰蔚为壮观的古今建筑群，不难看出天安门广场悠久历史文化的延续。

② 红场。位于俄罗斯首都莫斯科市中心的红场，是世界上著名的广场之一，知名度可以与天安门广场相媲美，是俄罗斯举行各种大型庆典、群众集会及阅兵活动的中心地点。红场广场西面与克里姆林宫相毗连，北面为俄罗斯国家历史博物馆，东侧为莫斯科国立百货市场，南部为瓦西里大教堂，临莫斯科河。列宁陵墓位于靠宫墙一面的中部，墓上为检阅台，两旁为观礼台。红场南北长 695 米，东西宽 130 米，面积为 9.1 万平方米，大小约是天安门广场的 1/5，地面全部由方形青石铺成，显得古老而神圣。红场是莫斯科历史的见证，也是俄罗斯人民的骄傲。

③ 巴黎市政厅广场。巴黎市政厅广场上的巴黎市政府大楼位于巴黎市中心巴黎圣母院北部塞纳河畔，这幢大楼曾几度是法国重要的政治活动场所。在中世纪、资产阶级大革命年代和 1871 年巴黎公社时期，这里曾是重大历史事件的中心地点，是法国著名的具有文艺复兴时期风格的建筑。

巴黎市政厅广场又被人们称为“沙滩广场”，因为每到夏季，广场都铺上沙子，供人们在度假中举行休闲活动，有许多人在此打排球。由此可见，在世界各国的城市广场中，并不一定都是高大的建筑或大面积的广场，但市政建筑都会成为广场的视觉中心。

（2）集散广场。集散广场是指大量车流、人流集散的各种建筑物前的广场。它一般是城市交通的重要枢纽，如飞机场、港口码头、铁路车站与长途汽车站等站前广场；大型体育馆（场）、展览馆、博物馆、公园及大型影（剧）院门前广场也属于集散广场。功能是结合周围道路进出口，采取适当措施引导车辆、行人集散，保证车辆通行和行人安全。

（3）纪念性广场。以纪念性建筑物为主体，结合地形布置绿化与供瞻仰、游览活动的铺装场地，供人们缅怀历史事件和历史人物，如南京中山陵广场。

2．宗教广场

在古代，无论是东方还是西方的行政建筑和宗教建筑都是城市的重要建筑。古希腊的城市广场，如普南城的中心广场，是市民进行宗教、商业、政治活动的场所。古罗马建造的城市中心广场开始是作为市场和公众集会的场所，后来用于发布公告、进行审判、欢度节庆等，通常都集中了大量宗教性和纪念性的建筑物。公元 5 世纪欧洲进入封建社会以后，城市生活以宗教活动为中心，广场成为教堂和市政厅的前庭。

意大利著名城市威尼斯的圣马可广场是世界城市规划的代表（图 6-3）。圣马可广场是由三个大小不同的小广场组成的复合式广场。圣马可广场上矗立着圣马可大教堂，教堂守护着保护神圣马可雕像；教堂的对面，由拿破仑时期的新古典主义风格的厢房所包围。圣马可广场是经过许多世纪才建成的。在 12 世纪，圣马可广场是教堂前的一块空地，后来变成宗教政治活动的集会场所。当时威尼斯的执政者有政治和宗教上的权力，他的权力包括任命教堂的主教。

因此圣马可教堂的地位日益重要，教堂不断扩建，广场也跟着扩建。圣马可广场在宗教上的重要性，也可从圣马可教堂外的装饰看出来，当时教堂里的一些宗教仪式，普通百姓是不能参加的，他们只能从广场上观看，而这时圣马可广场就像是一所很大的教堂，教堂的正面也就变成这所大教堂的圣坛。

图 6-3　圣马可广场

梵蒂冈的圣彼得大教堂是基督教圣地。它的建设持续了 18 个世纪之久，受到历届宗教的重视，这使得圣彼得大教堂打上了各种历史和文化的印记。圣彼得广场是由贝尼尼设计的，建造于 1656—1667 年。圣彼得广场由两部分组成，第一部分为不规则的四边形空间，采用坎皮多利奥广场的风格。其作用是从圣彼得大教堂正面拉开距离，使所有人都能目睹到圣彼得大教堂前这块举行宗教庆典的场地。第二部分为柱廊合拢的椭圆形空间。圣彼得广场宽 240 米，总长 340 米，柱廊由 284 根高 15 米的四排式柱子组成，在柱杆上有 140 尊高 3.2 米的圣徒塑像；圣彼得广场的铺地采用向心式，广场中央矗立着一座方尖碑，设计师认为："既然圣彼得大教堂为所有教堂之母，它就应当有一双手臂式的柱廊，慈母般地拥抱天主教信徒（图 6-4）。"

图 6-4　圣彼得广场

中国古代没有像西方那样严格意义上的宗教广场，但在全国各地城市中有众多的庙宇和宫观。根据当地民众不同的宗教信仰供奉着不同的神仙与圣人，例如，拉萨大昭寺广场、曲阜孔庙、北京白云观、西安万寿八仙宫等。一般庙宇和宫观前有一个较大的环境空间，有的庙宇和宫观前辟出一个广场。中国民族众多，各民族虽然有着不同的风俗和习惯，但赶庙会是民众最喜欢参加的一项活动，庙宇前的广场就成为民众举办庙会的地方，民众在逛庙会时可以购物、看戏，进行各种娱乐活动。

法门寺位于陕西省宝鸡市扶风县法门镇。法门寺在 2004 年被联合国教科文组织评为“世界第九大奇迹”，是国家 AAAAA 级旅游景区，全国重点文物保护单位。法门寺始建于东汉末年桓灵年间，至今有 1800 多年历史，有“关中塔庙始祖”之称，周魏以前称作“阿育王寺”，隋文帝时改称“成实道场”，唐高祖时改名“法门寺”。法门寺被誉为皇家寺庙，因安置释迦牟尼佛指骨舍利而成为举国仰望的佛教圣地。法门寺佛塔被誉为“护国真身宝塔”。法门寺地宫出土了释迦牟尼佛指骨舍利、铜浮屠、八重宝函、银花双轮十二环锡杖等佛教至高宝物。法门寺珍宝馆拥有出土于法门寺地宫的 2 000 多件大唐国宝重器，为世界寺庙之最（图 6–5）。

图 6–5　法门寺

法门寺山门广场建筑设计风格大气恢宏。山门广场区域面积约 15 万平方米，由佛光门、般若门、菩提门及圆融门四部分组成。酒店、素食餐饮、大唐禅茶、讲经堂、旅游精品购物、游客中心、大型超市、电瓶车租赁等配套设施一应俱全。

3．交通广场

交通广场一般是指环行交叉口和桥头广场，设在多条干道交会的交叉口上，被宽阔的马路和川流不息的机动车所包围，主要起组织交通、集散、联系、过渡等作用，也可装饰街景。国外建成年代较久的城市交通广场有法国巴黎的戴高乐广场（图 6–6）。戴高乐广场位于塞纳河以北，是 12 条主要道路的交汇点，其中最著名的就是向东南延伸通向协和广场的香榭丽舍大街，广场中央矗立着雄伟的凯旋门。拿破仑建造凯旋门是为了使它成为法国军队的纪念碑，凯旋门的地下是后来修建的无名战士墓。

图 6–6　法国巴黎的戴高乐广场

4．商业广场

从古到今，城市商业中心成为人们日常生活经常光顾之处，而当代商业经济成为城市重要的支柱产业，商业购物活动成为大众生活的重要组成部分。古代的商业大多数是以个体形式出现的，规模一般较小，而现代商业除了保留小规模的商业网点外，大型的商业都汇入高楼大厦中，从而出现了许多商场、大型超市、大卖场等。大型商业设施的出现延伸出现代商业广场，而许多历史名城中的著名广场，也因历史的变迁，演变成临时性的具有商业购物功能的广场，比如威尼斯圣马可教堂前的大、小广场，德国乌尔姆大教堂前广场。

大唐西市位于唐长安皇城的西南方，始建于隋（581—617 年），兴盛于唐（618—907 年），占地 1 600 亩（1 亩≈666.7 平方米），建筑面积 100 多万平方米，有 220 多个行业，繁华程度盛极一时（图 6-7）。当时的西市商业贸易西至罗马、东到高丽（今韩国和朝鲜），是占地面积最大、建筑面积最大、业态最发达、辐射面最广的世界贸易中心、时尚娱乐中心和文化交流中心。

图 6-7　大唐西市广场

5．文化广场

“文化广场”，顾名思义，和各种相关的文化活动有着紧密的联系。一般有两种表现形式：

一种是各种文化人和艺术家集聚在附近的一个文化活动场所。例如，法国的丘顶广场曾经是集会场所，现在绿树成荫，常常是画家和世界各地游客云集的地方。广场中间的一小块地方被艺术家所占据，他们有的在从事绘画作品的创作，有的在为游客画像。到了夜间，这里特别热闹，咖啡馆、酒吧、夜总会挤满了人。多姿多彩的生活为这座古老的广场增添了生活气息，使它成为蒙马特的中心区。

另一种是广场周围有著名的文化设施，例如博物馆、美术馆、文化艺术中心、图书馆、歌剧院、音乐厅、名人故居等。法国的蓬皮杜中心广场建于 1969 年，以法国总统乔治・蓬皮杜命名，缘于其决定在 Beaubourg 地区建一个重要的文化中心。如今，蓬皮杜中心成为世界上收藏现代艺术作品最多的博物馆之一（图 6-8）。博物馆建筑因奇特的造型被人们描述成一部“都市机器”。它的周围有许多画家在街头作画或为游客画像，那些街头艺人们常常会把喧闹的广场作为表演的舞台。

图 6-8　蓬皮杜国家艺术和文化中心

法国的孚日广场：平面呈正方形，36 幢漂亮的老房子将它围在中间，建筑外立面由白色的石料和暖色的红砖装饰构成，广场被花园和树荫所包围，中央是一件复制的路易十三大理石雕像。正方形的广场、连续的柱廊、绿色花园与严肃的背景建筑形成温和的对比，四周是一些举世闻名人物的故居，如莫里哀故居、雨果六号楼等，这样就使广场成为巴黎又一处文化生活中心。

现代城市在建设中，有许多广场也被命名为文化广场，但在广场的设计上，还是强调广场功能的多样化、复合型，平时市民可以在广场中进行休闲娱乐活动，也可以根据需要在广场上进行各种文化活动。

西安钟鼓楼广场：钟鼓楼广场建于 1996 年，是一项古迹保护与旧城更新的综合性工程，环境艺术设计沿着“晨钟暮鼓”这一主题向古今双向延伸，在空间处理上吸取中国传统空间组景经验，与现代城市外部空间的理论相结合，为古城西安提供了一个“城市客厅”。

西安钟鼓楼广场又称尚书省广场，面积达 6 万平方米，仅次于北京的天安门广场。据考证，早在盛唐时期，这里是执行国家政务的最高行政机关尚书省所在地。尚书省统辖六部，典领百官，统揽政令，辅佐唐太宗李世民和唐玄宗李隆基把国家带到封建社会最辉煌的时期。绿草如茵的草坪，用石板隔成九经九纬，就是唐长安街坊棋盘式的结构。“百千家似围棋局，十二街似种菜畦”，这种城市格局，也只有大唐的都城长安才有。广场北侧，建有“同盛祥”“德发长”“王海棠”等久负盛名的老字号店铺。钟鼓楼广场下面是世纪金花购物中心，是由西安市人民政府与金花企业（集团）股份有限公司合作开发的一项大型城市公共服务和商业设施工程。该工程融城市地下空间开发与利用、城市改造、人防工程、文物保护、商贸流通等多种功能于一体，这里已成为西安市标志性地段和古城人民休闲、娱乐的好去处（图 6-9）。

图 6-9　钟鼓楼广场

6. 街道广场

街道广场，即广场和街道紧密相连。街道广场为街道提供了一个缓冲空间，尤其是在街道两侧连续密集的建筑中，如果有一处能供人们小憩的空间环境，必定会成为人们聚会的中心。

街道广场一般占有公共空间的一小部分。有时是街道的拐角空地，有时可能是沿街建筑后退出的前庭，有时是人行道适当拓宽的部分，有时是建筑下部往外延伸形成的骑廊部分。它通过花坛和座椅的设置，给行人提供一个短暂休憩、等待和观望的环境空间。

7. 多功能综合型广场

现代城市发展到今天，城市生活呈现出多样化趋势，因此城市功能必须完善，以适应现代城市发展的需求。城市交通运输是现代城市发展面临的主要问题之一，城市道路不断拓宽和延伸，从平面到立体的交通网络正在形成。立体式高架桥、城市快速轨道交通成为现代城市解决交通问题的主要手段。正因如此，城市许多广场成为人流交通疏散的中转站。为了解决城市公共设施和交通问题，提高城市利用效率，应使广场最大限度地为市民共享；现代许多大中型城市还通过对空间的立体设计，使地上地下一体化，将广场和交通、商业设施、文化场馆、旅游观光等功能结合起来（图 6-10）。

图 6-10　上海人民广场

6.2 城市广场规划设计

城市广场体系规划是城市总体规划和城市开放空间规划的重要组成部分，其内容包括城市广场体系空间结构；城市广场功能布局；广场的性质、规模、标准；各广场与整个城市及周边用地的空间组织、功能衔接和交通联系。

城市广场是大众聚集的场所，体现了对广场功能多样性的需求。不同地段的城市广场的职能有主次之分，在充分体现主要功能之外，尽可能地满足游人的娱乐休闲的需求。人们乐意逗留对商家来说就存在着无限商机，城市地价也会因此而发生变化。

广场景观设计无论在形式、内容和功能上都必须满足现代城市社会、经济发展的需要。只有对聚居地的“适宜度”进行合理分析，才能设计出符合城市形象的广场景观。城市广场的用途演变更为宽泛，综合起来有五个方面：

（1）供城市居民进行政治活动、文化交流、社交、集会的重要场所。

（2）为城市居民提供的健身、休闲、观景、娱乐的理想空间。

（3）组织城市人流、车流交通的重要枢纽。

（4）城市居民应急避难的不可或缺的重要场地。

（5）城市空间构筑城市个性的重要元素。

6.2.1 城市广场规划设计的基本原则

城市广场规划设计除应符合国家有关规范的要求外，一般还应遵循以下原则。

1. 以“人”为本，满足人的行为心理原则

人类的一切活动都是着眼于自身，一个城市、区域是否宜居，主要是指公共空间和当时的城市肌理是否与其居民的行为习惯相符。城市广场设计应该以活动的主体——人的需求为准则，一切设置要符合人的使用习惯，努力创造一种亲切和谐的氛围。由于现代城市广场承载着集会、休闲、娱乐、观演等众多功能，根据不同的功能及广场性质，其铺装、绿地、构筑物、灯光照明等设施都要从人的行为习惯去设置。城市景观环境设计只有在环境中突出了人，反映了人的需求，才是比较成功的设计。

心理学家分析人在景观中有如下几种行为：

（1）本能需要，即吃、休息、运动等。

（2）获取信息，即视、听、嗅、触。

（3）表现自我，即演讲、表演、唱歌。

（4）参与交往，即聚会、游戏、仪式、庆典。

2. 尊重地域文化和突出鲜明特色原则

劳伦斯·哈普林说：“在任何既定的背景环境中，自然、文化和审美要素都具有历史必然性，设计者必须充分认识它们，然后才能以之为基础决定此环境中该发生些什么。”真正有文化特色、有生命力的作品，除了功能合理舒适外，还应充分体现出地域、文化和时代的特点。

（1）任何一个城市都具有历史和文化。城市广场建设应继承城市当地本身的历史文脉，适应地方风情、民俗文化，突出地方建筑艺术特色，创造鲜明的个性。景观设计只有充分尊重所在场地的内在物质，才能避免设计中照搬照抄现象，增强广场的凝聚力和城市吸引力。南京的汉中门广场、西安的钟鼓楼广场，都注重把握历史的文脉，具有鲜明的地方特色。

（2）突出地方自然特色，适应当地的地形地貌和气温气候。城市广场应强化地理特征，尽量采用富有地方特色的建筑艺术手法和建筑材料，体现地方山水园林特色，以适应当地气候条件。如北方冬季寒冷，广场需要强烈的阳光，植物种植时多考虑以落叶树为主；南方夏季日晒，广场强调遮阳，植物以茂密的阔叶树为主。近年来大连在城市开放空间的处理上处于领先地位，被奉为典范。大连的城市广场景观基本上是以草皮为主，点缀各式造型的雕塑，令整个城市景观形象简洁、清新，又不失生动。

（3）突出鲜明的特色原则。广场作为城市中重要景观元素，往往起到标志性的作用。城市广场规划设计，首先应明确其功能，确定其主题，并进行准确的定位。力求突出城市广场在塑造城市形象、满足人们多层次的活动需要与改善城市环境（包括城市空间环境和城市生态环境）的三大功能。城市广场的特色创造通常从以下三个方面考虑：

① 城市空间。研究广场位于城市的位置。如位于商贸区还是居住区，以确定广场的类型，设计不同的风格。

② 周边环境。广场周边的建筑形态、城市风貌等都是制约城市广场特色的重要因素，城市广场设计在充分研究周边环境的基础上，创造与周边环境相融合的广场特色。

③ 时代特色。城市广场代表城市的形象，必然具有时代的烙印。现代社会的进步，新材料、新技术的利用，也反映出时代的文化观念和审美心理。设计师应将时代特征融入广场景观设计中（图 6-11）。

城市广场的特色不仅限于广场本身，更重要的是以广场为缩影反映城市风貌特征。

图 6-11　澳大利亚联邦广场

3. 整体性原则

城市公共空间景观总体设计要以空间区域的自然景观资源为基础，对规划区域内的景观类型、数量、比例和空间结构进行分析；把周围的景观作为一个整体来考虑，追求景观风格设计的整体性。

4. 多样性原则

城市广场作为开放型公共空间，使用者是多群体、多层面的，因此城市广场的设计要充分考虑各种人群（健康人群、残障人群）、各个年龄段人群（老人、青年人、少年、幼儿）、各种社会阶层人群（锻炼与休闲的市民、约会的情侣、游玩的学生等）、各种使用性质（健身、休闲娱乐、集会、买卖等）等在各时段、各区域使用的兼容性、协调性，使人们能根据自身的意愿和需要进行各种不同的选择。

5. 效率性原则

所谓的效率性原则，就是要充分发挥城市广场这一公共空间的使用效率。要达到这一原则，首先，城市广场的规划选址要充分考虑使用者的便利性和通达性，要具有良好的景观和自然环境。其次，城市道路的规划和广场选址、设计需紧密结合，这样既能解决市民进入广场的通达性问题，又能使广场的内部活动不受外部交通和过往行人的影响。

不同性质的广场都有它特定的功能，广场的规划和设计应使使用者能够更加合理和充分地利用城市广场公共空间，通过设计手段为市民的必要活动和适宜活动提供便利，以维持城市公共空间的良好环境及和谐气氛。

6. 生态性原则

城市化进程的加快，带来了城市环境污染的问题，现代城市广场综合利用城市空间和综合解决环境问题的意义日益显现。城市广场规划设计不仅要有创新的理念和方法，还应体现出“生态为先”的思想。

生态学思想的引入，促使了当代景观设计思想和方法的发展，景观设计不再停留在狭小的天地，而是渗透到各个学科和更广泛的领域。生态性设计并不只是多种树、多栽草的问题，大气的保护、能源的利用、水资源的收集及再利用、低碳的排放、垃圾的处理等，都对景观的生态性设计有着重要的影响（图 6-12）。

图 6-12 美国纽约世贸双塔纪念广场

7. 保护与发展原则

随着我国城市大规模的建设与改造，许多历史文化遗产和自然景观遭到严重的破坏，对传统文化的延续产生了不利的影响。而景观风格的趋同化使具有民族传统特色的公共空间日趋减少。在广场空间景观设计中，挖掘和提炼具有地方特色的文化，防止人为地割裂历史文化，重视当地市民对地域性文化的认同感，对于体现广场景观的地方文化特色，增加区域内市民的凝聚力，提高景观的旅游价值具有重要的意义。

8. 可持续性发展原则

可持续性发展追求的是人与环境、当代人与后代人之间的一种协调关系，城市广场的发展必须以保护自然和环境为基础，在注重经济快速发展的同时，充分考虑自然和环境，使经济发展和资源保护的关系始终处于平衡或协调的状态。

自然景观资源和传统文化景观资源均是不可再生资源，城市广场景观建设不能以破坏这些资源为代价，应以自然景观资源、传统文化资源为设计基础，创造出既有自然特征，又有历史文脉，同时具有现代特色的城市广场环境。善待自然与环境，规范人类资源开发行为，减少对生态环境的破坏和干扰，实现景观资源的可持续利用，是现代城市广场景观设计的重要策略。

6.2.2　城市广场规划设计要点

城市广场作为城市形态的一部分，人们除了关注外在形式美观、华丽外，还关心其承载的功能。城市广场功能的体现包括：精神满足、知识性需求、新奇感受、美学享受、机能满足、环境需求等。

按照城市总体规划确定的性质、功能和用地范围，结合交通特征、地形、自然环境等进行广场设计，并处理好与毗连道路及主要建筑物出入口的衔接，以及和四周建筑物协调，注意广场的艺术风貌。

古典广场一般没有绿地，以硬地或建筑为主；现代广场则出现大片的绿地，并通过巧妙的设施配置和交通，竖向组织，实现广场的“可达性”和“可留性”，强化广场作为公众中心“场所”的精神。

1．突出主题表现

广场的选址应在城市的中心地段，标志物最能体现广场的主题，雕塑是最直接的手段，不仅要有美的形式，同时需要经得住时间的考验。

2．广场面积适宜

城市中心广场的面积要适度，不宜规划得太大。太大不仅在经济上花费巨大，在使用上也不方便，会缺乏活力和亲和力。例如，大连星海广场是为纪念香港回归而建（图 6-13），其总占地面积 176 万平方米，是北京天安门广场面积的四倍。交通广场面积的大小取决于交通量的大小、车流运行规律和交通组织方式等；集会游行广场，取决于集会时需要容纳的最多人数；影剧院、体育馆、展览馆前的集散广场，取决于在集聚和疏散时间内是否能满足人流与车流的组织与通行。

图 6-13　大连星海广场

3．有一定的围合性

城市广场是随着城市空间而产生的，对周边的建筑等形成一个凝聚力，广场规划设计应有一定的围合性，使广场景观形成向心感和空间序律。在这种空间序律中，人们容易产生领域感和归属感，乐于停留其中。反之，空间界定模糊的广场，会造成不同空间之间在使用过程中的相互干扰和影响，难以吸引人们停留，更难进一步诱发市民举行活动。经过研究：当广场景观宽度与周围建筑高度之比为 1 ∶ 1 时，形成的广场空间围合感强，视线较封闭；当广场景观宽度与周围建筑高度之比大于 3 ∶ 1 时，围合感弱，缺乏亲切感。过大尺度的广场给人空旷、飘忽、不稳定的感觉，难以让人在此进行各种交流娱乐活动（见表 6-1）。

表 6-1 建筑界面的高度与广场的空间尺度关系

D/*H* 的比例	垂直视角	观赏位置	空间特性	心理感受
D/*H*=1	45°	建筑细部	封闭感强	安定、内聚、防御性
D/*H*=2	27°	建筑全貌	封闭感极强	舒适
D/*H*=3	18°	建筑群背景	封闭感弱	离散、空旷、荒漠
注：周边建筑界面的高度为 *H*，人与建筑物的距离为 *D*				

广场的围合形式有多种。当广场处于城市空间中，尺度不大时，周边建筑对其本身具有围合性，不需要专门设置围合物；当广场处于较为宽广的地块或尺度较大，周边建筑对其的围合性较低时，则需要通过设计形成一定的围合，如墙体、构筑物、花坛小品、植物、下沉式设计等。

4. 有较好的可达性

广场上景物是烘托和渲染广场气氛的重要元素，起到组织、引导人流的作用，使人们能够自然顺利地进入。有的广场绿地四周被繁忙的交通包围，人们难以进入，即使广场中有花坛、花架、喷泉、坐凳等设施，也会受到交通干扰而降低使用频率。

5. 有可诱发人们活动的媒介

人们在广场中的各种活动属于自发性和社会性活动，这些活动的发生都依赖于适宜的环境条件。在广场规划设计中，广场空间的划分、植物配置、小品设置、日照和风等方面，尽可能创造各种适宜的环境条件，满足和促成这些活动的进行；通过雕塑或喷泉吸引行人停下来或引发交谈，使广场充满生机和活力。

6. 有一定的文化内涵，体现地方特色

在广场景观规划时，注意体现地方特色及文化内涵，理解与分析不同文化环境的独特差异和特殊需要，设计出本城市、本区域文化背景下的广场空间环境，形成独特的景观效果，使广场景观成为城市面貌的一个亮点。如天府广场是成都市的会客厅和地标名片（图 6-14）。它位于成都南北中轴线上，金沙文化、蜀文化为主要元素，暗藏中国传统的阴阳八卦。

图 6-14 成都天府广场

7. 城市广场的边界与过渡

（1）城市广场的边界。芦原义信提出："广场是从边界线向心的收敛空间，边界线不明确收敛性则差。如果不存在边界线而形成离心的扩散空间，那就成了自然的原野或天然公园之类的空间。"广场被人们称为城市的客厅。现代城市广场和西方中世纪广场的最大区别就在于其空间的开放性、功能的多样性、民众更多的参与性，因此广场被设计成两面甚至三面朝向公共道路用地开放，让行人在视觉上感觉到广场是道路红线范围的延伸。现代城市广场的边界已不再是建筑的外墙，而是通过将广场绿化向人行道延伸，向人们暗示它已进入了广场区域（图 6-15）。

图 6-15　吉隆坡的独立广场

（2）城市广场的过渡。由于现代城市街道在空间上的独立性，广场的围合与边界被弱化，而广场边界的明确和模糊是根据广场的地形、地貌和广场功能等方面的需要来确定的，因此从广场向人行道的过渡设计是广场设计的重要方面之一。例如，利用地形的高差变化，在广场的边界设置花坛、树池、草地、座椅、柱桩等手法，都可以显示广场的边界并作为广场与道路的过渡。

城市广场的边界与周围的环境、建筑空间的功能有着密切的关系，有些较窄街区中的大型商场、超市、饭店、公司楼前广场，就没有必要将边界和人行道加以明确。从人的心理和行为方式来看，人们普遍喜欢坐在空间的边缘而不是中间，成为别人关注的焦点。因此，城市广场的边缘或边界处的设计，既要达到完美的过渡，又要考虑人们的行为心理，根据环境空间的特点和位置合理地设置休息和观看的空间。

8. 协调好广场与周边道路的组合关系

（1）交叉口空间。由于道路交叉情况的不同，会产生不同的广场景观。在 18—19 世纪的巴洛克城市规划中，曾大量使用中央部分设置公园化的喷泉、雕塑等纪念性雕像的景观构成手法。直到今天仍然散发着魅力，这种广场往往成为具有标志性特征的空间。

（2）沿线路边空间。街道沿线产生的空间可以称为路边广场。这种小型的场地在高密度的市区内是最为珍贵的公共空间，多是小巧玲珑的半封闭空间，通过配置植栽和休息设施形成整体宁静的气氛，步行者能够深入。这种场所往往位于街道的中段，可以采取标高抬升或作为下沉式花园来增加情趣性。

9. 符合自然生态与人性化的科学设计

（1）有足够的铺装硬地供人活动，同时保证不少于广场面积 25% 比例的绿化地，为人们遮挡夏天的烈日，丰富景观层次和色彩。

（2）需有坐凳、饮水器、公厕、售货亭等配套服务设施，还要有一些雕塑、小品、喷泉等充实内容，使广场更具有文化内涵和艺术感染力。

（3）广场上的小品、绿化、物体等均应以体现为“人”服务的宗旨，符合人体的尺度。只有做到设计新颖、布局合理、环境优美、功能齐全，才能充分满足广大市民大到高雅艺术欣赏、小到健身娱乐休闲的不同需求。

（4）广场应按人流、车流分离的原则，布置分隔、导流等设施，并采用交通标志与标线指示行车方向、停车场地、步行活动区。在广场通道与道路衔接的出入口处，应满足行车视距要求。

（5）广场竖向设计应根据平面布置、地形、土方工程、地下管线、广场上主要建筑物标高、周围道路标高与排水要求等进行，并考虑广场整体布置的美观。

（6）广场排水应考虑广场地形的坡向、面积大小、相连接道路的排水设施，采用单向或多向排水。

（7）广场设计坡度，平原地区应小于或等于 1%，最小为 0.3%；丘陵和山区应小于或等于 3%。地形困难时，可建成阶梯式广场。

（8）与广场相连接的道路纵坡度以 0.5% ～ 2% 为宜。困难时最大纵坡度不应大于 7%，积雪及寒冷地区不应大于 6%，但在出入口处应设置纵坡度小于或等于 2% 的缓坡段。

6.2.3 城市广场景观构成要素设计

城市广场的规划布置不是孤立在城市之中，而是城市的有机组成部分。从形态上看，城市广场由点、线、面及空间实体构成，设计时除了要考虑城市的脉络和空间的整体性外，还要在植物、铺地、色彩、水景、照明、雕塑等方面予以考虑。

1. 绿化规划设计

城市化进程的加快，使得城市的硬化程度越来越突出，城市与自然界的消耗与供给矛盾加剧，严重影响了城市生态系统的自身平衡。植物作为改善城市环境的一个方式，越来越受到重视。

绿化是城市广场景观的重要组成部分。作为软质景观，绿化的面积大小、比例形态及树种搭配等都对广场的形象和使用有着重要的影响。依据广场资源、环境、功能和性质，进行个性化绿化设计，通过植物的种植规划创造出的纹理、密度、色彩、声音和芳香效果的多样性，极大地促进了广场的使用效果，体现了个性特色。

（1）绿化的比例与布局。广场规划的绿化比例随广场的性质而有所不同。在确保不影响使用的情况下，交通广场、礼仪广场尽可能减少硬质铺装面积。如在铺装上栽种大树，增加绿化覆盖率，或在铺装之间留出一定比例的缝隙植草来软化硬质铺装，或在广场上以摆放盆花的形式点缀美化广场景观。其他形式的广场则应增大软质（绿化）景观的比例，将人的活动与绿化环境融为一体。

绿化布局时要考虑广场的性质与用途。礼仪广场多以规划式种植并采用大块面的布置方法；休闲娱乐广场采用自然式、组合式等布局方法；广场周边的自然元素也会影响到绿化的布局，如外围有影响视觉的元素（杂乱的货场等），在其相邻的区域布置密林以遮挡；有良好的景观资源时，则以开敞为主，起到借景的效果；由于我国位于北半球，四季分明，为使广场做到冬暖夏凉，在广场的西北边布以密林，以遮挡冬日的西北风，东南以低矮开敞的树木为主；广场内部植物的种植应从功能上考虑，起到分隔空间和围合作用的可进行多层次复合种植；小空间植物种植可考虑运用季相多变、色彩艳丽的乔木、灌木，吸引人们驻足休息；下沉式广场多选择羽状或半开敞树木，人们穿过时能看到广场的不同部分。

（2）绿化的树种选择。树种的选择首先应遵从适应性、乡土性原则。广场的位置大多在城市中心或区域中心，车多，污染严重，选择适应性强的乡土树种，利于生长。其次考虑以乔木为主的原则。再次是选病虫害少、污染少的树种。悬铃木树冠虽好，但产生的飞絮污染环境，尽量减少在城市中使用。然后是选择速生树与慢生树结合的原则。最后是季相变化与多样性的原则。

（3）植物的栽植搭配。植物景观是广场景观塑造的重要元素，根据植物的形态、生物学特征以及观赏要求，应遵循以下原则：

① 常绿、落叶相结合。华东地区冬日寒冷，夏季炎热，植物配置以冬日有阳光，夏季提供遮阴为主，常绿、落叶比例为（35% ～ 40%）：（60% ～ 65%）；广场要有舒适的环境温度才能满足人们户外休闲活动的要求。

② 乔灌草结合的原则。考虑群落的相互共生关系，不同高度、不同大小的植物对当地生长环境，如阳光、水分等要求是有差异的，不同层次的植物可以最大限度地利用自然界的能量，同时其产生的环境效益也是最大化的。

③ 季相变化的原则。植物随着时间的变化，既有空间的变化，又有季相的变化，不同品种在不同的季节其形态也是各不相同的，要合理地将不同植物组合在一起。

（4）纪念性广场与交通性广场的绿化特点。

① 纪念性广场。满足人们集会、联欢、瞻仰的需要。广场面积较大，为了保持场地的完整性，广场中央不宜设置绿地、花坛和树木，绿化设置在广场周边。采用规则式布局，营造一种庄严肃穆的环境。广场的功能趋向复合型，在不失去原有性质的前提下，可利用绿地划分出多层次的领域空间，提供休息的空间环境。

② 交通性广场。组织和疏导交通，设置绿化隔离带。通常以低矮的灌木、草坪组成，布局以规则式为主，图案设计简洁明快，适应驾驶员和乘客瞬间观景的视觉要求。在广场中央布置花坛装饰，因车速快不利于视线转换，不宜布置自由式绿化，以免造成不安全的感觉。

2. 地面铺装设计

城市广场有别于城市公园绿地的一个最重要的特征就是硬质景观较多，约占 50% 左右。广场铺地的基本功能是为市民的户外活动提供场所，需要对形状（线形）、尺度、材料、色彩、肌理、功能等进行系统设计，以适应市民多种多样的活动需求。地面铺装设计形态常从两个方面考虑：

（1）以功能形态为主。如提供行走、休息、活动、观赏场地。行走地面铺装形式以引导人的流动方向为主，具有一定的导向性，常以条状、块状石块铺设；活动、观赏、休息区的地面铺装则考虑人们的活动需求，以平坦的图案方式铺设。

（2）以视觉形态为主。地面铺装主要考虑美观，以铺设图案为主，以整个广场或广场中某个空间为整体来进行图案设计。图案铺设易简洁，重点区域稍加强调，便于统一广场的各要素和广场空间感。采用同一图案重复使用，有时可取得一定的艺术效果，但在面积较大的广场中亦会产生单调感，可适当插入其他图案。在一个广场中有多个不同的且过于复杂的图案，容易造成多个广场拼接组合的感觉而失去广场的凝聚性。

广场铺装具有功能性和装饰性的意义。功能上可以为人们提供舒适耐用的路面（耐磨、坚硬、防滑）。同时，不同的铺装形式也可以表现不同的风格和意义。常见的广场铺装图案有规则式和自由式。

（1）规则式：多为同心圆、方格网。

（2）自由式：活泼丰富，多为几何形、曲线形。

广场铺装材质并不是越高档，效果越好，物美价廉、使用方便的材质通过图案和色彩的变化来界定空间的范围，会产生意想不到的效果。常见的材质有广场砖、花岗石（多为毛面）、玻璃马赛克、青石板、料石、青（红）砖材、木板、卵石、透水砖等。

3．色彩设计

色彩是人类视觉审美的核心。一个有良好色彩处理的广场，将给人带来无限的欢快与愉悦。广场色彩不仅与周边建筑、环境相协调，还与城市的文化、地域特色息息相关。

广场的色彩要素有很多，如绿化、建筑、硬地铺设、水体、人物、雕塑、小品、灯饰、天空等。绿化以观赏为主，则要注意春季观花、秋季观叶色彩的搭配；以衬托背景为主的则以一种色调为主；纪念性广场中不能有过分强烈的色彩，否则会冲淡广场的严肃气氛；商业性广场及休闲娱乐性广场选用较为温暖而热烈的色调，可使广场产生活跃与热闹的气氛，加强广场的商业性和生活性；在空间层次处理上，下沉式广场采用暗色调，上升式广场采用较高明度与彩度的轻色调。

4．水体设计

水体在广场空间中是人们观赏的重点，动静有声，可以映射周围的景物，成为引人注目的景观，流动的水体给人跳动、欢快的景象，静止的水体使人安静、冥想。

广场水景多采用人工手法设置，如模拟自然界的瀑布、涌泉、喷泉、激流，以增添广场的情趣；或者结合声光电控制、雕塑，成为艺术品；甚至与广场上的活动相结合，体现出水景独特的魅力。水体在广场空间的设计中有以下三种：

（1）广场主题：以观赏水的各种姿态为主，其他一切设施均围绕水体展开。

（2）局部主题：水景是广场局部空间的主体。西安大雁塔音乐喷泉位于大雁塔北广场，东西宽 218 米，南北长 346 米，它是亚洲雕塑规模最大的广场，广场内有 2 个百米长的群雕、8 组大型人物雕塑、40 块地景浮雕。大雁塔喷泉水面面积达 2 万平方米，八级迭水池中的八级变频方阵是世界最大的方阵。这套喷泉关设计有独立水型 22 种，其变频方阵（排山倒海水型）、莲花朵朵、百米变频跑泉、云海茫茫、海鸥展翅、蝶恋花、水火雾以及 60 米高喷水柱等，都是我国最新推出的科技含量较高的新颖水型；60 米宽、20 余米高的大型激光水幕中 4 台喷泉从水里喷出，在 6 米高空充分燃烧低温爆开，增加了整个喷泉的夺人气魄。

（3）辅助、点缀作用：水景只是作为构成广场要素的内容之一，起到景观、联系、活动、休息的功能。

5．景观小品设计

小品是广场中的活跃元素，同时也是体现广场主题、城市文化的灵魂。在满足功能要求的前提下，广场小品作为艺术品，具有审美价值。由于色彩、质感、肌理、尺度、造型等特点，合适的小品布置可使广场空间的趋向、层次更加明确和丰富，色彩更富于变化。广场小品分为：功能设施类小品，如座椅、凉亭、柱廊、时钟、电话、公厕、售货亭、垃圾箱、路灯、饮水器等；审美设施类小品，如雕塑、花池、喷泉等。

设计好的景观小品具有点缀、烘托、造景、活跃环境气氛等功能。景观小品设计的布局要从两个方面考虑：首先应满足功能要求，包括使用、交通、用地及景观要求等，还应与整体空间环境相协调，在选题、造型、位置、尺度、色彩上均要纳入广场环境；其次应符合不同广场性质，体现生活性、趣味性、观赏性。如市政、纪念广场景观小品在形式、色彩、造型上应稳重、肃穆、简洁、淡雅，而休闲、商业广场则不必追求庄重、严谨、对称的格调，可以寓乐于形，使人感到轻松、自然、愉快。

在广场空间环境中的众多景观小品中，照明和雕塑所占的分量越来越重。照明主要考虑夜晚广场上活动的人群以及城市景观的亮化工程，在设计上要注意，白天和夜晚街灯景观的不同特点，白天要考虑广场上的灯柱类似于建筑小品，在形态上要与周围环境协调一致，夜间则要考虑发光部的形态以及灯光形成的连续性景观。

雕塑是供人们进行多方位视觉观赏的空间造型艺术。雕塑的形象是否能直接从背景中显露出来，进入人们的眼帘，直接影响到人们的观赏效果。如果背景混杂或受到遮蔽，雕塑便失去了识别性和象征性。雕塑总是置于一定的广场空间环境中，雕塑与环境的尺度对比会影响到雕塑的艺术效果。雕塑作品不仅依靠自身形态使广场有明显的识别性，增添广场的活力和凝聚力，而且对整体空间环境起到烘托、控制的作用。

第 7 章 城市道路景观设计

7.1 城市道路概述

在大城市规划设计中，道路面积约占土地面积的 1/4。城市道路网是组织城市各部分的骨架，也是城市景观的窗口，代表着一个城市的形象。

城市道路街区景观设计可分为两个部分。一部分是道路上的交通工具、交通设施、交通管理以及人流等所涉及的动态景观因素，这是城市交通景观的内容；二是涉及道路空间内的各组成部分、道路空间的边界和边界环境的影响，以及道路空间与所属地段环境的关系等。

7.1.1 古代城市道路的产生与发展

城市道路是随着集镇的形成而产生的。由基本的行走、行车需求开始，发展到沿街进行贸易活动，进而逐步融入政治、经济、文化、艺术等因素。

1. *古代城市道路的发展*

在公元前 15 世纪前，巴基斯坦信德省印度河右岸著名古城遗址摩亨朱达罗城（Mohenjo Daro,）有排列整齐的街道，主要道路为南北向，宽约 10 米，次要道路为东西向。古罗马城（公元前 15—前 6 世纪）贯穿全城的南北大道宽 15 米左右，大部分街道为东西向，路面分成三部分，两侧行人中间行车马，路侧有排水边沟。公元 1 世纪末的罗马古城，城内干道宽 25 ～ 30 米，有些宽达 35 米，人行道与车行道用列柱分隔，路面用平整的大石板铺砌，城市中心设有广场。

中国古代，营建都城，对道路布置极为重视。在远古尧舜时，道路曾被称作康衢。在商朝殷墟遗迹，有碎陶片和砾石铺筑的路面。周武王姬发灭商后，根据周公姬旦的建议，修建了连接都城镐京与东都洛邑（今洛阳）的道路称周道。把通行三辆马车的地方称作路，通行两辆马车的地方称作道，通行一辆马车的地方称作途畛，是老牛车行的路，径是仅能走牛马的乡间小道。秦始皇统一六国后，车同轨，兴路政，费时 10 年，把过去错杂的交通路线加以整修和连接，修筑了以京师咸阳为中心，以驰道为主，辐射四方，将各郡和重要城市联通在一起的全国交通干线大工程。秦朝驰道有统一的质量标准：路面幅宽为 50 步，约合 70 米；路基要高出两侧地面，以利排水，并要用铁锤把路面夯实；每隔三丈种一株青松，以为行道树；除路中央三丈为皇帝专用外，两边开辟人行旁道；每隔 10 里建一亭，作为区段的治安管理所行人招呼站和邮传交接处。

街道里巷是早期的城市道路。《史记 · 平准书》：“众庶街巷有马，阡陌之闲成羣，而乘字牝者傧而不得聚会。”街巷的宽度是按重要性和交通量分级的。《考工记》记载周王城街宽以车轨数计，干道宽九轨，顺城街宽七轨。

战国以后的里坊制城市，坊间道路称街，坊内道路称巷。

汉代称城市干道为街，居住区内道路为巷。街字本指四通的道路，而以通城门的为主干道，如汉长安城的“八街”。汉长安城的大街分 3 条道，中央御路宽约 20 米，两旁道路各宽约 12 米，左入右出，中间隔排水明沟，道旁植杨树。

隋唐时，里坊面积增大，坊内开辟十字干道，称十字街，坊内支路称曲。

唐朝是我国古代道路发展的极盛时期。当时，世界上最大的都市京城长安不仅有水路运河与东部地区相通，而且是国内与国际的陆路交通的枢纽。唐朝长安城墙的规模是空前的，它周长 36.7 公里，南北长 8651 米，东西宽 9721 米，近似一个正方形，相当于今天西安城的 10 倍。城内有 11 条南北大街，14 条东西大街，把全城划分为 100 多个整齐的坊市。皇城中间的南北大街称为承天门大街，宽 441 米，视野开阔；连接 12 座城门的有 6 条大街，各条大街车水马龙，熙熙攘攘，非常热闹。其中朱雀大街是一条宽 150 米，贯穿南北的中轴线，将长安城划为东西两部分，街西管区叫长安县，街东管区叫万年县，道路两侧有排水沟和行道树，布置井然，加上错落其间的清池溪水，众多的园林盛开的牡丹，使整个城市非常整齐美观，为中国以后的城市道路建设树立了榜样，影响远及日本。

唐长安城街宽分九级，分别相当于 150、130、120、110、70、60、50、40、25 米，坊内十字街宽约 15 米，小巷宽约 2 米。大街植槐树为行道树，也筑明沟排水。

出了长安城，向东、南、西、北构成四通八达的陆路交通网，不仅通向全国各地，而且中外交通往来也比较频繁。此外，像洛阳、扬州、泉州、广州等城市，随着唐朝政治经济和文化的发展，也相继成为国内外交通的重要中心。

到了宋和辽金时期，道路建设进入一个新的发展阶段。与隋唐时代有着明显区别的是这一时期的城市建设，撤去坊墙，改为街巷制，把坊内街改造成以东西向为主的巷，以利建造南北向的住宅。巷可直通干道，交通大为便利，实现了街和市的有机结合，城内大道两旁，第一次成为百业汇聚之区，城里居民走出了周秦、汉、唐那种以封闭分隔为特征的坊里高墙，投入空前活跃的城市生活；酒楼茶肆勾栏瓦舍日夜经营，艺人商贩填街塞巷。北宋的都城汴京（今开封）经过改建，已成为人口超过百万的大都会，城中店铺达 6 400 多家。汴京中心街道称作御街，宽两百步，路两边是御廊。北宋政府改变了周、秦、汉唐时期居民不得向大街开门，不得在指定的市坊以外从事买卖活动的旧规矩，允许市民在御廊开店设铺和沿街做买卖，为活跃经济文化生活，还放宽了宵禁，城门关得很晚，开得很早。御街上每隔二三百步设一个军巡铺，铺中的防隅军，白天维持交通秩序，疏导人流车流；夜间警卫官府商宅，防盗、防火、防止意外事故。这恐怕是历史上最早的巡警。

唐代已有公共交通车，当时称为油壁车。到了南宋，京城临安（今杭州）这种油壁车有了新的改进，车身做得很长，上有车厢，厢壁有窗，窗有挂帘，装饰华美。车厢内铺有绸缎褥垫，可供六人乘坐观光。这是最早的公交车，临安在世界上也算是出现公交车最早的城市。

中国古代城市这种方格网街加东西向巷的道路系统，是中国宋代以后城市街道布局的主要方式。也有为了适应地形或扩建改建时形成斜行、环行或放射状道路网的城市。

城市道路在宋以前都是土路，没有路面，宋以后砖石路面在南方城市得到广泛的应用。元大都城街仍为土路，石砌明沟排水。明、清北京城也是土路，只有局部御路铺砌石板，并由明渠暗沟和排污河组成庞大的排雨、排污系统，与护城河相通。

回顾世界城市道路发展史，近 80 年来大约经历了三个阶段。

第一个阶段，是发展初期，为了防止雨季道路泥泞，保证车辆正常行驶，需要提供具有一定强度、平整度的晴雨天通车路面，当时人们的注意力集中在车行道的路面铺装与改进提高上。

第二个阶段，随着车辆的增加，行车拥挤，事故增加，人们在平、纵、横的几何设计以及提高通行能力、改善交通组织和减少交通车故等方面下了很大功夫。

第三个阶段，汽车猛增，给社会、环境带来灾难性的影响，在景观上、社会上、环境上求得经济适用的城市道路系统。

2. 古代城市街道景观的形成

道路是形成城镇的基础之一，而地形、地貌、水文、气候又是人类定居并形成城镇的条件因素。在古代，无论是东方还是西方的道路和河流都是人们往来交通、贸易流通的主要通道。

当人们在道路和河流的沿线发现适宜居住的地方时，也就选择定居下来，从事生产和生活，并经营自己的家园。随着定居人口的不断增加，道路和河流两侧房屋的增多，形成了街道的雏形，而街道两侧的住家开设各种商铺，向居民和过路客供应各种生活用品，这些商铺所供应的商品都是不同个体所生产的物品。沿街商铺将门面作为店铺，后面作为生产作坊；或者下面开店，上面住人，由此形成前店后坊的街景形式，成为中国古代城镇的主要街景。

从宋代著名画家张择端的作品《清明上河图》中，可以看到当时汴梁城的繁华街景（图 7-1）。我国著名水乡周庄、乌镇至今还保存着当时的街景风貌（图 7-2），整个镇子沿网状河道而建，主要街道沿河道两侧展开，河道两侧留有货运码头。

图 7-1　清明上河图

图 7–2　昆山周庄

村、镇的形成除了与交通运输有关外，不同的自然环境条件，也是村、镇形成不同特色街道的重要原因。例如，安徽省黟县的宏村、西递村，就是历史上因政治动乱、征战频繁等原因而导致中原士属大量南迁形成的。徽州地区有着良好的自然环境，气候温暖湿润，四季特征明显，山林茂密，动植物种类丰富，自然资源充裕。由于其地理单元相对封闭，形成了一个与世隔绝并较为安全的世外桃源，成为迁移人口理想的聚集地。宏村村落结构呈牛形，村口有一条大河穿过，街巷中人工修建的引水渠，为村民日常生活用水提供了便利；独特的地形地貌条件形成了具有宏村特色的村落街巷。西递村村落结构呈长条形，村民在村落建设中，设计了一条水沟从村中穿过，将山泉之水引入村中，以满足村民日常生活用水的要求；在街巷的路网结构规划中，村民们相信弯曲的道路能藏风聚气，留住财源；曲折的街道除了可避忌“碎锣破边”外，也可用来防御外来的侵扰，从而形成弯弯曲曲的街巷，这种村落的结构形式构成了西递村街巷的特有风格。

芦原义信在《街道的美学》一书中总结到：“街道是当地居民在漫长的历史中建造起来的，其建造方式同自然条件与人有关，因此，世界上现有的街道与当地人们对时间、空间的理解方式有着密切关系。虽然人们能够改变街道的基本形式，但是不可能简单地改变居住方式，这就和不能改变自然条件是同样的。”

道路景观真正作为城市设计的一个内容出现，则是在 19 世纪后半叶。在一些发达国家的城市规划中，设计师开始注意城市街景，产生了道路景观的概念。1907 年，美国出现了由道路工程师和园林建筑师共同协作设计道路景观的案例。

7.1.2　现代城市道路概念与发展

1. 城市道路概念

城市道路是指通达城市的各地区，供城市内交通运输及行人使用，便于居民生活、工作及文化娱乐活动，并与市外道路连接负担着对外交通的道路。

城市道路一般较公路宽阔，为适应复杂的交通工具，多划分机动车道、公共汽车优先车道、非机动车道等。道路两侧有高出路面的人行道和房屋建筑，人行道下多埋设公共管线，为美化城市而布置绿化带、雕塑艺术品。为了适应城市的人流、车流顺利通行，城市道路规划具有以下内容：

（1）适当的路幅以容纳繁重的交通。

（2）坚固耐久，平整抗滑的路面以利于车辆安全、舒适、迅速地行驶。

（3）少扬尘、少噪声以利于环境卫生。

（4）便利的排水设施以便将雨雪水及时排除。

（5）充分的照明设施以利于居民晚间活动和车辆通行。

（6）道路两侧要设置足够宽的人行道、绿化带、地上杆线、地下管线。

城市各重要活动中心之间要有便捷的道路连接，以缩短车辆的运行距离。城市的各次要部分也须有道路通达，以利于居民活动。城市道路繁多又集中在城市的有限面积之内，纵横交错形成网状，出现了许多影响相交道路流畅的交叉路口，所以需要采取各种措施，如设置彩色信号灯、环形交叉、渠化交通、立体交叉等以利于交通流畅。

城市交通工具种类繁多，速度快慢悬殊，为了避免互相阻碍干扰，要组织分道行驶，用隔离带、隔离墩、护栏或划线方法加以分隔。城市公共交通乘客上下须设置停车站台，还须设置停车场以备停驻车辆。要为行人横过交通繁忙的街道设置过街天桥或地道，以保障行人安全又避免干扰车辆交通；在交通不繁忙的街道上可划过街横道线，行人伺机沿横道线通过。

2．城市道路功能

城市道路的功能除通达市民，连接城外交通外，还为城市地震、火灾等灾害提供隔离地带、避难处所和抢救通道（地下部分并可作人防之用）；为城市绿化、美化提供场地，配合城市重要公共建筑物前庭布置，为城市环境需要的光照通风提供空间；为市民散步、休息和体育锻炼提供方便。

3．城市道路分类

根据道路在城市道路系统中的地位和交通功能，可分为快速路、主干路、次干路和支路四个等级。

（1）快速路。为流畅地处理城市大量交通而建筑的道路。要有平顺的线型与一般道路分开，使汽车交通安全、通畅和舒适。与交通量大的干路相交时应用立体交叉，与交通量小的支路相交时采用平面交叉，但要有控制交通的措施。两侧有非机动车时，必须设完整的分隔带。横过车行道时，需经由控制的交叉路口或地道、天桥。

（2）主干路。连接城市各主要部分的交通干路，是城市道路的骨架，主要功能是交通运输。主干路上的交通要保证一定的行车速度，故应根据交通量的大小设置相应宽度的车行道，以供车辆通畅地行驶。线形应顺畅，交叉口宜尽可能少，以减少相交道路上车辆进出的干扰，平面交叉要有控制交通的措施，交通量超过平面交叉口的通行能力时，可根据规划采用立体交叉。机动车道与非机动车道应用隔离带分开。交通量大的主干路上快速机动车，如小客车等也应与速度较慢的卡车、公共汽车等分道行驶。主干路两侧应有适当宽度的人行道。应严格控制行人横穿主干路。主干路两侧不宜建筑吸引大量人流、车流的公共建筑物如剧院、体育馆、大商场等。

（3）次干路。一个区域内的主要道路，是一般交通道路兼有服务功能，配合主干路共同组成干路网，起到广泛联系城市各部分与集散交通的作用，一般情况下快慢车混合行驶。条件许可时可另设非机动车道。道路两侧应设人行道，并可设置吸引人流的公共建筑物。

（4）支路。次干路与居住区的联络线，为地区交通服务，也起到集散交通的作用，两旁可有人行道，也可有商业性建筑。

根据道路力学分类，城市道路主要分为柔性路面和刚性路面两大类。

（1）柔性路面。荷载作用下产生的弯沉变形较大，抗弯强度小，它的破坏取决于极限垂直变形和弯拉应变。以沥青路面为代表。沥青路面结构组合的基本原则：面层、基层的结构类型及厚度应与交通量相适应；层间必须紧密稳定，保证结构整体性和应力传递的连续性；各结构层的回弹模量自上而下递减。

（2）刚性路面。荷载作用下产生板体作用，弯拉强度大，弯沉变形很小，它的破坏取决于极限弯拉强度。

4．城市道路的技术标准

根据国家《城市规划定额指标暂行规定》的有关规定，道路可划分为四种（见表 7-1）。

表 7-1　城市道路的技术标准

<table>
<tr><th rowspan="2">类别</th><th colspan="6">项目</th><th rowspan="2">文字说明</th></tr>
<tr><th>级别</th><th>设计车道 /（千米·小时$^{-1}$）</th><th>双向机动车道 / 条</th><th>机动车道宽 / 米</th><th>分隔带设置</th><th>横断面采用形式</th></tr>
<tr><td>快速路</td><td></td><td>80</td><td>≥ 4</td><td>3.75 ～ 4</td><td>必须设</td><td>双、四幅路</td><td>非机动车的车行道宽度不小于 6 米。道路总宽度为 40 ～ 70 米。一级道路与其他道路交叉时，应当设置立体交叉</td></tr>
<tr><td rowspan="3">主干路</td><td>I</td><td>50 ～ 60</td><td>≥ 4</td><td>3.75</td><td>应设</td><td>单双三四</td><td rowspan="3">非机动车的车行道宽度不少于 5 米。道路总宽度为 30 ～ 60 米</td></tr>
<tr><td>II</td><td>40 ～ 50</td><td>3 ～ 4</td><td>3.5 ～ 3.75</td><td>应当设</td><td>单双三</td></tr>
<tr><td>III</td><td>30 ～ 40</td><td>2 ～ 4</td><td>3.5 ～ 3.75</td><td>可设</td><td>单双三</td></tr>
<tr><td rowspan="3">次干路</td><td>I</td><td>40 ～ 50</td><td>2 ～ 4</td><td>3.5 ～ 3.75</td><td>可设</td><td>单双三</td><td rowspan="3">非机动车的车行道宽度不少于 5 米。机动车与非机动车的车行道之间可设分隔带。在设分隔带时，非机动车行道的宽度不少于 3 米。道路总宽度为 20 ～ 40 米</td></tr>
<tr><td>II</td><td>30 ～ 40</td><td>2 ～ 4</td><td>3.5 ～ 3.75</td><td>不设</td><td>单幅路</td></tr>
<tr><td>III</td><td>20 ～ 30</td><td>2</td><td>3.5</td><td>不设</td><td>单幅路</td></tr>
<tr><td rowspan="3">支路</td><td>I</td><td>30 ～ 40</td><td>2</td><td>3.5</td><td>不设</td><td>单幅路</td><td rowspan="3">机动车与非机动车的车行道之间可设分隔带，道路总宽度为 16 ～ 30 米</td></tr>
<tr><td>II</td><td>20 ～ 30</td><td>2</td><td>3.25 ～ 3.5</td><td>不设</td><td>单幅路</td></tr>
<tr><td>III</td><td>20</td><td>2</td><td>3.0 ～ 3.5</td><td>不设</td><td>单幅路</td></tr>
</table>

5. 城市道路的发展态势

由于城市的发展，人口的集中，各种交通工具大量增加，城市交通日益拥挤，公共汽车行驶速度缓慢，道路堵塞，交通事故频繁，人们的生活环境遭到废气、噪声的严重污染。解决日益严重的城市交通问题成为当前重要的课题。开始实施或正在研究的措施有：

（1）改建地面现有道路系统，增辟城市高速干道、干路、环路以疏导、分散过境交通及市内交通，减轻城市中心区交通压力，以改善地面交通状况。

（2）发展地上高架道路与路堑式地下道路，供高速车辆行驶，减少地面交通的互相干扰。

（3）研制新型交通工具，如气垫车、电动汽车、太阳能汽车等速度高、运量大的车辆，以加大运输速度和运量。

（4）加强交通组织管理，如利用电子计算机建立控制中心，研制自动调度公共交通的电子调度系统、广泛采用绿波交通（汽车按规定的速度行驶至每个交叉路口时，均遇绿灯，不需停车而连续通过）、实行公共交通优先等。

（5）开展交通流理论研究，采用新交通观测仪器以研究解决日益严重的交通问题。

6. 城市道路的交通水平指标

城市道路的交通水平指标有：

（1）道路网密度。道路网密度是指行政区域内单位面积的道路总长度。中等城市道路网密度为 5.2 ～ 6.6（千米 / 平方千米），200 万人口以上的大城市道路网密度为 5.4 ～ 7.1（千米 / 平方千米）。

（2）城市道路面积密度。城市道路面积密度是指城市道路面积与城市建设用地面积之比。200 万人口以上的大城市为 15% ～ 20%，一般城市为 8% ～ 15%。

（3）人均道路占有率。人均道路占有率是指行政区域内道路面积与人口数量之比，城市人均道路占有率规划为 7 ～ 15 米 / 人。

（4）道路铺装率。道路铺装率是指行政区域内铺装道路长度与道路总长度之比。

7.1.3 现代城市街道概念与发展

1. 现代城市街道概念

街道指的是在城市范围内，全路或大部分地段两侧建有各式建筑物，设有人行道和各种市政公用设施的道路。街道，原义是指两边有房屋的比较宽阔的道路。城市街道具有以下特征：

（1）人们从容漫步的场所。正如马歇尔 · 伯曼所言：“街道的主要目的是社交，这赋予其特色：人们来到这里观察别人，也被别人观察，并且相互交流见解，没有任何不可告人的目的，没有贪欲和竞争，而目标最终在于活动本身……”出色的街道通常既能沿途驱车又可以步行其中的公共场所，不过步行是这里的主流。

（2）物质环境的舒适性。最出色的街道是舒适的，至少在设施方面做到尽可能舒适。它们在严寒中带来暖阳，在酷暑中带来荫凉。它们利用各种要素提供适宜的保护，同时不忽视自然环境本身的特征。

（3）空间范围的界定。街道的界定体现在两个方面：垂直方向与水平方向。前者同建筑、墙体或树木的高度有关，后者受界定物的长度和间距的影响最大。也会有些界定物出现在街道的尽端，既是竖向的又是水平的。建筑通常是构成界限的要素，有时候是墙体、树木或者两者的综合体，而地面总是发挥界定的作用。

（4）引人入胜的特质。人的眼睛总是不停地移动，出色的街道需要有一些物质特征来让眼睛做它们想做也必须做的事情——移动。大体上来说，许多不同表面上的持续光影变化总能吸引眼睛的关注，而风格各异的建筑、各式各样的门窗或表面的微妙变化都能达到这种效果。视觉的复杂性很关键，但不必复杂到产生混乱、令人不辨方向的地步。

（5）过渡性。最出色的街道在边界处都有一定的过渡性。在购物街上，街道和商店门廊之间可能有一个过渡地带，这是一个后退的展示橱窗以及露天展示空间，吸引着人们的注意力。

（6）协调性。街道上的建筑物彼此很和谐，并非千篇一律，但却体现了相互的尊重，在高度和外观上尤其如此。沿街建筑的协调性决定于建筑物的时代、风格，以及来自材质、色彩、檐口轮廓、立面上的带状装饰、建筑物尺寸、开窗方式和细部处理、入口、凸窗、走廊、悬挑物、阴影轮廓和诸如落水管等细节。

（7）维护性。物质环境的养护对出色的街道而言，与其他的要求同等重要。它不仅局限于保洁和维修工作，而且涉及使用易于养护的材料和有养护经验可循的街道元素。

2. 现代城市街道发展

一条街道上的愉悦，源于人们能够平等享受，能够信任公共空间。作为市民日常生活的空间载体，街道担负着交通、休闲、生态、商业、文化等功能。

为了着力转变城市发展方式，通过有机更新实现内涵式增长，上海市规划和国土资源管理局和上海市城市规划设计研究院联合境内外设计团队从 2018 年开始，到 2019 年编制完成《上海市街道设计导则》。其主要内容可作为现代城市道路与街道景观设计导向。

（1）促成“从道路到街道”的转变。在理念、技术、评价等方面着力，体现在以下四个方面：

① 从主要重视机动车通行，向全面关注人的交流和生活方式转变。应用系统方法对慢行交通、静态交通、机动车交通和沿街活动进行统筹考虑。

② 从道路红线管控向街道空间管控转变。实现街道的整体塑造，对道路红线内外进行统筹，对管控的范畴和内容进行拓展，将设计范围从红线内部拓展到红线以外的沿街空间，将关注对象从单纯路面拓展到包括两侧界面的街道空间整体。

③ 从工程性设计向整体空间环境设计转变。突出街道的人文特征，对市政设施、景观环境、沿街建筑、历史风貌等要素进行有机整合。

④ 从强调交通功能向促进城市街区发展转变。需要重视街道的公共场所功能，促进街区活力、提升环境品质的功能。重视街道作为城市人文记忆载体，以及促进经济繁荣的作用。

《上海市街道设计导则》对街道空间内与人的活动相关的要素进行设计引导，主要包括主要功能设施、步行与活动空间、附属功能设施以及沿街建筑界面这四大类型。

（2）街道功能分区。在公共活动中心，即城市核心区，应重点加强轨道交通和地面交通的衔接，提供密集的慢行网络和高品质的慢行环境，避免过境交通穿越城市核心区。在居住区，应形成密集的慢行网络、便利可达的日常生活服务设施，并与公共交通紧密连接。其内部结合主要的交通集散街道布局日常生活所需设施，形成热闹的社区主街，部分街道适度控制活跃程度，营造静谧的居住环境。

在产业区，鼓励相应产业区与居住、文化等城市功能相融合，变产业园区为产业社区，平衡不同时间的道路使用强度及功能。

① 商业街道。街道沿线以中小规模零售、餐饮等商业为主，具有一定服务能力及业态特色的街道。其中服务范围是地区及以上规模、业态较为综合的商业街道，餐饮、专业零售等单一业态的商业街为特色商业街道。

② 生活服务街道。街道沿线以服务本地居民的生活服务型商业（便利店、理发店、干洗店等）、中小规模零售、餐饮等商业以及公共服务设施（社区诊所、社区活动中心等）为主的街道。

③ 景观休闲街道。滨水、景观及历史风貌特色突出、沿线设置集中成规模休闲活动设施的街道。

④ 交通性街道。以非开放式界面为主，交通性功能较强的街道。

⑤ 综合性街道。街道功能与界面类型混杂程度较高，或兼有两种以上类型特征的街道。

综合考虑沿街活动、街道空间景观特征和交通功能等，将街道划分为商业街道、生活服务街道、景观休闲街道、交通性街道与综合性街道五大类型。同一种街道类型可以与不同道路等级进行搭配。

（3）城市道路分级。长期以来，我国采用大街坊模式，强调各等级道路的机动车交通效率，对提高道路公共交通和慢行交通服务考虑不足。故此，需要改进以设计车速确定道路等级的做法，根据车道数量和空间容量确定道路等级，以具有弹性的管理车速取代统一的设计车速，适度降低路段和节点的设计时速和相应设计标准，以节约建设用地，并缓解交叉口机动车与行人和非机动车冲突。

许多特定功能的道路，均需保障特殊情况下特种车辆通行，如快速路、非机动车道路、街坊路、步行街、公交专用道、公园绿地内部的慢行道等。公园绿地内部的慢行道，主路对外开放，出入口位置与城市道路相接，方便慢行穿越。鼓励设置跑步道、自行车专用道等特殊类型的慢行道（见表 7-2）。

表 7-2　道路等级与街道类型组合

道路等级	交通等级	一般管理车速	推荐红线宽度
快速路	城市快速路具有强烈的通过性交通特点，交通容量大，行车速度快，服务于市域范围长距离的快速交通及对外快速交通	60 ～ 80 公里 / 小时	50 ～ 70 米
主干路	城市主干路是城市道路网络的骨架，是联系城市各功能分区的交通性干道	50 ～ 60 公里 / 小时	40 ～ 55 米
次干路	城市次干路是城市内部区域间联络性干道，兼有集散交通和服务性功能	40 ～ 50 公里 / 小时	24 ～ 36 米
支路	城市支路是次干路与街坊内部道路的连接线，以服务功能为主	≤30 公里 / 小时	≤24 米

（4）目标与导引。理想街道，应以“安全、绿色、活力、智慧”为导向。

① 安全街道。交通有序是安全街道的第一项目标。对速度差异较大的主体进行适度分离，包括车速较快的道路，将车辆和路侧的非机动车及行人进行分离。非机动车和行人的交通空间也应通过高差等措施进行区分。在不影响非机动车可达性的前提下，进行非机动车分流，以及结合高密度路网进行单行交通配对，能够减少交通冲突点，提高交通运行效率。

慢行优先是安全街道的第二项目标。要合理控制机动车道规模，增加慢行空间。商业街道和生活服务街道鼓励应用 3 米宽的机动车道，路口进口道可进一步缩减至 2.75 米。

对于机动车流量较小的社区道路，可以采用较窄的非机动车混行车道以留出更多步行空间，或建设为共享街道以集约空间、控制车速；采用交叉口铺装等稳静化措施、进行限速等车速管理同样是落实慢行优先的有效手段。

步行有道是安全街道的第三项目标。重点关注人行道空间的设计。应对人行道进行分区，形成步行通行区、设施带和建筑前区。沿街建筑底层为商业、办公、公共服务等公共功能时，鼓励开放退界空间，与红线内人行道进行一体化设计，统筹步行通行区、设施带和建筑前区空间（见表 7–3）。

表 7–3　建筑前区推荐值

人行道类型	步行通行区宽度建议
临围墙的人行道	1.5 ～ 2 米
临非积极街墙界面人行道	3 米
临积极界面或主要公交走廊沿线人行道	4 米
主要商业街，以及轨道交通站点出入口周边	5 米
主要商业街结合轨道交通出入口位置	6 米
主、次干路两侧人行道	加宽 0.5 ～ 1 米

过街安全是安全街道的第四项目标。要求提供直接、便利的过街可能，除交通性干路外，一般街道过街设施间距控制在 100 米以内，最大不超过 150 米。即便已设置天桥或地下通道，道路交叉口仍应设置平面过街设施。红灯等候时间不宜超过 60 秒。合理控制路缘石半径，引导机动车减速右转，也缩短行人过街距离。

人行横道应与步行通行区对齐，宽度大于步行通行区。其路口标识和信号设置应为直行行人和非机动车提供保障。信号控制交叉口宜设置左转相位，避免转向机动车与直行行人和非机动车发生冲突；当直行与转向车辆共用信号时，应增加标志牌或信号灯，提醒转向机动车避让过街行人。

城市道路人行横道超过 16 米、双向四车道及以上且未设置信号灯的，应在人行横道中央设置安全岛。安全岛宽度宜不小于 1.5 米，以容纳更多行人，最窄不得低于 0.8 米，满足自行车、婴儿车及轮椅的停放需求。路口的人行安全岛应设置岛头并延伸至人行横道外，配置路缘石、护柠和绿化，保护等候在安全岛上的行人并促使转弯车辆减速。

针对交叉口，车流量较少、以慢行交通为主的支路汇入主、次干路时，交叉口宜采用连续人行道铺装代替人行横道。车流量较少及人流量较高的支路交叉口宜采用特殊材质或人行道铺装，可将车行路面抬高至人行道标高，进一步提高行人过街舒适性。

骑行顺畅是安全街道的第五项目标。需要确保骑行网络完整、连续和便捷。尽量避免设置禁非道路。禁非道路周边200米范围内应有满足服务要求的非机动车通道，并提供清晰的导引系统。

鼓励单车道支路在路口后置机动车停车区，扩大非机动车停车区；鼓励设置非机动车道路。

非机动车道应采用地面标识、标线、彩色涂装等方式，提醒机动车避让非机动车，避免机动车占用非机动车道停车。

临时非机动车道设置公交车站时，应通过合理设计、铺装和标识等，协调进站车辆、非机动车交通、候车及上下车乘客的冲突。非机动车流量较大的道路设置路侧式公交站台时，宜在非机动车道设置较宽的岛式站台。岛式站台应满足设置候车亭及乘客候车和上下车的空间需求，宽度一般不小于 1.5 米。

设施可靠是安全街道的第六项目标。进入步行空间的交通标志牌、店招等各类设施净空应大于 2.5 米，避免妨碍行人的正常通行。人行道铺装应满足防滑要求。对卸货活动提供空间、时间引导，规范卸货设施，避免干扰其他街道活动。

② 绿色街道。绿色街道的第一个目标在于资源节约。在满足交通、景观与活动功能需求前提下，适当缩窄道路红线宽度、适当缩小交叉口红线半径，集约用地。

鼓励提高轨道交通站点周边土地开发强度，进行 TOD 开发（Transit-Oriented Development，TOD，以公共交通为导向的开发，是规划一个居民或者商业区时，使公共交通的使用最大化的一种非汽车化的规划设计方式）。城市核心区与混合功能区鼓励沿街紧凑开发，鼓励集中设置广场、绿地等公共开放空间和停车等配套设施，相应地区可降低绿地率、配建停车位等指标要求。

街道空间有限时，可利用路侧设施形成多功能带，满足行道树种植、非机动车停放、商业和休憩活动、停车带设置等需求。街道空间分配留有弹性，针对周末和工作日形成不同的空间分配和使用方式。鼓励街道空间分时利用。

绿色街道的第二个目标在于绿色出行。在空间保障优先级排序中，首先将步行通行排在首位，其次是公共交通，再次是非机动车通行。

针对公交优先，轨道交通站点周边，应形成连续便捷的换乘路径。公交车站宜设置候车亭，无法设置独立候车亭时，应提供相应照明、遮蔽与信息设施。非机动车停放区服务半径不宜大于 50 米。公共自行车租赁点服务半径以 250 米左右为宜。在交通衔接方面，应将公交车站、轨道交通车站、非机动车停放设施与重要公共开放空间和公共服务设施进行整合，方便不同交通方式相互衔接转换。

绿色街道的第三个目标在于生态种植。景观休闲街道、宽度超过 20 米和界面连续度较低的各类街道宜形成林荫道。林荫道宜采用落叶乔木，夏季能够提供遮阴，落叶后冬季阳光可以照入街道空间。

商业与生活服务街道中，绿化为人服务的作用高于景观装饰功能，以绿化覆盖率取代绿地率作为街道绿化评价指标，鼓励以树列、树阵、耐践踏的疏林草地等绿化形式取代景观草坪、灌木种植，形成活动区域。

绿色街道的第四个目标在于绿色技术。人行道鼓励采用透水铺装，鼓励沿街设置下沉式绿地、植草沟、雨水湿地对雨水进行调蓄、净化与利用，并进行雨水收集与景观一体化设计。街道建设应采用绿色的施工工艺和技术，鼓励采用耐久、可回收的材料。

③ 活力街道。活力街道的首要目标是功能复合，为各种活动的发生提供可能性。鼓励在街区、街坊和地块进行土地复合利用，形成水平与垂直功能混合，在相邻街坊和街坊内部不同地块设置商业、办公、居住、文化、社区服务等不同功能，商业和生活服务街道应形成相对连续的积极界面，单侧店铺密度宜达到每百米七个以上。

非交通性街道在不影响通行需求的前提下，鼓励沿街设置商业、文化等临时性设施。商业与生活服务街道鼓励设置密集、连续的人行出入口数量，保障街道活动的连续性。

活力街道的第二项目标是活动舒适。沿路种植行道树，设置建筑挑檐、骑楼、雨棚，为行人和非机动车遮阴挡雨。非交通性街道沿街应设置公共座椅及休憩节点，形成交流场所，鼓励行人驻留。在道路交叉口、轨道交通出入口等步行交通密集区域，鼓励设置公共地图、介绍标识、导向标识等。景观休闲街道宜设置跑步道与自行车专用骑行道，并提供相应路径指引设施与饮水设施。

鼓励利用建筑前区设置休憩设施或商业设施。室外餐饮与商业零售混杂时，鼓励对室外餐饮空间需求较大的沿街商户采用餐饮区域结合设施带设置，使步行流线能够接近零售商户的展示橱窗。

鼓励商业街道与社区服务街道建筑首层、退界空间与人行道保持相同标高，形成开放、连续的室内外活动空间。允许沿街设置商业活动空间，结合街道空间开展公共艺术活动。

活力街道的第三项目标是空间宜人。街道应通过行道树、沿街建筑和围墙形成有序的空间界面。历史风貌街道新建建筑应与历史建筑的建造方式相协调，延续空间界面特征。

基于人性化尺度的考虑，街道应保持空间紧凑。支路的街道界面宽度以 15 ～ 25 米为宜，不宜大于 30 米；次干路的街道界面宽度宜控制在 40 米以内。连续街道界面（街墙）高度宜控制在 15 ～ 24 米之间，最高不宜超过 30 米，以维持建筑与街道空间的联系。

新建地区应尊重原有河网水系，形成丰富多样的街道线性。街道沿线应设置街边广场绿地，形成休憩节点，丰富空间体验。

活力街道的第四项目标是视觉丰富。沿街建筑底部 6 ～ 9 米以下部位应进行重点设计，提升设计品质。同时，建筑沿街立面底层设计应注重虚实结合，避免大面积实墙与高反光玻璃。商业街道首层街墙界面最低透明界面应达到界面总面积 60% 以上，鼓励设置展示橱窗。生活服务街道首层街墙界面最低透明界面应达到界面总面积 30% 以上。

鼓励沿街建筑提供精美、丰富的细节，对建筑入口进行重点设计。商业街道和生活服务街道，鼓励对店招及广告进行整体设计，与街道或所在城区风貌相协调。沿街建筑界面应注重迎合步行速度形成丰富的视觉体验，沿街立面超过 60 米的大型建筑通过分段、增加细节等方式，化解尺度。可通过小地块出让的方式，形成多样化的立面样式。

活力街道的第五项目标是风貌塑造。应形成社区特色，鼓励居民参与相应空间环境设计，强化社区认同。社区道路鼓励使用彩叶树和花木，按照“一街一树”进行种植，强化内部街道的识别性。鼓励街道家具和其他环境设施进行艺术化设计，在街道中间设置公共艺术作品。

活力街道的第六项目标是历史传承。历史文化街区重在保护外观的整体风貌，整体性保护街巷网络和街坊格局。保护历史文化街区与历史文化风貌区的历史建筑、城市肌理、空间格局、绿化等。

要统筹对 144 条风貌保护道路的物质性要素与非物质性要素的保护，其中 64 条风貌保护道路红线不再拓宽，街道两侧建筑风格、尺度保持历史原貌，其余道路鼓励结合交通组织研究，保持现状空间尺度，恢复历史上的道路红线宽度。

④ 智慧街道，有以下内容：

首先，对智慧街道进行设施整合，智能集约改造街道空间，优先保证道路基本功能。鼓励对现有设施进行智能改造，如公共电话亭、书报亭、公交车站等，改造率应达到 60%。

其次，智慧街道的目标还在于出行辅助。如提升交通信号灯智能化水平、提供具有时效性的公交信息发布、由公共自行车租赁点提供周边租赁点信息及预约服务等。

智慧街道的其他目标还包括，以维护城市安全、关注弱势需求为主的智能监控，提升公共服务水平的信息交互，加强街道环境检测、降低能耗的环境治理等。

7.2 城市道路景观的设计分析

目前，大城市居民每天在路途上所花的时间达几个小时，现代化城市的交通设施占地多达 30% ～ 40%，所占空间甚大，道路景观已成为城市景观的重要组成部分。

7.2.1 城市道路的景观特点

城市道路景观是视觉的艺术。视觉不仅使人们能够认识外界物体的大小，而且可以判断物体的形状、颜色、位置和运动情况。视觉可使人们获得 80 % 以上的周围环境信息。

城市道路景观是一种动态的系统，即动态的视觉艺术，“动”是特点，也是魅力所在。城市道路景观设计，应着重于观察者在运行条件下，通过在道路上有方向性和连续性的活动中所观察的道路景观印象。

城市道路景观化就是设计行人或搭乘交通工具运动过程中所看到的街景（含步行、低速、快速等交通形式），也就是行人、驾驶交通工具的人以及乘客视觉中的道路环境的四维空间形象。

7.2.2 城市用路者的行为特点

城市用路者都是在运动中观察道路及环境的。由于出行方式、出行目的不同，在道路上有不同的行为特性和视觉特性。

1. *步行人群*

上班、上学、办事的人员，行程上往往受到时间的限制，较少有时间在道路上停留；他们有时间感，来去匆匆，思想集中在“行”上面，以较快的步行速度沿街道的一侧行进，争取尽快到达目的地。他们注意的是道路的拥挤情况、步道的平整、街道的整洁、过街的安全等，除此之外，只有一些特殊的变化或吸引人的东西，才能引起他们的关注。

购物步行者一般带有较明确的目的性，他们关注商店的橱窗和招牌，有时为购买商品而在街道两边来回穿越（过街）。

游览观光的行人，游街、逛景，观看熙熙攘攘的人群，注意街上其他人们的衣着、店面橱窗、街头小品、漂亮的建筑等。

2．骑行人群

骑车者每次出行均带有一定的目的性，或赶路或购物或娱乐。自行车在城市道路交通条件下，平均车速为 10 ～ 19 km/h。特别是上下班骑车者，多处于车如流水之中，一般目光注意道路前方 20 ～ 40 m 的地方，思想上关心着骑车的安全，偶尔看看两侧的景物，并注意自己的目的地。

3．机动车的使用者

机动车的使用者除了司机外还有乘客，尤其是坐在窗边的乘客和外地来的乘客，更注重对城市街景的欣赏，特别是外地乘客更希望利用公交看到更多的城市风光，要求设计人员用大尺度来考虑时间、空间变化，同时环境中也需要有特殊的吸引人的景观。城市快速道路减少了人们的距离感，并且将相距较远的建筑物的印象串成一体，形成车窗景观。

不同用路者的视觉特性也是进行道路景观设计的重要依据。在各种不同性质的道路上，要选择一种主要用路者的视觉特性作为设计依据。如步行街、商业街行人多，应以步行者的视觉要求为主；有大量自行车交通的路段，景观设计要注意骑车者的视觉特点；交通干道、快速路通行机动车，车速高达 50 ～ 80km/h，这种有方向性、连续性的视觉活动，要求城市景观道路街区的设计添加时间与速度的概念。一切景观的尺度需要扩大，建筑细部的尺寸要扩大，绿化方式需要改变，而且速度越高这种变化就越大。

一般用路者在道路上活动时，俯视要比仰视来得自然而容易。只有考虑到各种视觉特点，才能正确地应用到设计中去，形成具有当代风格的道路景观。

7.3 城市道路景观设计要点

7.3.1 城市道路景观构成的要素

构成城市道路景观的要素是多种多样的，其数量与种类上的多样性构成了道路景观的特色。根据各要素的特点，城市道路景观的构成要素大致归纳为：道路本体、道路植栽、道路附属、道路活动媒介、远景等。其中，道路本体、道路植栽、道路附属是构成城市道路景观比较重要的要素。

（1）道路本体。道路本体是指道路路面部分，包括路面的线形形式、道路结构、铺装等，是道路形象最基本的构成部分。

（2）道路植栽。道路植栽是指道路的绿化种植形式，包括行道树、灌木隔离带、树池等。

（3）道路附属。道路附属是指依附于道路的相关部分，包括沿街的建筑物、桥梁（天桥）、视觉标识（交通标志、广告牌）、照明、行人使用设施（车站、座椅、路障等）、停车场地，以及邻近的广场和街心公园等。

从地方的特性、道路的规格和使用方法等方面综合考虑，道路自身的特征是创造个性的前提。以一般市民使用道路的印象为依据，城市道路大致可划分为大道、繁华街、大街、后街、小巷（小路）、特殊道路六种类型（见表 7-4）。

表 7-4　城市道路的景观类型及主要特征一览表

序号	景观类型		道路特征
1	大道（城市标志性道路）		代表城市形象，格调高，如市政府前大道、站前大道等
2	繁华街（较为喧闹的道路）		人流集中、环境喧闹、街道气氛比较轻松，如商业步行街
3	大街		人流、车流量大，为城市的主要交通干道
4	后街		人流量小，与居民生活密切，生活特征明显
5	小巷（小路）		不是公用道路，而是私人使用的或公私共用的场所
6	特殊道路	滨河道路	两侧不都是建筑，其中一侧开敞。道路形式不平衡，与自然环境中的水体、植物结合密切
		公园道路	
		散步小道	
注：其中 1 ～ 3 是指城市的主要道路			

在进行城市道路景观设计时，首先应当明确道路的类型，其次是根据道路的设计要素，设计其个性化特征。不同的道路类型有不同的设计思想，比如在设计反映城市形象的标志性大道景观时，应该将其作为城市客厅，避免出现过多体现生活细节的设施小品，这样可以看到真正的城市景观形象。而在小街、小巷这些能体现生活场景的地方，尽可能地展现自然朴素的韵味，给人以亲切感。

7.3.2　城市道路景观的个性创造

城市道路景观的个性是指在地域风土上积累起来的固有文化、历史、生活的表现。通过道路景观往往能使人深切感受到当地所蕴藏的文化和历史，看到城市整体景观印象。

城市道路景观个性表现在用地特性、道路本身和城市生活三大方面。这些素材与场所相联系，充分发挥特质，便能形成创造性的道路景观。

（1）用地特性的个性表现。道路与山体、水体的位置关系，是反映道路景观个性最好的素材，可以作为街道景观的主题。通过对大自然景观的借景，使其成为城市的标志。

在道路方向没有制约的情况下，一般采用道路正对山体，由沿街建筑和林荫树形成轴线的构图手法，或者沿街设置小型公园、广场等开敞空间，以供远眺山景之用。

（2）道路本身的个性表现。道路的几何构造特征、街道小品、铺装材料及行道树栽种等，都可以表现道路景观的个性特征。在几何构造的街道中，一般采用强调视觉效果的表现手法。

在强调道路凹型纵断面的特殊感受时，考虑在轴线焦点设置视线停留处，或者统一沿街建筑物的高度，或者以绿化街道加强道路的边缘感。街道小品和铺装的材质及栏杆中铸铁的使用要注意结合地域特征，避免程式化。道路两边种植具有地域特点的树木和花草，不仅能够体现城市特色，也可以形成街道的特色。如南方城市多种植榕树、椰树，在强调城市主要道路交通特征的同时，也彰显出南国风情。

（3）城市生活的个性表现。道路景观的创造与人类城市生活的特点息息相关。在传统的自由市场，可以创建具有乡土氛围的道路；在时尚的商业街区，道路可以与休息空间、小型公园、开敞空间结合，进行一体化设计；在居民生活使用的小街小巷中，道路景观可以融入当地住户的街道生活，保留一些民俗特征。

7.3.3　城市道路景观的空间构成要素

道路空间中的基本尺度关系是形成比例和谐、舒适连贯的道路空间轮廓景观的重要元素。

（1）路幅宽度。从道路空间的特征出发，主干道、中央大街都是比较宽阔的大街，如世界著名的道路巴黎香榭丽舍大道、伦敦牛津街等。这些道路不仅路幅宽，而且配置了复数列的行道树，并设有人行道，沿街建筑物风格统一，道路景观变化突出。而后街、小街等生活气息浓厚的道路，都是以步行道为主，道路幅宽则比较狭窄。研究表明，幅宽在10～20m的街道，沿街的视觉相互连接，对步行者来说是视感觉好、有围合感和亲密感的空间。

（2）道路幅宽与沿街建筑高度。有关研究得出，道路幅宽与沿街建筑的高差之比（D/H）是保证道路空间的均衡、开放感和围合感的重要指标。D与H的比值越小，道路的封闭感就越强；反之，则开放感越强。当$D/H \geqslant 4$时，道路完全没有围合感；D/H=1～3时，道路有围合感；D/H=1～1.5时，道路有封闭感。在西欧一些中世纪的老城区里，高楼围合成的狭窄的道路与散置在其间的开放广场有机地结合在一起，给人以变化丰富的序列感，D/H一般在0.5左右。

（3）路面景观铺装。路面是人们步行与车辆通行的行为场所，所具有的视觉效果能给人们带来视觉上的舒适性，并赋予街道景观整体的特征。一般来说，除了需要特殊强调的道路，路面应当给人质朴、安静的感觉。铺装材料必须选择具备一定的强度与耐久性、施工相对方便的材料。由图案、尺度、色彩、质感不同的各类铺装材料组合形成的路面，外观形象能够引导人们的活动方向，增加特定的场所感，同时具备鲜明的个性和潜在的艺术形象。

7.3.4　城市道路空间的视觉效果营造

一般来说，直线道路视线良好，通过道路的轴线设置标志性的构筑物达到视觉上的对景，道路空间相对完整协调；曲线道路比较容易与自然地形结合，通过增加一些通透感和视线的引导感，沿道路前行产生丰富的景观变化；折线道路视线缺少开放感，但是弯道的景观变化明显，设置一些标志性建筑物，形成戏剧性和连续性的景观效果。为了有效地利用城市现有土地，经常采用的办法是高架、半地下、地下等立体构造形式。在道路、河川、运河、建筑物及公园的上空架设道路时，应当注意出入口的景观设计与周围环境相结合。

7.3.5 城市道路景观界面

1. 城市道路景观界面的含义

城市道路景观界面是指根据自然界生物学原理，利用阳光、气候、动物、植物、土壤、水体等自然和人造材料，保护好或创造出令人舒适的物质环境。大众行为心理学认为：城市道路景观界面设计应从人的心理感受需要出发，根据人在环境中的行为心理乃至精神生活的规律，利用视觉形态和文化的引导，创造出令人赏心悦目、浮想联翩、积极向上的精神环境。

2. 城市道路景观界面的分类

城市道路景观界面的分类方法很多，可以从道路建筑空间层面、道路景观构成要素层面、道路景观界面的物质属性等方面来划分。

城市道路景观的构成要素可以分为自然景观界面和人工景观界面两类。自然景观界面是指地形、地貌、水体、树木等要素。具有特色的自然景观可以强化和突出城市街道的地域特征，如沿海城市大连、青岛，山城重庆。城市道路如果能结合自然景观要素进行设计，会使空间景观更具地方特色。另外，作为软质景观的水体也可以作为道路景观的界面。

3. 城市道路景观界面设计

现代城市道路设计首先应和城市发展的规划理念与思路相结合，应充分考虑城市规模、区位特点、人口数量与分布、经济发展水平等因素。

大型城市和中、小型城市在道路空间的设计要求上是不同的。因此，城市中不同的主干道、次干道、步行街的空间及景观界面也是有不同的功能要求和视觉感受的。

环境空间主要包括线性和区域两个方面。线性环境空间通常是指街道及街道与河流的复合空间形态；区域环境空间一般是指与街道有着紧密联系的节点环境空间，如城市广场、街心花园、各种机关单位、住宅小区等。它们内部都有各自的空间环境和功能布局，但和外部街道都有直接的联系。

从城市景观空间的结构形态来看，线性和区域景观空间构成了城市外部公共空间的主要内容，形成了城市景观空间的形态特征。随着人类社会的不断发展，城市人口的增长，城市的扩张，城市交通问题日趋突出，城市道路从平面化向高速化、立体化方向发展，高架道路成为当今解决城市交通问题的重要手段之一。对一些新建的城市，城区道路的设计实行了平面分离、立体交叉、垂直方向分流的设计方法。在许多城市中都能看到立体的高架桥、景观大道、地下隧道等新的城市景观。从城市景观空间角度来看，不同的道路形式有助于解决城市的交通问题，形成具有不同特点的城市景观，满足不同视点人群的观赏需求（图 7-3）。

图 7-3　上海莘庄立交

（1）道路中的建筑界面。建筑是道路景观界面中最重要的因素之一。它不仅是围合道路空间的界面，而且影响着整条道路的视觉景观形象。日本建筑师芦原义信在《街道的美学》一书中写道："街道按意大利人的构思两旁必须排满建筑形成封闭空间。就像一口牙齿一样由于连续性和韵律而形成美丽的街道。"由此可见，建筑是城市道路景观界面的主体。道路两侧的建筑形态决定了街道景观的主体风格，如具有欧洲古典风格的法国香榭丽舍大街（图 7-4），具有现代风格的美国曼哈顿时代广场大街，具有浓郁中国风格的北京长安街。

图 7-4　法国香榭丽舍大街

建筑的风格取决于它的造型、形态、色彩、材质、装饰手法等因素，相同或相近风格的建筑造型较容易形成统一的道路景观，而连续且统一风格的建筑更强化了道路景观界面（图 7-5）。

图 7-5　上海南京路

科学技术的进步，极大地促进了建筑设计的发展。各种造型、各种风格、各种功能的建筑应运而生，它们所表现出的界面各不相同，很难像传统建筑那样具有较统一的形式美感。尽管如此，现代城市道路两侧建筑形态的多样性、个性化正好符合了现代人们的生活价值观和审美追求。

道路是一种廊道和线性的空间，而建筑物不仅仅是作为个体而存在，它应该在整条道路中通过形态构成的相关要素来求得和谐与统一。中国传统建筑和西方古典建筑都在形式与风格的统一上做得比较完美，如山西平遥的历史街区（图 7-6）、清代风格的南京夫子庙商业街和民国建筑风格的南京 1912 休闲街区、云南丽江的历史街区等（图 7-7），都表现出浓郁的传统文化和地域性风格特点。意大利佛罗伦萨的街道（图 7-8），同样也表现出西方古典主义建筑风格和传统文化的特色。

图 7-6 平遥

图 7-7 丽江古城

图 7-8 佛罗伦萨

在现代城市环境中，传统街道与现代景观道路并存，不同交通条件下的道路两侧建筑物界面设计要求是不一样的。例如，城市中宽敞的快速机动车道或景观大道，两侧的建筑物一般体量较大，人的视线较开阔，道路两侧建筑的风格、形态及轮廓线、节奏感能给人一种强烈的视觉感受。因此，道路两侧地标性建筑的设计显得格外重要，道路中的标志性建筑形象鲜明，能成为此道路景观的高潮和特色。面对这种类型的道路景观，建筑物的尺度应与道路相和谐，可采用双重尺度。在道路上运动的汽车中，人的视觉所看到的是建筑物的上部形态，而在道路两侧步行道行走的人群，更多看到的是建筑物的底层，采用双重尺度的设计手法可解决道路景观某些段落形式单调的问题。

（2）道路路面界面。道路路面界面是道路景观的组成部分。道路路面铺装所采用的形式、材质、色彩、装饰图形等对道路景观特色的形成有着重要的作用。道路路面的设计首先要满足使用功能的要求，这包括了气候条件和地质条件的要求。路面的材料必须牢固、耐久、防滑、美观，同时也要关注人们的心理需求和视觉审美的要求。道路路面界面的形态设计应该与建筑环境的整体风格相协调，从而起到弥补和强化环境气氛的作用。

城市中不同道路功能决定了道路界面的设计。快速机动车道和非机动车道一般都是由柏油沥青铺设，路面变化不大。但有些城市为了强调某股机动车道的特殊功能要求，会专门对这股车道进行色彩装饰或进行文字和标志的说明。例如，为了保证城市公共交通运行的畅通与高效，在机动车道路中专门设置公交专用道，并用色彩进行标注。

城市道路路面变化最多的是人行道和步行街路面，人们几乎每天都会和它们接触，它们对人的影响也最直接。

（3）道路绿化界面。道路绿化界面是城市道路景观的构成要素之一。城市道路绿地是城市绿地系统的网络骨架，它不仅可使城市的绿色空间得以延续，而且还能有效地改善城市的生态环境，减少环境污染，降声减噪、遮阴、降温，具有调节城市微气候等功能。

成功的道路绿化往往是地方特色最直观的表现形式，道路绿化的形式及道路产生的景观效果直接关系到人们对该城市的印象。道路绿化除了可以增添城市景观效果外，还可以通过不同的设计，创造出道路景观的不同视觉效果，同时可利用绿地或植物分隔和组织交通，从而增加城市道路的可识别性。

随着城市交通的发展和功能的不断完善，城市道路从过去单一的平面型向立体型发展，过街天桥、地下通道、高架快速通道在现代城市中随处可见。城市道路绿化从地面向空中发展，垂直绿化成为城市道路新的景观形式，有的和建筑物浑然一体，有的和立交桥紧密结合。垂直绿化极大地丰富了道路绿化界面的内容，增加了道路景观的连续性和多样性。一个城市景观的优劣，除了取决于人造构筑物外，自然环境的保护与完善、城市道路绿化的成果也起到了重要的作用。例如，著名旅游城市新加坡，市区的主要道路均为林荫大道，行道树排列整齐，浓荫蔽日，街道成为城市中的绿色走廊。南京是六朝古都，有着优良的自然环境和气候条件。

20 世纪 20 年代，孙中山先生建都南京时，在中山码头到中山陵这条城市主干道两侧栽种了法国梧桐。经过几十年的生长，这些梧桐树形成了独具特色的绿色廊道，给人们留下了深刻的印象。德国杜塞尔多夫国王大道是世界上最优雅的购物大街之一。国王大道的中间是一条水渠，两旁是栗树大道，东侧大道布满了世界顶级奢侈品牌专卖店，西侧大道是银行等金融机构。两侧大道由几座铁艺栏杆组成的桥连接，水道两侧树木郁郁葱葱，并摆放着长椅供人们休息，美不胜收（图 7-9）。

图 7-9 德国杜塞尔多夫国王大道

7.4 交通型道路景观设计

交通型道路是指城市中的快速路和主干道系统，是构成城市路网的骨架。由于突出路径属性，表现为对目标通达性的追求。此追求是靠路线的便捷来实现的，表现在道路线形规划设计中是布线与景观的协调。

交通型道路景观设计要求在组织交通、保证行车安全的前提下，符合生态学原理，保护城市，提高城市环境质量，在景观上有其特殊考虑之处。

7.4.1 道路空间特征

1. 直路布线

直路布线给人一种开阔感和方向感，令人感到愉快通畅，易于感受连贯性。但直线不宜过长，否则易产生疲劳乏味之感。最常用处理手法是通过 T 形连接、Y 形连接、终端对景、多重布景等手法，使过长的直路获得封闭效果。

（1）T 形连接：道路节点为 T 形，是一种用于封闭景色，从而形成一种场所感的传统街景的设计方法。

（2）Y 形连接：给人提供一种明确路线选择的感觉。

（3）终端对景：如果道路末端存在视线的焦点，可增加道路情趣，使两侧平行面产生的单调感转变为对一个重要景物的集中感。体现在一个注意点上，此点可以称为点景，把线性空间区分成一系列连续的统一体，表明一个空间的终点和另一个空间的开端，而道路两侧的界面则作为景框，起到框景的作用。

（4）多重布景：道路每隔一段则设置节点，丰富视线，并产生连续性。

2. 弯路布线

弯路布线能营造出良好的道路景观效果。弯路的优势在于容易使道路的使用者了解周围的环境，主要的景观从开始进入弯道时就已在视线之内。然后弯路就以其展开着的对景慢慢地改变着行人的方向，直到弯路尽端。随着道路使用者沿着曲线移动，路旁的景象也不断变动，形成动态景观。

7.4.2 车道景观铺装

（1）一般车道。城市车道的铺装材料主要是沥青。车道的铺装在视觉上可以产生丰富的效果，特别是在那些没有特殊行车要求的流畅性的路面上。为了引起驾驶员的注意，有些地方还需要加上夹缝、凹凸、材质的变化。通过灵活组合的方法来设计铺装图案，可形成色彩变化丰富的铺面效果，但是要考虑整体视觉的连续性和统一性。

（2）停车带。为了与行车道清晰区分，在停车带、公共汽车和出租车停车场等场所，可通过改变铺装来缓冲视觉效果。铺装石材会在材质上显得粗糙，视觉上和实际上都不利于车辆的行走。

（3）人行横道。车道平面的人行横道一般采用与人行道几乎相同的高度设计，从而保持同人行道在功能和视觉上的连续性。在人行横道上设置镶嵌物也是有趣的做法之一。

（4）交叉路口。交叉路口的铺装与其他部分不同，主要是为了使驾驶员对十字路口有一个明了的印象，并与一般道路相区分。

7.4.3 道路设施小品

道路景观尽量以简洁为主，如果设施过多，会造成交通不便、视线干扰的混乱局面。各种设施应当避免无序的分布，要整合在一起，体现出道路的整齐。

（1）人车分离设施：包括护栏、路墩。

（2）机动车交通知识设施：包括标牌、信号灯、指示牌。

（3）道路照明：路灯。

（4）其他：包括公交车站等。

7.4.4 交通型带状绿地景观设计

道路两旁的栽植不仅具有景观效果上的文化内涵，而且在地域环境保护、确保通行的安全性上，也都有着重要的作用，并可通过其绿色效果来装饰道路。栽植在道路构成中是唯一有生命的要素，不能简单地把它看成装饰物，而是以其自由生长为出发点，充分发挥其在道路景观中的生命力。

交通型道路绿地栽植在城市景观系统中归属带状绿地设计范畴。

1．交通型带状绿地景观设计理念

交通型带状绿地景观设计理念给道路创造出了一种具有文化、历史和人间趣味的氛围，可增强居民的自豪感，同时也可引导和统一道路各景观要素的设计方向，便于各要素间的相互调整。这就要求交通型道路景观设计不仅要超越单纯的美学理念，还应该赋予道路以个性，即在其地域风土上积累起来的固有文化、历史、生活观念。交通型道路景观设计理念主要是根据地方的特性、道路的等级和道路使用方式等综合考虑而提炼出来的。

2．基本骨架

道路景观设计的骨架建构应根据道路的等级、使用方式、道路绿地的基本形式确定，并在基本的设计因子上，兼顾其特有的影响因子。交通型带状绿地景观设计原则是方便行人活动，减少汽车及其尾气对人的危害。

（1）绿地的断面设计。交通型带状绿地景观设计的要求是在提高通行能力、保证行车安全的前提下，提高绿地空间的舒适性和美观性。因此，道路横向设计决定了道路的基本功能。我国的道路断面采用一板两带式、两板三带式、三板四带式和四板五带式的为多，结合道路沿边土地的资源、用地性质、使用需求等，创造出了多种形式的交通型带状绿地空间。

一板两带式：最常用的道路形式，易形成林荫，路幅较窄、流量不大的道路多用此种形式。

两板三带式：绿量较大，生态效益显著，常用在交通量大的市内街道或城郊高速公路和入城道路上。特殊的中央绿带甚至可以达到数十米宽，形成游园式的绿地。

三板四带式：城市道路较为理想的形式，多用于机动车、非机动车、人流量较大的城市干道，防护效果好，有减弱噪声和防尘的作用。

四板五带式：在路幅较宽的情况下使用该形式，方便各种车辆上行、下行，且互不干扰，有利于限定车速和交通安全。

从交通型带状绿地空间的特性来讲，以行车为主的道路，路幅较宽，在保证安全的前提下，要注意包括绿化种植带在内的步行道和车行道的幅宽比例（即步车道幅宽比）。

一般来讲，步行道比例较大的道路，散步道的感觉就会较强；反之，对步行者会有一种压迫感。根据经验，包括 1.5 米的种植带在内，步行道幅宽在 4.5 米时，一般不设绿化带，仅在人行道上留出种植池，点植行道树。种植池的形状分为圆形和方形，方形的尺寸一般取 1.2 米 ×1.2 米或 1.5 米 ×1.5 米，圆形的尺寸一般取 1.2 米和 1.5 米，树池外沿距慢车道最小距离不得小于 0.5 米。人流量大、人行道狭窄的地方，常采用透空的盖板，盖板顶面与道路齐平，可起到收集雨水、防止践踏、降低城市扬尘的作用；人流量不多的地方，盖板可高出路面 10 厘米左右，能防止行人对植物的践踏，但是雨水不能进入，减少了水量的供给。

（2）绿地的纵向设计。交通型带状绿地的纵向就是指道路的走向，首先要考虑交通安全、顺畅和汽车尾气尽快扩散，绿地的种植方式和植物品种的选择很重要。

隔离带种植设计主要就是为了遮断对面车道上车灯光线的影响。汽车的种类不同，前灯高度、照射角、司机眼睛的高度都是不同的。植物的高度是根据司机眼睛的高度决定的，一般汽车需要 150 厘米以上，大型汽车需要 200 厘米以上。

靠近机动车道的部分应采用简洁、开敞的设计，植物选择抗污染力强的。靠近非机动车道和人行道，以及临街建筑的部分，则可根据实际需要采用适当的形式隔离汽车尾气，同时也为人们提供绿荫。其形式可分为纯林式和混交林式。纯林式就是选择单一树种进行成片种植或列植，整齐划一，节奏韵律感强，缺点是线路长时易造成单调乏味，生态结构脆弱。混交林式就是选择多种植物混植，生态结构稳定，抵抗恶劣环境能力强，缺点是节奏感弱，容易显得杂乱。将两者结合，即将一段混植林作为景观单元重复种植，可保留两者的优点，避免缺点。

靠近机动车道的部位，人们的观赏方式主要是在高速行驶的汽车中观赏。根据视觉相关理论，人类需要 5 秒的注视时间才能获得景物的清晰印象，5 秒的注视时间获得景物印象的车速和距离关系见表 7-5。

表 7-5　5 秒注视时间获得景物印象的车速和距离的关系

车速 / （$km \cdot h^{-1}$）	距离 /m
20	8.55
40	16.95
60	25.45
80	33.95
100	42.5

机动车在行驶中，要留下完整明确的景观印象，必须根据行车的速度确定景观设计单元的变化节奏和组合尺度。车速越快，景观单元的尺度越大。

靠近步行和速度较低的交通部位，主要考虑步行者和低速行进者的视觉特性。研究表明，步行者所观察的景物比较细致，道路景观以静态观赏为主，设计相对封闭的绿地空间，容易抓住人的注意力；低速行进者观察景观基本注意不到细节，因此步行区设计重点应放在景观细部的刻画和处理上，而低速行进区的景观尺度应适当放大，注意景观的外形、色彩、质感等方面。

交通型带状绿地的纵向空间在满足便利、舒适和美观的基本要求的前提下，还要求表现城市的文脉或特征，激发城市居民的认同感，带给外来者深刻的印象，一般是从用地所在的区域文脉中，或用地周围与本身资源中去发现和创造。如徐州襄王路位于历史文化深厚的区域，周边旅游景点丰富，文化特色鲜明，在规划设计时，遵循“借景”的原则，以襄王路为载体，两侧景观为核心，合理组织景观序列，将襄王路交通型带状绿地规划成汉文化特色鲜明、内容丰富的景观大道，抓住不同景点的特性，在突出汉文化的基础上，利用植物配置强调提高各景点的个性特征。

3. 细节设计

（1）种植设计。交通型带状绿地不仅具有景观效果上的文化内涵，而且在改善小环境、确保通行的安全性上具有重要作用。中央隔离带、车道间隔离带、人车共用道隔离带的种植主要是起到确保安全的作用，在地域环境保护方面也有很大的作用（见表 7-6）。

表 7-6 交通型带状绿地功能分类

绿地功能	表现方面	具体表现
文化功能	城市结构的表现； 景观的修饰； 地方性的表现	网络、地标、方向性； 场所性表现、点景、展望、屏障等； 气候特点的表现、季节的表现、地域性的表现
环境功能	地区环境保护； 道路上部环境； 遮蔽功能、恢复自然环境	净化空气、调节气温； 绿荫功能、防风效果； 遮蔽效果、遮光效果、遮音效果

交通型带状绿化的地形条件复杂，给日常养护管理带来不便，植物生存环境非常恶劣，生长空间受到限制，长期忍受尾气和粉尘污染。绿地植物的选择要考虑以下基本因素：当地的生长环境；植物的生长速度；植物萌芽能力强，耐修剪，易管理；对土壤、水分、肥料要求不高，抗病虫害能力强；行道树要乡土树种，树干挺拔，树形优美，冠幅大，遮阴效果好。

（2）道路景观设施设计。道路的景观设施种类大致可分为人车分离设施、机动车交通指示设施、道路照明、行人安全设施、公益设施及其他。这些设施如果设置不当，就会造成道路使用不便或景观混乱的局面。因此，道路景观设施设计应遵循以下原则：

首先，尽量不将设施设置在道路上，控制道路上必需设施的数量，这是创造整洁道路环境的关键。

其次，尽量将设施整合在一起，选择适当的位置安置，减少死角的产生。

最后，注意设施之间的协调统一，在个性表现上要谨慎。

道路景观设施设计的原则和手段见表 7-7。

表 7-7 道路景观设施设计的原则和手段

原则	处理手段	针对的道路设施
尽量不放置在道路上	地下掩埋	电线杆
	路面铺装	护栏、路墩
	共架、镶嵌于临街建筑墙壁上	交通标牌、标语等
整合放置	共架	电线杆、高架物（信号灯、标牌、路灯）
	集约化	垃圾箱、长凳、长椅、路灯
	替代、兼用、装用	长凳 = 路墩、长凳 = 花池沿、引路牌 = 配电盘
	按规格标准化	交通标牌
筹划放置位置	消除死角	各设施之间
	避免挤占行走空间	公交车站、电话亭、长椅、长凳、邮筒
	放置于空地	电线杆、公交车站、电话亭、长椅、长凳
	镶嵌于临街建筑墙壁上	邮筒、引路牌、交通标牌

续表

原则	处理手段	针对的道路设施
设施间的协调设计	统一的构思	各设施之间
	统一的色调	各设施之间
	与地面良好结合	各种设施
设施构思的要点	强调顶部	长凳
	强调基部	各种设施
	场所个性化设计构思的谨慎处理	各种设施

7.5　步行街道设计

随着人们生活方式和价值观念的改变，我国城市的老城区、老商业街区的环境和设施已不能适应现代社会生活的需要，复兴与改造成为当今各城市规划设计重要的工作之一。在物质相对充裕的现代城市中，人们逐渐向往精神领域的追求，城市步行街的空间形式和交流方式，为实现人们的多种需求提供了一块平台。作为以步行交通为主的街道，步行街集中体现了整个城市的社会文化特征，它的规划与建设已成为完善城市功能、塑造城市形象的重要手段。

7.5.1　步行街概念的界定

在古代欧洲，步行街最初是由城市广场发展而来的。广场一直是人们进行宗教活动、聚会、节日活动的重要场所，同时也是一个大市场，从而在广场周围的商业街区形成了步行街的雏形。但现代意义上的步行街出现在 1926 年的德国，德国埃森市的林贝克大街上禁止车辆通行，成为无交通区。1930 年又将林贝克大街改建成步行街，成为现代意义上步行街的开始。

现代步行街的真正发展应归功于美国的郊区化。在纽约逐渐跻身世界经济中心的过程中，由于城市规模的迅速膨胀，纽约中心城区积累了一系列的社会问题，如水资源紧缺、土地资源紧张、交通堵塞、环境污染等。因无法忍受市中心糟糕的环境，一些纽约的富人阶层最先“逃离”市中心前往郊区。郊区化运动使得城市中心区的商业日益衰退，严重影响了城市的发展。

郊区化运动对步行街的发展起到了催化剂的作用。为了复兴城市中心区的活力，通过对老商业街道环境的改造与建设为民众提供了休闲、娱乐、购物、旅游的场所。城市步行街环境的改造设计不仅改善了城市形象，而且也形成了理想的人性化购物空间，凝结了深厚文化底蕴，吸引了众多的顾客和旅游者。

现代意义上的步行街从产生到发展，只有短短几十年的时间。目前学术界对步行街提出了相关的概念：

（1）游憩商业区：主要是指以吸引游客和市民为主的特定商业区。

（2）商业区中心：以一个步行街、某个区段为特征的，由单一的结构变成包容一到两个广场的综合体建筑群和由人行道、升降梯、地下购物中心组成的场所。

（3）购物中心：一般是指综合性强、内容多、规模大的以步行为特征的购物环境，是由一系列零售商店、超级市场组织在一组建筑群内的场所。

（4）步行街：以步行购物者为主要对象，充分考虑步行购物者的地位、心理和尺度而设计建设的具有一定文化内涵的街区称为步行商业街区，简称步行街（图 7-10、图 7-11）。

从城市发展的历史进程来看，多数步行街都是在城市中心区或老城区商业街的基础上改造而来的。但在城市新区的建设中，也规划设计了具有现代气息的步行商业街。传统意义上的步行街与现代一般购物中心或商业区的本质区别在于，步行街一般是由旧城区的商业中心发展而来，它不仅是商业空间，更重要的意义在于它具有一定的历史文化价值。

图 7-10　苏州平江路

图 7-11　王府井大街

7.5.2　步行街的分类

根据交通形式，步行街可以分为全步行街、公交、步行混合街和半步行街。

（1）全步行街。没有车辆，仅供步行者使用，多用于市中心繁华且街道狭窄的地段。交通车辆改道到与步行商业街平行的相邻道路上；重新铺装步行街路面、种植绿化、添设小品、安置座椅；在步行街两侧的交通性道路或小路上，留出商店送货口。

（2）公交、步行混合街。其他车辆改道到周围的平行街道上。公交车辆包括公共汽车、出租汽车及专门的公共电瓶车，但均不准停车。在街道上增添大量的公用设施，如座椅、绿化等。

（3）半步行街。以步行为主，有少量车辆进入，大多数为商店送货车辆，它们仍在背面小路出入，只有背面无法进货的商店，才从前门送货。在原有道路中设置绿地、小品，形成一条曲折的“车行小巷”，迫使通行的服务性车辆减速行驶。

7.5.3　步行街的基本构成元素

步行街基本上是一种街道式的都市空间，由两旁建筑物的立面和街道地面组合而成的。要设计出高品质的步行街，必须把握住步行街内各元素的特性与功能，了解当地居民的需求，设计出步行街内的设施。步行街设计考虑的基本构成元素有：

（1）地面。以精致的铺面材料进行图案化处理。

（2）景观饰物。例如喷泉、雕塑物、钟塔等。

（3）展示橱窗。供商品展示或广告宣传之用。

（4）招牌广告。街道两旁商店的招牌等可能影响都市景观的设施，应有系统性的设计处理。

（5）街道设施。步行街道设施主要为人们提供休息、交流、活动等功能，是环境中重要的视觉物象。根据功能的不同，街道设施可以分为休息设施、卫生管理设施、通信文化设施、交通设施、照明设施和无障碍设施。

（6）植栽设计。步行街道绿化面积有限，植物造景应创造立体式绿色空间，在绿色为主调的前提下，配以色叶树种、花卉，烘托热烈的商业氛围，并使行人与植物亲密接触，充分发挥植栽的实用美化功能。植栽形式主要包括道路广场绿化、垂直绿化和屋顶绿化。

① 道路广场绿化。通过树形优美、遮阴覆盖面积大的阔叶乔木构筑林荫空间；或者在休息设施周围采取点式绿化，以乔木、灌木相结合形成视觉中心，能很好地渲染商业街道的环境氛围；在没有养护条件的地段，采用种植容器增加街道美感。

② 垂直绿化。商业步行街为了扩大绿化面积，可以进行建筑物垂直绿化，可以在四层以下建筑物屋面沿街一边砌筑小型花槽，给街上行人以舒适的柔和观感；还可以在建筑外壁有意制作一些悬挂式壁盆。

③ 屋顶绿化。不仅可以装饰建筑，而且可以为市民提供多样的立体场所或空中花园，既节约了场地，又产生了生态效应和视觉美感。

（7）特殊活动空间。供街头表演、娱乐、商业推广之用。

7.5.4 步行街设计的原则

（1）人性化原则。步行街的景观脱离了人的活动、使用和精神情感需求，便失去了城市公共空间的意义。各类基础环境在布置引导设计上要给人提供方便，设施的布局、尺度符合人的视觉观赏位置、角度和人体工程学的要求。

（2）连续性原则。步行街景观的连续性可以帮助人对其间活动的认知，对街道整体印象的形成有很大的帮助。通过强调景观实体形式，如个性的装饰主题、装饰图案的连续等手段，突出视觉效果；通过不同景观界面的素材，如材料、质感、色彩等，以一定方式的重现来表达连续感；通过步行街道垂直的景观立面轮廓线而产生整体性、连续性的视觉特征。

（3）地域文化原则。步行街景观应当体现地域文化特征，注重保护具有历史意义的场所，同时探寻传统文化中适应时代要求的内容、形式和风格，体现出时代性和地域文化的认同性。

7.5.5 步行街空间结构

步行街的空间文脉也叫“地脉”，它是步行街在具体空间中的体现，是步行街环境的重要组成部分，也是步行街环境个性与特色的重要体现。

1. 步行街的环境格局

步行街的环境格局是构成步行街物质的总体基础，是体现步行街特色和个性的框架。步行街的环境格局包括步行街与城市环境或街道周边环境的关系等。步行街的格局一般是在历史发展过程中自觉形成的，是随着城市经济的发展、功能的完善、生活的变化而演变的，是社会形态变化的物质印记。

上海新天地是具有历史文化风貌的都市旅游景点，它以上海近代建筑的标志——石库门为基础，改变了石库门原有的居住功能，创新地赋予其商业经营功能，把这片反映上海历史和文化的老房子改造成了集餐饮、购物、演艺等功能于一体的、著名的时尚、休闲文化娱乐中心（图 7-12）。当人们走进新天地石库门弄堂，可以看到整个建筑群依旧保留着青砖步行道，红、青相间的清水砖墙，厚重的乌漆大门，雕刻着巴洛克风格卷涡状山花的门楣。当进入建筑物的内部，则会发现室内设计非常现代和时尚；每座建筑物的内部都按照当今现代都市人的生活方式、生活节奏、情感世界量身定做，无一不体现出现代休闲生活的气氛。这里所有的一切连同美食广场、国际画廊、时尚精品店、新概念电影中心及大型水疗中心和广场上的花车，无不体现出独特的文化个性。漫步新天地，仿佛时光倒流，犹如置身于 20 世纪二三十年代的上海滩。

2. 步行街的肌理

肌理是指构成步行街物质要素的粗细程度，具体是指建筑、空间、招牌、广告、植物、环境设施等的不同组合方式在步行街空间中的体现。

图 7-12　上海新天地

步行街的肌理是由组成步行街的物质要素的体量、形式及组合方式来表达的，它是构成步行街环境特色的重要标志，决定着人们对步行街的总体视觉感受。传统步行街的环境肌理一般表现得比较细腻，具有宜人的空间尺度和亲和力。

经过历史形成的肌理是步行街的特色所在，它们是街区空间深层结构上的形态依据，给步行街的环境改造提供了场所暗示及场所空间的内在逻辑，是市民共同记忆的重要依据，是环境改造的一个切入点。另外，肌理通过宏观形势转化为一个地点的历史，在时间上也形成了对历史事物的某种情感，与建筑形式一起构成场所精神，共同积淀了步行街的文脉。因此，对步行街景观设计来讲，延续步行街原有的环境肌理，对构成步行街环境的建筑、地面铺装、店面装饰、整体色彩等要素做仔细的研究与分析，对把握好现有肌理的延续与发展具有重要意义。

3．步行街的脉络

步行街的脉络是由建筑、街道、开放空间、公共设施等要素构成的，这些实体组成的不同虚实关系形成了不同的街道脉络，是街道的特色之一。通常情况下，步行街道有田字形、一字形、曲线形、成角形、轴线形等模式。不同地域、不同时代的街道表现出不同的形式脉络，延续街道原有的空间脉络是步行街改造应关注的重点之一。

步行街的脉络包括显性脉络和隐性脉络。显性脉络是指人们视觉能够感受到的外部特征，是步行街以实体和空间形式存在的部分。其具体包括空间格局、肌理、街道建筑、公共设施、植物、广告等。步行街的形体和空间文脉可以被人们的视觉、触觉和感官直接感受，是步行街环境产生多样化的基础之一。步行街是一种以文化为存在方式的空间形式，文脉中所表现出的空间形态、建筑风格、材质、色彩等显性要素都是在精神意义上的文化等隐性要素的影响下产生的，显性要素只构成步行街空间的表面形式，而隐性要素才是决定步行街空间特色的本质要素。隐性要素更多地表现为人们的思想意识、价值观念、生活方式、风俗习惯、宗教信仰、伦理道德、审美情趣等因素。正是因为这些隐性要素的影响，不同城市的步行街才能各具特色。

城市步行街的形成是一个动态的发展过程，正是因为显性因素和隐性因素的相互作用才使步行街的文脉在传承中创新，而显性要素一旦成形，也会对隐性要素产生影响。因此，显性要素和隐性要素的共同作用促进着步行街环境的发展与演变。

7.5.6 步行街的形态构成要素

不同城市都有其产生的历史渊源，城市的格局和形态都彰显出该城市的历史和文化。历史传统街区中的一街一巷、一砖一瓦、一个牌楼、一口老井都留下了往日市民生活的印记。

1. *步行街的形制*

步行街形态的形成与城市的地形地貌、城市发展的历程、城市居民的生活居住方式、地域性文化的传承有着密切的关系。步行街空间的变化、建筑群的组成形式、建筑的风格是步行街的格局、肌理和脉络的综合体现，是步行街总体风貌的外在表现。步行街的形制是通过历史积淀形成的，具备一定的审美、历史和文化意义。长期以来，具有传统特色的步行街成为每个城市特色的象征，赋予了人们太多的回忆与遐想。

2. *步行街的遗迹*

多数步行街的形成都是围绕具有历史意义的建筑或空间展开的，这些地方往往成为市民进行各种活动的公共空间。例如成都锦里步行街和武侯祠连成一片，形成具有蜀文化特色的步行街（图 7-13）。山东曲阜五马祠步行街是依托孔府、孔庙等历史古迹逐渐发展形成的。城市步行街历史遗迹的保存，不仅使当代人看到了历史发展的文脉，也给后人留下了宝贵的遗产，并成为各城市旅游开发的重点项目。

图 7-13　成都锦里

3．步行街的文脉

步行街的文脉是整个城市历史发展的载体，具有永恒的价值。“一切新的建设都是在原有的环境中发生的，并在某种程度上改变了环境，环境是经历了很多世纪形成的，所以城市的设计必须尊重有意义的、视觉上有特点的东西，无论新的作品多么小、多么寻常，都必须尊重原来的环境特征。”步行街中的老字号或百年老店是步行街文脉的重要组成要素，是形成步行街特色的重要载体。这些步行街中的老建筑经历了历史的变迁，而老字号店铺则是一种文化的积淀，是市民对城市中的一些场所产生依赖的基础，对步行街特色文化的形成具有重要价值。以天津为例，几条传统步行街的发展历史都反映了天津经济和社会发展的轨迹。它是历史、文化与物质文明的结合，也是历史形成的政治、经济、文化的积淀。天津的五大道街区，保留了相当数量的租界时期的建筑，整体建筑风格为欧式风格，整条街道凸显浪漫精巧的异国风情，建筑环境的私密性构成了深邃、幽静的氛围。这里曾经居住过达官贵人、商甲富豪，发生过太多的故事，并且也见证了天津的历史与发展。因此，五大道街区不仅是建筑艺术的表现，更记载着这个城市的历史与文化的信息。

南京 1912 步行街，东邻南京总统府，是南京地区以民国文化为建筑特点的商业建筑群，也是南京民国建筑和城市旧建筑保护与开发的成功案例。对此处的恢复和兴建，就是希望通过此地历史与文化资源的唯一性，展现其历史文化特质。1912 步行街作为南京人的第一间“城市客厅”，不仅凸显了南京古都的风貌，而且通过现代娱乐、餐饮、著名商业企业的引入，使历史街区焕发了新生（图 7-14）。大栅栏是北京市前门外一条著名的商业街，曾经商铺林立，有许多著名的老字号店铺。但随着历史的变迁，这些历史遗迹和特色文化遭到破坏或被遗忘。为了迎接 2008 年北京奥运会的召开，北京市进行了大规模的城市建设与改造，其中前门大街就是城市重要的改造项目之一。在北京奥运会召开之前，恢复了它昔日的街区风貌，并在保留原有建筑物和构筑物的基础上，恢复了一些文化实体和老字号，体现出前门外大街地区的传统梨园戏曲文化、中华美食文化、绸缎鞋帽文化、茶叶陶瓷文化、同仁国药文化、古玩字画文化等特色。尤其是在步行街上恢复了古色古香的“叮当车”，唤起了许多老人童年的记忆。这些文化符号和生活文化的展示真正体现了北京市民的市井生活。

图 7-14　南京 1912 步行街

城市的生命是在历史的延续和传承过程中得以体现的，立足于城市建设和文化认同的公共文化区域，使之成为记录历史沧桑、反映城市居民生存理想、营造城市环境美学和昭示城市精神的有形载体。城市的精神与文化是可以通过这个特定区域内人的行为、情感、意志等可以感知的方式显露出来的。正是各城市所具有的地域文化特质，使居住在城市中的市民呈现出内聚性和认同性。

4. *城市市民的生活方式*

城市市民的生活方式是通过物质载体表现出来的。而城市的精神文化，如市民的价值观、精神追求、理想信念、伦理道德、风俗习惯等，一部分是通过物质载体得以保存的，另一部分则以思想观念、意识形态等形式留存在市民生活当中。“城市是一种心理状态，是各种礼俗和传统构成的整体，是这些礼俗中所包含并随传统而流传的那些统一思想和情感所构成的整体。城市已同居民们的各种活动联系在一起，它是人类属性的产物。”步行街是市民在城市活动的重要空间，步行街伴随着市民的生活而发展，在人们共同的经验交流中所达成的思想、习俗、文化、情感等，铸就了步行街的历史文脉和精神气质，并影响着人们对步行街的情感。

外来文化的侵入也会对生活在城市中的市民生活和审美产生影响。在近代，由于帝国主义的入侵，我国许多城市沦为入侵者的殖民地，殖民者在上海、大连、哈尔滨、青岛、天津等地建设了许多欧式风格的建筑。随着时间的推移，这些城市中的市民对步行街中的欧式风格建筑逐渐接受。在审美方式上，这些建筑周围都改造成步行街，街道环境中大量运用了西方风格的装饰和环境设施。在生活方式上，市民对西方生活方式进行效仿，如在步行街上开设了许多欧式的商店和酒吧等。

总之，保留至今或正在恢复的步行街，总是凝结着市民的生活历程，记载着传统文化，体现出民族精神与地域性特色。步行街更是我国逢年过节展示传统文化的大舞台。我国传统步行街一般都表现出强烈的市井气息。从这种气息中，可以寻求到城市往日市民生活的印迹。

7.5.7 城市步行街景观设计思路与方法

城市步行街的建设与改造是一个持续的动态发展过程，在一定的时空中会表现出自身的阶段性和稳定性。新环境的加入，必然与原有环境的时空关联相互作用、相互影响，共同形成新的文脉体系。街道的过去和城市的过去是步行街的历史，而步行街的现在又是未来的历史，用延续的方法确定步行街改造中的设计思路是一种可持续的设计方法。对于步行街文脉的延续，不仅要从步行街环境的表层来研究，还要关注与步行街相关的市民的生活方式、审美观念等深层结构的延续。步行街的环境改造设计，一方面要求给人以视觉上的感受，另一方面要从社会文化意义上促进和引导人的积极行为的发生，让市民充分体验步行街文化的连续性。因此，对于步行街的改造，不仅要从物质形态上考虑新建环境与旧环境的视觉关系，而且更重要的是强化与步行街相关的历史文化的挖掘。步行街的发展正是共时性要素和历时性要素共同作用的结果，因此，要运用时空观的思路探索步行街环境设计的方法。

1. *步行街风格的延续*

有主题或传统风格、地域性风格较为突出的步行街环境的识别性较强，容易形成清晰的环境意象，从而使人们产生较强的归属感和场所感。对于步行街风格的延续主要有对外在形式的模仿和对形态的抽象表现两种方法。

模仿是将步行街中固有的建筑形式特征，直接运用到新的形态设计当中。模仿的方法对于历史步行街区建筑的形态、空间布局、细部装饰等改造很有用处，可以延续街道建筑的整体风格。当然，完全模仿是不可能的，著名建筑师贝聿铭先生说："我注意的是如何利用现代的建筑材料来表达传统，并使传统的东西赋予时代的意义。"抽象也是现代步行街建设改造中常用的手法。在抽象形式上可以采用形象抽象和空间抽象。形象抽象往往表现为一种概括的象征符号，通过这些符号唤起市民对街道传统特征的记忆，把历时性的特征用共时性的形式表现出来。空间抽象则是通过对空间组织的抽象来体现街道的传统特征，意在延续街道的空间组织原则而非形式。

2．步行街形态的延续

形态是关于建成形式的位置、周边、内与外关系的描述。利用造型上的特征，使步行街中新介入的建筑与相邻建筑的形式一样，这种方法能很好地保证原有街道特征的延续。形态的延续主要是从视觉上要求新形象与旧形象形成统一的整体，任何微观形态上的不协调都会影响到改造后的步行街环境的文化品位。另外，还要保持步行街中几何关系的相似性，如建筑的高度、体量、立面以及轮廓的相似性，以保证步行街整体环境的视觉连续性和整体效果，这是保证步行街形态统一协调的基础。

多数步行街都是在原有结构的基础上发展起来的。原有的结构是步行街空间依附的骨架，也是街区生活的血脉。步行街结构分为表层结构和深层结构，表层结构包括步行街建筑的组合模式与开放空间的组合模式等；深层结构是指步行街的环境意向，主要包括环境中所寄托着市民情感的、具有场所性的记忆空间以及标志性的物体。所以，在步行街环境改造中，新设施的加入要与原有的结构相联系，以达到步行街表层和深层结构的延续。

3．步行街色彩的延续

一般来说，城市步行街的色彩在历史中形成了连续性的特点，保持了街道总体视觉效果的统一性与完整性。当新建筑介入老建筑群时，要注意新建筑与原环境之间的色彩关系，照顾到相邻色彩间的协调和主次关系。不同地域和历史条件下形成的街区，给人的感受是相对既定的，由此，人们在步行街中接受色彩信息的方式，如视觉距离、视野范围等具有相对的既定模式。作为一个有效的视觉语言，步行街色彩的整体协调性对于改造后步行街景观特征的形成非常必要。城市步行街伴随着时代而发展，不同的历史时代又会给步行街打上不同的时代印记。不同年代、不同功能的设施决定了各自色彩的不同，因此，步行街在整体色彩上要突出重点，要明确层次关系，要使整个步行街景观色彩有张有弛、节奏分明，这样才能充分体现出步行街色彩的层次性和丰富性。

4．步行街空间尺度的关联

传统步行街的形制是生活在城市中人们经过世代与环境的磨合而生成的。步行街中建筑的体量和空间尺度形成了街道的整体关系，在环境风格的形成上起到了重要的作用。通过步行街的空间尺度，可以反映出当地市民的日常生活与休闲方式，这充分表现出街道的人文和美学内涵。

5．步行街材质的关联

城市街道的连续界面或形体中连续出现相同或相似的材质，在视觉上给人们一种连续性；步行街区功能的多样性导致街道界面材质构成的繁杂性。一般来说，在步行街的建设改造中，首先应保持街道两侧建筑立面材质的一致性。新介入的建筑要运用相同或相近材质和色彩的材料，以保证建筑立面形成统一质感的肌理。其次，步行街铺地的材质也需要和整体环境协调统一，铺地材料的选择如果种类、色彩过多，组合形式繁杂，往往会导致整体形象混乱，破坏步行街的整体感。

6. 生活方式的延续

步行街文脉连续的根本出发点在于促进城市生活的延续，有的城市步行街在改造中只注重了街区空间本身文脉的延续，而忽视了城市生活方式的延续。步行街是一个城市文化集中体现的场所，以传统文化为代表的街道一般都有自己悠久的历史和文化。例如，吴文化、楚文化、岭南文化、秦文化影响下的步行街表现出不同的文化特征。步行街的建设应充分尊重步行街文化生存的规律，尊重当地人的生活习惯、生活方式和审美意识，从深层次来理解步行街环境设计与文化生存之间的关系。

当然，社会的发展使当今社会生活有了许多的改变，无论是现代意义还是传统意义上的步行街区都应满足现代城市市民的生活需求。因此，处理好传统文化与现代生活的关系是步行街改造需要关注的问题。要注意保留对人们生活影响深远的生活方式，用一定的空间和场所延续这些有意义的生活内容；对于与步行街有关的生活场景要用景观的方式记录下来，这是一种延续文脉的有效方式，对人们产生较大影响的生活方式或生活情境可以用环境小品的形式表现出来，从而增强人们的场所精神，延续步行街的历史性文脉。步行街环境通过历史变迁会逐渐形成一种文化氛围，这种文化氛围凝结着步行街空间的场所精神，而延续这种无法用语言表达的街区场所精神，对于步行街文脉的传承具有积极的作用。

7. 传统活动的延续

步行街区作为一个社会环境，是各种社会关系整体表现的空间组织。从社会学的角度来看，城市活力正是通过市民和团体之间在街道中的聚集和互动产生的。在传统步行街中，尤其是遇到我国传统节日，步行街就成为展示民俗传统文化的聚集地。各种传统文化活动在此举行，更容易得到市民的认同。这些活动对于凝聚步行街的人气、文气，活跃商业气氛，营造生活氛围有着积极的作用。

天津老城厢是具有 600 多年历史的老街，是天津历史文化遗产的重要组成部分，建筑以四合院为主，街巷纵横交错，分布着文庙、鼓楼、会馆等著名传统建筑。作为市民重要的民俗文化场所，天津的许多传统诸如婚丧嫁娶、庆典等活动仪式都是在老城厢的环境中传承下来的。西藏拉萨市的八廓街，两边商店林立，一年到头都有川流不息前来朝圣转经的信徒，他们手持转经筒，周而复始地行走在这条街道上（图 7-15）。

图 7-15 西藏拉萨市的八廓街

8．社会结构的延续

社会结构是城市文脉结构的重要组成部分，也是步行街区文脉的根本要素。延续原有的城市结构，对步行街的环境设计尤为关键。生活在步行街周围的市民与周围人群或步行街的物质环境结成了亲密的社会网络，步行街文脉性设计的本质之一是支持和培养市民的社会网络。因此，要把与步行街环境有关的市民社会生活通过空间的形式表现出来。

对于城市步行街来说，文脉在构成层次上表现为显性文脉和隐性文脉。显性文脉在步行街的环境中表现为地域性、场所性。隐性文脉在发展中表现为传承性和变异性。显性文脉的地域性和场所性决定了城市步行街环境改造要遵循系统性原则、保护与开发原则。隐性文脉的传承性和变异性要求步行街在改造中要坚持传统与现代结合的原则。而审美和多样性既是步行街空间要素发展的依据，又受到时间要素发展的制约，因此，总结出基于文脉的步行街景观设计方法，才能实现步行街横向和纵向文脉的延续。

第8章 城市滨水景观设计

8.1 城市滨水景观概述

滨水一般是指同海、湖、江、河等水域濒临的陆地边缘地带。城市滨水区一般是指在城市同海、湖、江、河等水域濒临的陆地建设而成的，具有较强观赏性和使用功能的一种城市公共绿地的边缘地带。

水域孕育了城市和城市文化，成为城市发展的重要因素。世界上知名城市大多伴随着一条名河而兴盛，如英国的母亲河泰晤士河，发源于英格兰西南部的科茨沃尔德希尔斯，全长 346 公里，横贯英国首都伦敦与沿河的 10 多座城市。

黄河是中华民族的母亲河。早在远古时期，原始先民就生活、奋斗和繁衍在黄河流域。半坡遗址位于陕西省西安市浐河东岸，是黄河流域一处典型的原始社会母系氏族公社村落遗址，属新石器时代仰韶文化，距今有 6000—6700 年历史。黄河最大的支流渭河，从甘肃省渭源县鸟鼠山出发，途径陕西关中地区，在晋豫陕三省交界处注入黄河。千年渭水奔流不息，养育了天水、宝鸡、咸阳、西安、渭南等城市，造就了恢宏的秦汉雄风和辉煌的大唐盛世，奏响了一曲古老而现代的赞歌。八水绕长安（八水是指：渭、泾、沣、涝、潏、滈、浐、灞八条河流），成就了古都长安的十三朝历史，成为中国历史上建都朝代最多、历时最长的著名古都。

城市滨水区是构成城市公共开放空间的重要部分，并且是城市公共开放空间中兼具自然地景和人工景观的区域，其对于城市的意义尤为独特和重要。

成功的滨水景观建设不仅有助于强化市民心中的地域感，而且可以塑造出美丽的城市形象。城市滨水区的建设，对于提高城市环境质量、展示城市历史文化内涵与特色风貌、促进城市的可持续发展均有着十分积极的意义。充分利用当地的滨水资源，把人工建造的环境和当地的自然环境融为一体，营造具有特色文化、特色环境、特色建筑、特色设施的滨水城市景观，增强人与自然的可达性、亲密性和多用性，形成一个科学、合理、健康而完美的城市格局，是城市滨水规划设计的主要任务。

8.1.1　城市滨水空间的发展

城市滨水区是城市文明的发源地，也是人类文明的发源地。在早期的城市中，水体作为城市生活和军事防御之用而存在。良渚古城遗址，位于杭州市余杭区境内，距今约 5300—4300 年。在良渚古城的外围大型水利系统，是中国迄今发现最早的大型水利工程系统，也是世界上最早的堤坝系统之一。它由山前长堤、平原堤坝、谷口高坝等 11 条人工坝体和天然山体、溢洪道构成。据初步估算，整个水利系统形成一个面积约 12.4 平方公里的水库，库容量超过 6000 万立方米，水利系统影响面积约 100 平方公里。

白起渠是古代汉族劳动人民创造、修建的军事水利工程，建设时间比著名的都江堰水利工程还要早 23 年。这条长渠西起湖北省南漳县谢家台，东至宜城市郑集镇赤湖村，蜿蜒 49.25 公里，号称“百里长渠”，至今仍灌溉着宜城平原 30 多万亩良田。2018 年 8 月 13 日，在加拿大萨斯卡通召开的国际灌排委员会第 69 届国际执行理事会上，湖北襄阳白起渠（又名长渠）被确认成功申报为世界灌溉工程遗产并予以授牌。“华夏第一渠”白起渠成为湖北省首个世界灌溉工程遗产。

公元前 256 年，战国时期秦国蜀郡太守李冰率众，在距成都 56 公里、成都平原西部都江堰市西侧的岷江上修建了大型水利工程——都江堰水利工程。其以年代久、无坝引水为特征，被称为世界水利文化的鼻祖。这项工程主要由鱼嘴分水堤、飞沙堰溢洪道、宝瓶口进水口三大部分和百丈堤、人字堤等附属工程构成，科学地解决了江水自动分流（鱼嘴分水堤四六分水）、自动排沙（鱼嘴分水堤二八分沙）、控制进水流量（宝瓶口与飞沙堰）等问题，消除了水患。都江堰不仅是中国古代水利工程技术的伟大奇迹，也是世界水利工程的璀璨明珠。最伟大之处是建堰 2250 多年来经久不衰，而且发挥着越来越大的效益。都江堰的创建，以不破坏自然资源，充分利用自然资源为人类服务为前提，变害为利。都江堰水利工程，是中国古代人民智慧的结晶，是中华文化的杰作。

在中国古代，人们并没有特别强调“城市滨水景观”的概念，人们进行城市滨水区风景建设的观念源于风水理论和儒家朴素的生态思想，倡导“天人合一”“崇尚自然”。城市建设注重与自然环境的结合，追求城市与自然风景的融合，创造丰富多彩、形式多样的滨水景观。古代城市滨水景观或许起源于古老的神话——黄帝的人间行宫昆仑山和蓬莱仙山。周文王根据神话开始了创造城市滨水景观的活动。秦始皇构筑了濒临渭水的庞大滨水风景——阿房宫，开创了“一池三山”的滨水景观形制。汉武帝广开上林苑，开始了中国城市滨水园林景观建设。

隋唐结束了近 400 年的战乱，统一了全国，建立了中国历史上空前强大的封建帝国，中原的经济得到了恢复和发展，文学艺术发展迅速。隋唐与西域来往频繁，促进了多民族的文化艺术交流。传统艺术中融汇了佛教和西域的异域文化，以及南北朝以来的浪漫情调，在建筑艺术上形成了理性与浪漫交织的盛唐风格。在这样的政治、经济、文化背景下，中国城市滨水景观得到了快速发展，特别是唐朝都城长安的园林滨水景观建设，达到了中国城市滨水景观的快速发展阶段。

宋代山水审美观的兴起，文人、士大夫对山水自然美推崇备至，把山水当作一个纯粹的美的客体，并在这一美的自然景物中逍遥散怀，陶冶性情。这种山水审美意识不断获得发展和完善，深深地影响着中国古代社会，山水美遂成为中国古典艺术宝库中的一笔巨大财富。东京艮岳、苏州沿河及杭州西湖景观的建设，推动了中国古代城市滨水景观的蓬勃发展。

明清两代，中国社会长期处于稳定的局面，社会经济得到很大发展，城市建设得到快速发展。明清文人追求风流清雅的生活的同时，开始注重精神追求。他们师承前代的理性精神和浪漫情调，承袭汉唐的传统，吸取自然意趣和文化特色，建设了大量的滨水景观。北京市园林滨水景观及江南城市滨水景观建设，标志着中国城市滨水景观发展的繁荣。

鸦片战争后，中国进入了半殖民地半封建社会，封建社会经济开始逐渐解体，社会局势非常混乱，经济发展非常缓慢，又受到帝国主义列强的残酷剥削和压迫。连年的战争，导致了中国城市滨水景观发展的衰落。

20 世纪 80 年代以来，人类社会开始向信息化时代迈进，城市生活发生了巨大变化，为滨水区的复兴奠定了技术、物质和精神基础。水处理技术的发展，减少了水体污染，滨水环境得到明显的改善；城市生活闲暇时间的增加和人们环境意识的觉醒，使水体、绿化等自然要素在城市中的地位日益提高，城市滨水区重新成为人们关注的焦点。以上海外滩、杭州西湖、大连沿海、武汉东湖和江滩景观为代表的城市滨水景观建设，吹响了中国现代城市滨水景观恢复的号角。

8.1.2 城市滨水景观的发展

综观世界各国，自 20 世纪 70 年代以来进行的滨水区景观开发，均受到经济、社会、环境、文化等因素的影响。

1. 经济因素

城市在开始选址建立时，水源往往是主要考虑因素。水源不仅是人类赖以生存的生命线，而且在交通上也起到了一定的作用。自从工业产业结构发生调整，同时加上现代交通运输的进步，水体在交通上的影响也发生了变化。首先，靠水运为主的工业在发达城市都出现了衰落。最早的滨水工业，如面粉加工业、燃煤发电厂等都发生了根本的或生产技术流程上的变化，原先占有城市滨水地区的工业用地便空置出来。世界经济全球化，一些工业生产迁移到发展中国家，如美国、德国的不少制造业都迁移到南美洲和东南亚地区，城市里的工业地区，包括滨水工业地带，都出现了空置。其次，在航运交通上，由于高速公路和集装箱的兴起，内河水运出现了衰退；由于技术的进步，码头作业的效率大大提高，从而减少了用地面积；大吨位的大型集装箱船需要水位更深的泊位，于是港口都向更深的海域迁移，使原先浅水的内港区闲置。例如，美国费城的港口是在 20 世纪 60 年代兴建的，1995 年正式停止使用。凡此种种，在经济结构转型后发展起来的高科技新工业基本上落户在郊区，城市滨水地区的工业用地、港口用地、铁路用地都大量空置，需要寻找新的用途。

正是由于城市滨水地区相对的低地价和优良的区位，促进了各国城市都纷纷转向滨水景观的开发，政府希望以滨水地区的开发来带动城市经济的发展和振兴。

2. 社会因素

20 世纪 90 年代，联合国前秘书长加利宣布“世界进入了全球化时代”。伴随而行的“全球文化”对旅游、休憩和户外活动的提倡，造成了对开敞空间的消费热上升。滨水地区濒临水面，视野开阔，是旅游、体育锻炼和其他户外活动的场所。社会对城市公共开放空间的重视和需求，促使政府和市场建造更多的公共开放空间。

由于旅游业的发展，促使公共节假日在城市中的重要性上升。政府和市场为了利用节假日来推动经济、触发商机，滨水地区的开发也和购物、餐饮、休憩等相结合，在有条件的地点，还和历史古迹、文化内容的开发相结合，如巴黎塞纳河旁的现代艺术博物馆就是由巴黎老火车站改造而成的。

3. 环境因素

从人类发展的本质来看，滨水环境对于人类有着一种内在和持久的吸引力，是吸引人类聚居的主要区域之一。当人类进入工业革命时期，为了追求最大的经济利益，滨水带周围布满了工厂、仓库、码头，水体受到严重污染。

进入 21 世纪，随着人们环保意识的增强，工厂和码头的迁移，西方发达国家将保护生态环境作为现代城市建设的核心理念，环境治理的成效终于显现，水体变得清洁，空气变得纯净，“近水”“亲水”重新成为一种吸引力。

中国作为发展中国家，在城市建设上，也适时提出建设“园林城市”“山水城市”“生态城市”的发展理念，共融共生成为处理城市与滨水关系的重要手段。生态城市建设，环境治理战略的推进，促进了城市滨水区利用发生“质”的转变。治理水体、改善水质、美化环境，成为城市滨水区发展的态势。南京的秦淮河，长期以来由于水体污染、环境恶劣而被当作城市的“包袱”。但经过近几年整治，水体及周边环境得到极大的改善，沿河两岸很快成为城市开发的热点。

4. 文化因素

自 20 世纪 70 年代起，西方发达国家对历史文化保护的热情开始上升，在文化上有了更高的要求。人们对那种单调、简单的方盒子建筑形式感到厌倦，开始从怀念传统建筑的艺术性和富有人情味转向修复历史建筑物。历史古迹和文化旅游的兴起，也引起了政府部门对历史建筑保护和开发的兴趣，从而为维修历史建筑提供了经济支持。这种对历史建筑的兴趣反映在滨水地区的开发上，以 20 世纪欧美国家对河流两岸的旧仓库、旧建筑的修缮热为实践案例：巴尔的摩内港区把原来的发电厂改成了科学历史博物馆；新加坡在“船艇码头”改建中保留了原有东方特色的旧建筑，现在这条东方式的商业街成为最吸引游客的场所之一。

8.2　城市滨水景观的特点

河流是连接城市建成区与郊野的重要生态廊道，是城市生态系统和城市气候的调节器，是城市绿地系统中最具连续性的开放空间，是城市户外生活最活跃的场所，是城市文化活动的载体，也是最能够彰显城市景观特色和城市活力的景观元素。

城市滨水区既是陆地的边缘，又是水体的边缘，是包括一定的水域空间和与水体相邻的城市陆地空间，是自然生态系统和人工建设系统相互交融的城市公共开放空间。

城市滨水区临水傍城，有着良好的区位优势，对于大多数以水系为依托而发展起来的具有悠久历史的城市来说，其滨水区多数是当地传统建筑文化积淀较为集中的地带，是展现当地特色文化的窗口。位于秦鄂两省交界的漫川关古镇，历史上就以地貌广阔、水域宽衍而得名。地势险要为兵家必争之地，历代官府都在漫川关设关置戍，素有秦楚咽喉之称。漫川关水旱码头通往各地，商务繁荣，人口稠密，“水码头百艇联樯，旱码头千蹄接踵”，“北通秦晋，南联吴楚”，“朝秦暮楚”的典故即源于此地，近年来，在国家扶持政策的推动下，已打造成为国家级文化旅游名镇。

世界上众多城市都是因其极富特色的河流景观而得名的。巴黎的塞纳河蜿蜒十几千米，沿河架设了 36 座各具特色的桥梁，河流沿岸分布着数不胜数的名胜古迹，成为当今世界各国民众向往的旅游胜地（图 8-1）。

图 8-1　塞纳河

城市滨水景观不能孤立地看成是滨水区域的自然景观或人工景观的集合，而应该是由滨水区域的建筑、园林等人文景观和各类自然生态景观构成的自然生态系统。它是生态环境、现代理念、历史传统与城市文脉的集合体，具备提高生态效益、景观效应和公共性的特点。世界上许多著名的城市都地处于大江大河或海陆交汇之处，便捷的港埠交通条件不仅方便城市的日常运转，同时还使多元文化在此碰撞融合，从而形成独特的魅力。中国香港、苏州、青岛等都是因其滨水特征而享誉世界。

8.2.1　城市滨水与城市发展的关系

1．河流与城市安全

河流不仅给城市的居民提供了水源，而且在城市防御上发挥了重要作用。但是，河流在给人类带来幸福的同时也会发生洪涝灾害，威胁到城市的安全。所以，在城市滨水环境的规划设计中，利用河流水体的多样性或人工来控制城市滨水区的水域变化，从而使河流在确保城市安全的前提下，能为美化城市发挥作用。

2．河流与城市交通

水路运输具有运量大、安全性强等优势。一些位于大江大河的港口城市也因此发展迅速。

河流不仅承担着城市交通的重任，在一些河流水网发达的城市，还是人们日常出行的重要途径，如威尼斯水城、中国乌镇等（图 8-2）。

图 8-2　乌镇

3．河流与城市生态

从景观生态学的角度看，河流廊道是最具连续性、生物丰富性、形态多样性的生态系统。其生态功能在养分输送、动植物迁移等方面是其他生态类型无法取代的。城市化对于地球自然生态系统的破坏是有目共睹的，城市景观的破碎度远高于自然景观。河流廊道作为一个多样性的整体，在城市生态系统中发挥着重要的生态作用。

4．河流与城市景观及文化

城市河流的景观价值是不可估量的。河流由于其柔和的质感与蜿蜒狭长的空间形态，成为城市中最具有特质性的绿地空间。河流像一条绿色的纽带，将沿岸大小各异的开放空间贯穿联系起来，并成为城市绿地系统中的生态轴。

河流不仅为城市提供了丰富的开敞空间，而且是城市中最有活力和魅力的地区。河流穿过城市不同的功能区域，将相对独立的开敞空间联系在一起，构成一个整体性的步行共享空间，成为市民乐于前往的休闲娱乐的公共交流场所。河流的特殊形态，为人们提供了更加开敞和多样的观景视角。城市中一些重要的建筑纷纷依水而建，沿河展开，城市重要的开放空间节点也以具有良好生态基础的河流为依托来布局。现代城市把打造城市水岸生活作为提高城市品质、塑造城市特色的一种有效的模式。

人类社会文明源于河流文化，人类社会发展积淀河流文化，河流文化生命推动社会发展。许多城市被授予“水乡水城”“桥乡”的美誉，这些名称不仅概括了城市空间形态的特色，而且成为城市历史、文化、景观特色的代名词。

8.2.2　城市滨水的功能与价值

1．城市滨水的自然功能

河流是城市中重要的自然生态资源，河流廊道如同血脉，为整个城市生态系统输送养分。

河流不仅为生活在城市中的市民提供日常用水，同时也为城市中的其他物种提供水源。河流廊道的多样性，为特定生物提供了形态各异的生态环境和栖息地。河流栖息地对当今城市来说尤为珍贵，它为大多数动物提供了食物来源。

城市的现代化建设造成了污染的加剧，导致城市热岛现象越来越显著，而城市河流廊道是调节城市气候必不可少的进气通道和微风通道。河流水体的流动与河流中水生植物的净化功能，对提高河流水质及城市水环境都有积极的意义。例如，黄浦江是上海的地标河流，流经上海市区，将上海分成浦西和浦东。在黄浦江两岸荟萃了上海城市景观的精华。黄浦江是兼有饮用水源、航运、排洪排涝、渔业、旅游等价值的多功能河流（图 8-3）。

图 8-3 黄浦江

2. 城市滨水的社会功能

城市滨水区以流动的水体和两岸的景物构成城市中具有动态美感的自然景观。城市滨水区为城市提供了开阔的空间视野，连续的开放空间不仅满足了城市居民亲近自然、回归自然的意愿，而且成为市民休闲娱乐的场所。城市滨水区是人们对城市形态的重要识别要素之一，也是有效分割城市地区，产生边界、区域和营造视觉中心的重要设计因素。城市滨水区可以使城市群、城市地区乃至小地区表现出有秩序、有效率的延展。通过活动特征区域、道路、节点空间等来组织有活力的城市空间，并支持人在城市空间中的各种行为，对于实现城市空间的人性化具有重要意义。

滨水地区是城市文明的发源地，也是城市居民赖以生存和精神寄托的空间场所。不同城市的历史文化特征形成了城市的不同特色，而滨水文化则可以成为城市旅游的重要项目之一，同时滨水文化娱乐功能可以提高城市生活的品质，为城市精神文明和社会的和谐发展起到积极的促进作用。

3. 城市滨水的生态功能

城市滨水以其生态系统的多样性，为城市提供了众多的生态功能与环境，在维护城市生态系统、改善人居环境、提高城市生活品质方面发挥着重要作用。另外，从城市经济、社会、生态方面考虑，城市滨水首先具有重要的经济价值，其中包括了直接和间接的经济价值。河流作为城市休闲旅游资源开发可直接获得经济价值，以及由此带动的相关服务业的价值。其次，城市滨水的生态系统对于未来具有直接或间接可利用的价值。其生态价值包括其选择价值、遗产价值、存在价值等。再次，城市滨水本身及周边的自然景观、人造景观、人文景观所具有的社会价值，以非物质形式显示出来，往往影响着社会的意识形态和价值观，从而更加深远地影响人们对待城市滨水的态度和对其进行价值开发的方式（图 8-4）。

图 8-4　西安桃花潭公园

8.2.3　城市滨水开发类型及发展趋势

当前我国正处在城市建设高速发展时期，对滨水区域的单纯利用，已逐渐过渡到深层开发改造层面。城市工业、经贸的快速发展和繁荣在给城市滨水地带来繁荣和富饶的同时，也给其带来了滨水面貌混乱、生态环境失衡等沉重的破坏和干扰。一味地追求商业利益的开发，使城市仅有的滨水休闲区无法得以保障，原本的生活岸线受到重工业区的排挤，造成了人与水的疏离现象。

近年来，针对城市河流生态所面临的严峻形势，国外景观界一批有识之士纷纷投身到城市滨水景观的实践中来，并探索总结了一些先进的理论和实践经验。这些实践经验的共同特点是将生态学的理论基础与现代景观规划有机结合，强调生态资源的保护、修复和生态格局的构建，贯彻以生态服务功能和审美功能相结合的评价体系。

德国、瑞士等国在 20 世纪 80 年代末提出了“近自然河流”概念，即用接近自然的，能够保护景观生态的方法进行河川的治理。受到这一观念影响，日本于 20 世纪 90 年代初倡导“多自然型河川”建设，迄今为止改造了几百条河流，是实践最多、最成功的国家。日本“多自然型河川”建设的关键是保全和复原丰富多样的河流环境，保护生物物种的多样性；确保河流在上、下游方向和横向的连续性，以保护河流及周边的生物网络；保护和复原特征性动植物赖以生存的特征性河流环境；确保水系的循环性，加强地下水、泉水与河流的联系和交换等。由此可见，由人工化向自然生态化转变成为未来城市滨水景观设计发展的总趋势。

景观设计在我国的发展仅十几年，其核心是协调人与自然的关系。滨水以其自然属性成为现代城市中最具特色的空间景观，越来越深刻地影响着城市整体景观格局和生态环境质量。城市滨水景观治理与开发的重要性越来越突出，这反映出滨水建设已从单纯的水利工程建设向综合人居环境建设转变的趋势。

8.3 城市滨水环境景观设计

人类对景观的感受并非是每个景观片段的简单叠加，而是景观在时空多维交叉状态下的连续展现。滨水空间的线性特征和边界特征，使其成为城市景观特色最重要的地段，滨水边界的连续性和可观性十分关键，令人过目不忘。滨水区景观设计的目标，一方面要通过内部的组织，达到空间的通透性，保证与水域联系良好；另一方面，为展示城市群体景观提供广阔的水域视野。滨水区也是一般城市标志性、门户性景观可能形成的最佳地段。

8.3.1 城市滨水景观功能

城市滨水景观不仅体现着城市的文明，还深刻地揭示了一个城市所拥有的历史文化内涵和外延。同时，滨水景观对于城市的形象、价值及游憩方面也具有积极的作用。

1. 形象功能

城市滨水景观除了因人工形式而产生的美感，也蕴含了自然生态系统富有生命力的美。因此，滨水区成为展示城市独特形象的窗口。如上海外滩、杭州西湖、纽约曼哈顿金融贸易区域的滨水景观都成为城市的形象代表。

2. 价值功能

城市滨水景观的价值功能主要表现在对城市发展的推动作用上，一般由文化价值、经济价值和社会价值组成。滨水景观是城市文明延续的载体、平台和外在的体现，滨水景观的改造不仅反映在改善城市环境、净化空间、树立形象、吸引游客上，还反应拉动了城市产业结构的发展方面，是城市可持续发展的重要因素。

3. 游憩功能

城市滨水景观为人们提供了游玩、观赏、娱乐的场所。滨水景观以其特有的美丽景致和丰富的文化底蕴，以及与自然和谐共存的环境，成为人们修身养性、感受愉悦的场所。

8.3.2 城市滨水景观的构成要素

在这个庞大的滨水景观系统中包含了诸多的构成要素，其可以分为两大类，即显性的物质类型和隐性的精神类型。两者应完美结合，以达到一种“人在画外，犹在画中”的诗意之境。

1. 物质类型

物质类型是指一切可以被视觉感受的部分，如水面、堤坝、码头、水榭、亲水平台等，它们的集合体共同决定了滨水景观的外貌和视觉的第一印象。

2．精神类型

精神类型是指依托于实体之上而被人们的思想所感知的情绪、情感、意境等元素，不同文化背景的人群将感受到不同的精神属性。

8.3.3　城市滨水景观的类型

丰富的地形地貌产生了各种形态的滨水区域，为城市滨水景观提供了物质基础。滨水景观的类型大致可分为三类：水体景观、衔接景观和岸上景观。

1．水体景观

水体景观是指因水系流经地表而自然形成的“流水地形”所包括的水体、地形和较少受人为影响的自然景色。其风格淳朴、自然面貌原始、生物多样，是滨水景观最大的看点和核心景观。

2．衔接景观

衔接景观是指位于水体景观和岸上景观之间起衔接作用的景观，包括自然景观和人造景观。例如，滨水绿带、广场、沙滩、驳岸、长堤、码头等，这些景观给人们提供了一个近距离接触水、亲近水的平台。衔接景观应具有亲水性、舒适性和环保性等特点。

3．岸上景观

岸上景观是指滨水区域附近的地上景观，或称为人工景观。它是一种非自然形成的景观，完全由人类活动所创造。岸上景观主要为滨水景观提供了烘托氛围的作用，滨水区的天际线由此构成城市景观的主调。岸上景观具有自然山水的景观情趣和公共活动集中、历史文化丰富的双重特点，是导向明确、渗透性强的城市公共开敞空间。

8.3.4　城市滨水景观设计概要

1．滨水与自然环境的融合

水作为自然资源被保留在江、河、湖、海、湿地、沟渠、土壤、地下等“容器”或物质中，而水又是流动的，形体是多变的。一个自然地表水系并不仅仅是一个线性的结构，它就像一棵枝繁叶茂的大树，有着众多的分枝与根系。城市中纵横交错的水网都需要足够的空间来适应水流的变化，同时也为滨水流域的动植物提供了丰富的生存场所。因此，滨水景观设计的对象不仅是滨水的界面，而且是复杂的滨水空间和岸线系统。

中国的大多数城市人口密度较高，在城市建设的过程中，应遵循将城市与景观高度融合的空间发展模式。城市的发展既需要保持安全的水位，又需尽可能保留足够的、洁净的地表水，以保持生态的平衡。

滨水设计的首要作用在于保持尽量多的水体在地表。在对重要的资料如水文、土壤、滨水生态状况、交通和各项设施的规划，以及经济发展的可行性等有了充分了解后，还需综合考虑地表水的容量和面积、自然净水的能力、生态水岸等各方面因素，形成一个综合的设计方案，以实现城市与景观的真正融合。

2．具有滨水景观特色的建筑

滨水区沿岸建筑的形式及风格对整个水域空间的形态有很大影响。滨水区是向公众开放的界面，临界面建筑的密度和形式不能损坏城市景观轮廓线，并保持视觉上的通透性。

滨水区沿岸的建筑应适当降低密度，注意与周围环境的结合，可考虑设置屋顶花园，丰富滨水区的空间布局，形成立体的城市绿化系统。另外，还可将底层架空，这不仅有利于形成视线走廊，而且可形成良好的自然通风，有利于滨水区自然空气向城市内部引入。

建筑的高度在符合城市总体规划要求的基础上，还需根据滨水区环境的特点综合考虑，并在沿岸布置适当的观景场所，设置最佳观景点，保证在观景点附近形成优美、统一的建筑轮廓线，以达到最佳视觉效果。

在临水空间的建筑、街道的布局上，应注意留出能够快速、容易到达滨水区的通道，便于人们前往进行各种活动。另外，还要考虑周围交通流量和风向，可使街道两侧沿街建筑上部逐渐后退以扩大风道，降低污染和气温。

建筑造型及风格也是影响滨水区景观的一个重要因素。滨水区作为一个开敞的空间，沿岸建筑成为限定这一空间的界面。而城市两岸的景观不再局限于单纯的轮廓线，具体到单体建筑的设计上，要与周围建筑形成统一、和谐的形式美感。

3．滨水区与交通元素的体现

道路与城市滨水区景观有着密切的关系，既要符合城市规划的要求，又要和滨水区景观紧密结合。滨水区景观中的道路不仅要考虑水上交通和陆上交通的连贯性，而且还要考虑车流和人流的分离。滨水区景观中除了交通道路以外，还有很多辅助的交通枢纽，如码头、桥梁等，这些意象元素是滨水区景观中所特有的，成为滨水区景观中的亮点。

桥梁在跨河流的城市形态中占有特殊的地位，正是由于桥梁对河流的跨越，两岸的景观集结成整体。特殊的建筑地点，间接而优美的结构造型，以及桥上桥下的不同视野，使桥梁往往成为城市的标志性景观。城市桥梁的美，不仅体现在孤立的桥梁造型上，更重要的是把桥的形象与两岸的城市形体环境、水道的自然景观特点有机结合。因此，应重视城市桥梁的空间形态作用，将具有强烈水平延伸感的桥梁与地形、建筑及周围环境巧妙结合，创造出多维的景观效果。

码头是滨水区景观中特有的节点元素。它既有交通运输枢纽的功能，又能使滨水区更有其独特的风韵。当人们探寻江南水乡的历史痕迹时，一定会提到小桥和河道中的各种码头。这些码头给人们的生活带来了便利和乐趣。昔日这些码头是妇女们淘米、洗菜、洗衣物，孩子们戏水的场所，也是他们坐船出行、运输物资的交通港。在现代，像这种与自然面对面的对话在现代都市生活中已经很少见了。

城市滨水中有了水和船就更具有了活力，而河流中往来穿梭的船，会给人们留下鲜明的印象。人们到威尼斯旅游乘坐“贡多拉”不仅是为了体验当地人的生活，更重要的原因是只有在“贡多拉” 上才能真正感受到威尼斯这座城市的历史与文化。在水乡乌镇，只有登上篷船才能体验到水乡的生活与魅力。

4．滨水区景观空间层次的创造

在人们的脑海里，城市滨水空间的景观通常是一幅美丽的画卷，滨水区不仅有较开阔的空间，而且有着丰富的景观层次。为了能够达到预期的景观设计效果，最重要的一点就是要保留河道的自然流线，如果河道笔直，一览无遗，空间层次必然要削弱，“曲径通幽处”这句话很好地诠释了空间层次的本质。景观空间层次的创造还在于滨水空间节点的合理规划和布局，以及河流两岸景观层次的塑造。

5．滨水用地结构的更新

城市中的大多数滨水区不仅有着丰富的自然资源，具有优美怡人的景观环境，而且成为市民向往的休闲娱乐场所。它与周边的自然环境、街道景观、建筑物构成有机的整体，并对当地的文化、风土人情的形成产生重大影响。因此，重新评价滨水区所具有的价值，对具有多种功能的滨水区用地结构的规划和更新有着重要的现实意义。

6．滨水景观特色魅力的体现

河流的魅力可以分为两个方面，即河流本身及其滨水区特征所具有的魅力，以及与河流的亲水活动所产生的魅力。从河流滨水的构成要素来看，这些魅力主要包括河流的分流和汇合点、河中的岛屿、沙洲、富有变化的河岸线和河流两岸的开放空间，河流从上游到下游沿岸营造出的丰富的自然景观，还有河中生动有趣的倒影。沿河滨水区所构筑的建筑物、文物古迹、街道景观以及传统文化，都显现出历史文化和民俗风情所具有的魅力。河水孕育了万物，是生命的源泉，充满活力的水中动物表现出生命的魅力；河流滋润了河中及两岸滨水的绿色植物，不同的树木和水生植物表现出丰富的美感，营造出无限的自然风光，是河流滨水区最具魅力的关键要素。当人类在滨水区从事生产、生活、休闲娱乐时，滨水区的魅力从人们愉悦的表情中充分体现出来。人们愉悦的表情，各种活动的本身和其他魅力要素构成了滨水带场所精神的全部，也是人们感受到河流魅力的重要原因。

7．沿线绿带构建滨水空间

（1）滨水区空气清新，视野开阔，视线清晰度高。在滨水区沿线应形成一条连续的公共绿化地带，在设计中应强调场所的公共性、功能内容的多样性、水体的可接近性及滨水景观的生态化，营造出市民及游客渴望滞留的休憩场所。

（2）滨水区应提供多种形式的功能，如林荫步道、成片绿荫的休憩场地、儿童娱乐区、音乐广场、游艇码头、观景台、赏鱼区等，结合人们的各种活动组织室内外空间。

设计采用“点线面”结合的手法。点——在这条线上的重点观景场所或被观景对象，如重点建筑、重点环境小品、古树；线——连续不断的以林荫道为主体的贯通脉络；面——在这条主线的周围扩展开的较大的活动绿化空间，如中心广场、公园等。这些室外空间可与文化性、娱乐性、服务性建筑相结合。

（3）在滨水植被设计方面，应增加植物的多样性。这种群落物种的多样性大，适应性强，成为城市野生动物适应的栖息场所。它们不仅在改善城市气候、维持生态平衡方面起到重要作用，而且为城市提供了多样性的景观和娱乐场所。另外，增加软地面和植被覆盖率，种植高大乔木，以提供遮阴和减少热辐射。城市滨水区的绿化应采用自然化设计，植被的搭配——地被花草、低矮灌丛、高大树木有层次的组合，应尽量符合自然植物群落的结构。

（4）在驳岸的处理上灵活考虑。根据不同的地段及使用要求，进行不同类型的驳岸设计，如自然型驳岸。生态型驳岸除了护堤防洪的基本功能外，还可治洪补枯、调节水位，增加水体的自净作用，同时对于河流生物的多样性起到重大作用。

在河床较浅、水流较缓的河岸，种植一些水生植物，在岸边多种柳树，可以形成蔽日的树荫。这种植物不仅可以起到巩固泥沙的作用，而且树木长大后，可以控制水草的过度生长，减缓水温的上升，为鱼类的生长和繁殖创造良好的自然条件。

城市滨水河流一般处于人口较密集的地段，对河流水位的控制及堤岸的安全性考虑十分重要，采用石材和混凝土护岸是当前较为常用的施工方法。这种方法既有优点，也有缺陷。在这样的护岸施工中，采取各种相应措施，如栽种野草，以淡化人工构造物的生硬感；在石砌护岸表面，可以有意识地做出凹凸，这样的肌理给人以亲切感，砌石的进出，可以消除人工构造物特有的棱角。在水流不是很湍急的流域，采用干砌石护岸，可以给一些植物和动物留有生存的栖息地。

8. 滨水景观人文特色的体现

科学技术和信息化技术的全球化，影响到人类社会生产生活的方方面面，给人类社会带来的进步与发展有目共睹，但结果却大大推进了场所的均质化。均质化的象征就是“标准化”“基准化”“效率化”，作为城市整顿建设的目标，千城一面成为市民对我国城市建设的善意评价，城市化的进程使得人类正在遮掩体现生命力的痕迹。

在全球化的今天，学术界谈论最多的是民族性、地域性和个性化，作为城市环境的个性化特色。包含了自然景观的特色、历史的个性、人为形成的个性，这些个性化特色是构成滨水区景观特色的要素。南京秦淮河滨水区石头城公园是滨水区的其中一段，沿河一侧环绕着具有几百年历史的明城墙，这些遗迹充分展现了历史的特色与价值（图8-5）。而由特殊的地形地貌所形成的人脸造型又赋予了滨水区更多的传奇故事和人们的想象，形成了一种特有的景观特色。将滨水环境特色反映在景观的规划设计中，是设计师需要研究的重点之一。

图 8-5　南京石头城公园

8.3.5　城市滨水景观亲水特征

1. 城市滨水景观的特征

滨水空间是城市中尤为重要和独特的组成部分，主要为人们提供一个舒适、安全、怡人的亲水环境，增进市民之间的人际交流。

（1）水体造就的自然资源特征。滨水空间是典型的生态交错带，是人们观赏、考察的特殊区域；当水体达到一定数量、占据较大空间时，水域附近常常呈现出宜人的小气候。

（2）滨水区独特的人文特征。水乃生命之源，人类观水、近水、亲水、傍水而居的趋水天性是历来已久的。在古代人们就有水上游览、曲水流觞、钓鱼等亲水活动；在当代，有划船、漂流、游泳等活动。

（3）滨水空间固有的景观特征。河道景观属于典型的带状空间，带状空间因其水流的作用，形成蜿蜒河道、缓坡岸堤等特殊空间形态；具有较强的导向性和内聚力，其空间秩序较强，有利于沿岸形成序列空间节点。

2．人的行为特征

人们的活动是城市滨水开放空间的最重要和最基本的因素，它构成了滨水开放空间的人文特征和价值基础。正如 C · M · 迪西所说："规划和设计的目的不是创造一个有形的工艺品，而是创造一个满足人类行为需要的环境。"

在景观设计的过程中应该考虑到空间属性与人的关系，从而使人与环境达到最佳的互适状态。在个人的空间环境中，人需要能够占有和控制的一定的空间领域。

（1）人的亲水活动类型。对于人们在公共空间中的亲水活动，丹麦建筑师扬 · 盖尔将其简化为三种类型：必要性活动、自发性活动、社会性活动。另外，根据人们不同的行为目的，又可以把这种流动性的活动分为：具有明显行为目的的点对点移动、伴随其他行为目的的随意移动、移动过程即行为目的的移动、流动中的停留状态。

为了能有效地将亲水设施导入适宜的河流环境中，首先应将亲水活动的类型进行分类，在此基础上做进一步的详细划分，这不仅能有效地将以亲水活动为中心的河流及地区的特征和需求反映在规划中，而且还可以进一步地从场所利用角度考虑空间的特征。同时，亲水活动类型的划分使得规划本身目标更明确。从亲水活动类型来分主要有：

自然观赏型——观赏自然风光、照相留影、摄影、写生等。

休闲散步型——老人、情侣、游客在悠闲地散步、座谈等。

户外活动型——在河边放风筝、垂钓、游泳等。

大众集会型——赛龙舟、水上音乐会、灯火晚会等。

休闲运动型——划船、赛艇比赛等。

不同年龄层次的人对亲水活动类型的要求是有差别的，人们在滨水区的亲水活动有时是多方面的、综合性的，这些也是亲水设施导入需要关注的问题。

（2）水环境对人的行为与心理影响。城市滨水大面积的水体形成连续的界面，它有着开阔的空间、良好的视野、清新的空气，人们紧张的身心在这里得到抚慰和放松。人对于水环境的行为与心理感受途径主要通过视觉、听觉、触觉和体觉。

视觉：是人类对外界最主要的感知方式。一般认为，正常人约 70% ～ 80% 的信息是通过视觉获得的，同时 90% 的行为是由视觉引起的。视觉能使人们看到水，感受水的形态、颜色、肌理和流动，感受水面的开阔、平静、秀丽、清纯，进而感受到整个滨水带的开放性和包容性。

听觉：由于水的流动而产生稳定持续的背景音，进一步掩盖了城市中的噪声，更加净化了人们的听觉空间。听觉起到视觉的辅助作用，在视觉不及的范围内，听觉又能引起人们的注意。

触觉：能加深人们对水的特性的感知，水的凉爽、柔软、流动带给人们的触觉感受是很丰富的。俯下身子触摸水，光着脚在水边漫步，这些行为的实现是评价亲水性建构是否成功的重要标准，也是夏季滨水带更加吸引人的原因之一。

体觉：人们置身水中最能加深对水特性的感知，这包括人乘船游览和在水中游泳。在城市中的滨水带，能提供水上观光的游船和开辟滨水浴场对于亲水性的创造将有很大帮助。

3．亲水性活动与环境现状的关系与影响

人类具有亲水的天性，环境特征及其设施对人类亲水性活动产生着重要影响。

（1）亲水性活动与地域性的关系。不同地域的水环境是有差异的，海滨城市的亲水活动和江南水乡城市的亲水活动有许多的不同。

（2）亲水性活动对河道形态的影响。有的河道水位升降不大，护坡呈自然形态，护岸边坡坡度平缓，人和水面很容易亲近；而有的河道需要排洪和泄洪的功能，应季节的关系水位落差非常大，它的护坡需人为地修建防洪堤和防洪墙，以保证河流两岸市民的安全，人们的亲水活动必须通过人工修建的设施才能进行。

（3）亲水性活动对水质和流量的影响。清澈见底的水质很容易吸引人们的游憩活动，水的流量和流速对人的安全会产生影响，也会影响人们发生亲水活动的可能性。

（4）亲水性活动与河流生态性的关系。河流生态保持得好坏直接影响到河水的水质和河流景观的多样性、丰富性。

（5）亲水性活动与景观的关系。自然的、人工的景观构成了河流景观的主要要素。这些构成要素组成了滨水区河流的整体景观效果，这些景观对吸引人们进行亲水活动发挥着重要的作用。

8.3.6 城市滨水景观设计原则

1．环境优先原则

城市滨水景观设计必须遵循“生态景观学”的原则。人类与滨水空间和谐共生的前提条件是有一个洁净、安全的水体和水边环境。因此，对生态环境的修复和保护是一个不可或缺的前提条件。城市水系格局及周围的地形地貌特色也是构成城市自然风貌的重要资源，将城市融入自然山水之中，可以形成富有特色的城市景观，提升城市形象。

2．以人为本原则

以人为本要满足人的参与性、服务性、趣味性、可达性、公平性等需求。参与性是指滨水景观中不仅要有可供观赏的美景，还要有可供参与的活动项目；服务性是指滨水景观中除了红花绿树、假山园林之外，还应该恰到好处地配套一些必要的服务设施；趣味性是指滨水景观不仅要追求恢宏大气的效果，还要注意雅俗共赏，增添一些富有情趣的内容；可达性是指滨水景观的各部分能够让游人随意进入并轻松抵达，而不是大片地圈起绿地仅供观赏之用；公平性是指滨水景观要照顾到不同的使用者，让社会各个阶层的人都能够感受到滨水景观带来的乐趣。

3．由功能决定尺度原则

古典园林是只为少数社会特殊阶层服务的，其中一个设计原则就是“小中见大，咫尺山水”，即“人在画外以观画”，而现代景观设计的成果是供城市内所有居民和外来游客共同休闲、欣赏使用的，因而决定了它要以超常规的大尺度概念来规划设计。

4. 文脉传承原则

城市空间作为城市文化的载体，就其本质而言是地域文化的一种映射。特别是对一些具有深厚历史文化的古城，设计应根植于所在地方，尊重传统文化和乡土知识，保持城市历史文脉的延续性，适应并延续滨水场所的自然演化过程。在大规模的城市滨水区更新改造和再开发过程中，还应充分尊重地域特点，与文化内涵、风土人情和传统的滨水活动相结合，保护和突出历史建筑的形象特征，让全社会成员都能共享滨水的乐趣。由于城市滨水场所的意义、内容多样，因而可以从生活的内容、社会背景、历史变迁、自然环境等众多因素中发掘，形成别具一格的滨水景观特色。

5. 亲水性原则

受到现代人文主义的影响，现代滨水景观设计更多地考虑“人与生俱来的亲水性”。由于以往人民惧怕洪水，因而建造的堤岸较高，将人与水远远隔开，而科学技术发展到今天，人们已经能够较好地控制水的四季涨落特性，因而亲水性设计成为可能。

6. 立体设计原则

从人的视觉角度来讲，垂直面上的变化远比平面上的变化更能引起人们的关注与兴趣。立体设计涵盖了软质、硬质景观两个方面：软质景观，如种植乔木、灌木时，应先堆土成坡，再分层、高低、立体种植；硬质景观则运用上下层平台、道路等手法进行空间转换和空间高差的营造。

7. 技术更新原则

由于科技的发展，新材料与技术的应用，使得现代景观设计师具备了超越传统材料限制的条件，通过选用新颖的建筑、装饰材料，实现只有现代景观设计才能具备的质感、透明度、光影等特征。

8.3.7　城市滨水景观规划类型

1. 生态保护型规划

这种城市滨水景观的规划理念不应是高密度城市建筑或人工景观的大量堆砌，而应是朝着建筑量小的“非建筑化”“非城市化”的方向发展，体现生态优先的原则。

2. 生态修复型规划

生态修复既有利于减少人力、财力、物力的投资，又能避免过多的人为干预给生态系统造成过大的负面影响。

生态修复是现代滨水景观规划的一个重要研究方向，如何在生态系统遭到严重破坏的滨水区规划出具有生态修复功能的滨水景观已成为各国景观规划师共同关注的热点问题。

3. 旅游游憩型规划

随着科技的进步、经济的发展，人类社会发展的节奏越来越快，在高度信息化的现代社会，居住在城市中的人们普遍感到生活压力不断增加，放松身心，缓解各种压力是现代城市居民的共同愿望。城市滨水地带以其得天独厚的自然条件，特色鲜明的自然景观，比其他地区拥有更为有利的娱乐游憩环境。

4. 城市滨水亲水设施的规划

亲水设施多设置在河流流域的流水部位。在城市亲水设施规划中，首先要考虑河流在不同季节的水位变化。现今各城市在河流整治中，对滨水带河流流域的防洪即水位控制设施进行了综合考虑，使城市滨水带既满足了市民休闲娱乐、美化城市的需要，又保证了城市的安全。如果不能对城市河流水位进行有效的控制，就不能真正实现滨水亲水设施的规划目标。

亲水设施的导入应充分考虑人的亲水活动类型和内容，在了解和掌握河川的特征、特性、魅力等方面的内容之后，对必要的内容和资料进行归纳和整理，并对亲水活动类型进行划分，从而提出亲水设施的规划方案。

8.3.8 城市滨水亲水设施的设计

亲水设施的设计首先要有效利用形成的河流形态、动势及生态系统的特征，创造能体现地区历史文化魅力的、具有河流自然生态特征的滨水景观。亲水设施的设计前提是对安全性的思考，对使用者舒适性方面的关注；与地域性特征及本土文化相协调；设施在滨水带景观规划中的合理性；河流工程学方面的合理性；建造的经济性和以后管理的便利性等方面的因素。

1. 设施的安全性

一定深度的河流必然会对人产生危险，因此在设计亲水设施时首先要对设置的场所进行选择，原则上亲水活动区域尽量设置在河水较浅、水流较缓的地段，不在水位较深、流速较大的地段以及有潜在危险的地方设置。如果一定要设置，必须采取相应的安全措施。对于河道堤岸较陡、较高的护坡，在堤岸护坡设置坡道和阶梯，尽量使用防滑材料进行铺装；在河道存在危险的地段，采用灌木植栽的方法；在条件适合的宽敞地段，把水引到岸上，使其成为静态的浅水池，并对其进行景观处理，或做成园林式的，或做成现代的水景小品，使人更容易近水、亲水、戏水、用水。

2. 设施的舒适性

在进行亲水设施设计时，人性化的关注是设计的重点。设计的亲水设施要具有安全性和舒适性，从视觉上令人产生使用的欲望。要充分考虑到河流区域中可能发生的种种现象，如水位的涨落、泥沙的淤积、水生植物的生长、设施的材料是否经得住日晒雨淋、设施结构的牢固性等因素。另外，还应该考虑老人、儿童、残疾人等特殊人群的需求。

亲水设施应根据场所的特点和亲水活动的行为方式，考虑护岸的坡度、踏步的高度和踏面尺寸，护栏、扶手，表面的装饰，使用的材质，散步道的线性、宽度等因素。在河道水流较为平缓的地段通常设计人工平台，可以将平台伸入水中，这样使人更加感受到水面的开阔，增强了亲水性，这种人工平台也适合与游船码头设计相结合。

3. 景观设计的合理性

亲水设施的营造是在自然环境中增添人类的聪明才智。对城市滨水景观的开发，并不是在做河流区域平面的、表面的文章，而是将这些自然因素看作贯穿表现自然的、河流的物理变化的特性，反映城市社会历史、文化的特质及河流区域发展、演变过程的景观。

随着时间的推移，河流也因自然界的变化而不断地改变着自己的面貌，而人们对河流的认识，也会随着社会的发展不断地发生变化。为了能使这种文脉不断传承，充分体现民族特色，表现地域性文化，并将其形象体现在亲水设施的规划设计中，就需要对形象和素材的选择进行认真思考。

4．河流工程学方面的合理性

城市滨水区景观设计必须符合河流工程学方面的要求，景观设施不得对堤防安全造成影响和威胁。尽量不在河道的狭窄处、河水冲刷强烈的部位、支流的分（合）处以及河流状况不稳定的地方、河水较深和流速较大的地方、拦河坝及水闸等河流管理设施的附近设置亲水设施。

5．亲水设施的维护管理

要想使城市滨水景观可持续发展，亲水设施的维护与管理也是重要的方面，除了需要管理部门日常加强管理和维护以外，更需要城市市民的爱护。

8.4　城市滨水景观生态化设计途径和目标评价体系

8.4.1　城市滨水景观生态化设计途径

城市滨水生态化不是简单地与城市功能相匹配的一般城市绿地研究，而是围绕河流景观生态化的核心问题，着重研究生态规划的工作方法在滨水景观中的应用。

1．城市滨水景观生态化的实质

城市滨水景观生态化的理论基础是景观生态规划，它与生态水工学所提倡的“多自然型”河流生态修复理论之间是有区别的。前者主要关注城市河流的景观格局和各种景观过程（包括自然过程、生物过程、人文过程）的恢复建立，其研究对象是城市河流廊道各种生态景观要素间的动态平衡。而后者主要关注的是河流物理系统的修复，从而促进生物系统的恢复，其研究对象是河流的物质形态。相对于传统城市规划以城市功能结构为指导的物质空间规划来说，景观生态规划则是一个逆向的规划过程。而城市滨水景观生态规划正是遵循此过程，给城市的可持续规划提供参考，在防止机械化的功能分区给脆弱的滨水景观生态廊道带来破坏的同时，力求保护城市的自然景观特色。

2．城市滨水景观生态化的核心

城市滨水景观生态化本身是比较抽象化的，其工作成果并不直接表现为设计方案或工程设施，而是以控制性指标形式出现的。河流作为自然界的一部分，具有自然属性。河流的自然过程维持了它的健康，保障了河流的生态安全。城市化与工业化的进程直接导致河流生态的破坏，因此，恢复河流的自然过程是城市滨水景观生态化的首要措施。

景观生态学所研究的景观格局是指景观的空间格局，即景观元素的类型、数目以及空间分布与配置等。在自然景观中，景观系统的生态过程产生景观格局，景观格局又作用和制约着各种生态过程。景观格局与景观系统的抗干扰能力、系统稳定性和生物多样性有着密切的关系。

3．城市滨水景观生态化设计方法

对于城市滨水景观生态化设计，斯坦尼兹提出了六步骤框架，即景观生态规划的理论框架，这个理论框架可作为城市滨水景观生态化设计参考。这个框架显示，规划不是一个被动的，而是完全根据自然过程和资源条件追求一个最适、最佳方案的过程，而在更多的情况下，它可以是一个自下而上的过程，即规划过程首先应明确要解决的问题，目标是什么，然后以此为导向，采集数据，寻求答案。

（1）工作方法。主要是针对规划设计红线内，场地基本认知的描述。一般采用麦克哈格的“千层饼”模式，以垂直分层的方法，从所掌握的文字、数据、图纸等技术资料中，提炼出有价值的分类信息。其具体的技术手段包括：历史资料与气象、水文地质及人文社会经济统计资料；应用地理信息系统（GIS），建立景观数字化表达系统，包括地形、地物、水文、植被、土地利用状况等；现场考察和体验的文字描述和照片图像资料。

（2）过程分析。这是生态化设计中比较关键的一个环节。在城市滨水景观设计中，主要关注的是与河流城市段流域系统的各种生态服务功能，大体包括：

① 非生物自然过程，包括有水文过程、洪水过程等。

② 生物过程，包括有生物的栖息过程、水平空间运动过程，与区域生物多样性保护有关的过程等。

③ 人文过程，包括有场地的城市扩张、文化和演变历史、遗产与文化景观体验、视觉感知、市民日常通勤及游憩等过程。

过程分析为滨水景观生态策略的制定打下了科学基础，明确了问题研究的方向。

（3）现状评价。以过程分析的成果为标准，对滨水景观生态系统服务功能的状况进行评价，研究滨水景观现状的成因，以及对于滨水景观生态安全格局的利害关系。评价结果给滨水景观改造方案的提出提供了直接依据。

（4）模式比选。生态化设计方案的取得不是一个简单直接的过程。针对滨水景观现状评价结果，首先要建立一个既利于景观生态安全，又能促进城市向既定方向发展的景观格局。在当前城市河流生态基础普遍薄弱，而且面临诸多挑战的前提下，要实现城河双赢的局面，就要求在设计上采取多种模式比选的工作方式，衡量各方面利弊因素。

（5）景观评估。在多方案模式比选的基础上，以城市河流的自然、生物和人文三大过程为条件，对各方案的滨水景观影响程度进行评估，以便在滨水景观决策时，选择与开发计划相适应的模式、工作方式，为最终的方案设计树立框架。

（6）景观策略。在前面深入细致的研究之后，一套具有可操作性的城市滨水生态景观格局呈现出来。在项目设计中，要根据前期模式制定条件，提出针对具体问题的景观策略和措施，由此最终形成实施性的完整方案。

以上工作方法是渐进式的推理过程，其中每一步骤的完成都能产生阶段化的成果，即使没有最终的实施策略之前的阶段成果，也能为城市滨水景观的生态化战略提供有指导性的建议。

8.4.2 城市滨水景观设计的目标体系

城市河流的生态建设是一个长期持续的过程，而景观建设只是整个工程的开始。因此，建立阶段性全面综合的目标控制体系，对指导河流景观生态建设有重要意义。

目标体系的构成是基于河流景观过程的研究，其主要组成包括河流自然水文过程的恢复、河流生物生态系统的构建、河流滨水文化景观格局的形成和滨水游憩网络的建立。但无论是自然过程、生态系统多样性，还是人文景观格局的恢复，都要经历设计、建立、维护管理、检测调整等一系列步骤才能形成稳定、丰富的景观格局。所以每项目标都应有近期、中期、远期的阶段性指标。

以河流水文过程恢复为例，水文过程是形成河道物理结构和多样化的河流生境的主动力，也是实现水体输送、转运功能和影响洪水过程的主要因素。城市工业化的进程使众多城市河道被固化、渠化和截弯取直，其结果是河流自然水文过程的彻底破坏和其他景观遭受严重损毁。

河流生态的恢复目标就是要去除大部分人工渠化设施，尽量使河流按照自然规律运行，保持自身稳定的生态调节功能。这符合当今国外景观设计界推崇的“近自然型河川”的设计理念。

8.4.3 城市滨水景观设计的评价体系

评价体系是对景观设计方案优劣的综合评价标准，它和目标体系之间有一定的联系。评价体系通过指标体系，针对规划要解决的问题，对设计中所列举的景观模式进行评价，从而对景观规划决策和策略产生指导意义。评价体系包括景观过程影响评估和社会效益评估两大部分。这两大评估体系说明城市河流景观生态规划具备两大职能：一是协调自然生态的健康安全与城市发展之间的关系；二是协调河流为城市提供的生态服务以及河流资源利用给城市安全和社会效益提供的价值之间的关系。城市滨水景观生态规划的体系分为3大板块、14个指标。

物理指标系——是否考虑城市河流行洪区，为洪水过程预留一定宽度的行洪区；是否有利于保持河流的自然形态；是否有利于河道结构的稳定；是否有利于城市微风通道的形成。

生态指标系——是否有利于保持足够的生态需水量；是否有足够面积和多样性的生态斑块为生物栖息提供场所；是否有利于生物迁徙廊道的形成；是否有利于景观异质性的存在；是否有足够宽度的缓冲带屏蔽干扰；是否有利于河流廊道生态服务功能向城市腹地渗透。

景观指标系——是否有利于景观均好性的发挥；是否有利于景观视觉廊道的形成；是否有利于文化遗产廊道的形成；是否有利于城市基础设施的拓展。

8.5 城市滨水景观设计案例

8.5.1 西安浐灞国家湿地公园

西安浐灞国家湿地公园是浐灞生态区乃至西安市湿地系统的重要组成部分，位于西安东北部灞河入渭口三角洲区域，属内陆河流湿地，具有中国西北地区河口湿地的典型特征。与西安其他地区相比，水分相对充足，水资源量较多，为生物的生长、繁衍创造了良好的条件，是西安地区物种较为丰富的地区之一。

浐灞国家湿地公园总规划面积 8 715 亩，2013 年开放的中心区占地总面积 4 700 亩；设起源门、科普馆、观鸟塔、湿地水街 4 大标志性建筑；分野趣区、精致区、时尚区、河道区 4 个展示板块。各板块根据不同功能，分布 6 大景观和 10 大体验项目，园区设花溪茶社、滋水榭、稼穑园 3 大服务区，为游客提供休息、餐饮、零售服务。在湿地公园，春季踏青赏花，夏季观荷采莲，秋季采摘百果，充满生活气息的鲜活场景随着季节的更迭不断变幻。

浐灞国家湿地公园的最大特色是“水”。湿地公园水域面积 2 000 多亩，从灞河而来，通过取水口、沉沙池、人工湿地、种植池、退水口层层净化后又回到灞河里去。种植池里生长着芦苇、香蒲、水葱等水生植物，其核心的技术就是钠离子膨润土防水毯技术，运用该技术不仅可以有效防止水的渗漏，而且植物的根系扎不透，不影响植物生长。

浐灞国家湿地公园内大面积的水地，为动物繁衍提供了良好的栖息环境。这里是全国三大候鸟迁徙路线之一的中部路线，此区域栖息着多种野生水禽。目前已查明区域内动物有娃娃鱼、锦鲤、孔雀、鸿雁、斑头雁等 50 科 150 种，随着季节更迭，白琵鹭、天鹅等鸟类相继栖住。浐灞国家湿地公园位居西安市上风口，湿地水汽蒸发，对全市气候起到湿润的效果，真正意义上体现了还“一江清流”给渭河，送“一缕清风”给西安的建设理念。

8.5.2 哈尔滨文化中心湿地公园

漂浮的连接——哈尔滨文化中心湿地公园，属于从“荒野”到湿地，亲近自然而不破坏自然的城市公园设计。

为了管理雨洪径流及净化自来水厂的尾水，哈尔滨市江北区修建了一片城市湿地，并引入亲水休闲设施，包括大部分修建在水面之上的人行栈道和休憩场所。同时还引入牲口维护绿地，不仅能够创造畜牧产品，还能降低湿地的维护成本，原本“荒野”的自然景观也因此变成一处难得的城市公园，自然而不乏可进入性，一年四季都吸引了大量市民前往，同时为建设水弹性城市做出了重要贡献。在建成湿地公园之后，这张北部全景照片（图 8-6）包含了背景中新的城市开发。木板路和桥梁体系与地面和水岸分开，漂浮在恢复了原始形态的湿地之上。

图 8-6 漂浮的连接（一）

场地地图及设计理念：这是一座具有适应性木板小路和人行天桥的水弹性公园。道路和桥梁与随季节而发生变化的地面和湿地边缘相隔离。园中设计了生态沼泽以缓和雨水径流（图 8-7）。

设计目标：在于构建水弹性湿地公园，使之成为生态基础设施的有机组成部分，并用于净化雨洪和自来水厂排放的废弃尾水，在恢复自然和发挥其雨洪管理即生态水净化的同时，营造一片低维护的城市绿地。

设计方案：一个功能性湿地、弹性的公园和景观牧场设计策略。

图 8-7　漂浮的连接（二）

能够净化雨洪的湿地：湿地公园四周将修建一系列生态洼地，南部文化中心及北部城区产生的雨洪径流将汇集于此并得到净化。这一湿地系统在雨季日均可处理 2 万立方米的水量，在雨洪流入湿地中心地带之前，生态洼地能够降低水流中的泥沙含量，拦截营养物及重金属。除此之外，附近自来水厂排放的 1 500 立方米的尾水也将首先进入这片湿地进行净化，以免污染河道。

漂浮的连接与水弹性公园：通过配置适应性植被，使水岸绿化能应对旱季和雨季高达 2 米的水位差。水位线以上的植被采用放任自然的管理，较高的地带则在配置的乡土树丛之间种植人工草甸。在生态洼地的修建过程中，尽可能减少工程量，将开挖和回填过程结合在一起，同时尽量避免坡地整理的土方工程，以最大限度保留原有的树木和地被。每年的水位波动使水域边缘出现泥泞、脏乱、难以靠近的地带，要想将湿地建设成为市民终年可以前往活动的公共空间，显然需要处理这个难题。设计师想出来的办法是建立离岸木栈道，使人行空间与地面和湿地边缘脱离。最终建成了 6 千米的栈道系统，连接 13 个休憩平台。此外，还利用当地透水的火山沙，在高地上铺出人行道，与湿地上的栈道一起，形成一个连续的步行网络，穿梭于树丛和草地之间，极大丰富了游客的体验。茂盛的植物吸引了各种野生动物，漂浮于湿地之上的步行道和桥梁网络，使游客在不打扰动物活动的情况下与自然亲密接触。木板道和桥梁与地面和湿地的边缘相分离，因此对场地内的自然环境只有最低程度的影响。这些文化性构筑物创造了一种不干扰自然过程和形态的新形式。

畜牧景观与低维护需求：大多数时候，公园受自然过程控制，而非人工管理，因此湿地和地面植被很容易疯长，从而形成杂乱、难以进入的自然景观。设计师提出将家畜引入较高的地带进行放牧，以抑制植物疯长，这样一来，湿地景观就能得到低成本的维护，公园也可全天候对游客开放，同时具有生产功能，能够丰富游客的景观体验。

通过这些景观设计策略，原先持续恶化的湿地生境和无人问津的城市边缘地带，已成功改造成一个具有功能的湿地公园，可用于调节雨涝、净化城市地表径流以及自来水厂排放的尾水。建成的适应性水弹性公园里，利用最小限度的干预措施修建了木板道和休憩场所，轻轻地触摸大地，亲近自然而不破坏自然，在满足市民休闲游憩需求的同时让自然休养生息。

第9章 城市居住区景观设计

9.1 城市居住区概述

城市居住区环境是城市的有机组成部分，相对于开放性城市公共空间来说，城市居住区具有社区性和私密性的特征。城市居住区不仅为居民提供了生活居住空间和各项服务设施，而且使城市规划与发展更科学合理，城市变得更加有秩序，更加和谐。老子云："安其居，乐其业"，创造良好的人居环境既是社会的理想，也是人类生活的基本需要。

9.1.1 城市居住区的景观概述

1．城市居住区的定义

《城市居住区规划设计标准》（GB 50180—2018）对城市居住区的定义为：城市居住区一般称居住区，泛指不同居住人口规模的居住生活聚居地和特指城市干道或自然分界线所围合，并与居住人口规模（30 000 ～ 50 000 人）相对应，配建有一整套较完善的、能满足该区居民物质与文化生活所需的公共服务设施的居住生活聚居地。

2．城市居住区的界定

居住方式、居住建筑及居住区环境是社会变迁的组成部分和具体方式。

住宅具有强烈的地方性。世界各地住宅区的演变是和当地特殊的地域条件和文化需要相一致的，它们根植于不同的文化圈，反映着生态、社会、技术和经济的发展状况。由于各个国家的地域环境、生态条件、历史文化背景、经济发展水平的不同和差异性，导致各国在住宅区规划和设计方式上不同。

居住建筑和居住区环境会影响居住行为。住宅区范围内的空间是一种内向的空间，属于居民的领域，有一定的界限与外界隔离，设置集中控制的监视系统，实行相对封闭的管理。现代住宅区已趋向于具有较为单纯的居住性质，除必要的便民设施和社区服务站设在住宅区适当的位置外，其他大型的公共配套设施一般都设在住宅区外，由若干个居住区共同使用。

3. *城市居住区空间组合形式*

当前我国居住区规模的大小主要取决于该城市的规划布局、房地产开发商的投资规模、居住区周围道路的间距、日常生活服务公共配套设施等因素（图 9-1、图 9-2）。由于每一个居住区所处的城市位置不同，地形、地貌、地物及周围环境都不一样，造成居住区空间组合的形式也千变万化。由于住宅建筑和环境存在着一些基本的要求——物质与精神、社会与经济、生理与心理等方面的要求，因此，居住区在整体规划、建筑设计、套型设计、景观设计等方面都有一些规律可循。例如，住宅建筑的朝向问题、通风问题等，无论在我国的南方城市还是北方城市都是设计师要考虑的重要因素。

图 9-1　居住区平面图（一）

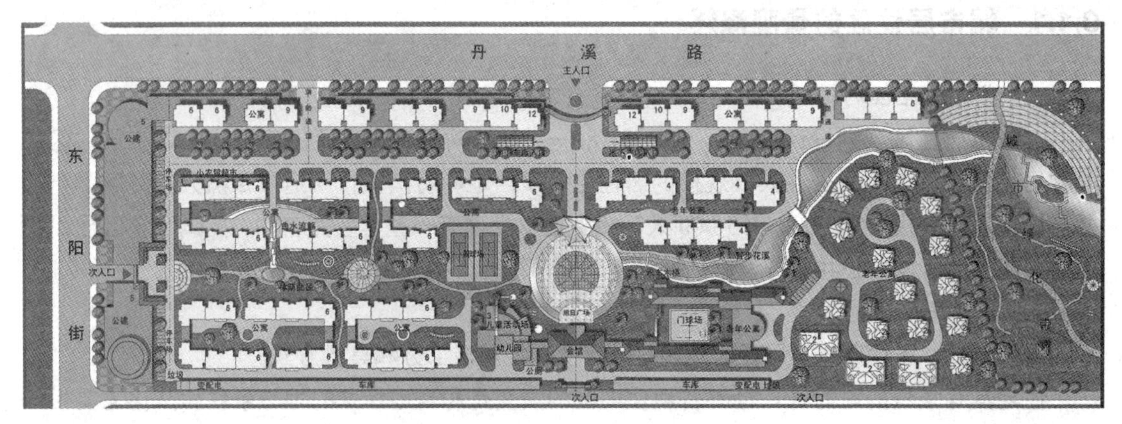

图 9-2　居住区平面图（二）

我国的住宅在历史的发展过程中，出现了多种多样的形式，尤其是在 20 世纪 80 年代至今，设计师们对居住区规划及住宅空间组合形式进行了大量的探索与实践。归纳起来，居住区基本住宅类型有以下五种。

（1）行列式。行列式是一种有规律的排列形式，建筑按行或列布置。这种组合形式表现出一种统一性和秩序感，但缺点是形式过于单调、缺少变化。基于这些原因，设计师在摒弃单一的行列式布置后，在它的基础上加以发展变化，创造出后行列的形式。后行列式打破了原有行列式单调的空间形式，使居住区空间活泼有趣。

（2）自由式。居住区的自由组合形式往往和地形、地貌有着紧密的关系，但无论组合形式多自由，居住区内的交通、建筑的朝向、通风等还是设计师要考虑的重要因素。

（3）周边式。周边式是一种围合式住宅空间，但又不同于传统街坊那种在住宅周边布置的形式，既要考虑到住宅的朝向问题，又要避免行列式组合产生的弊病，这样才能增强空间的围合感和场所感。

（4）院落与组团式。住宅院落是城市最基本的生活单元。在规模较大型的住宅小区中，这种设计方法被广泛采用。居住区规划以院落为基本的生活居住单位，采取院落两级布置，可以充分利用地形、地貌的特点，自然地将住宅划分成若干组团，通过居住区内部的道路将自由式不同组团联系起来。通过院落与组团式优化组合，可以留出更多的绿地和活动空间。

（5）绿地式。这种住宅建筑较自由地分布在景观系统中，形成住宅嵌入景观类型。这种形式是以景观的整体性为主，建筑围绕景观组织分布，争取最佳的景观和观景的效果。

4. 居住区景观构成要素

居住区相对独立和围合的空间给人以安全感，但理想的居住区应该是自然场址和景观环境的完美结合。近年来的建设实践证明，城市景观设计具有提升社会、环境、经济价值的多重效果。这种直接的景观作用在城市居住小区的建设上尤为显著。人们在基本解决了居住面积问题之后，开始关注居住大环境的质量，透过户外景观和环境，在满足日照、通风等条件下，最大限度地追求良好的视觉景观。

真正能够脱颖而出的住宅小区，是以全面的景观环境规划设计标准来衡量的，至少包含景观形象、日常户外使用、环境绿化三个方面的内容。

居住区景观的构成要素分为两种类型：一种是物质的构成，即人、地形地貌、住宅建筑和辅助建筑、公共设施、开放性公共活动空间、庭院、水体、道路、绿地、植栽、环境小品等显性要素（实体要素）；另一种是精神文化的构成，即历史、文脉、特色等隐性要素。这些景观要素不是孤立存在的，只有与其他元素相结合并融为一体时，它的含义才是固定的、内在的。

9.1.2　居住区的历史发展

在原始社会中，人类过着依附于自然界的采集生活，没有固定的居住点，以窝穴、巢穴为主要居住形式。随着社会的进步，生产力的发展，人类获得稳定的生活资料后，便开始了定居生活，这是人类社会发展的一大进步。由于人类生存的环境不同，形成了不同的生活习惯、民族文化、居住区形态（图 9-3、图 9-4）。

当今，由于全球环境日趋恶化，人们比以往任何时候都更加需要寻找身心栖息的家园，创造适宜的人居化环境，使之与人类的生活和整个地球环境的安全相协调，这是城市规划设计面临的重要问题。

图 9-3 窑洞

图 9-4 四合院

1. 西方传统居住形态的特点与现代规划思想的演变

农业时代的人们对自然充满敬畏和崇拜，他们用心中的庙宇模式来设计神圣的居住环境，四大文明古国之一的古埃及的卡洪城、底比斯城等居住区以神庙为中心分布。古希腊人认为人、神“同形同性”，他们投入极大的热情在卫城山上塑造城邦精神的理想，同时也将城市看作一个为着自身的美好生活而保持小规模的社区。

中世纪的欧洲一直处于政教分离的状态，基督教会的势力渗透到社会生活的各个方面，形成了教区与居住区的合一。人们围绕教堂居住，通过精神活动相互联系，形成比较亲密和有人情味的居住环境，同时也体现了严密的社会组织和秩序。这种居住模式不仅影响了欧洲中世纪的城市文化与生活，而且对以后西方居住区模式的发展有着深远影响。

当人类社会发展到文艺复兴时期，科学精神的追求使人们的思想观念发生了巨大的转变，文艺复兴解放了人性和科学，人们开始推崇以人为中心的理性分析的世界观和方法论，因此几何化、图案化的理想城市模式开始出现。

（1）工业时代的探索。当人类社会进入工业化时代，大工业化生产使城市规模不断扩大，但同时也给城市带来了诸多矛盾和问题，如环境污染、人口膨胀、住房短缺、交通困难等，尤其是居住环境日趋恶化。这些问题引起了西方国家社会各阶层的广泛关注与探索。

① 回归自然，城乡结合的居住景观形态。霍华德的“田园城市”理论主张把农村和城市的优点结合起来。赖特提出的“广亩城市”，同样是强调人类回归自然、回归土地，让道路系统遍布广阔的田野和乡间，使人们可以便捷地相互联系。马塔提出的“带形城市”，主张城市平面布局应呈狭长带状发展。城市沿着交通线绵延地建设，可将原有的城镇联系起来，组成新的城市网络。这些理论的共同点就是通过现代化的交通和道路系统把一系列的田园城市联系起来，将人口从大城市中吸引到郊区或乡村，解决大城市中人口众多所产生的问题，促进城乡协调、均衡发展。

② 与工业城市发展相适应的新型居住景观形态。许多西方学者认为，城市以其巨大的经济活力吸引着无数人，这是历史的必然。城市环境也出现了许多新的问题，应该在工业条件下寻求合理解决问题的方法。著名建筑师柯布西耶构思的“光明城市”理论，倡导在城市中采用立体式的交通体系，在市区中修建高层建筑，扩大城市绿地，创造接近自然的生活环境等原则。

其设计理念已被许多城市在实践中运用，具有代表性的实例为巴黎拉德芳斯区的规划。

（2）后工业时代的探索。从 20 世纪 70 年代开始，人类从工业时代富足的梦想中逐步清醒，设计师开始从对美的形式与优越的文化的陶醉中转向对自然的关注，以及对其他文化中人与自然关系的关注。人们经历了逆都市主义到新都市主义的思想转变，主张在郊区建立具有传统城镇模式的新住宅区，或在城市中心废弃的旧区重新开发新的集生活、工作、购物、娱乐、休闲于一体的居住区，以代替以往单调、划一的居住区模式。美国的滨海市就是最著名的新都市主义住宅小区的实践案例。目前西方国家仍在继续探索新的住宅区建设模式，基本形成了三种具有代表性的理论和实践相结合的成果。

①“新传统主义”居住区。借鉴了 19 世纪欧洲和北美的郊区城镇规划设计经验，认为最好的住宅环境是离开市中心不远的近邻乡村，关注行人方便的设计模式，可以增进邻里之间的交流，促进社区的互动。

②“行人口袋式”住宅区。力求解决步行道路系统和外部公共系统的结合问题。

③“乡村式”居住区。根据开发的需要，在城市外围的乡村中，依据乡村原有的规格、形式、地貌、布局发展成住宅区，并保留部分农田，把居住区和田园景观结合起来。

工业文明带来种种危机的思想根源是机械世界观，它是西方近代文明的深层核心观念，也是造成目前人类所面临的生存危机的主要原因。而生态世界观把世界看成相互联系的动态网络结构，形成对人和自然相互作用的生态学原则的正确认识。生态学世界观决定了生态城市是在人与自然系统整体协调、和谐的基础上实现自身的发展。

2．*中国传统居住形态的特点与居住区景观的发展*

中国古代是一个以农耕为主的社会，我们的先民学会了种植谷物和饲养牲畜，开始以村落为主要居住形式定居。在漫长的社会发展过程中，形成了不同形态的居住模式，即与自然交融的传统乡村居住模式和封建统治下的城市居住模式。这两种居住模式都受到政治体制与传统文化的影响，表现出各具特色的居住环境。中国传统居住形态的特点主要表现为以下两点。

（1）以血缘为纽带的宗法共同体。我国封建社会受到传统儒家哲学思想的影响，崇尚礼制，重视家庭，发展了以血缘、宗族为纽带的居住形式。宗族长老建立并维持着村落社会生活各方面的秩序。大小不同层次的祠堂分布于村落中，述说着宗教变迁与融合的历史。住宅一般聚拢在其所属的祠堂周围，如宏村月塘北畔正中，有一座建于明代万历年间的汪氏祠堂，名乐叙堂，又名众家厅。这是宏村唯一的祠堂（图 9-5）。这和欧洲中世纪时期以教堂为居住中心的布局很类似——以政治为中心的居住模式。早在商周时期，城市就被划分成宫廷区、居住区、手工作坊区，后来逐步发展成里坊制和街市制，居住建筑和商业设施混杂布局，营造出充满活力的城市居住形态。

（2）天人合一的思想对居住模式的影响。中国人居环境理论与中国文化“天人合一”的思想一脉相承，强调人与天调、天人共荣。天人合一成为我国传统村镇、城市选址和规划的理论，并形成了独特的中国古代理想的居住图式。

我国的居住区建设始于 1957 年，采用苏联居住小区的模式，当时的景观环境建设仅仅是“居住区绿化”——简单地种上几棵树木、铺上几块草地，住宅群中央设一块小区中心绿地等，缺乏对于景观设计形象、功能、绿化等方面的全面考虑。

图 9-5　宏村汪氏宗族祠堂

20 世纪 80 年代以前，我国社会处于计划经济时代，人们对景观的认识还很粗浅，居住区的景观要素主要由三大部分构成："绿化 + 活动场地（游憩场地）+ 园林小品"。这种模式下的环境设计集中表现为绿地的分级与组织，以及环境要素的配置，绿化覆盖率成为衡量居住区环境质量的主要指标。

20 世纪 90 年代，我国住房制度改革取得辉煌成绩，随着住房商品化程度的推进，房地产市场竞争激烈，景观作为有利的营销手段，备受重视，从而得到飞速发展。如今，随着人们对生态等问题的关注，居住区景观被赋予更深的人文内涵，成为城市绿地系统的重要组成部分，人们越来越多地关注景观与文化、生活方式的融合，以健康、优美、舒适为目标。

21 世纪的人本规划设计理念，打破了传统固式化的规划理念，更加突出"以人为本"，将经济效益、环境效益和社会效益结合起来，着重强调以人的居住、生活、行为规律作为居住区规划设计的指导原则，创造出自然、舒适、亲近、宜人的景观空间。

近年来，我国的城市住宅建设呈现出快速发展的趋势，住宅建设成为改善民众居住条件、推动社会经济增长的重要动力。然而，居住区的建设发展良莠不齐，尤其在居住区的开发和环境景观设计上还存在着许多问题。其主要表现在以下五个方面：

（1）居住区开发的密度过大，超大型居住区比比皆是，而相应的公共配套设施不完善，居住区的交通建设滞后，给居住区市民的生活、工作、出行等造成了诸多不便。

（2）由于经济利益的驱动，大多数房地产开发商将居住区开发的密度提高，造成居住区室外公共活动空间减小、绿化率降低，对居住区的停车场设计考虑不够，更没有考虑到居住区附近集中式停车场的建设，无法满足可持续发展的需要。

（3）大多数居住区住宅建筑缺少鲜明的特征，造成千城一面的景象，识别性较差。

（4）居住区景观的建设出现了两种状况：一种状况是居住区景观缺少科学的规划和设计，有些只是在空地上铺设一层草皮，零零散散地栽种一些树木；另一种状况是居住区景观建设过于追求奢华与烦琐，景观炫目，缺少实用价值，造成不必要的浪费。

（5）我国是一个发展中国家，城市居民的生活和居住条件正在逐步得到改善，但和西方发达国家相比，还存在较大的差距。在居住区建设上加大投入的同时，在景观设计上还需精益求精。

3. *居住区景观发展的新趋势*

随着全面、协调和可持续发展思想的深入，居住区的景观环境越来越受到房地产开发商和居民的重视，出现新的发展趋势。

（1）促进交往，降低居住分异造成的社会影响。居住区的规模缩小或者形成各自独立的组团，这样不仅居住区的内部环境安静、安全，而且交通极为方便；公共服务设施布置在居住区间的道路上，经营模式从内向型转变为外向型，通过多个社会阶层共同使用某些服务设施，为各社会阶层提供交往机会，从而降低居住分异造成的社会影响。

（2）强调环境景观的文化性，体现地方特征。崇尚历史、崇尚文化是近来居住区景观设计的一大特点。根据各地方区域特征和基地的自然特色，通过建筑与景观设计来表现历史文化的延续性与地域特色。

（3）强调环境景观的艺术性。20 世纪 90 年代后，改变了此前曾盛行过“欧陆风情式”的环境景观，如大面积的观赏草坪、模纹花坛、规则对称的路网、罗马柱廊、欧式线脚、喷泉、欧式雕像等。居住区环境景观开始关注人们不断提升的审美需求，呈现出回归历史的发展趋势，提倡现代造园手法与古典园林相结合，创造出既具有历史文化，又简约明快的景观设计风格。

（4）新技术和新材料的运用。住宅能耗在总能耗中占 1/5 ～ 1/4 的比例，所以高效低耗、环保节能、健康舒适、生态平衡的高质量居住建筑，成为住宅建筑的发展方向；选用现代建筑材料（非标制成品材料、复合材料等）成为居住区景观设计的重要内容。

（5）安全、便利、舒适是信息化引入居住区的必然结果。安全防范智能化是智能居住区最基础的部分，居住区的道路系统的一些附属设施与小品也可使用计算机进行控制，例如对小区各种车辆的行驶与停放进行观察，并定量分析，使得各种地块达到最优化利用。

9.2　城市居住区分类与景观设计

9.2.1　居住区分类

（1）按规划布局形式划分，居住区可分为集中型（规则地划分成小区或街坊）、分散组团型（由组团或邻里单位较为自由地组合）等。

（2）按建筑密度形态划分，住宅可分为低层住宅（独栋别墅、双拼和排屋）、多层住宅（4 ～ 6 层的住宅）、高层住宅（10 层以上的带电梯住宅）。

（3）投设计风格划分，住宅可分为传统中式、欧式、新中式、新古典、现代式等。

9.2.2 居住区景观设计的基本目标

人性化设计是当今设计界倡导的理念，家庭作为人类身心的栖息地，社会构成的最小细胞，它的位置十分重要。人类的生存离不开家庭，离不开社区中的家庭生活，离不开与之相融合的居住区景观环境。

居住区景观设计要达到的基本目标主要如下：

（1）安全。居住区相对于城市开放性公共空间来讲是一个相对封闭和私密的空间环境，人们生活在这种居住环境中，不必担心来自外界的各种干扰和侵袭，使人具有安全感。

（2）安静。由于居住区的功能特点，决定了居住区有别于其他公共环境，人们在外工作之余回到家后，需要一个安静的休息环境，使疲惫的身心得以恢复。

（3）舒适。舒适的居住区整体环境设计要达到的基本目标除了安全、安静外，还应该具有良好的空间环境与景观、安全的生态环境、充足的光照、良好的通风、葱郁的绿化、良好的休闲运动场所等条件。

除了以上三点目标外，居住区景观设计还要结合国情，体现实用性、多样性、美观性、经济性的原则。居住区的景观形态是外在的表象，通过形态的创造来达到高品质的空间才是主要目的。

1. 个性的塑造

个性是一个居住区区别于其他居住区环境的标志性特征，它有助于居民产生对家园的归属感和自豪感，有助于居民通过不同景观和标志的特征较容易地识别居住建筑的位置和回家的路线。居住区景观的个性表达不仅依据功能和场地的自然特征，而且涉及设计师设计意图的表达——前者是居住区本身固有的，后者则属于主观因素，是由设计者赋予的。居住区景观设计可以借助形式来表达一定的理念和审美价值，赋予某种象征意义形式，借此突出场所的性格特征。

2. 适应性

居住区景观设计要满足不同年龄、不同层次人群的需要，能够同时提供多用途的体验。

在居住区中，人群的多样性决定了在公共空间活动的丰富性。在场地允许的情况下，空间环境设计具有的亲和力非常重要，不仅可以成为居住区人们的活动中心，而且可以加强市民的交流和沟通。

3. 多样性

景观中形式要素和细节的差异称为多样性。景观设计的多样性是指景观中多样化的程度和数量，强调的是景观设计中的变化和差异。

多样性首先要求环境场所具有良好的秩序和丰富的构成要素，达到秩序化最简单的方法是构成元素的和谐与统一。著名建筑师赖特曾尝试用四种形式美构成法则，即秩序、均质、层级、并列，来设计高秩序、高复杂性的景观。自然景观中的多样化程度受到地理气候的影响：自然条件越恶劣，景观格局就越简单。通常，在文化混合的区域内景观都具有较强的多样性。

4. 统一性

景观设计中的统一性是指具有多样性的统一性，自然景观本身就具有良好的统一性，如果将劣质的人造景观要素引入，就会打破自然景观固有的统一性。景观中的要素种类越少，统一性越强，但统一性的设计也应当是生动和富有节奏的。

9.3 城市居住区景观的设计内容与步骤

9.3.1 城市居住区景观的设计内容和功能要求

1. 城市居住区景观设计的内容

城市居住区景观设计的内容包括物质环境和精神环境。这两个方面必须互相依存，否则会失去环境的可居住性和生态平衡。

（1）物质环境。物质环境是指物质设施、物理因素的总和，是有形的环境，包括自然因素、人口因素、空间因素。它具体是指住宅建筑、公共设施、各类型的构筑物、道路广场、绿地、娱乐设施和自然环境，也可称为硬件环境。

（2）精神环境。精神环境是无形的环境，如生活的便利性、文脉特色、舒适水平、信息交通、安全水平和秩序、归属感等。它是社会性、社区性、邻里性的集中体现，也可称为软件环境。

现代居住小区是硬件环境与软件环境的综合统一，协调着人与交通、人与建筑、人与自然环境、人与公共空间、人与人之间的交往以及居住与生活、居住与交往、居住与娱乐休闲等各方面之间的关系。

2. 城市居住区景观设计的重点

城市居住区景观设计的重点包括景观形象、功能使用、生态绿化。在具体的设计过程中，景观基本上是建筑设计领域的事情，又往往由园林绿化的设计师来完成绿化植物的配景。这种模式若得不到沟通就会割裂建筑、景观、园艺之间的密切关系，带来建筑与景观设计上的不协调，所以在居住区规划设计之初就应把握住居住区规划使用要求、卫生要求、安全要求、经济要求、施工要求和美观要求等硬质景观的设计要点。在具体的设计过程中，景观设计师、建筑工程师、开发商要经常进行沟通和协调，使景观设计的风格能融化在居住区的整体设计之中。

3. 城市居住区用地的构成

对于公共活动空间的景观设计，既要保证有适量的硬质场地和美观适用的室外家具，也要保留具有一定私密感的安静场所。较为小型的活动设施可分散布置，并使其景观化；规模较大的娱乐项目，适于集中建设，再设置景观缓冲带予以隐蔽。

4. 城市居住区规划设计的要求

为了创造出具有高品质和丰富美学内涵的居住区景观，在进行居住区环境景观设计时，要注意美学风格和文化内涵的统一。

9.3.2 城市居住区景观规划的设计步骤

居住区的景观规划规是建立在前期建筑规划的基础上的，前期规划方案的优劣对后面的景观规划设计有着重要的影响。居住区的景观规划设计通常分为三个步骤。

首先是总体环境规划。在这个阶段，规划师和建筑师已经开始了前期的创意与设计工作，若景观设计师能够介入前期的规划与设计，发挥各专业的优势，可以使设计方案更加完善，为后面的景观设计打下良好的基础。景观设计师首先需要了解新建居住区的开发强度、建筑的密度、容积率，建筑是多层、高层、小高层还是别墅，是自由式还是组团式；居住区的地形、地貌、周围的环境景观与城市道路网的关系，日照和通风等都是需要考虑的设计因素，只有在合理满足使用功能的基础上，扬长避短，扬优避劣，才能设计出真正适合人居的环境。

其次是居住区的硬质景观设计。场地中的硬质景观包括地形的塑造、建筑形态方面的因素，以及场地环境中的其他构筑物。

最后是场地中的软质景观设计。软质景观包括树木、草地、水体等。

任何工程的设计步骤，都是一种工作程序和科学方法的运用，居住区设计理念的创新才是设计的真正灵魂。只有充分发挥不同专业设计师的智慧与创造力，才能设计出充满生命活力的居住区景观。

9.4 居住区环境景观设计的关注要点

现代居住区景观设计是在有限的地块空间创造最优化的和提供满足人们活动空间的景观环境。居住区环境景观设计的目标就是通过设计尽可能地满足人们的基本居住需求，同时建立人与自然、人与社会、人与人之间的和谐关系。

随着社会的不断进步，人们对居住区景观的要求不断提高，进而使开发商和设计师对居住区景观的设计有了更高的追求。现代的居住区功能应该考虑适当交叉、重叠，创造多义性、随意性空间，居住空间环境生活的安全、宁静、舒适、便利和有情趣的居住氛围成为追求理想环境的聚居理念。

城市居住区景观体现在自然景观、人工景观和人文景观三个层面上，同城市环境景观、居民行为和心理需求密切相关。要使每套住房都获得良好的景观环境效果，首先要强调居住区环境资源的均衡和共享，规划时尽可能地利用现有的自然环境创造人工景观，让所有的住户能享受这些优美的环境；其次要形态各异、环境要素丰富、院落空间安全安静，从而创造出温馨、朴素、祥和的居家环境。

9.4.1 居住区景观设计的重点是以人为本

以人为本的终极目标是人们对居住区景观环境的整体感受，即居住区景观给人带来的家园感、花园感和安全感。在居住区景观设计中，必须理解人类自身这一特定服务对象的多重需求和体验要求，这是景观设计的基础。同时，必须综合考虑在人与自然相互尊重的前提下，自然系统本身的演变。

居住区的景观规划与景观设计只有在充分尊重自然、历史、文化和地域的基础上，结合不同阶层的人的生理和审美需求，才能体现“以人为本”理念的真正内涵。

通过环境创造，吸引居民参与公共活动，增强居民参与意识，加强人际交往，改善人际关系是社会可持续发展的重要内容。环境应该满足居民居住、出行、运动、娱乐、卫生、交往、安全等方面的需求。

通过居民的参与，达到自我管理、资源共享、邻里共生、保持安全、公正、舒适的社区环境。可持续发展的观念给居住环境的创造带来了一股新的动力，拓展了设计的空间和内容，将给居住环境带来崭新的面貌。

景观环境设计越来越关注人们不断提升的审美需求，呈现出艺术性、多元化的发展趋势。景观环境的塑造不只为了“赏心悦目”，更加注重“舒适自然”，尽可能地创造自然、舒适、亲近、宜人的景观空间，以及现代、智能、环保、节能的生活环境，实现人与景观、人与环境、景观与环境的有机融合。

居住区景观设计的任务之一，就是创造符合现代生活模式、适合各种人群行为及心理需要的活动场所和交往空间。“以人为本”的景观设计理念具体体现在以下三点。

（1）从居民的需求出发。居住区公共设施要多样化、个性化、特色鲜明，充分考虑不同人群的需求，满足人们的精神需求。

（2）充分考虑到居民每天的生活轨迹和行为方式。找出他们的共同点和兴趣点，站在使用者的角度去感知、体验、想象和感受场所。

（3）创造符合现代生活模式。在外部空间景观设计中，将外部空间景观环境塑造成具有浓郁居住气息的家园，适合各种人群行为及心理需要的休闲活动场所和交往空间，使居民感到安全、温馨及舒适，产生归属感，被居民所认同，想居民之所想，造居民之所需。

9.4.2　居住区景观最基本的需求氛围和特色

绿化、环境场地，包括景观形象的空间布局、材料选取，都以创造宁静为标准。

除了“静”之外，对于每一个居住区最为重要的就是要具有可识别性，俗称“特色”。景观标志特征有助于形成居住区的形象特色，使居民产生家园的归属感。这种特色的创造，就是城市居住区景观设计的艺术创作。

9.4.3　植物群落的生态化布局成为趋势

现在居住区景观环境设计，不仅要讲究绿化的形态、植物的质感与色彩的配置，还要讲究植物群落的生态化布局。从创造生态环境考虑，需要对以下因素进行规划：

（1）分析居住区的朝向和风向，开辟、组织住区风道与生态走廊。

（2）考虑建筑单体、群体、园林绿化对于阳光与阴影的影响，规划居住区的阳光区和阴影区。

（3）最大限度地利用居住区地面作为景观环境用地，甚至将住宅底层架空，使之用作景观场地。

（4）发挥居住区周围环境背景的有利因素，或是借景远山，或是引水入区，创造山水化的自然居住区。要创造青山绿水中的风水宝地，就需要有“大手笔”的景观环境规划构思。在住户无景可观时，适时适地地造景或组景；善于利用居住区外部的景色，将居住区外的风景“借入”社区。这种手法在中国古典园林设计中应用较多，在今后仍有很高的借鉴意义。

9.4.4 提供充足丰富的户外活动场地

在现代居住区规划中，传统的空间布局手法很难形成有创意的景观空间，必须将人与景观有机融合，构筑全新的空间网络：

亲地空间：增加居民接触地面的机会，创造适合各类人群活动的室外场地和各种形式的屋顶花园。

亲水空间：居住区硬质景观要充分挖掘水的内涵，体现东方的理水文化，营造出人们亲水、观水、听水、戏水的场所。

亲绿空间：硬软景观应有机结合，充分利用车库、台地、坡地、宅前屋后，构造充满活力和自然情调的绿色环境。

亲子空间：考虑儿童活动的场地和设施，培养儿童友好、合作、冒险的精神。

为此，景观设计需要考虑以下内容：

（1）动态性娱乐活动与静态性休憩活动的结合与搭配。

（2）公共开放性场所与个体私密性场地并重。

（3）开敞空间与半开敞空间并重。

（4）立体化的空间处理。例如，底层架空，用作公共活动场所，以提供充足的户外公共活动场地。

9.4.5 活动场所要满足不同居民的多种需要

住宅区景观环境不仅是向住户提供开放的公共活动场地，还要满足住户个人的私密空间需求；不仅通过绿化的环境、美化小品设施吸引住户走出居室，为住户提供与自然界万物的交往空间，还就近为住户提供面积充足、设施齐全的软质和硬质活动场地，使之加入公共活动的行列；提供住户之间人与人交往的场所，从精神上创造和谐融洽的社区氛围。

9.4.6 规划设计中要注意“六性”协调

1. 功能性

形式满足功能的需求是现代主义设计思想的重要理念之一，强调功能设计的重要性是现代主义对景观设计的最大贡献。当代城市不断扩展，人口膨胀，土地资源严重匮乏，每一幢建筑、每一处景观都应充分发挥它的功能作用。我国人口众多，土地资源严重匮乏，最大限度地利用有限的资源是十分重要的，强调居住区景观设计的功能性具有重要的现实意义。

理想的居住环境景观首先必须符合人类的需求，即满足安全性和实用性要求；其次才是追求形式和质量。现代人的生活需求不仅要满足上下班、外出、休闲活动、户外休息娱乐、邻里交往等各种行为的需求，还要满足居民对居住环境的私密性、舒适性和归属感。

居住区空间环境承载着不同年龄层次的居民和他们不同的行为需求，为居民提供了休憩与交往的场所。居住区的环境设计首先考虑的是满足使用者对空间的各种需求，根据居民的行为规律和居住区的功能进行规划设计，从人的心理和审美要求出发营造居住区景观，建立适宜的自然尺度、环境尺度，创造多义性、随意性的空间环境，形成有利于邻里间交往与沟通及良好的人际关系的环境场所，使人产生归属感，真正实现居住环境的人性化和人情化。

2．审美性

美是人类生活永恒的主题，美是人类生活追求的目标之一。人们对城市景观的审美态度和他们的生存状态是分不开的，从本质上看，人类首先需要解决的是生存问题，只有保证了基本的生存条件，追求才会发生质的变化。

随着人们生活水平的提高，现代人的居住理念已经从生存意识发展到更高层次的环境意识。人们对居住环境的质量提出了更高的要求，尤其重视对环境中审美感受的营造。景观设计师的任务是给人们创造健康愉悦的居住环境，这种环境不仅有利于人们日常的交往，还能通过优美的环境净化人们的心灵（图9-6）。

设计观念离不开一定的美学原则。我们不能仅仅从肤浅形式的观察中得出景观设计的美学评价，而不顾文脉等其他因素。人在景观中的审美体验是多层次的，除了视觉以外，听觉、嗅觉、触觉、动感等同样能给人带来美的感受。

3．文化传承性

人类自起源起就以非凡的能动性改造着周围的环境。人类依照自身的需求对自然环境中的自然和生物现象施加影响，从而使景观打上人文的痕迹。美国著名建筑师沙里宁曾说："让我看看你的城市，我就能说出这个城市居民在文化上追求的是什么。"

历史的延续将人类文明慢慢积淀，它是一种来自社会内部的整合力量在不断发展、探寻过程中所呈现出的状态，而非传统文化的简单汇集。人类的社会价值观、审美意识、哲学取向都和传统文化有着紧密的联系，并对城市环境设计产生深远的影响。生活在不同地域环境、文化传统、民族习惯中的人们的社会价值观、审美态度、哲学思想都会对城市景观设计产生深远的影响。中国社会深受儒家、释家和道家思想的影响，尤其是道家的天人合一的思想，不仅决定了人对自然的态度，而且影响着人们改造自然的方法。当今，人们已经从对美学形式的关注转向对其他内涵，如文脉、社会、生态、精神等的重视。我们只有把握对人类文化的理解，保持传统文脉的传承，把地域文化融入现代文明，创造出具有文化特色的居住区环境，才能让民众真正产生归属感。

图 9-6 泰禾北京院子

居住区环境文化氛围的营造，要更加注重居住区所在地的自然环境及地方建筑景观的特征，挖掘、提炼和发扬所在地域的历史文化传统，同时兼顾环境文化的丰富性、多元性与连续性，使现代人居景观环境具有高层次的文化品位与特色；强调并突出居住环境景观文脉的延续性。

4．社会性

居住区的社会性是指社会交往、社会认同而实现的社会聚集。人们具有一种以邻为善、远亲不如近邻的居住倾向，不同阶层及家庭在居住区中相互接触、交流，对和谐社会的建立具有重要的意义。

从社会性的角度看，居住区不仅是个人生活的私密环境，同时也是个人成长与人际交往的空间，与整个社会环境构成一个整体。社会经济的发展、社会文化的进步，促进了居住区景观的发展和设计领域的不断拓展，社会因素一直是景观发展最深层的原因。居住区景观形态从不同的侧面折射出社会生活的方方面面，又能形成特定的文化范围影响着居住在其中的人们。

居住区的环境建设不仅是设计师和建设者智慧的结晶，而且随着时间的推移，会越来越多地体现出居民的价值取向，倡导居民参与居住区环境景观的设计、建设与管理可以更好地体现出社区文化，增强社区的凝聚力。因此，通过居住区环境的建设，可以促进居住区居民的内聚力，提供居民交往的公共空间，增进邻里关系。

5. 生态性

生态性原则是根据科学家钱学森提出的“山水城市”的构想，使外部空间景观生态化的一种思维方式。回归自然、亲近自然是人的本性，通过引入自然界的山、水与绿化，模拟出自然风光，使居住区景观环境生态化，让人们感受自然生态之美。正如美国景观学者西蒙德所说：“应该把自然（山、峡谷、阳光、水、植物和空气）带进集中计划领域，细心而系统地把建筑置于群山之内、河谷之畔，并于风景之中。”

现代工业的发展，促进了城市文明的进步，同时也导致地球生态环境日趋恶化，并威胁到人类的生存环境。当今，人类重新审视城市的发展，用科学的态度和探索实践提出了生态设计的重要性。

人类对自然环境的影响既有积极的一面，也有消极的一面。积极的方面表现在人类的活动尊重自然界的客观规律，谋求与自然界最大的和谐共存。反之产生消极的影响。居住区是市民生存的主要场所，居住区的生态环境建设直接影响人类的生存环境。

实现生态设计，首先要了解自然环境、自然现象和自然界中各种物种的生长规律，考虑不同地域的特点，即通风、采光、水源、生物多样性等问题。居住区环境景观设计必须适应场所的自然条件，依据场所中的阳光、地形地貌、水、风、土壤、植被等自然因素，减少人为的破坏、人工材料的污染和能源的浪费，以实现人与自然的和谐共生。

现代人居环境质量除了现代、智能、科技、舒适性以外，还要注重现代生态的观念。为居民提供良好的日照、通风、阻隔噪声、吸附有害气体等条件；体现对居住区地域自然景观、自然生态、野生物种的尊重与关怀，实现居住区生活的环保自然适应和地域生物的多样性。

利用低成本的现实、可操作的技术，放弃高成本而有害的技术手段，改善环境质量。比如，少设硬质铺地，增加软质地面，扩大植被覆盖，通过地表环境设施的色彩、形状、立体的绿化等，改善地面辐射状况，减少热岛效应，创造理想的微气候。

使用地方材料，达到资源永续利用。提高物质、能量的利用率，改变居住环境输入养分、水分、能源而输出废气废水、废物的单向消费方式。比如，可利用有机垃圾制造肥料，在居住环境内种植花卉和蔬菜；通过屋顶蓄水和地面吸水来排除雨水，使地下水得到补充和回复；采用再生铝和塑料制作儿童活动设施；选用地方产品，节省运输能耗，减少材料的维护、更换，延长使用寿命；利用中水系统和雨水系统，冲洗厕所和灌溉等，减少水资源的消耗，提高循环再利用率。

节约能源，广泛采用被动式能源策略。比如，组织好住宅的布局，以高低错落代替传统的住宅组合，通过计算机模拟和风洞实验，组织好自然通风，提高自然风的利用率，减少夏季空调能源消耗。采用被动式太阳能设施，节约热水、采暖系统中消耗的能源。

6. 整体性

整体性是现代居住区景观设计的“灵魂”。居住区景观设计和它所处的地域环境有着紧密的关系，这种联系不仅表现在居住区的内部空间，而且表现在居住区和城市空间之间的整体性上。

居住区景观设计要充分与地形地貌相结合，最大限度地发挥原有自然物质因素，使居住区景观真正融入城市的整体环境。在设计过程中不能把各个组成空间割裂成片段，而是与居住区规划结合考虑，通过居住区的绿地设计，构成居住区的整体景观形象，保证彼此之间的协调，形成自然、有序、安谧的社区景观环境；将局部的居住区景观规划设计置于较大的城市区域节点来考虑，有利于城市特定场所环境的创建和园林景观总体格局的完善；居住区景观建设必须建立在城市规划发展整体性思维的基础上，不能只为自身环境的创造和发展而去损害、侵占、掠夺周边环境的资源或是将自身的污染扩散、转嫁到周边环境。

9.5 居住区景观规划设计要点

对于中国住宅市场的巨大需求，社会上相关的有识之士呼吁居住区建设要重视人的价值，科学合理地利用宝贵的资源，重视城市环境与生态的保护与恢复，尊重和保护传统文脉的延续。

9.5.1 注重居住区景观空间品质的塑造

居住区的景观形态是外在的表象，通过形态的创造来实现高品质的空间才是主要目的。居住区的环境及景观设计要具有识别性、连续性、私密性。

识别性不仅可以通过景观的形态，而且可以通过空间的比例、尺度、环境氛围的营造，以及构筑物或景观小品等构成要素来给人提示；连续性则要求场所具有良好的秩序；私密性说明了场所的特殊要求。

居住区空间环境既要求具有私密性，又要求具有包容性和多样性。不同地点、不同规模的居住区，它们融入城市空间结构的方式也不相同。在城市中心地段，由于建设用地有限，居住区规模一般较小，建筑密度较大，功能也相对单纯，不利于居住环境景观的营造，但容易形成认同感、安全感，有利于塑造内向型的居住环境。理想的居住区环境应该具有完善的公共配套设施、便捷的交通，既有个性的特征，又有多样性与整体性（图 9–7）。

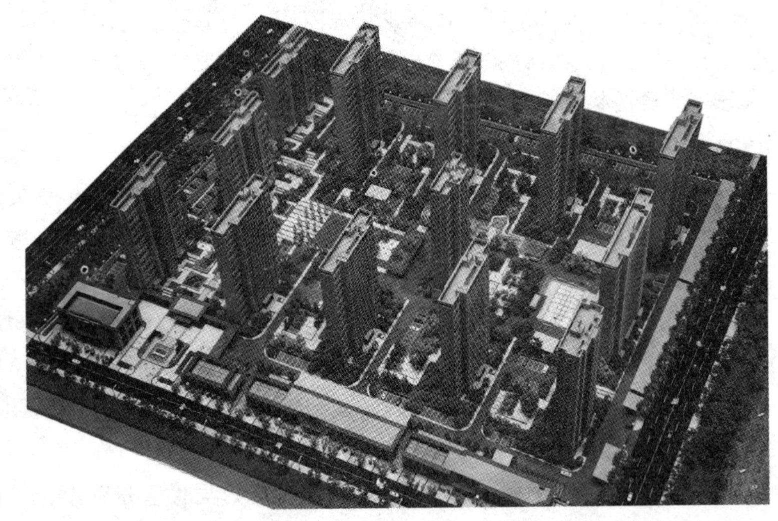

图 9–7　居住区空间环境

9.5.2　居住区交往空间的营造

居住区中社会交往的形成与否主要取决于居民在经济、政治和意识系统方面是否有共识，如果找不到这些因素，就没有互相交往的基础。空间形式对社会关系的发展不具有决定作用，但这并不否认物质环境以及功能性和社会性的空间处理能够拓展或扼杀发展机会。用一系列的公共设施可以丰富住宅群：通过安排穿过公共空间的住宅通道和合理的建筑布局等方式，可以引导居民形成某种活动模式。

1．步行空间

居住区的道路系统是居民使用率较高的公共空间，路径是居住区的构成框架。其一方面可以起到组织交通的作用；另一方面作为边界可以限定空间，起到划分空间区域的作用。路径与空间的结合创造了景观的复杂性和有机形态。路径形式设计包括了不同路径形式设计及其组织关系，不同路径有不同的功能和目标，它们给人的感受也不相同。合理的步行空间设计可以延长人们在户外逗留的时间，让人们感到舒适和安全，并愿意驻足观赏、交谈，为交往创造条件（图 9-8）。

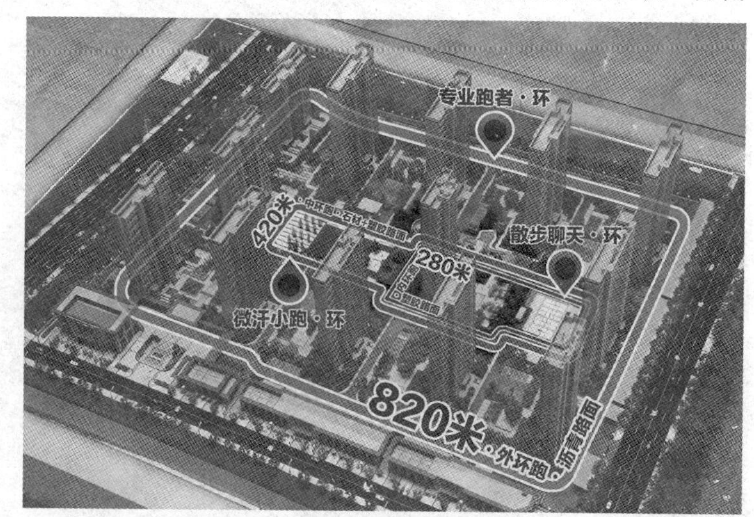

图 9-8　居住区道路

2．廊道空间

廊道是可通过的围合边界，通常可以作为建筑的延伸，同时是相对独立的构筑物。廊道空间可以作为模糊空间，是一个内外交接的过渡区域，它使建筑的实体感被削弱，空间显示出整体性、独立性和多义性。它是一种能够有效促进人们日常生活交往的空间形式，具有流动性和渗透性，既是交通空间，又可以作为休闲空间。

3．院落空间

根据住宅区的规划要求，建筑与建筑之间都会有大小不一的院落空间，而根据居住区院落的性质不同，院落空间又分为专用庭院和公共庭院两类。专用庭院是指设计在一层住户前面或别墅外面供私家专用的院落。 它利用首层与地面相连的重要特征提供了接触自然、进行户外活动的私人场所空间，也成为保护首层住户私生活的缓冲地带。现代住宅区的公共庭院属于一个组团居民的共用空间，相对于组团内的住宅而言，它是外部空间，相对于整片居住区来讲，它又是内部空间，和城市中的开放公共空间是有区别的（图 9-9）。

图 9-9　庭院景观

居住区的公共庭院不仅能促进户外与户内生活的互动，而且院落空间强化了归属感和领域感，可以形成组团的内聚力，维护邻里关系的和谐。院落空间具有多元化的功能，可以满足不同年龄层次人的不同行为方式的需要，成为居民休闲、娱乐、活动、交流、聚居的主要场所。

4．*多层次的景观结构*

居住区景观向内部围合成具有安全感、尺度适宜的生活交往空间，同时可向外借景，将城市良好的自然景观引入居住区的景观，形成开阔的景观层次。

9.5.3　居住区个性景观形态的营造

在居住区景观规划的基础上，居住区景观的风格、意境、情趣等设计理念的表达对营造居住区个性景观十分重要，重点是要关注对主题性景观的创意设计和景观视觉焦点元素的设计。

1．*主题性景观的创意设计*

在满足整体环境规划的前提下，居住区的景观设计可根据居住区环境的特点，进行各个空间区域的主题性景观设计。可以根据当地的自然风貌、地理状况、水文、植被条件等因素进行主题性景观的创意设计，也可以根据当地的传统历史文化和居住区风格的设计定位选题，将主题贯穿整个景观设计，运用写实、写意、具象、抽象、象征和隐喻的表现手法，通过具体的形象（如建筑、环境、小品等造型元素）突出主题，同时可以通过象征意义的图形、色彩、标志、植物等要素来表现，如在中国传统文化中，常常用梅、兰、竹、菊隐喻人的高尚情操。在中国传统景观设计语言中，以方位象征建筑物的等级，以特定的数字符号象征吉凶、尊卑、阴阳，以方、圆等几何图形象征天地六合。这些都会给设计师的主题性景观创作带来灵感。

隐喻是中国传统文化常用的手法。它是将景观比照其他相当的事物来描述，需要根据景观的地形、地貌等特征，运用想象力，以人造景物来隐喻自然景观，以静态表现动态，这种手法通过对自然景观的提炼和补充，以达到超越自然景观的精神境界，如在以水景为主题的景观设计中，利用枯水景观来隐喻自然流水。

2．*景观视觉焦点元素设计*

在居住区的景观设计中，各个居住区景观设计是否具有鲜明的特点，对城市整体景观风貌的形成、居住区景观个性的营造、该居住区在整个居住区域识别性的增强十分重要。居住区景观视觉焦点设计的要素主要有小区大门、景观小品、场所中的某些自然景观和人造景观等。

居住区景观个性的塑造离不开艺术品质的提高。人类社会的生活需要美，美的形态总能给人带来愉悦，其中包括建筑造型的美、空间形态的美、地形地貌的美、植被绿化的美、景观小品的美、环境色彩的美（图 9-10）。

居住区环境品质的优劣需要生活在此的居民经过体验才能得出准确的评价，景观设计的好坏不仅体现在它的整体规划、构思创意及造景手法上，还决定了景观设计的定位与品质。细部设计使景观变得更加丰满，创意的巧妙、造型的精美、色彩的和谐、施工的精良等因素都会给居住区的居民增加生活的情趣。

图 9-10 视觉焦点

9.5.4 居住区环境要素景观

依据小区的居住功能特点，环境景观的组成元素以塑造人的交往空间形态、突出“场所 + 景观”的环境特征为设计原则，具有概念明确、简练实用的特点。

1. 区域环境

总体环境景观的设计应当尊重场地的基本条件、地形地貌、土质水文、气候条件、动植物生长状况和市政配套设施等内容，并依据小区的规模和建筑形态，从平面和空间两个方面入手设计，通过借景、组景、分景、添景等多种手法，使内外环境协调，达到公共空间与私密空间的优化和小区整体意境及风格塑造的和谐。例如，濒临城市河道的小区宜充分利用自然水资源，设置亲水景观；临近公园或其他类型景观资源的小区，有意识地设置景观视线通廊，促成内外景观的交融；毗邻历史古迹的小区应尊重历史景观，让珍贵的历史文脉融于当今的景观设计元素，使其更具有鲜明的个性。

2. 光环境

小区景观设计要充分注意光环境的营造，利用日光产生的光影变化来形成外部空间的独特景观。休闲空间应具备良好的采光环境，以利于居民的户外活动；气候炎热地区，需考虑足够的荫庇构筑物，以方便居民的交往活动。在满足基本照度要求的前提下，夜间的室外照明设计也应营造出舒适、温和、安静、优雅的生活气氛，不宜盲目强调灯光亮度。

3．声环境

在城市中，居住小区的白天噪声允许值不大于 45 分贝，夜间噪声允许值不大于 40 分贝。营造小区声环境时，可以通过设置隔声墙、人工筑坡、建筑屏障等手段防止噪声。同时，通过植物种植和水景造型来模拟自然界的声环境，如林间鸟鸣、溪涧流水等，还可以适当选用优美轻快的背景音乐来增强居住环境的情趣。

4．视觉环境

以视觉特征来控制环境景观是一个重要而有效的设计方法。在小区景观设计采用对景、衬景、框景等设计手法设置景观视廊，都会产生特殊的视觉效果，同时通过合理搭配组合多种色彩宜人、质感亲切的视觉景观元素，也能达到动态观赏和静态观赏的双重效果，由此提升小区环境的景观价值。

5．嗅觉环境

小区内部环境应当体现舒适性和健康性的原则，在感官上给人比较轻松安逸的感觉。整体环境氛围应安静、空气清新，可以适当引进一些芳香类植物，排斥散发异味、臭味和引起过敏的植物，同时应当避免废弃物对环境造成的不良影响，防止垃圾及卫生设备气味的排放，从而营造一个舒适宜人的嗅觉环境。

6．人文环境

保持地域原有的人文环境特征，是提升小区整体环境质量的一个重要手段。应重视保护当地的文物古迹，发挥其文化价值和景观价值；重视对古树、名树的保护，提倡就地保护，避免异地移植，也不提倡从居住区外大量移入名贵树种，造成树木存活率的降低。通过挖掘原有场所的人文精神，发扬优秀的民间习俗，从中提炼代表性设计元素，创造出新的景观场景，从而引导新的居住模式。

9.5.5　居住区总体布局与实体设计

1．中心景观

（1）强调景观轴线或中心花园的景观序列空间。入口区域的小区景观轴线，讲究仪式感、整体性及对景关系或空间转换。小区中心花园要求具有集中、大气、可参与性，并注重地形造坡与对景关系、空间特性的吻合，要求既形成中心感的焦点景观，又有一定的空间开合变化；通过主要景观元素的合理组织，形成能聚集、多功能、有活动与停留的中心花园，能展现丰富的生活化场景。

（2）以水景组织景观。水面具有将不同的、散落的景观空间及园林景点连接起来并产生整体感的作用，具有线形系带作用及面形系带作用。前者多呈带状线形，景点多依水而建，形成一种“项链式”的效果。而后者中，零散的景点均以水面为各自的构图要素，水面起到直接或间接的统一作用。

以水景组织景观时设置水景数量不宜太多，主要布置在视觉焦点或视觉空间转换处；尺度与周围空间相适宜；宜考虑无水时景观效果，同时要考虑能耗的合理节约；造型应与建筑整体风格相适宜。为达到叠水或喷水等的良好效果，应有专业水景公司配合计算流量、平衡水池设置、管线设置、设备造型等。

游泳池与居住区会所、中心花园等在空间形态上衔接良好，造型与池底图案美观，功能与尺度能满足居民使用，能兼顾使用时管理与平时开放的可能；并能成为可赏可用的主体景观元素。中心游泳池讲究休闲、放松，有品位的氛围营造，注重从会所室内、高层鸟瞰、中心花园等的景观视线处理，注重与中心花园及室内的衔接关系，泳池规模要与小区户数相适宜，要考虑收费因素管理与非游泳季节的可使用性。

2. 组团景观

组团景观是结合居住建筑组团的不同组合而形成的又一级公共景观，是随着组团的布置方式和布局手法的变化，其大小、位置和形状相应变化的景观。它为居民，尤其是老人与儿童提供一个安全、方便、舒适的游憩环境和社交场所。

（1）组团中心空间。组团中心空间有与组团规模对应的中心感，空间结构清晰，与公共空间有良好衔接。根据组团的不同规模，一般都会考虑设置必要的活动与停留空间，并体现生活化特征与场景。强调组团空间的形象、识别性、半共享性，讲究庭院邻里空间的归属感、半私密性、可停留性与稳定性，以及人性化需求。

原则上居住区中心、每个组团中心都应设置相对集中的儿童活动场地，并应提供成人看管、坐憩所需的设施；儿童活动场地应设置在相对安定、各庭院到达便利的共享空间；原则上保证有两个或两个以上的面是相对封闭围合的，以满足安定性；步行道的间距宜在 2 米以上，与建筑的间距在 5 米以上。

（2）宅旁绿地。宅旁绿地是住宅内部空间的延续和补充，也是建筑基础和建筑环境的交接带，一般从几米到几十米不等。形状大多是规整式，虽不像公共绿地那样具有较强的娱乐、游赏功能，但与居民的日常生活起居息息相关，具有浓厚的传统生活气息。现代建筑底层架空层的设计一般都能延续室外空间的景观风格，并适当考虑设置停留空间或活动余地，空间内有景可赏、相对安定，能体现生活化特征与场景，使入口形成宜人的空间。

3. 道路景观

小区道路具有明确的导向性，其景观特征应符合导向要求，并形成重要的视线走廊，达到步移景异的视觉效果，同时道路绿化种植及路面质地、色彩也应具备韵律感和观赏性。

（1）车行道景观。车行道一般是指小区级或组团级道路，住宅平行或高于道路布置。道路景观要有连续性，布局形式要有变化，局部要有小的开放空间，或者路面材质上要有变化，这样，通过形成重复的节奏感，可以打破道路空间的单调感。

（2）步行道景观。步行道一般位于住宅组团内部，承担内部步行交通和休闲活动功能，是居住小区道路景观设计中最为重要的部分。步行道宜曲不宜直，在连续的道路上产生空间变化，形成丰富的空间序列。住宅沿道路有规律地布置，可以形成良好的围合感和居住氛围。

对于步行道空间的设计，首先要解决的是人、车分流问题，车行道要有足够的回旋余地。路径的线性、宽窄、材料、装饰在赋予道路功能性的同时，要和路径两侧的其他景物构成居住区最基本的景观线。

小区中的很多道路都是人车共行的。这种人车共行道，必须结合步行道与车行道两种道路景观，在路面上设置各种减速带，通过地面铺装的不同，形成安全美观的街道景观。特别要提到的是消防车道，从功能上看，消防车道属于必备的车行道，但是平时主要是作为步行空间来使用。设计这类人车共行通道时，应当结合其他景观元素，从构图手法到铺装材质上，都要体现出居住小区的设计风格。

4．场所景观

小区中的场所包含各类硬质地面的场地空间，如广场、游戏场地等。场所景观应当注重空间边界的设计，通过提供各类辅助性设施和多种合适的小空间，达到拥有良好场所感和认同感的目的。居住环境场所景观广义上包含住宅和交通道路之外的一切外部空间。其主要类型如下：

（1）休闲广场景观设计。休闲广场的形成依靠周边环境的限定，景观的主体是周边建筑和景观设施，广场的功能在于满足人、车流集散、社会交往、不同类型人群的活动、散步等需求。

（2）庭园景观设计。游赏型庭园供人流连漫步，是动态观赏与静态观赏的统一体。在庭园景观设计时，要强调景观的趣味性和步移景异的特征，远近层次分明，并考虑有足够的休闲设施，以亭台廊榭点缀，相互借景，让人在景观中欣赏周围的美景。私家庭园一般位于住宅底层，领域界限明显，私人领域性强，在形成私有领域景观特征的同时，也应考虑整个小区的环境氛围。

（3）专类场所景观设计。专类场所包括健身场所与儿童游乐场所。这些场地的景观设计围绕使用对象的不同需求，在提供健康娱乐方式的同时，也传达一种生活文化。

5．出入口设计景观

（1）住宅区出入口。住宅区出入口形象能体现住宅区档次与特征，管理方式应设置合理，并能合理组织人流与车流，基本做到人车完全或局部分流，有明显的主题性标识设计；注重入口仪式感和业主回家的温馨感；岗亭形式必须考虑与建筑风格的统一。

（2）住宅区人行出入口。住宅区人行出入口选址要保证人流的便捷性，并考虑与园区景观的结合。在考虑人车分流的同时，应考虑人行动线上的景观设计。

（3）组团出入口。组团出入口作为公共庭院空间与半私密庭院空间的转换节点，应充分考虑业主回家的动线合理设置，可利用高度差、建筑灰空间、特色植栽、标志牌、雕塑等多元手段，实现空间感受的转换，同时强化领域感和识别性。

（4）单元出入口。单元出入口的设计应注重建筑与景观的结合面，形成宜人的尺度和亲切的气氛，也可结合水景、雕塑、植栽等增强可识别性。

9.5.6　居住区绿地系统的景观设计

居住区绿地是由宅旁绿地、道路绿地和中心绿地组成的点、线、面结合的绿化系统，是城市居民主要的闲暇环境，是居住区中的主要自然因素。

1．绿地系统组成

居住区、小区和组团的公共绿地，宅旁绿地，道路绿地，专用绿地和其他绿地（阳台绿化、屋顶绿化），构成居住区绿地系统。

（1）公共绿地。公共绿地是全区居民公共使用的绿地，是居民的室外生活空间，也是衡量居住环境质量的一个重要组成部分。根据绿地规模，可分为居住区公园、小游园、居住生活单元组团绿地以及儿童游戏场和其他块状、带状公共绿地等。

建造绿地的位置要适中，靠近小区主路，适宜各年龄段的居民使用。绿地率新区建设应为30%，旧区改造宜为25%；种植成活率为98%；公共绿地指标：组团级不少于0.5人；小区（含组团）每平方米不少于1人；居住区（含小区或组团）每平方米不少于1.5人。

公共绿地以植物为主，与自然地形、山水和建筑小品等构成不同功能、变化丰富的空间，为居民提供各种特色的公共空间与半公共空间。

公共绿地的规划设计要充分利用自然地形与自然条件，根据建筑布局、环境条件，符合居住生活的要求，设置具有地方特色的不同类型的绿地。

（2）宅旁绿地。宅旁绿地也称宅间绿地，是最基本的绿地类型，多指行列式建筑前后两排住宅之间的绿地，大小和宽度决定于楼间距。一般包括宅前、宅后以及建筑物本身的绿化，只供本幢楼居民使用，是居住区绿地内面积最大、居民使用最频繁的一种绿地形式。

（3）道路绿地。道路绿地是居住区道路红线以内的绿地。靠近城市干道，具有遮荫、防护、丰富道路景观等功能，根据道路的分级、地形、交通情况等布置。

（4）专用绿地。公共建筑、设施四周的绿地称为专用绿地。例如，俱乐部、展览馆、电影院、图书馆、商店等周围的绿地，还有其他块状观赏绿地等。专用绿地的绿化布置要满足公共建筑设施的功能要求，要与周围环境相协调。

2．植物景观设计

植物景观对小区环境空间的塑造和意境氛围的烘托，以及维护生态平衡，具有重要作用。

植物景观设计中包括草坪、灌木和各种大小乔木等。通过合理配置，形成多层次的复合生态结构，达到植物群落的自然和谐，不仅可以成功营造出人们熟悉和喜欢的各种空间，还可以改善住户的局部气候环境，使住户和朋友、邻里在舒适愉悦的环境里进行交谈。

植物群落或植物个体在形态、线条、色彩、造型等多方面能够带给人一种美的感受或联想。通过合理搭配，在塑造空间、改善并美化环境、渲染环境氛围方面，创造出特定的绿化景观效果，成为小区景观设计的有益补充。

在景观设计时，植物配置既要考虑植物的生态条件，又要考虑植物的观赏特性；既要考虑植物的本身美，又要考虑植物之间的组合美以及植物与环境的协调美。

在植栽的形式上，要根据空间环境的特征，充分考虑平面设计与竖向设计的视觉效果，将规则型与自由型合理地规划与组织。除行道树外，要尽量避免等距栽植，可采用孤植、对植、丛植、群植、列植、林植、篱植等，装饰性绿地和开放性绿地相结合，充分利用不同植物品种的特征与变化特性（形、色、叶、花、果等）所具有的观赏性，创造居住区环境的季相景观效果。

由于地域环境的不同，植物生长所需条件的不同，居住区的植物配置也有很大的差异。因此，居住区绿地环境植物的配置主要遵循乔木和灌木相结合、常绿树与落叶树种相结合、观枝与赏叶相结合、花与草相结合、多样性与统一性相结合的设计策略。

（1）乔木。乔木设计要有良好的形态，能结合景观空间需要进行有效组合与划分景观空间，并能注意到其生长习性的吻合；高层乔木周边应有中层小乔木或中灌木进行有层次地组合，形成层次过渡与色叶、季相的变化，并能体现不同组团、不同空间的特色，弱化建筑墙体生硬感。

（2）灌木与地被。能通过不同高度、不同色彩、不同质感、常绿与落叶对比的品种，进行合理组织搭配，丰富景观层次、不同季相变化，与乔木、草坪的衔接合理而精致，弱化墙体的生硬感。

（3）草坪。草坪与灌木的比例适宜，设置区域符合空间特征；草坪线形合理，草种选择适宜，与不同材质的边界处理有设计细节考虑。

9.5.7　水景景观设计

小区中水景景观设计应适合场地气候、地形及水源条件。在南方干热地区，尽可能地为小区居民提供亲水环境；在北方寒冷地区设计不结冰期的水景景观时，还必须考虑结冰期的枯水景观，以丰富小区景观。根据小区中水景景观的不同使用功能与规模大小，水景景观可分为自然水景和庭院水景。

9.5.8　照明景观设计

1. 灯具的布点与选型

根据不同时段、不同空间的使用功能、氛围需要，合理安排不同类型灯具，既满足功能要求，不影响居民休息，又能成为景观元素的一部分。

2. 照明控制

管路布置要有回路控制，方便物业的管理与维护，并尽量采用节能环保光源。

9.5.9　其他景观设计

在居住区景观设计中，还包括一些具备特殊使用功能的景观。

1. 环境设施类景观设计

户外生活是居民生活的重要组成部分。小区景观设计通过创造一种既美观又吸引人的环境，给人以视觉、听觉、嗅觉、触觉及游戏心态的满足，主要包括照明设施、休息设施、服务设施等方面。环境设施景观设计不仅满足各类居民对室外活动的多种需要，而且对环境的美化也能起到重要的作用。

2. 硬质景观设计

硬质景观设计体现出小区的细节设计，涉及面很广，包括景观雕塑、大门、围墙、台阶、坡道、护栏、墙垣和挡土墙等围护结构，以及种植容器、架空层和地下车库出入口等设计内容，应当满足功能和审美两个方面的需求。

3. 庇护类景观设计

庇护类景观构筑物是小区中重要的交往空间，是居民户外活动的集散点，既有开放性，又有遮蔽性，主要设施包括亭、廊等。庇护类景观构筑物应以邻近居民主要步行活动路线为宜，交通便利的同时，也要将其作为一个景观点，在视觉上增加美感。

4．竖向景观设计

（1）总体竖向景观设计。总体竖向景观层次丰富，形成良好的视线对景效果；绿地造型饱满、流畅，符合空间特征，能丰富植物景观层次。与道路结合宜形成丰富的高差变化，形成多层次的立体景观。

（2）步行系统的竖向衔接。步行系统的竖向衔接宜与主要景观元素相结合，连接不同室外地坪的方式也可多样化，形成层次丰富的立体效果。

5．构筑物景观设计

室外构筑物材料以木质为主，若必须用钢质构架，宜用木质材料包装饰面，顶部宜厚实；位置上与视觉焦点相对应，与建筑保持足够距离，且应处于相对安定空间；尺度上与设置空间的尺度相适宜，与人的停留空间相适应，有可休憩的设施；构筑物应考虑必要的照明，以引导居民到达。形体上宜美观、大方，与建筑风格相适宜；如有多个构筑物，应在风格上相对统一。景观构筑物有视觉聚焦的功能，宜与树木相辅相成。

室外景观家具及配套设施配置合理，选型与住宅区整体风格、档次相吻合，位置设计合理。地下车库结合建筑的侧面或顶面局部打开进行景观处理；通风井、车库入口采用多种景观手法处理；室外设备侧重景观化处理。

6．景观铺装设计

硬质铺装是居住区景观的骨架、脉络，硬质铺装的布置往往反映不同景观的风格。它用不同质感、色彩的材料和各种不同的加工、拼铺方法进行的地面铺贴装饰，包括道路、广场、活动场地等，在景观中具有重要作用。铺装材料有花岗岩、陶土砖、水洗石、鹅卵石等。铺装材料组合图案精致、美观、协调（包括铺装道路与节点、水景、花坛、构筑物装饰等），应有精致的细节处理。

9.6 不同类型居住区景观规划设计

9.6.1 空间类居住区景观规划设计

在很大程度上，空间的性质决定于界面的性质，界面在居住区景观中通常以居住区建筑来表达。居住区景观以空间分类，可从建筑类型和建筑布局形式来考虑。

1．以建筑类型划分居住区空间

居住区建筑的分类方式有很多，影响居住区环境的主要因素是建筑密度和形态。从这个角度可将居住区建筑划分为以下几类：

（1）低层居住区景观。低层居住区包括独门独院的独栋别墅、双拼别墅和排屋。低层居住区由于建筑密度低，楼层数低，形成了良好的园林与建筑的体块关系。建筑体块和园林体块相比，绿色体块相对占优势，两者的关系相对平衡。总体上形成了绿色植物对建筑的覆盖关系，环境很好。

低层居住区景观规划设计一般采用较分散的景观布局，使居住区景观尽可能接近每户居民，景观的散点布局可结合庭园塑造尺度适宜的半围合景观。其设计要点主要表现在以下三个方面：

① 公共活动空间或中心园林位置合理，服务半径满足要求，面积适当。低层居住区景观规划往往会通过设置公共活动空间园林环境，形成以公共园林为主体的低层居住区园林体系，比如有的把低层住宅建在高尔夫球场周边；有的设置了大型主题公园；有的设置了独立的居住区公共园林绿地；再有的通过设置中心水景通廊的方式形成带状公共园林空间，在不增加园林用地的情况下，构成了公共活动空间。虽然有些低层住宅项目面积不大，但周围有良好的植被条件，仍然在居住区的中心安排了公共园林，进一步提升了居住品质。

② 住户私家庭院兼具景观和使用功能。在景观方面加强硬质部分与绿化的结合，追求整体景观的交融；在使用功能方面则结合建筑室内布局，增加游泳池、SPA、烧烤台和硬质铺装平台等室外景观元素，使生活空间从室内延伸至室外。

③ 居住区道路绿地系统脉络清晰，结构明确，并能很好地组织整个居住区中的各类园林空间。

（2）多层居住区景观。多层居住区是指4～7层居住区。在多层居住区中，由于树木的高度与建筑的高度基本相当，建筑和园林在这样的空间中都不成为主导，而是协同共生，构成了建筑与园林环境相互影响和交流的良好空间结构。

多层居住区景观规划设计一般采用相对集中、多层次的景观布局形式，保证集中景观空间合理的服务半径，尽可能满足不同年龄结构、不同心理取向的居民群体的景观需求。具体布局手法应根据居住区规模及现状条件灵活多样，不拘一格，以营造出有自身特色的景观空间。规划设计要点主要表现在以下几个方面：

① 对多层居住区中心景观进行合理规划。首先，要使中心绿地成为较大规模活动的场所。中心绿地的一个重要功能，就是便于居民开展人流集中的活动，如跳舞、练剑等。其次，要充分体现居住区的文化，成为展现居住区文化的场所，能够吸引居民前来参加活动。再次，中心绿地选址要得当，具有良好的可达性。最后，中心绿地面积大，比较集中，要充分发挥中心绿地的生态效益。要特别注重中心绿地的绿量问题，要形成多层次的，以植物为主体的，能够自我完善和发展的绿色生态系统，使中心绿地成为居住区的绿肺。

② 精心设计宅间和宅旁景观。创造更安全、更亲切、更富于交往和活动的宅间和宅旁的园林环境，道路可以用适合环境的、有趣味的园路代替，在充分分析基地的建筑、套型和其他各种条件基础上进行活动场所设计，既不遮挡视线，又能很好地保持私密性。在种植设计中，尽量增加绿量，使环境的生态水平有较大提高，以达到生态功能、游憩功能与审美功能的统一。

③ 形成适应多层居住区的活动。空间系统就是建立以中心绿地为主体，宅间宅旁绿地为辅助的活动空间体系。这一体系要求中心绿地和宅间宅旁绿地的活动系统互相补充，互相协调，共同构成居住区的良好活动场所，为不同的居民和不同的人群提供休息和活动的空间。

宅间和宅旁绿地中的活动空间，要紧密结合居民的生活，因为这种活动空间距离住户较近，可达性好，只需要2～3分钟就能到达，且在住户的视线范围之内，有良好的安全性，属于积极的活动空间。特别适合邻里之间的交往活动。这里的活动又不强调活动的设施，也许只是一段放宽的小路，一片十几平方米的小空场，就能够为居民提供活动所需的场所。

（3）高层居住区景观。7层以上的居住区统称为高层居住区。在高层居住区中，建筑和道路形成的图底关系较为单纯，空间疏朗，很难形成较细腻的空间层次，但同样需要结合环境做出调节。高层居住区景观采用立体景观和集中景观布局形式。景观总体布局可适当图案化，既要满足居民在近处观赏的审美要求，又需注重居民在居室中向下俯瞰时的景观艺术效果。

① 重点规划中心绿地景观。由于高层居住区间距大，绿地尺度大，具有分散的小块绿地较难实现的多样生活功能。例如，公园景观在小区内的实现，运动场地的多样化等。高层居住区可以腾出更多的空地雕琢花园、飞瀑流泉、艺术小品、休闲步道等。

随着人们居家休闲时间的增加及信息时代的到来，人们将有可能选择在家办公。因而，居住小区的大面积园林、绿地便成为人们最直接、最方便的休闲和交往场所，起着城市公园所不可替代的作用。

② 室外环境与地下空间结合。由于汽车时代的到来，地下停车成为居住区主流停车方式，地面部分应人车分流或是局部分流，尽可能形成完整的景观园林空间。人与车局部分流是目前使用较多的方式，汽车交通主干道沿周边布置，小区以中心绿地为中心，形成步行区域，结合绿化、广场、水景等景观的设计，为居民创造良好的休闲区域。

同时，组织好居住区的静态交通，利用高层居住区的地下空间，小区的社区中心、活动场地、中心绿地下集中设置地下、半地下停车场，可有效减轻汽车噪声、尾气的污染。

③ 增加立体层次，设计宜人尺度。如何消减高层建筑大尺度带给人的心理压力，需要在建筑和环境设计中有策略地解决，做到超大尺度和宜人尺度之间的转换。凯文·林奇指出，25米为环境中的舒适尺度。在住宅环境设计中，坚持以人为本的尺度原则，健全多尺度的空间关系。

高层居住区之间绿地普遍变大，开敞感和渗透感强。在环境设计时，增加立体层次，综合利用绿化、地形进行遮挡，也可运用一定的构筑物增加灰空间层次。根据一定的服务半径，在相应组团范围内设置适合该层级的活动空间。比如根据视觉距离，相邻两幢楼之间共同使用一条宅间环道，共享一块儿童活动沙地，采用同一性标识和色彩等，以创造分层级的公共空间，唤起人们的认同感和领域感，以建立相应范围的邻里意识。

2．以建筑布局划分居住区空间

从建筑布局划分居住区空间，可分为以下三种布局模式。

（1）集中围合式。集中围合式方法很多，但是核心目标大多要营造一个大面积的“绿心”。在总体的规划特色上比较明显，在当前成为一种时尚的手段，这个绿心常常成为一个醒目的标签，很能打动购买者。在现有规范下再进一步拉大前后间距，或直接利用地块特点巧妙地留出环境空间。

在与外部环境的处理上，利用商铺组织城市中心沿街商业，同时形成内部围合式花园，有效屏蔽外部噪声，营造内部居住氛围成为常用的布局模式。但在周边环境较好的地方，利用点式高层和空透式围墙向城市敞开，更加有利于园内景观与城市景观的开敞和渗透。

（2）均匀布局式。如果按照通常的间距均匀布局，通常形成条状绿地。一般而言，建筑规划布局空间状态基本上决定了绿地的模式，在容积率确定的情况下，建筑规划布局通常在结合地块等特点方面做加减组合变化，做出最合理的空间布局模式。

（3）混合式。介于以上两者之间，一般既具有均匀布局式的特点，也在适当区块做大中心景观，使之形成住宅楼盘中的一个亮点。

低层建筑由于容积率低，间距相对较大，基本上不需要解决日照间距和阳光、通风的问题，但建筑位置的确定对园林用地的形成，起到十分重要的作用。有许多低层住宅，采用简单排房的做法，使景观空间简单化，不同住户的景观环境趋同。例如在独栋别墅的位置上，往往将别墅建筑建造在地块中心，四周的景观用地都比较平均，缺乏主次关系，也不利于形成主要的活动空间。又如在线状排列建筑的建设中，对前后花园的分配比例，应当根据前后排建筑的实际情况，结合停车、建筑入口的状况，进行充分的考虑，尽量避免将前后花园平均分配的情况出现，以形成良好的私属园林空间，而不是简单地将建筑布置在用地中央。

9.6.2 人文类居住区景观规划设计

人文是一个动态的概念。《辞海》中写道："人文指人类社会的各种文化现象。" 人文景观，又称文化景观，是人们在日常生活中，为了满足一些物质和精神等方面的需要，在自然景观的基础上，叠加了文化特质而构成的景观风格。它是通过艺术品表现出来的相对稳定、更为内在和深刻、从而更为本质地反映出时代、民族或艺术家个人的思想观念、审美、精神气质等内在特性的外部印记。

文化是一种多层面、多元素、内容极其广泛复杂的社会科学。不同民族、不同地区、不同文化浸染的人类所创造的景观都具有鲜明的特点。文化具有民族性、地域性和时代性，时代不同，景观的设计形式、风格和所包含的审美取向也会有差异。

在居住区环境景观的风格方面，作为景观设计师，应与建筑师沟通互动。我们应该信奉：建筑是最大的景观，建筑对于城市的影响和冲击大于景观。当然，景观要弥补建筑的不足，比如建筑密度大，景观就尽量敞开，建筑没有设架空层，景观就宜适当设置亭或廊供居民在雨雪天气使用。但这一切应统一在建筑风格的整体之中。当前，国内居住区景观设计的风格大致包括以下五种。

1. 传统中式风格

传统中式风格是体现中国古典园林神韵的一种方式。这种方式用在现代居住区环境中，就体现在景观有中式的亭、台、楼、轩等传统景观小品，布局为自然式布局，绿化种植形式、水的驳岸也大多为自然式布局。

2. 欧式风格

欧式风格泛指欧洲特有的风格，主要流行的欧式风格有巴洛克风格、地中海风格、北欧风格以及法式风格等。这种景观的布局大多是规整式的，景观中多柱廊、穹顶，显得富丽堂皇。

3. 现代中式风格

现代中式风格又称新中式，是对传统中式风格的一种提炼和升华。传统中式园林，工艺精湛令人赞叹，现代景观难以模仿，且模仿的造价也颇高，所以设计师另辟蹊径，取其神而简其形。"新中式" 景观设计是传统中国文化与现代时尚元素的浪漫邂逅，以内敛沉稳的传统文化为出发点，融入现代设计语言，为现代空间注入凝练唯美的中国古典情韵，它不是纯粹元素的堆砌，而是通过传统文化的认识，以现代人的审美打造富有传统韵味的景观，让传统艺术在当今社会得到体现，让使用者感受到浩瀚无垠的传统文化。

4. 新古典主义

新古典主义风格兴起于18世纪的罗马，并迅速在欧美地区扩展，也是由欧式风格衍生出来的一种简欧式风格。其精华来自古典主义风格，但不是仿古，更不是复古，而是追求神似。新古典主义风格是在传统美学的规范之下，运用现代的材质及工艺，演绎传统文化中的经典精髓，使作品不仅拥有典雅、端庄的气质，还具有明显时代特征的设计方法。古典欧式风格的建筑园林工艺复杂，现代人取其神韵，将其形简化，主要表现在对角线的勾勒和对欧式构件的表现等方面。

5. 现代主义风格

现代主义风格的作品大多以体现时代特征为主，没有过分的装饰，一切从功能出发，讲究造型比例适度、空间结构明确美观，强调外观的明快、简洁。这体现了现代生活快节奏、简约和实用，但又富有朝气的生活气息。

居住区景观环境设计中只有创造出居民所熟悉的文化氛围，反映出居民生理和心理需求的精神品貌，才能在情感上与其产生审美共鸣，进而被接受。

从场所环境出发，把风格特色和使用功能紧密结合，建构人性化的场所，才是居住区景观环境设计的基本理念。

9.6.3 生态类居住区景观规划设计

生态文明是人类在改造客观世界的同时，改善和优化人与自然的关系，建设有序的生态运行机制和良好的生态环境所取得的物质、精神、制度成果的总和。它体现了人们尊重自然、保护自然，与自然和谐相处的文明形态。居住环境是人类最重要的生存空间，居住区生态环境与自然生态系统有很多相同之处，但作为一个人工生态系统，与自然生态系统有着显著区别。居住生态系统的建设，必须首先考虑人的因素，人们通过技术手段控制整个环境的物质循环和能量流动，使之最大限度地产生有利于居民的功能输出，创造出符合人们物质使用和精神审美需求的景观环境。同时，居住区生态环境也是居住区范围内由地球生物圈与人类文化圈交织而成的复合生态系统，具有自然生物特性和人类文化特性，而居住区生态环境建设需要结合自然物和人类文化两方面的特性，以生态学原理为指导，综合景观学、行为学、美学的理论来进行规划设计。

1. 结合基地生态环境条件进行总体布局

居住区要最大限度地利用当地的自然地貌、山水环境、气候特征，对地势的利用、水系的改造、树木的保留要因势利导，创造具有特色的环境空间。

（1）结合地形、地貌。地形、地貌本身就是一种景观资源，其中蕴含了经济、美学和环境质量等多方面的价值。居住区生态环境在规划设计和建造中，常常会遇到复杂地形、地貌的处理问题。特别是坡地形的生态环境特征明显不同于平地，具有较强的生态敏感性和脆弱性。

居住区生态环境的建设应该因地制宜地对地形、地貌进行保护和利用，将自然环境的损害降到最低，使得人工环境与自然环境和谐相处，创造出良好的地方性景观。

（2）利用现状植被。无论是新区建设还是旧城改造，居住区建设中总会有现状植被的存在。但是在过去长期的城市建设或居住区建设中，绿化植物都被当作点缀物，出现了先砍树、后建房、再配置绿化这种事倍功半的做法。生态学知识告诉我们，发育成熟的原生或次生地方植被被破坏后恢复起来很困难，需要消耗更多的资源和人工维护，因此在某种程度上，原状植被保护比新植绿化效益更好。

尊重原有场地的植被，实际上是对乡土植物的尊重。乡土植物作为本地区的土生物种，早已适应了本地的自然环境；乡土植物又是本地的鸟类、昆虫等动物的栖息生态环境，它们相辅相生在原有环境中。在居住区环境设计中，要尽可能保留原来有价值的植被资源，将它们组织到居住区生态环境的建设中，这样居住区刚建成时就会有较好的生态环境，而不必等待新植树木的缓慢生长。

（3）结合水文特征。临水而居、湖畔之家常为现代人所追求，离开阔的水面越近，房地产价值越高，几乎被认为是一条经济法则。但在人们充分享受绮丽水景的同时，常常忽视由于过度开发对基地地表径流、地下水造成的不良影响，水质污染、地表侵蚀、地下水短缺等层出不穷的环境问题再次提醒人们必须从保护生态环境的角度，关注基地的水文特征。

基地的自然排水体系是由汇水区域、溪流、河道、池塘、湖泊组成的整体，是区域生态系统的重要环境因素，具有良好的生态意义和景观价值。居住区规划布局应结合水文特征，尽量减少对原有自然排水的扰动，努力达到节约用水、控制径流、补充地下水、促进水循环并创造良好小气候环境的目的。结合水文特征的基地设计可从以下方面来采取措施：

① 保护场地内湿地和水体，尽量维护其蓄水能力，并结合设计将水体和湿地组织到外部空间系统，为居民提供休息娱乐的场所，改善微气候，如能结合水体与湿地对生活废水进行生物净化，还能实现资源的综合利用。

② 保持河湖与更大范围内的水系连通，使之成为活水，保证水的质量，同时水系在雨季也能发挥蓄洪作用。

③ 建筑布局、道路开辟与河流走向一致，并结合洪水水位，确定河流两侧保留绿地的范围，使之保持自然状态，在适宜的地形坡度前提下，形成水—湿地—旱地生态系统综合体。

④ 保护基地内的可渗透土壤。尽可能减轻开发压力，增进地下水的恢复和补充功能。

（4）保护土壤资源。在居住区环境设计中，尽量使土壤的平整工作量最小，在不能避免平整土地的地方，将填挖区和建筑铺装的表土剥离、储存，用于需要改换土质或塑造地形的居住区绿地。居住区环境建成后，清除建筑垃圾，回填优质表土，以利于地段绿化。表土中有机质和养分含量最丰富，通气、渗水性好，不仅为植物生长提供所需养分和微生物的生存环境，而且对水分的涵养、污染的减轻、微气候的缓和都有着相当大的贡献。

（5）结合气候条件。光和风是影响居住环境舒适性的主要气候因素。居住区外部环境的自然通风与建筑的间距大小、排列方式以及风向有关。为了提高通风效果，建筑需要选择合理的朝向和布局，以保证风向的通畅。在居住区内部，为了保证每户都能获得规定的日照时间和日照质量，要求住宅前后两排间距满足一定的日照间距。尤其在公共建筑前有更开阔的院落，以获得更多的日照。由几栋住宅围合形成的庭院空间，将建筑平面错开布置，或将其中一栋住宅去掉 1 ～ 2 个单元，就能为居民提供更多的户外阳光活动场地。另外，住宅采用底层架空或开洞的方法，也可大大改善院落的通风条件。

2. 植物配置的多样性原则

绿化是居住区生态环境的关键部分，也是衡量小区生态环境质量的重要标准。居住区绿化环境的生态性有两个方面的含义：其一，运用生态学原理，遵循植物的生态习性来创造绿化景观；其二，提高居住区中植物的生态效益。

（1）构建适宜的植物群落结构。一个植物群落地上部分可分为乔木层、灌木层、草本层以及地被层四个基本结构层次。这种结构形式最稳定、抗干扰能力强，人们在景观设计中常常模仿这种结构形式。但是，居住区环境中的绿化设计，不仅要考虑生态问题，还要考虑居民的活动和审美要求。常见的植物群落有以下几种类型：

① 乔木 + 草坪。现代景观环境设计者所推崇的疏林草地，即为乔木与草坪的搭配结构。这种结构林木稀疏、视野开阔，便于活动。在居住区环境建设中应用较为广泛。

② 灌木 + 草坪。由于没有乔木的遮挡，灌木与草坪的植物组合常常长势良好。在居住区环境中，这类植物结构对周围建筑遮挡较少，但在烈日炎炎的夏季，也不利于居民的室外活动。一般运用于小面积的绿地，或对植物的根系深度有限制的地段，如有地下管线、构筑物或屋顶花园等。

③ 常绿乔木 + 灌木。这种搭配形式受季节的影响较小，在白雪皑皑的冬季也会显得绿意盎然。但这种常绿的绿化模式，中、下层郁闭度高，难以形成多层次的植被群落，并且景观色彩有些单调，故在轻松活泼的环境中并不多见，一般小面积应用。

④ 单一草坪。具有视野开阔的优点，如结合自然起伏的地形，视线效果更佳。但由于草坪根系浅，会消耗大量的淡水资源，且绿量小、总体生态效益较差，多数草坪不耐践踏，限制了居民的活动范围。在居住区环境设计中，不应盲目使用大面积的草坪，即使应用也应选用混合草坪、缀花草坪等形式，并在设计时，应考虑铺设小路，便于居民的使用。

⑤ 乔木 + 灌木 + 草坪。这种复层生态群落最有利于植物的稳定，植物景观丰富、季相变化明显。这种复层植物群落作为居住区绿化的主要结构模式。

（2）保持植物种类的多样性。生态学认为，物种多样性是维持系统稳定的关键因素。植物系统的种类多样性也将更好地发挥其生态功能。有数据表明，同样面积的乔 + 灌 + 草组成的复层结构的综合效益（如释氧固碳、蒸腾吸收、减尘杀菌及减污防风等）为单一草坪的 4 ～ 5 倍，而养护管理投入之比为 1 ∶ 3。

（3）优先考虑乡土植物。乡土植物能适应当地的气候、土壤、水文等条件，需要的养护、水分等投入也较外来植物少，具有良好的生态优势；乡土植物可以减少材料、换土、人工养护等资金的投入，具有低维护、低成本的特点；有利于保护当地的生物物种的稳定，保持乡土景观的特色。因此乡土植物应成为居住区绿地的基调树种。

（4）建立综合绿化体系。在建筑密集、绿化用地有限的居住用地，如果想扩大绿化整体质量，充分发挥绿化的生态效益，就必须发掘建筑的空间潜力，向多纬度绿化空间发展。立体绿化就是“土地空间化”设计观念影响下形成的绿化形态。

将适当部位的住宅建筑底层架空，引入绿化或其他外部景观元素，就构成了居住小区住宅的底层架空绿化。这种绿化方式的优点在于创造通透开敞的视野效果，给在底层活动的老人、儿童创造赏心悦目的视觉环境，可以充分享受绿化空间的渗透；有利于通风，便于空气流动缓解潮湿，带走热量。

屋顶绿化可起到良好的保温隔热的作用，满足了小区不断增加的绿化量，尽量减少占用日渐紧张的土地资源的需求。

阳台、窗台绿化也是立体绿化的重要组成部分，实现和管理都较为容易。通常选择盆栽植物，设计时注意与住宅建筑的整体外观结合起来，并保证其安全性。

3. 水环境设计的优化处理

水环境是居住区环境中重要的环境因子，水体与绿化的结合造就了居住区优良的景观环境，良好的水环境能对居住区生态环境的形成发挥重要的作用。

（1）有效收集和利用自然降水。雨水储留供水系统包括屋面蓄水、地下蓄水池和地面蓄水池三种。屋面蓄水是指利用住宅等的屋顶蓄水，主要用于家庭、公共设施等方面的非饮用水，如浇灌、冲刷、洗衣、冷却循环等中水系统。地下蓄水池位于基地最低处或地下室中，雨水可以直接排入。地面蓄水池可利用原有的池塘、洼地或人工开挖而成。可将水池的景观功能和蓄水的生态功能结合起来考虑。一般按自然排水坡度将居住区分成几个汇水区域，每个区域最低处设蓄水池。

（2）防止地表水污染。自然水体作为一个独立的生态系统，对污染具有一定的自净抗制力。一般认为，当水面超过 1 000 平方米，水深超过 1.5 米时，就可以通过自净能力防止水体腐败、变质；利用植物净化水体，有意识地栽植或保留净化能力强的水生植物，可以有效抵御水体污染；促进景观水自身的循环，有效防止水污染。

居住区环境中的水景设计不仅从景观视觉的角度出发，还应结合生态学原理将景观效益和生态效益综合考虑，在创造优美景观的同时，发挥其最大的生态作用。

第10章 城市公园环境景观设计

10.1 城市公园概述

城市公园是在城市中向公众开放的，为公众提供游览、观赏、休憩、开展科学文化及锻炼身体等活动，有较完善的设施和良好的绿化环境的公共绿地。作为城市基础设施的绿地系统的重要组成部分，城市公园是表示城市整体环境水平和居民生活质量的重要指标之一。

纵观世界现代发展史，城市公园伴随着城市化进程而处于不断的演进当中，从第一个城市公园——纽约中央公园的产生到现在，城市公园已发展成为一个庞大的家族，并在城市中担当着越来越重要的角色。最初的公园功能较为单一，主要为城市中的市民提供休闲、散步、赏景的公共场所，随着城市公园建设的不断发展，公园的功能具有了更多的内涵，增加了很多的活动内容。现代城市公园一般具有观赏游览、休闲运动、小憩休息、儿童游戏、文娱活动、科普教育等功能。城市公园不仅为市民提供了一个开放型的公共空间，而且对改善城市区域性生态环境发挥着重要的作用。

10.1.1 城市公园的概念与发展状况

人们在不同时期对城市公园的定义均不相同，也有不同的侧重点，如强调公园美学意义的，强调公园游憩娱乐意义的，强调公园综合功能的等。无论是何种定义，从人类对城市和生活的角度来看，城市公园是指自然的或人工的开放性公共空间，是由不同地形地貌、植物、水体、道路、广场、建筑、构筑物及各种公共设施和景观小品组成的综合体。公园的概念不仅包括各种专题类公园和综合性公园、花园、自然森林公园，还包括城市郊区的休闲农庄、水上公园等。在城市建成区域范围内设置的公共性公园都归为城市公园。

城市公园是从西方工业革命以后，在欧美国家中产生并推广到全世界的。西方工业革命促进了生产力的极大提高，大量的人口涌入城市，人们的对应关系由扎根于土地田野的传统农业的雇佣关系转变为围绕着机器大生产的劳动雇佣关系，居住形式由具有田园风光的农业开敞空间进入到狭窄局促的城市空间。其结果导致了社会结构的颠覆性调整，造成城市环境的破坏和日趋恶化。人们迫切需要找回心目中的世外桃源——自然原野和田园牧歌。因此，城市公园帮助生活在城市中的人们实现这种夙愿。

17 世纪中叶以后，英国、法国相继发生了资产阶级革命。在“自由、平等、博爱”的口号下，封建领主及皇室的财产被没收，大大小小的公苑和私园划作公共使用，并统称为“公园”。1812 年伦敦建成了以富裕市民为服务对象的摄政公园，1847 年利物浦建成了以工人阶层为服务对象的伯金海德公园。这些公园是现代城市公园的萌芽。

现代城市公园运动的里程碑是建于 1857 年的纽约中央公园（图 10-1），这是第一个真正意义上的有绿色休闲功能的城市开放空间，该公园建成后，带动了周围地段的投资。从此开始，美国掀起了“城市公园运动”，在旧金山、芝加哥等大城市兴建了许多大型的城市公园。当时，建造城市公园是为了保护好城市周边优美的自然景观，以提高土地的商业价值，为将来的城市发展留出足够的风景体系，为后人保留一些可持续发展的资源。

图 10-1　纽约中央公园

19 世纪的欧美国家处于资本主义繁荣的成长初期，生产力得到大发展，财富迅速聚集，城市快速发展，为了保护城郊的自然风貌，避免由于城市开发建设的不当造成环境的破坏，美国的许多城市相继制定了城市发展蓝图，其中一个重要的方面就是建立城市公园系统。美国的城市公园与城市的关系相比较而言，更侧重有机性与和谐性，更注重城市区域连续景观的美感。与早期的大型城市公园建设有所不同的是，美国的城市公园系统中补充了小公园的分布，城市公园系统更具科学性、系统性。

中国近代城市公园的发展是在西方造园思想指导下进行的园林创作。1840 年鸦片战争后，帝国主义纷纷在我国开设了租界。殖民者为了满足自己的游憩活动需要，在租界建设了一批公园。1868 年，上海公共租界建造了我国第一座城市公园“公花园”（现黄浦公园），但是在 1928 年 7 月 1 日才对华人开放。之后，上海“虹口公园”（现鲁迅公园，1902 年）、法国公园（现复兴公园，1908 年）、天津法国公园（现中心公园，1917 年）等类似的租界公园陆续兴建。1914 年英国人兆丰在沪时建立的中山公园，原名兆丰公园，是当时上海最负盛名的公园。公园以英国式自然造园风格为主，融中国园林艺术之精华，中西合璧，风格独特，是上海原有景观风格保持最为完整的老公园，获得过“上海市四星级公园”的荣誉称号。中山公园占地面积约 20 万平方米，全园可分为大小不等的景点 120 余处。这些景点因景而异，各具特色，其中银门叠翠等 12 处景点评选为“中山公园十二景观”，都是公园内特色突出并具有代表性的园林景观。

1906 年，在无锡、金匮两县，乡绅俞仲等建造了具有中国特色的城市公园“锡金公花园”。辛亥革命以后，我国相继兴建了一些城市公园，如广州的越秀公园、北京的中央公园（现中山公园）、南京的玄武湖公园、杭州的中山公园、汕头的中山公园、西安的革命公园等。这些公园有的是在原有风景区、古园林旧址上建造的，有的是在新址上参照欧洲公园特点建造的。直至 1949 年前，尽管我国城市公园发展缓慢，但是初步具有一批适合我国活动内容和中西风格混杂的公园。

第一个五年经济发展规划时期（1953—1957 年），是中华人民共和国成立以后城市公园发展的第一个小高潮。伴随着全国各个城市结合旧城改造，各地大量新建城市公园，同时对原有的公园进行充实提高。20 世纪 60 年代—80 年代，由于受到一些客观因素的影响，城市公园建设的速度有所放慢。这两个阶段兴建的城市公园，在规划设计手法上，主要是学习当时苏联建设公园的模式，强调公园的功能分区，注重群众性文化活动。这种公园设计模式极大地满足了当时人民的游览休闲以及对精神生活的需求。

改革开放以来，中国经济有了极大的发展，人们的生活形态向多元化发展，对生活品质和精神有了更高的要求，这些因素都推动了城市的更新与城市公园的建设发展。城市公园建设呈现出蓬勃发展的趋势，各种主题公园应运而生。

10.1.2 影响城市公园发展的主要因素

1. 城市化发展对城市公园演变的影响

在第一次城市化浪潮中，西方主要发达国家迅速实现工业化而带来了城市化的第一个成长期。19 世纪以来的西方工业化，对于社会、城市生活造成了根本性的变化：人口极度膨胀、城市环境日趋恶化、城市成为产业和贸易的中心。改革开放之前的中国，由于经济落后，城市公园发展缓慢。改革开放以来，中国城市建设和乡镇城市化取得了快速发展，工业化与城市化水平有了很大的提高。当前我国正在进入大规模的城市化发展期，城市不断向郊区扩张，城市中心区进行旧城改造、土地置换，农村进行城镇化建设，在城市化的改造过程中，许多城市在寸土寸金的城市中心花巨资兴建公园、公共绿地，使这些城市变得更加整洁美丽，重新焕发了活力；20 世纪 90 年代后，唐山、广州、深圳等城市先后被授予“联合国人居荣誉奖”“国际花园城市”“中国人居环境奖”等荣誉称号。

2. 当代艺术发展对城市公园的影响

从第一个城市公园诞生以来，城市公园的风格一直受到不同艺术风格与流派演变的影响。从英国工艺美术运动开始，新艺术派、分离派、未来主义、现代主义、后现代主义、解构主义等每一次艺术运动，都在不同程度上影响了城市公园设计的艺术倾向。

早期的一些英国、美国公园，如纽约的中央公园明显受到当时田园画、风景画艺术的影响，表现出一种对自然风光的眷恋。从哈佛革命开始，现代主义成为公园设计的主流，公园设计开始在追求艺术表现的同时，强调形式与功能的统一。现代城市公园发展到今天，可以说是成了展现各种艺术风格的舞台。例如，法国的拉维莱特公园的建设是解构主义在城市公园中一次重要的实践活动；雪铁龙公园的设计则糅合了现代主义简洁及文脉等多种艺术理念（图 10–2）。可见，不同的艺术实践活动都促使城市公园有了新的突破。

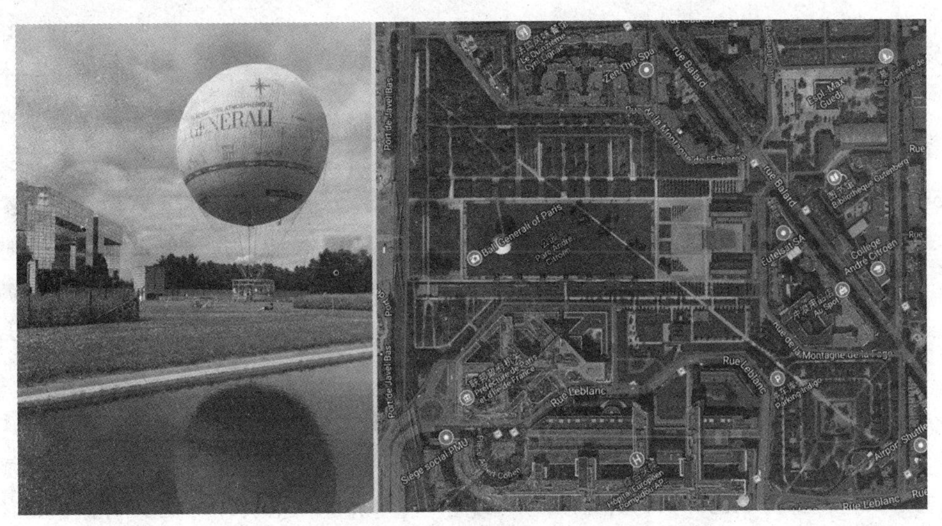

图 10–2　法国巴黎雪铁龙公园

3. 生态主义思想对城市公园演变的影响

有关城市生态的研究，最早起源于 20 世纪 20 年代的芝加哥大学。当时芝加哥大学的学者运用生态学原理，以芝加哥城市为对象，研究人口空间分布的社会原因与非社会原因，分析测试不同人口分布情况下的土地利用模式。20 世纪六七十年代，宾夕法尼亚大学教授麦克哈格提出了综合性生态规划的思想，为整个景观设计领域开辟了广阔的天地，使园林设计不再局限于原有的知识领域，真正系统地综合应用多学科知识，使景观设计进入新的发展时期。他的一系列基本的生态观点被设计师广泛地应用于城市生态和城市公园的建设实践。20 世纪 90 年代，生态学研究的重点转向生物多样性的保护，生态城市、生态绿地作为生物多样性保护的重要环节被许多城市列入发展战略。生态学与景观生态学等生态思想在城市公园建设中被广泛地运用，如德国杜伊斯堡北部港口风景园、北京奥林匹克森林公园等均是生态设计实践活动在城市公园设计中的体现。

2016 ASLA 通用设计类荣誉奖——新加坡碧山宏茂桥公园 / Ramboll Studio Dreiseitl。

20世纪60—70年代，新加坡经历了快速的现代化与城市化，这一时期城市中大量修建混凝土排水与运河系统以防备大范围的洪水。加冷河水道的几处关键位置被建设为混凝土沟渠，使得雨季时水可以快速排出。作为新加坡最长的一条河流，10千米长的加冷河贯穿中心岛，从皮尔斯水库流向滨海水库，是城市供水系统的一部分。

碧山宏茂桥公园是新加坡最受欢迎的中心地带公园之一。它建于1988年，最初是为了在碧山居住新区与宏茂桥区之间形成绿色缓冲带，并提供一定的休闲娱乐空间。然而，排水管道犹如一条粗线，将公园明显地分割开来。

2006年新加坡国家水务局（PUB）发起了一项“活力，美丽，清洁”水计划项目，提倡改善国家水体，在满足排水功能的同时，创造出供社区娱乐休闲的活力空间，促进社区融合。碧山宏茂桥公园空间急需升级整合，然而提升运河供给与防汛能力又将进一步分离公园空间。新的方案设计整合了这两个看似相反的要求。这也是新加坡首次提出拆除加冷河的混凝土沟渠恢复自然河道的设计方案。

该设计方案基于河漫滩的概念，当水量小时，露出宽广的河岸，为人们营造出一个可供休闲娱乐的亲水平台；当因暴雨水量上涨时，临近河水的公园用地可加宽河道，使水顺流而下。这种拆除运河混凝土沟渠，修复自然河道的大胆举措，不仅使其花费比运河改造设计减少了15%，同时还增大了容量，使其超过了目标承载能力。通过洪水的最大宽度从原来的24米拓宽到现在的100米，将对河水的运输能力提升了近40%同时，这一概念确保了足够的公园用地，创造出了更多的交流空间。碧山宏茂桥公园向人们展示了绿色城市基础设施的新愿景，在满足水资源独立供给与洪水治理的同时，在高密度的城市中心创造生态、社会与生态价值（图10-3）。

加冷河的修复工程于2009年10月份启动，在新河道施工的同时要确保河流系统仍能正常运行。一维和二维的水力学模型研究确保了团队能够预测水道，建设更稳固和更多变的河流。传统的土壤生物工程技术也用于加固新河岸，以作为对计算机技术的补充。12种热带新技术在公园内测试，以开发新技术和平息质疑。结果证明，模型应该根据植物生长密度、土壤条件、坡度以及植物根强度进行调整。最后，设计师和客户对建设团队进行了大量的培训，帮助他们将第一稿草图最终建设成型。

改造后的河道蜿蜒曲折、宽窄不一，如同自然河流般拥有着多样化的流动形式与流速，塑造出极为宝贵、自然而又多元化的栖息地，为生物多样性奠定了基础。而泛滥平原的设计为新加坡城市环境中创造了一种新型高质量公共空间，无论是跨越河流的三座新建桥梁，顺着河道延伸的台地状滨河走廊，滨水平台，供人横渡河道的踏石，还是引用干净河水的戏水广场，种种设计都拉近了人与河流的距离。而在这种亲密的接触中人们所体验到的自然韵律与美也进一步树立了人们对保护环境的责任感。

图 10–3　新加坡碧山宏茂桥公园

此外，公园中还新建了两个游戏场地、两个餐厅、厕所以及用旧河道回收混凝土块建造而成的地标性观景台——“回收山地”。这个充满活力、全年无休的公园俨然成为当地居民日常生活的一部分：人们在广场上练习太极，孩子们在运动场地中追逐比赛，两两相依的情侣则在长凳或隐秘的角落中共度时光。

景观设计团队并没有刻意将野生物种引入公园，然而自从恢复河流的自然化后，公园内的物种多样性增加了 30%，迄今，已有 66 种野生花卉，59 种鸟类与 22 种蜻蜓在此安家落户。

由于新加坡位于拥有 50 余种迁徙候鸟的亚洲—大洋洲候鸟迁徙路线之内，这也使得公园成为观赏候鸟的最佳场所。而包括源自非洲的黑臂巧织雀、印尼雨林的点斑林鸮以及安曼群岛的长尾鹦鹉在内的“访客”已带给人们无数的惊喜。

在 2015 年，水獭一家五口在此安家落户，迅速得到了周边社区与当地媒体的关注。在此之前，水獭仅在沿海地区生活，而它们的出现证明了河流自然化的实现与成功。如今，随着五位新成员的加入，这个家族正在茁壮成长。河流恢复设计创造了各种各样的微型栖息地，不仅增加了生态多样性，同时提升了公园内生态物种的弹性，提高了其长期存活的能力。热带雨林气候带中生存着极为丰富的植被群落，而公园所处区域毗邻仅次于亚马孙地区、拥有全球第二多物种的马来群岛地区，其生态多样性的潜力也是无可比拟的。

野生与自然的状况并不意味着危险，事实上，如果发生严重的洪水，河水水位缓慢上升，游客有充足的时间从水边转移到高处，这也表明新系统更为安全。加冷河还安装了一个包括河水水位感应器、警告灯、报警器以及广播组成的综合监视报警系统以确保在暴雨和水位上涨之前向公众发出警报。

在公园还未建成之前，就出现了“自我管理”的现象，居民开始注意公园的清洁和他人的安全。如今，自发组建的小组定期开会，而学校也不时组织学生对公园进行实地考察。所有的这些现象都体现出了公众对河岸公园态度的转变并产生了主人翁意识。

当城市开启综合水管理系统时，就意味着各机构之间的界限变得模糊，面临着重新划分的挑战。但这并不会让局面混乱，反而会因不同机构之间的交流产生出许多新观点。以往，公园由国家公园局管理，排水河道由 PUB 管理。而两个部分的合作，给社区带来了多项益处。许多下游项目借鉴了这种工作模式，催化了许多类似的机构之间的合作。

这个项目采用的是局部之和大于整体的方法。碧山宏茂桥公园不仅仅是公园，加冷河也不仅仅是一条排水沟渠，两者相互依存，是社会和生态的基础设施。碧山宏茂桥公园是公园与水资源、洪水管控、生物多样化、娱乐的巧妙结合，与此同时增进了人与水的情感联系，增加了公民对水资源的责任感，是城市公园作为生态基础设施的优秀案例。

10.1.3 城市公园的价值与功能

1. 城市公园的价值

城市公园最初诞生于早期工业化城市中，工业化的发展使城市环境日趋恶化，在城市中兴建公园可改善城市环境和卫生状况，为市民提供优美的休闲娱乐公共场所；逼真的自然环境为人们提供了良好的生存环境，新鲜的空气，葱郁的植被，游憩与运动的空间，从而改善了人们的心理与身体的健康。

城市与公园的结合，可以使城市的土地价值提升，有效地改善了城市的投资环境。优美的城市公园使城市富有魅力和综合竞争力，比如南京石头城公园、郑和宝船遗址公园。正因如此，有的城市在发展规划中提出“环境是资本，管理出效益”“环境也是一种生产力”的口号。

2. 城市公园的生态功能

城市公园是城市系统中最大的绿色生态斑块，是城市中动植物资源最为丰富之所在。城市公园被人们称为“城市绿肺”“城市的氧吧”，对于改善城市生态环境起着积极的、有效的作用。城市公园还承担着生物多样性保护的重要功能。今天的城市很难再找到动物的栖息地，而城市中大小公园之间形成的生物多样性保护廊道理所当然地成为城市保护生物多样性的场所。

3．城市公园的景观功能

城市公园在城市空间景观上起着重要的作用。城市的更新改造、建设开发，使城市的原有景观遭到严重的破坏，而城市公园在合理规划的前提下，可以重新组织构建城市的景观，并成为文化、历史、休闲娱乐的表现要素，使城市重新焕发活力。北京借举办奥林匹克运动会之机，将奥林匹克体育场馆和奥林匹克森林公园选址规划在城市北面，通过这一人造环境的建设，使北京城北部的城市环境有了极大的改善，并使北京城又增添了一处重要的节点和标志性场所（图 10-4）。

图 10-4 奥林匹克森林公园

4．城市公园的防灾功能

我国地域辽阔，由于地质结构和气候的原因，在许多地区自然灾害频发，对城市市民和城市设施很容易带来灾难和破坏。1976 年 7 月 28 日，我国河北省唐山市地震就是一个例子。

因此，在地震多发地带，高层建筑密集的大都市，城市公园还担负着防灾避难的功能。在 1995 年的日本阪神大地震中，城市公园尤其是街区公园、邻里公园发挥了很大的作用，保护了城市市民的生命和财产安全，它作为城市的公共基础设施，为城市提供了极大的安全效益。

5．城市公园的美育功能

从第一个城市公园产生以来，公园就被赋予了美学的意义，它是人们对理想生活的一种向往与追求。从公园的发展历程来看，无论是传统艺术、民间艺术，还是现代艺术的各种流派，都或多或少地能在城市公园中找到它们的艺术语言表现的痕迹，有的城市公园以整个公园为对象，或以艺术作品单体融入公园的整体环境，如法国的拉维莱特公园是解构主义大师屈米的实验性作品。以著名雕塑家作品为主题的雕塑公园有挪威的维格朗雕塑公园。艺术在城市公园设计中的渗透，给人们带来一种美的享受。

城市公园融生态、文化、科学、艺术为一体，符合人对环境综合要求的生态准则，能更好地促进人们的身心健康，陶冶人们的情操，提高人们的艺术修养水平、社会行为道德水平和综合素质水平，全面提高人民的生活质量。

城市公园应根据不同的季节与节假日举办主题性游览活动，如桃花节、 荷花节、牡丹花节、樱花节、冰雪节等，以吸引众多的市民前往游览。

10.1.4 相关理论的实践与启示

1．系统论

美籍奥地利生物学家贝塔朗菲在 20 世纪 40 年代创立了系统论，他指出“系统可以定义为相互作用、依赖的空间要素组成的，具有一定的层次、结构和功能性，属于一定社会环境中的复杂人工系统”。20 世纪 50 年代，这一思想被引入城市规划、设计的领域。现代系统思想就是将世界视作系统与系统的集合，将研究和处理的对象作为一个系统来对待，强调研究对象的整体性、相关性、结构性、层次性、动态性和目的性。其中，系统的整体性是系统研究的核心。系统研究的主要任务就是以系统为研究对象，从整体出发来研究系统整体和组成系统整体各要素的相互关系，从本质上说明其形式、结构、功能、行为和动态，以把握系统整体。

2．生态可持续发展理论

1987 年，挪威首相布兰特朗夫人在世界环境与发展委员会上公布的《我们共同的未来》报告中提出“可持续发展战略”的论述，指出“可持续发展是满足当代人的需要，又不对后代人满足其需要的能力构成危害的发展”。

对可持续发展的属性从四个方面进行了定义，即从自然属性方面定义为“保护和加强环境系统的生产和更新能力”；从社会属性方面定义为“在生存于不超出维持生态系统承载能力的情况下，改善人类的生活品质”；从经济属性方面定义为“当发展能够保证当代人的福利增加时，也不会使后代的福利减少”；从科技属性方面定义为“可持续发展就是转向更清洁、更有效的技术，尽可能接近‘零排放’或‘密闭式’工艺方法，以减少能源和其他自然资源的消耗”。生态可持续发展理论，对现代社会的各方面发展都有着重要的影响并提供理论指导。城市公园绿地系统的建立与完善体现着人们对生态可持续发展的追求。

3．景观生态学理论

景观生态学是地理学、生态学以及系统论、控制论等多学科交叉、渗透而形成的一门新的综合学科。它主要源于地理学上的景观和生物学中的生态，把地理学对地理现象的空间相互作用的横向研究和生态学对生态系统机能相互作用的纵向研究结合为一体。以景观为对象，通过物质流、能量流、信息流和物种流在地球表层的迁移与交换，研究景观的空间结构、功能及各部分之间的相互关系，研究景观的动态变化及景观优化利用和保护的原理与途径。景观生态学理论为综合解决资源与环境问题，全面开展生态环境建设提供了新的理论和方法，开辟了新的科学途径。景观生态学理论作为新兴的边缘学科，在城市公园系统的规划中也发挥着更重要的作用。

4. 人本主义、行为主义理论

人对空间的需求表现出公共性、私密性、领域性，以人为本的思想就是把人的行为模式作为环境设计的重要依据，这也是现代景观设计的重要特点。

行为主义理论建构了设计者、行为学者和使用者之间的联系桥梁。它以社会学、心理学以及人的需要层次等理论为基点，从环境中人的心理欲望和行为习惯出发，提出了新的人性化景观设计的程序。

人性化是人本主义理论的体现方式之一。人性化一般分为物质和精神两大层面。物质层面主要是指景观的空间构成，包括人工物质环境和自然环境两方面内容。精神层面主要是指景观设计的历史文化传统。

城市公园设计应当从整体系统、景观规划到具体的空间设计都能够体现出人性化的精神。城市公园在城市范围内的均布，除了生态化价值外，人性化的考虑应是更为根本的原因。

5. 文脉主义理论

在设计城市公园时，要处理好人与自然的关系、人与景观的关系、公园景观与其所在城市的关系、整个城市与其文化背景之间的内在关系。这些关系都是局部与整体之间的关系，必然存在着内在的、本质的联系。对文脉进行研究和探讨，有助于正确地传播信息，以促进景观环境和城市的明晰性。强调公园景观设计的文脉，就是要强调公园是整个城市景观环境的一部分，注重城市景观在视觉、心理、环境上的沿承性、连续性。公园景观设计在传承历史、文化的同时，又反过来影响并支配着文脉的发展。因此，城市公园是城市景观重要的组成部分，城市公园的设计也深受文脉主义思想的影响，例如，1992 年建成的巴黎雪铁龙公园就是文脉主义设计思想的集中体现。

10.2 城市公园景观设计

10.2.1 城市公园建设的总体发展方向及设计目标

城市公园建设的发展方向和设计目标的确立，是其他一切具体工作的前提和基点。

1. 发展方向

对在城市发展中更新建设的城市公园来讲，除了要在体制、机制、观念上进行变革与创新外，挖掘、修复历史文化景点和自然资源尤为重要，悠久而深厚的历史文化积淀是很多城市公园建设可依托的优势所在，只有同时拥有深厚的文化积淀和鲜明的主题特色，不断地推陈出新，向独具特色的、有一定文化内涵的城市公园方向发展，才能继续发挥其强大的生命力。城市公园的建设首先要把握城市的总体规划和公园基地的现状，因地制宜，并在此基础上重点挖掘城市自身的历史文化特色，凸显公园主题，在众多城市公园中独树一帜，只有这样才能成为市民向往的休闲场所。

2. 设计目标

在城市更新中，公园的建设要解放思想，辩证地解决建设中历史与现代、开发与保护、新与旧之间的一系列矛盾，力争做到“保古创新”“古为今用”，最终达到旧貌变新颜的目标。要实现此目标需做到以下四点：

（1）时代性。公园的建设能够反映当今社会环境下的科技、文化特点，体现现代人的审美和心理需求。

（2）独特性。城市公园规划设计的目标不是盲目地“赶时髦”，而是通过独特的创意、新颖的技术，多元、多层次地反映城市公园在现代社会中的个性和特点。

（3）文脉性。城市公园的规划设计要充分发掘和表现与公园相关联的文化渊源、历史文脉、风土人情、民俗精华等人文资源，切忌盲目跟风。

（4）地域性。每个城市都有着各自的人文资源和自然风貌，城市公园特色的形成和公园内部的地形地貌、植被状况、水文特点有着密切的关系，充分利用这些自然资源不仅能保持城市的原有风貌，而且通过和其他构成要素的结合，可以强化公园的地域性特色。

10.2.2 公园景观空间组合序列

1. 公园景观空间的发端

景观空间的发端是公园景观空间组合序列的开始，也就是园林设计中的起景。在公园景观设计中，起景就好像拉开了序幕，吸引游览者的注意力，使游览者对后续景观空间产生期待。景观的起景主要有点、线、面三种形式。

“点”起景是指景观空间的起景以“点”的形态作为空间序列的开始，如运用堆砌假山造景、水池造景、花坛造景的表现手法。

“线”起景是指景观空间通过“线”的形态作为空间序列的开始，通过线性空间的延伸引导游客的视线与走向。

“面”起景是指景观空间由一个基面展开，这是城市公园常用的景观空间起点序列展开形式，它往往以公园入口广场的形式出现。

2. 公园景观空间的延伸

大多数公园由起景空间开始延伸达到高潮，往往采用一种诱导型、延续性的线索来贯穿不同性质的景观空间，以形成一种迂回曲折、时隐时现、虚实相间的空间序列构成形式，它和中国古典园林空间的构成形式极为相似。

3. 公园主体景观的营造

公园主体景观的起景，经过空间序列的延伸铺垫后，由序曲进入高潮，并设置后景作为反衬，形成空间的收景。公园主体景观是点睛之笔，往往构成公园的主题或成为游客心目中向往的去处。

4. 公园空间景观的收合

公园空间景观的收合既是前一个景观空间序列的结束，又是下一个景观空间序列的开始，游人可以通过空间环境的引导，去迎接下一个环境高潮的到来。每个完整的景观序列都包含着序幕、兴奋、高潮、松弛这四个渐进的阶段，科学合理地组织空间，形成具有节奏性、韵律感的空间序列，是公园在空间组合中引导游人获得最佳游园效果的重要手段。公园内不同景点的均衡设置，是实现景观空间组合序列节奏的主要方法。

10.2.3　公园道路的空间设计

公园道路是公园规划设计中不可缺少的构成要素，是公园的骨架。公园道路的规划布置，往往反映了公园的面貌和风格。中国城市中的绝大多数公园的规划设计都具有古典园林的风格，园路讲究峰回路转、曲折迂回（图 10-5）。

图 10-5　苏州园林

公园道路功能和城市道路的功能不同之处在于，除了表现为组织交通、运输外，还有其景观上的要求。园区道路规划要满足游览线路的需要，连接不同的景点空间，提供休憩空间。由于园区道路的特殊性，园区道路铺装在满足使用功能的同时也成为观赏对象，铺装中所选用的材料、拼合形式，以及图案中所表现的内容都具有较高的美学价值。

公园道路一般分为主要道路、次要道路、林荫道和休闲小道。不同类型的道路由于使用功能的不同，道路尺度都有明确的规定。园区道路的设置应符合整个公园的规划要求，所有的道路都应与园区空间的完整性相协调，公园的休闲小道更要满足游客休闲散步的需要。例如，加拿大斯坦利公园的环岛道路是游人散步和自行车爱好者的天堂，在两侧景色优美的道路上，还时常可见轮滑好手的身姿。公园在道路设计上应充分考虑到游客行走与运动的不同要求，将公园的道路分为自行车专用道路、轮滑专用道路、游人散步专用道，这些道路功能的不同划分，保证了不同行为人的需求与安全。

10.2.4　公园景观设计的考虑因素

1. 自然因素

在城市公园景观设计中，首先要考虑其自然因素，如气候条件、地理环境、植被条件等。

（1）气候条件。气候条件包括气温、湿度、日照、降水量等因素。由于季节的变化，这些自然因素都会影响到自然生态，从而影响公园的景观设计。例如，公园建筑物的选址、户外场地的使用、水文的状况，以及植物品种的选择和搭配等。

（2）地理条件。城市公园的地形地貌是全面具体地实现公园景观设计理念的基础条件。城市公园的规划要充分尊重和保护基地原有的地形和物质形式，因势利导地进行布局规划，只有充分利用自然山水景观资源，才能创造出和城市整体环境有机协调的生态环境，如上野公园是日本最大的公园，面积达 52.5 万平方米。上野公园充分利用了场地的特点，以场内现存多处名胜古迹为节点，建有国立科学博物馆、国立西洋美术馆、东京都美术馆及上野动物园林等（图 10–6）。该园中的老树、高台、庙堂与漆黑色调的馆舍、鲜艳的纸灯笼融合着江户和东京的特色，展示出日本古代和现代的多种风格。

图 10–6　东京上野公园

（3）植被条件。每一种植物都有其特性，其形状、外观、色彩、质感都是公园景观设计的造型元素。设计师只有将设计理念和实际的视觉效果结合起来，才能真正实现可持续发展的生态城市公园。

斯坦利公园在加拿大温哥华市区，是世界最著名的公园之一，也是北美地区最大的市内公园。公园占地面积 6 070 亩，几乎占据了整个温哥华市北端，北临巴拉德湾，西临英国湾。公园的人工景物极少，以红杉等针叶树木为主的原始森林是公园最知名的美景。异彩多姿、丰韵撩人，有如梦幻般的美、仙境般的神奇，森林草地、簇簇群山、碧水蓝天、船帆桅杆构成了一幅穷极伟丽的画卷（图 10–7）。当地人以这种超前的重视人类居住环境的意识，完好地保留了这片净土，并时时呵护着这座城市的巨大绿肺，成为温哥华市民享受大自然、亲近大自然的快乐之地。在联合国评定的全世界最适合人类居住的城市中，温哥华名列榜首，斯坦利公园这片原始森林和良好的生态环境功不可没。

图 10-7　斯坦利公园

2. 人文资源

无论是大众化的城市公园还是主题公园，都会以某种传统文化作为主题进行景观形态的创意设计。这种人文资源包含了传统文化中的精髓、地域中的历史故事与遗迹，以及本民族的文化、生活形态与民族风情等。在城市公园设计中，人文资源的引入不仅可以满足人们休闲娱乐的需求，还可以满足人们的精神需求。人文资源的保护与挖掘对城市公园发展相当重要。

在加拿大斯坦利公园东部的一个三角形绿丛林前，有几根形状大小不一的印第安木刻图腾柱，这不仅体现了印第安人的文化艺术，同时也为公园增添了一处历史文化景观。这些巨大的图腾柱用整根雪杉木刻制而成，在柱子的四周用刀刻画了许多抽象的动物、人物和文字，刀法粗犷、色彩大胆，给人一种神圣庄严之感，反映了当地印第安人的文化和信仰。色彩艳丽、雄浑丰厚的刻画，栩栩如生地为人们讲述着印第安人的故事，并使人们感受到了印第安人文化的深刻内涵。时常可以看到穿着红色的马甲、上身佩戴许多装饰件、头上插着鹰羽，脸上涂着一道道红印，脚上穿着兽皮软鞋，边缘装饰着流苏、珠绣的印第安人在周围徘徊。

3. 社会因素

经济与科技的发展对城市公园的建设有着直接的影响，将科学技术运用到公园旅游项目的开发中，可以极大地丰富公园的娱乐活动，增强游客的参与性。

将电子高科技应用于主题公园的建设成为一种发展趋势。这些技术的运用将对旅游业产生革命性的影响，公园的娱乐活动也由原来的被动参观变为游客主动参与。例如，有的主题公园采用声、光、电等技术，模仿大自然的各种现象，将科普宣传和游玩相结合；有些主题公园设有能供游客参与的大型娱乐设施，如过山车、摩天轮、水滑梯、蹦极等项目。

在加拿大斯坦利公园中，除了能欣赏到美丽的自然景观外，还时常能看到可爱的浣熊，还有一座人造动物园和温哥华水族馆。建于 1956 年的温哥华水族馆是加拿大最大的水族馆，有 8 000 多种水生生物供游人参观，其中有许多珍稀海洋生物；人造动物园中种植了大片的亚马孙热带植物，有各种鸟类和猴子。斯坦利公园定期还会为儿童举办关于环保和保护动物的教育性节目，寓教于乐，很受儿童和家长的欢迎。

10.3 主题公园景观营造

10.3.1 主题公园的概念

学术界对主题公园的准确内涵与外延有不同的认识，周向频先生认为："主题公园是一种以游乐为目标的拟态环境塑造，或称为模拟景观的呈现。"保继钢先生将主题公园定义为："一种人造旅游资源，它着重于特别的构想，围绕着一个或多个主题创造一系列有特别环境和气氛的项目吸引旅游者。"而美国"主题公园在线"给出的定义：主题公园是"这样一个公园，它通常面积较大，拥有一个或多个主题区域，区域设有表明主题的设施和吸引物"。

10.3.2 主题公园的分类

根据当今世界城市公园的开发类型，主题公园大致分为以下六类。

（1）著作再现型。以古典名著或经典著作、卡通动画等为原型，在原型的基础上，发挥人的想象力，将其形象和重要情境再现出来，如上海的大观园、无锡三国影视城等。

（2）历史再现型。以重要历史事件、历史遗址、历史人物、历史故事等重要情节为原型，模拟历史场景，再现历史形象，追溯人类发展的历史并展望未来，如南京的雨花台烈士陵园、北京的圆明园。

大明宫国家遗址公园是世界文化遗产、全国重点文物保护单位。它位于西安市太华南路，地处长安城北部的龙首原上，平面略呈梯形。

大明宫是唐朝最宏伟壮丽的宫殿建筑群，也是当时世界上面积最大的宫殿建筑群，是唐朝的国家象征。大明宫初建于唐太宗贞观八年（公元 634 年），毁于唐末，面积 3.2 平方千米（图 10–8）。

图 10–8　大明宫国家遗址公园

大明宫遗址是 1961 年国务院公布的首批全国重点文物保护单位，是国际古遗址理事会确定的具有世界意义的重大遗址保护工程，是丝绸之路整体申请世界文化遗产的重要组成部分。大明宫“城市中央公园”，使大明宫遗址区保护成为带动西安率先发展、均衡发展、科学发展的城市增长极，成为西安未来城市发展的生态基础、最重要的人文象征，并成为世界文明古都的重要支撑，进一步提升了西安的城市特色。

2014 年 6 月 22 日，在卡塔尔多哈召开的联合国教科文组织第 38 届世界遗产委员会会议上，唐长安城大明宫遗址作为中国、哈萨克斯坦和吉尔吉斯斯坦三国联合申遗的“丝绸之路：长安—天山廊道的路网”中的一处遗址点成功列入《世界遗产名录》。

（3）名胜微缩型。将世界各地的名胜古迹、建筑、风景按一定比例缩小，以微缩景观的形式整体展现当地的风貌，如深圳的锦绣中华公园、北京的世界公园等。

（4）民族风情型。以模拟民族风情和生活场景为主题，让游客参与其中，亲身感受不同民族人们的生活，通过歌舞表演、民俗仪式的展示、生活场景的再现，使主题更加突出，如深圳市的中国民俗文化村、昆明市的云南民俗村等。

（5）文化艺术型。以各种文化类型进行主题公园的创作，如影视文化、体育文化、雕塑、绘画、书法艺术等。游客通过游览电影拍摄场景、参观体育设施、欣赏艺术作品，使他们的审美水平和艺术修养得以提高，如美国的好莱坞影城（图 10-9）、挪威的维格朗雕塑公园等。日本栃木县日光市的东武世界广场是微缩再现世界遗址和建筑的主题公园（图 10-10）。占地内共分 6 大主题园区（现代日本、美国、埃及、欧洲、亚洲、日本），用 1/25 的比例尺精巧再现和展示了埃及的三大金字塔、帕特农神庙等 45 个列入世界遗产名录的建筑，以及帝国大厦等世界各国大约 100 个有名建筑。建筑的周围配置了 14 万个各种表情 7 厘米大小的微缩人偶，增添了展示物的真实感。

（6）自然生态型。以自然界中的自然风貌、地质特征、动植物为主要构成元素创建主题公园，如张家界国家森林公园、香港海洋公园、南京中山陵植物园、南京中国绿化博览园、杭州西溪国家湿地公园等。

图 10-9　好莱坞影城

图 10-10　东武世界广场

10.3.3　公园主题与景观的关系

（1）景观与旅游的关系。主题公园是旅游业发展的产物，是旅游发展的一个重要领域，所有主题公园的景观营造必然要以适应人们旅游的行为需求为基础。

（2）景观与产业化的关系。主题公园景观既是旅游资源也是旅游产品的组合，建造主题公园的目的之一就是取得良好的经济效益，它集旅游观光、餐饮、娱乐、购物等于一体。

（3）景观与参与体验的关系。主题公园的参与性不仅表现在某些活动项目的参与上，而是让旅游者有一种身临其境的感受，主题景观的参与性与体验性包括视觉感知和身心体验两个方面，使游客与园区环境产生共鸣，亲身体验场景所表达的主题含义。因此，主题公园区别于其他公园的一大特征就是创造参与和体验的环境景观。

（4）景观与寓教于乐的关系。主题公园的主题选择一般以人类文明为来源，具备相当的文化与知识含量，游客在轻松、愉快的游览过程中理解与感受其文化内涵。

（5）景观与可持续发展的关系。主题公园的建设应充分考虑可持续性发展。主题公园的规划设计、生态保护与城市生态一体化建设、游客对休闲娱乐方式的新要求、审美趣味的不断提高要求等都是主题公园能否可持续发展要考虑的因素。

10.3.4　主题公园景观特色营造

（1）主题公园的定位。主题公园需要有一个鲜明的主题自始至终地贯穿全园，主题的独特性是主题公园成功的基石，主题的定位对主题公园景观设计具有决定性作用。

（2）主题景观的营造。主题景观是通过景观形式所表达的园区主题形象。园区主题形象主要通过园区的空间布局、景观建筑的结构、外部形象的造型、植物造景等手段来表达主题思想。要通过直觉、联想、想象、情感体验等方法使旅游者深入感受。

（3）景观的个性化表现。主题公园尽管有着明确的主题，但是选择何种造型才能鲜明地表达主题非常重要，只有突出个性化特征的表现才会使旅游者留下深刻的印象。

10.4 城市公园景观营造

10.4.1 城市公园规划设计的基本原则

1. 功能性原则

城市公园的规划设计首先要满足人们的使用要求。在城市公园绿地的规划布局中，应根据合理的服务半径，将不同种类的公园绿地均匀地分布于城市中适当的位置，尽可能避免公园绿地服务盲区的存在。在具体的公园规划设计中，应深入调查公园使用者的审美要求、活动规律、功能要求等方面的内容，不同的功能区域采用不同的设计方法，具体在空间划分、活动项目的设置以及建筑小品的布置等方面都应结合心理学、行为学和人体工程学的原理，将以人为本的理念贯穿设计的整个过程。例如，老人活动区要求环境幽雅宁静，空气清新，适合老人休息及活动；儿童活动区要求交通便捷，造型新颖，色彩鲜艳，形成充满活力、欢快的环境气氛。

2. 生态性原则

为了更好地发挥城市公园的生态效益，在规划中将大小不同的公园分布于城市，同时以绿带或绿廊的形式将其连成一体。在具体的公园绿地规划中，尽可能提高公园绿地的三维绿量，以乡土树种为主，并根据生态位、群落生境等特征，遵循生物多样性和景观多样性的原则，形成合理的乔、灌、草复层种植结构和生态型的植物造景系统。

3. 审美性原则

审美性在公园设计中占据着重要的地位。公园设计强化了景观空间的性格、意境和气氛，使不同类型的景观空间更具艺术感染力，满足人们的审美需求。对一些有特殊意义的公园应对其地方文脉、场所精神、文化内涵等进行探索，创意要新颖、构思要独特，体现大众审美情趣和独特的人文内涵，并巧妙组织空间形式。

10.4.2 城市公园规划设计程序及内容

1. 城市公园规划设计程序

（1）规划范围划定。了解规划设计任务及相关审批、投资额等文件。

（2）工作计划的确定。

（3）基础资料的搜集：

① 城市的历史沿革、总体发展模式。

② 公园所处城市的地理位置、面积、土地利用、交通状况。

③ 公园服务范围、对象、特征。

④ 公园所处区位的自然环境、人文资源。

⑤ 社会调查与公众意见。

（4）公园现状资料调查：

① 公园自然环境调查包括基地气象、地形、植被、水体、生物、土壤等。

② 公园人文条件调查包括基地历史文化背景、社会习俗、文化礼仪、居民生活习惯等。

③ 公园公众参与和民意调查，了解公众的实际需求。

（5）公园规划标准、原则确定：

① 对公园的现状及相关资料研究分析，得出公园规划的原则与定位。

② 拟定公园总体设计任务书，研究公园规划的定性、定量标准与指标，确定规模大小、设施内容、设施容量、服务半径、人均使用面积等。

（6）总体规划方案的拟定：

① 总体规划设计方案。

② 公园的分期建设安排。

③ 公园的投资预算。

④ 公园对环境的影响等。

（7）规划详细设计：

① 经审批同意后，对各地段及各个局部进行详细设计，包括建筑、道路、地形、水 体、植物配置设计等。

② 局部详图，包括景观工程技术设计、节点构造、建筑结构设计等。

（8）编制预算及文字说明。

（9）规划实施。规划方案在实施过程中需根据现场实际情况，对方案进行调整、改进与现场设计。

（10）实施后的评价与改进。公园在建成投入使用后，会出现一些规划阶段未能考虑周到的问题，需即时进行评价和总结，并使之得以改进，避免以后问题的重复出现。

2．城市公园规划设计内容

（1）公园基础资料分析：

① 公园所在城市及区域的历史沿革、城市总体规划、经济发展计划、社会发展计划、产业发展计划、城市环境质量等。

② 公园区位分析，在城市中与周边用地关系分析、周围城市景观条件分析，包括建筑形体、色彩、体量等。

③ 公园周围交通条件分析，附近道路交通、停车场分布、车流、人流集散方向等。

④ 公园服务范围内居民分布、人口结构、主要人流方向等情况。

⑤ 公园用地的历史沿革、现有古迹的数量、类型、分布及保护情况等。

（2）公园现状资料分析：

① 气象条件：年最高、最低及平均气温、湿度、风向与风速、光照、降水量、晴雨天数及大气污染天数等。

② 植被状况：现有植物群落组成，古树、大树的品种、数量、分布、姿态及观赏价值等。

③ 地形、地质及土壤状况：地基承载力、地形类型、倾斜度、起伏度、地貌特点、土壤种类、土壤侵蚀等。

④ 水文状况：现有水面及水系的范围，水底标高，河床情况，常年水位、最高及最低水位，历史上最高水位标高，水流的方向、水质及岸线情况，地下水的常水位及最高、最低水位的标高，地下水的水质情况。

⑤ 建筑状况：现有建筑物和构筑物的位置、面积、空间形体、建筑风格、用途及使用状况等。

⑥ 市政管线：公园内及公园外围现有地上地下管线的种类、走向、管径、埋置深度、标高和标杆的位置高度。

（3）编制总体设计任务书：

① 综合前期资料分析，结合甲方设计任务书的要求，确定出公园总体规划设计的原则和目标。

② 编制公园总体设计任务书，包括公园设计定位、公园规模大小、游人容量、设施内容、各设施规模大小，公园建设投资预算、设计工作进度安排等。

（4）公园总体规划设计。确定整个公园的总体规划布局，对公园的各部分做全面的安排。常用的图纸比例为 1 ∶ 1 000 或 1 ∶ 2 000。

① 公园的定位、立意与构思。确定公园在城市景观环境中的角色定位，提炼与表达设计师设计意图与基本观点。

② 公园与周边环境关系的处理。考虑公园用地内外分隔的处理，与周围环境障景、借景的分析与设计处理。

③ 出入口位置的确定。合理确定公园主要入口、次要入口以及专门入口的位置，并结合入口环境合理布置机动车停车场、自行车停车棚等。

a. 主要入口的位置一般与城市主要干道、游人主要来源方向以及公园功能分区、地形特点等全面衡量，综合确定。

b. 次要入口一般为方便游人，在公园四周的不同方向设定。

c. 专门入口一般为完善服务，方便管理和生产，设在公园偏僻处或管理用房附近。

④ 公园功能分区规划。结合不同年龄、不同爱好的游人游园的目的和要求，综合对不同功能的场地进行分区规划。公园规划中常见的功能分区包括文化娱乐区、观赏游览区、安静休息区、儿童活动区、老人活动区、体育活动区以及公园管理区。

⑤ 景区划分。根据不同景点确定不同的景区内容与位置。

⑥ 公园景观水系的规划。公园景观水系的规划包括水系空间规划、水底标高、水面标高的控制、水中构筑物的设置。

⑦ 公园道路、广场及游览线路的组织。

⑧ 规划设计公园的艺术布局，安排平面及立面的构图中心和景点，组织景观视线和景观空间。

⑨ 竖向设计、地形处理，估计填挖土方的数量、运土方向和距离，进行土方平衡。

⑩ 园林工程设计。园林工程设计包括护坡、驳岸、挡土墙、围墙、水塔、水中构筑物、厕所、变电站、雨污排水、消防用水、灌溉和生活用水、电力线、照明线、广播通信线路等管网的布置。

⑪ 植物群落的规划布局。植物群落的规划布局包括树种种植规划、估算树种规格与数量。

⑫ 公园规划设计说明。公园规划设计说明包括土地使用平衡表、工程量计算、造价预算、分期建园计划等。

（5）公园详细规划设计。在公园总体规划设计的基础上，对公园的各个地段及各项工程设施进行详细的设计，常用的图纸比例为 1 ∶ 500 或 1 ∶ 200。

① 出入口设计：主要出入口、次要入口和专业出入口的设计。出入口设计包括入口建筑、内外集散广场、服务设施、园林小品、绿化种植、市政管线、汽车停车场和自行车停车棚等。

② 各功能区的设计。各功能区的设计包括各分区的景观建筑、场地设计、活动设施、道路广场、植被绿化、山石水体、管线、照明、构筑物等。

③ 道路交通设计。道路交通设计包括园内道路的走向、纵横断面、宽度、路面材料及做法、道路长度及坡度、曲线及转弯半径、行道树配置、道路景观视线等。

④ 园林景观建筑初步设计方案。园林景观建筑初步设计方案包括平面、立面、剖面、主要尺寸、标高、结构形式、建筑材料、主要设备等。

⑤ 管线综合设计。管线综合设计包括各种管线的规格、尺寸、埋置深度、标高、坐标、长度、坡度、形式、高度、水表、电表位置，变电或配电间、广播喇叭位置，室外照明方式和照明位置、消防栓位置等。

⑥ 地面排水的设计。地面排水的设计包括分水线、汇水线、汇水面积、明沟或暗管的大小、线路走向、进水口、出水口位置。

⑦ 土山、石山设计。土山、石山设计包括平面位置、面积、坐标、等高线、标高、立面、立体轮廓、叠石和艺术造型。

⑧ 水体设计水体设计包括河湖水系范围、形状、水底的土质处理、水面控制标高、岸线处理。

⑨ 景观建筑小品设计。景观建筑小品设计包括平面、立面、空间造型等。

⑩ 园林植被设计。园林植被设计包括品种、位置、确定乔木和灌木的种植方式、草地的面积、范围等。

（6）植物种植设计。依据植被种植规划，对公园各局部地段进行植被配置。

① 树木种植的位置、标高、品种、规格和数量。

② 树木配置的形式：平面、立面形式及空间景观造型，乔木与灌木、落叶与乔木、针叶与阔叶等树种的组合。

③ 蔓生植物的种植位置、标高、品种、规格、数量、攀缘与棚架的情况。

④ 水生植物的种植位置、范围，水底与水面的标高、品种、规格和数量。

⑤ 花卉的布置，花坛、花境、花架等的位置，标高、品种、规格和数量。

⑥ 花卉种植排列的方式：图案排列的式样，自然排列的范围与疏密程度，不同的花期、色彩、高低、草本与木本花卉的组合。

⑦ 草地位置范围、标高、地形坡度、品种。

⑧ 园林植物的修剪要求，自然与整齐的形式。

⑨ 园林植物的生长期，速生与慢生品种的组合，在近期与远期需要保留与调整的方案。

⑩ 植物材料表：品种、规格、数量、种植日期。

（7）施工详图。按照详细设计的意图，对部分内容与复杂工程进行结构设计，制定施工的图纸与说明，常用的图纸比例为 1 ∶ 100 或 1 ∶ 50 或 1 ∶ 20。

① 给水工程：水池、水闸、泵房、水塔、水表、消防栓、灌溉用水的水龙头等施工详图。

② 排水工程：雨水进水口、明沟及出水口的铺设，厕所化粪池的施工图。

③ 供电及照明：电表、配电间或变电间、电杆、灯柱、照明灯等施工详图。

④ 广播通信：广播室施工图、广播喇叭的装饰设计。

⑤ 煤气管线、煤气表具。

⑥ 废物收集处、废物箱的施工图。

⑦ 护岸、驳岸、挡土墙、围墙、台阶等园林工程的施工图。

⑧ 叠石、雕塑、栏杆、踏步、指示牌、说明牌等小品的施工图。

⑨ 道路广场硬地的铺设及回车道，停车场的施工图。

⑩ 公园建筑、庭院、活动设施及场地的施工图。

（8）编制预算及说明书。对各个阶段布置内容的设计意图、经济技术指标、工程的安排等用图表及文字形式说明。

① 公园建设的工程项目、工程量、建筑材料、价格预算表。

② 公园建筑物、活动设施及场地的项目、面积、容量表。

③ 公园分期建设计划，要求在每期建设后，在建设地段能形成公园的面貌，以便分期投入使用。

④ 公园的人力配备：工种、技术要求、工作日数量、工作日期。

⑤ 公园概况：在城市绿地系统中的地位，公园四周环境情况等的说明。

⑥ 公园规划设计的原则、特点及设计意图的说明。

⑦ 公园各功能分区及景色分区的设计说明。

⑧ 公园的经济技术指标，游人量、游人分布、每人用地面积及土地使用平衡表。

⑨ 公园施工建设程序。

⑩ 公园规划设计中要说明的其他问题。

为了更清晰地表达公园规划设计的意图，除绘制平面图、立面图、剖面图外，采用绘制轴测投影图、鸟瞰图、透视图和制作模型，使用计算机制作多媒体等多种形式，以便于形象地表达公园的设计构思。

10.4.3 城市公园规划设计的要点

1．容量的确定

（1）游人容量的确定。公园规划设计应确定游人容量，作为计算各种设施的规模、数量以及进行公园管理的依据，避免公园因超容量接纳游人造成人身伤亡和园林设施损坏等事故的依据，也是城市规划部门验证绿化系统规划合理程度的依据。公园游人容量的计算公式为

$$C=A/A_m$$

式中 C——公园游人容量（人）；

A——公园总面积（平方米）；

A_m——公园游人人均占有面积（平方米 / 人）。

根据游人在公园中比较舒适地进行游园考虑，市、区级公园游人人均占有面积以 60 平方米为宜；居住区公园、带状公园和居住小区游园以 30 平方米为宜；近期公共绿地人均指标低的城市，游人人均占有公园面积可酌情降低，但最低游人人均占有公园的陆地面积不得低于 15 平方米 ；风景名胜公园游人人均占有公园面积宜大于 100 平方米。按规定，水面和坡度大于 50% 的陡坡山地面积之和超过总面积 50% 的公园，游人人均占有公园面积应适当增加，其指标应符合表 10-1。

表 10-1 水面和陡坡面积较大的公园游人人均占有面积指标

水面和陡坡面积占总面积比例 /%	0 ～ 50	60	70	80
近期游人占有公园面积 /（平方米 · 人 $^{-1}$）	≥ 30	≥ 40	≥ 50	≥ 75
远期游人占有公园面积 /（平方米 · 人 $^{-1}$）	≥ 60	≥ 75	>100	>150

（2）设施容量的确定。公园内游憩设施的容量以一个时间段内所能服务的最大人流量来计算。计算公式为

$$N=\frac{P\beta\gamma a}{\rho}$$

式中 N——某种设施的容量；

P——参与活动的人数；

β——活动参与率；

γ——某项活动的参与率；

a——设施同时使用率；

ρ——设施所能服务的人数。

这个公式是单向设施容量的计算方式，其他设施容量也可利用此公式进行类似的计算，从而累计叠加确定公园内的整体设施容量。

通过对游人容量和设施容量的计算，就可以对公园有一个准确的定量指标。同时在公园规模、容量确定之时，还应考虑一些不确定的因素，如服务范围的人口、社会、文化、道德、经济等因素，公园与居民的时空距离，社区的传统与习俗、参与特征，当地的地理特征以及气候条件等，从而对城市公园的空间规模和设施容量根据具体情况而做出一定的变更。

2．设施配置

城市公园视其规模性质及活动需求，基本游憩设施与项目包括：

（1）点景设施：树木、草坪、花坛、绿篱、喷泉、瀑布、假山、雕塑等。

（2）游戏设施：沙坑、涂写板、秋千、滑梯、戏水池等。

（3）休憩设施：亭、廊、厅、榭、座椅、圆凳、码头、活动场等。

（4）公用、服务设施：厕所、园灯、公用电话、果皮箱、饮水站、小卖部、茶座、餐饮部、摄影部、行李寄存处、播音室、医疗室、消防设备、给排水设备等。

（5）运动场所：篮球场、排球场、足球场、游泳场、滑冰场、射箭场、沐浴室、健身房、健身器具等。

（6）社交设施：动植物标本馆、宠物馆、水族馆、露天剧场、音乐台、图书馆、陈列室、户外广播园、眺望台、古物遗迹等。

（7）管理设施：管理办公室、治安机构、垃圾站、变配电室、泵房、生产温室棚、广播室、仓库、职工食堂、沐浴室、仓库、岗亭等。

（8）其他：经营主管部门核准，如各类游艺机等。

城市公园的设施配置见表 10-2。

表 10-2　城市公园的设施配置

设施类型	设施项目	陆地规模 / 公顷					
		<2	2	5	1	2	50
游戏、休憩设施	亭或廊	○	○	·	·	·	·
	厅、榭、码头	—	○	○	○	○	○
	棚、架	○	○	○	○	○	○
	园椅、园凳	·	·	·	·	·	·
	成人活动场	○	·	·	·	·	·
服务设施	小卖店	○	○	·	·	·	·
	茶座、咖啡店	—	○	○	○	·	·
	餐厅	—	—	○	○	·	·
	摄影部	—	—	○	○	○	○
	售票房	○	○	○	○	·	·
公用设施	厕所	○	·	·	·	·	·
	园灯	○	·	·	·	·	·
	公用电话	—	○	○	·	·	·
	果皮箱	·	·	·	·	·	·
	饮水站	○	○	○	○	○	○
	路标、导游牌	○	○	·	·	·	·
	停车场	—	○	○	○	○	·
	自行车存车处	○	○	·	·	·	·

续表

设施类型	设施项目	陆地规模 / 公顷					
		<2	2	5	1	2	50
管理设施	管理办公室	○	·	·	·	·	·
	治安机构	—	—	○	·	·	·
	垃圾站	—	—	○	·	·	·
	变电室、泵房	—	—	○	○	·	·
	生产温室棚	—	—	○	○	·	·
	电话交换站	—	—	—	○	○	·
	广播室	—	—	○	·	·	·
	仓库	—	○	·	·	·	·
	修理车间	—	—	—	○	·	·
	管理班（组）	—	○	○	○	·	·
	职工食堂	—	—	○	○	○	·
	淋浴室	—	—	—	○	○	·
	车库	—	—	—	○	○	·
注：“·”表示应设，“○”表示可设，“—”表示不需设							

3．城市公园的服务半径与级配模式

（1）城市公园的服务半径。不同类型、规模等级的公园绿地，服务覆盖的区域是各不相同的。各个公园的服务半径在维护城市生态平衡的前提下，根据城市的生态、卫生要求、人的步行能力和心理承受距离等多方面的因素，结合城市的发展水平与城市居民对城市公园的实际需求和各城市的总体社会经济发展目标拟订（见表 10-3）。

表 10-3　我国城市公园规划指标表

公园类型	利用年龄	适宜规模 / 公顷	服务半径	人均面积 /（平方米·人$^{-1}$）
居住区小游园	老人儿童、路过游人	>0.4	≥ 250 米	10 ～ 20
邻里公园	近邻居民	>4	400 ～ 800 米	20 ～ 30
社区公园	一般市民	>6	几个邻里单位 1 600 ～ 3 200 米	30
区级综合公园	一般市民	20 ～ 40	几个社区或所在区 骑自行车	60
市级综合公园	一般市民	40 ～ 100 或更大	坐车 0.5 ～ 1.5 小时	60
专类公园	一般市民、特殊团队	随专类主题的不同而变化	随所需规模而变化	—
线型公园	一般市民	对资源有足够保护，并能得到最大限度地开发	—	30 ～ 40

续表

公园类型	利用年龄	适宜规模 / 公顷	服务半径	人均面积 /（平方米·人$^{-1}$）
自然公园	一般市民	>400 公顷，有足够地对自然资源进行保护和管理的地区	坐车 2 ～ 3 小时	100 ～ 400
保护公园	一般市民、科研人员	足够保护所需	—	>400

（2）城市公园的级配模式。不同层次和类型的城市公园由于其大小、功能、服务职能等方面的不同，决定了公园系统的理想配置模式是分级配置。

城市公园从小到大，有不同的种类和层次，彼此在城市中发挥着不同的功能。如何使这些不同层次和类型的公园取得彼此之间的联系，形成系统化的网络层次，这就需要在公园的配置上着手，使之形成一个完整的系统。

10.5　综合公园景观营造

10.5.1　综合公园的定义

综合公园是指在市、区范围内为城市居民提供良好游戏、休息、文化娱乐活动的综合性、多功能、自然化的大型绿地。用地规模一般较大，园内设施丰富，适合各阶层的城市居民进行一日之内的游赏活动。作为城市主要的公共开放空间，综合公园是城市绿地系统的重要组成部分，对于城市景观环境的塑造、城市的生态环境调节、城市居民的社会生活起着极为重要的作用。

10.5.2　综合公园的分类

按照服务对象和管理体系的不同，综合公园分为全市性公园、区域性公园两类。

（1）全市性公园。全市性公园为全市居民服务，是全市公园绿地中面积较大、活动内容丰富和设施最完善的绿地。用地面积为 10 ～ 100 公顷或更大，其服务半径在大城市及特大城市为 3 000 ～ 5 000 米，中小城市其服务半径为 2 000 ～ 3 000 米。居民步行 30 ～ 50 分钟到达，乘坐公共交通工具 10 ～ 20 分钟到达。

（2）区域性公园。在较大城市中，这域性公园为市区内一定区域的居民服务，具有较丰富的活动内容和较完善设施的绿地。用地面积按区域居民的人数而定，一般为 10 公顷左右，服务半径 1 000 ～ 2 000 米，步行 15 ～ 25 分钟到达，乘坐公共交通工具 5 ～ 10 分钟到达。

10.5.3　综合公园的功能

综合公园除了具有城市绿地的一般功能外，在丰富城市居民的文化娱乐生活方面还担负着更为重要的任务。

（1）游乐休憩。全面考虑城市居民各种年龄、性别、职业、爱好、习惯等不同要求，设置游览、娱乐、休息等设施，使来到综合公园的游人各得其所。

（2）文化节庆。举办节日游园活动，宣传国家的政策法令、介绍时事新闻，为组织活动提供场所。

（3）科普教育。宣传科学技术的新成就，普及工农业生产知识、军事国防知识、自然人文知识，提高群众科学文化水平。

10.5.4　综合公园的面积与位置

1．综合公园的面积

综合公园的用地面积一般不小于 10 公顷。在节假日里，游人的容纳量为服务范围居民人数的 15% ～ 20%，每个游人在公园中的活动面积约 10 ～ 50 平方米。在 50 万人以上人口的城市中，全市性的综合公园至少应能容纳全市居民人数的 10% 同时游园。

综合公园的面积大小还应从城市规模、性质、用地条件、气候、绿化状况及公园在城市中的位置和作用等方面全面考虑。

2．综合公园的位置

综合公园在城市中的位置，应在城市绿地系统规划中结合河湖系统、道路系统及生活居住用地的规划综合考虑确定。

（1）综合公园的服务半径应使居民能方便地使用，并与城市主要道路有密切的联系，有便利的交通工具供居民乘坐。

（2）充分利用不宜进行工程建设和农业生产的复杂破碎的地形，起伏变化复杂的坡地，避免大动土方，既能充分利用城市用地又能丰富园景。

（3）选择自然景观丰富、人文景观优越的地段建园。选择水面及河湖景色优美的地段，或是树木较多的地段，或是有历史遗址和名胜古迹的地段，这样不仅投资省、见效快，而且有利于保持公园的独特景观。

（4）公园用地应考虑将来有发展的余地。随着国民经济的发展和人民生活水平的不断提高，对综合公园的要求会增加，故应保留适当发展的备用地。

10.5.5　综合公园设置内容和影响因素

1．综合公园设置内容

根据综合公园的设计要求，公园内设置多项活动内容，一般包括：

（1）观赏游览：观赏风景、山石、水体、名胜古迹、花草树木、建筑、小品、雕塑、小动物等。

（2）安静休憩：品茗、垂钓、棋艺、划船、散步、锻炼、读书等。

（3）儿童活动：游戏娱乐、障碍游戏、迷宫、体育运动、自然科学园地、小型园艺场、气象站等。

（4）文化娱乐：露天剧场、游艺室、科技活动、戏水、音乐、舞蹈、戏剧、技艺节目表演及居民自娱活动等。

（5）科普文化：展览、陈列、演说、阅览、座谈、动物园、植物园、纪念性广场等。

（6）服务设施：餐厅、茶室、休息亭、小卖部、电话亭、问询处、物品寄存处、指路牌、座椅、厕所、垃圾箱等。

（7）园务管理：办公、治安、生产温室、花棚、广播室、变电室或配电间、仓库、车库、杂院等。

2. 综合公园影响因素

（1）服务对象的兴趣爱好。公园设置的项目内容需考虑不同年龄、不同爱好游人的游憩要求，包括兴趣、风俗、生活习惯等。

（2）公园在城市中的位置。在城市规划中，对不同位置的公园城市绿地系统的要求也不相同。一般位于城市中心地区的公园，游人较多，人流量大，要考虑游人多样的活动需求，规划时要求内容丰富，景物富于变化；城市边缘区的公园则更多考虑安静休憩活动的需求，规划时以自然景观或以自然资源为娱乐对象构成公园的主要内容。

（3）公园附近的城市文化娱乐设施。如果公园附近已有大型的文娱设施，公园内就不一定重复设置，如剧场、音乐厅等。

（4）公园面积的大小。公园设置的内容与面积大小有关。公园面积大，游人在公园内停留时间较长，公园设置的项目多，对服务设施会有更多的要求。

（5）公园的自然条件。结合公园基本的山石、风景、水体、古树、树林、岩洞、起伏的地形等自然条件，因地制宜地设置相应的活动内容。

10.5.6　综合公园的规划设计

1. 综合公园规划设计原则

综合公园除遵循城市公园绿地的一般规划设计原则外，还应遵循以下设计原则：

（1）表现地方特色和风格。每个公园要有特色，避免景观的重复建设。

（2）充分挖掘和利用原有的自然资源。它包括原有的地形、水体、植物等条件，减少对原有自然条件的破坏。

（3）切合实际，有较强的可操作性。便于分期建设及日常的经营管理。

（4）注意与周边环境的有机结合。与邻近的建筑群、道路网、绿地等取得密切的关系，成为城市园林绿地系统的有机组成部分。

2. 综合公园布局

（1）准确合理定位。在综合布局前，首先考虑设计项目的恰当定位。综合公园最终在城市环境中扮演的角色，不仅与当地针对性的规划法规有关，还与设计师的理解创造有关，如纪念性公园、教育性公园还是游乐性公园等，应在设计前基本定位。不同性质的公园，必然有相对应的公园布局形式。

纪念性公园的布局多采用规则、严谨的形式；教育性公园则根据教育种类作为分区的参考，进行教育展示布局，供游人在游览的同时获得教育；游乐性公园则强调集体活动的气氛，设置大面积的广场硬地、综合水景、植被景观设计营造活跃的活动氛围。

（2）游览路线的有序组织。公园布局通过游览路线的设计，将不同的景区有机组织起来，引导游人按游览路线观赏。景色的变化要结合导游线来布置，使游人在游览观赏的时候，产生一幅幅有节奏的连续风景画面。

对公园景观的观赏方式一般分为静观和动观。静观要考虑观赏点、观赏路线，往往观赏与被观赏是相互的，既是观赏风景的点也是被观赏的点。动观要考虑观赏位置的移动要求，从不同的距离、高度、角度、天气、早晚、季节等因素可观赏到不同的景色。

（3）景观与活动设施的空间组织。公园的景观布局与活动设施的有机组织，在整体空间布局上强调要有构图中心。公园空间布局的构图中心一般分为平面构图中心和立面构图中心。

平面构图中心是在平面布局上起游览高潮作用的主景。平面构图中心较常见的是由建筑群、中心广场、雕塑、岛屿、“园中园”及突出的景点组成。位置一般设在适中的地段，在全园可以有 1 ～ 2 个平面构图中心。当公园的面积较大时，各景区可有次一级的平面构图中心，以衬托补充全园的构图中心，两者之间既有联系又有主从的区别。西安大唐芙蓉园是仿照唐代皇家园林式样建造的，全方位展示了盛唐风貌的大型皇家园林式文化主题公园。园内仿唐皇家建筑紫云楼等重要建筑构成全园的平面构图中心。

立面构图中心是在立体轮廓上起观赏视线焦点作用的制高点。立面构图中心常由高大的建筑和雕塑，耸立的山石、古树及标高较高的景点组成。立面构图中心是公园立体轮廓的主要组成部分，对公园内外的景观都有较大的影响，是公园内观赏视线的焦点，是公园外观的主要标志，也是城市面貌的组成部分。

3. 综合公园功能分区

综合公园具有面积较大、活动内容较复杂的特点。为了满足不同游人的游园需求，使得游人在公园内的各种活动互不干扰、使用方便，公园的空间规划常采用功能分区的方法。一般包括出入口区、观赏游览区、安静休闲区、文化娱乐区、儿童活动区、老人活动区、公园管理区和服务设施区。

（1）出入口区。综合公园出入口一般包括主要出入口、次要出入口和专用出入口三种。

① 主要出入口：主要人流集中疏散的地方，位置应与城市主要干道相连、有公共交通的地方；同时主要出入口区的设计应当考虑对于城市街景的美化作用及对整个公园景观的影响。出入口区的平面布局、立面造型、整体风格应当根据公园的性质和内容来具体确定，一般公园大门的造型都与其周围的城市建筑有较明显的区别，以突出特色。要有足够的人流集散用地，与

园内的自然条件、道路交通相衔接，适应游人的主要来园方位，使游人可以方便快捷地入园。

② 次要出入口：主要为附近居民或城市次要干道的人流服务，为园内的局部或某些有大量人流集散的设施服务，一般位于园内表演厅、露天剧场、展览馆等场所附近。

③ 专用出入口：为园区的管理需要而设定的，不供游人使用。常设在稍偏僻的位置，方便管理，不影响游人活动的地段。

（2）观赏游览区。观赏游览区应选在山水景观优美，设计能强调与自然景观融合的造园手段，结合历史文物、名胜，为游人创造景色优美的观赏、游览区域。

（3）安静休闲区。以提供给游人静态的活动为主，如垂钓、散步、晨练、品茶、阅读等。占地面积最大，一般选在自然景观元素丰富的地方，要求树木茂盛，大片绿草如茵，地形变化复杂、景色最优美的地方。

安静休闲区的位置一般要与喧闹的活动区分开，以防止活动时受声响干扰，又因无大量的集中人流，不需要靠近出入口，一般远离出入口和人流集中的地方，并与喧闹的文化娱乐区和儿童活动区之间有一定的隔离。

（4）文化娱乐区。文化娱乐区是进行表演、游戏活动、游艺活动的区域。一般设置在公园的中部，全园人流相对集中的场地，是公园中的“闹”区。文化娱乐区的分区建筑比较多，包括俱乐部、影视中心、音乐厅、展览馆、露天剧场、溜冰场、游泳池、动植物园地、科技活动室等。文化娱乐区的设计可结合有利的自然条件来布置相应的活动内容，如坡度适当且环境较好，可用来设置露天剧场，水面较大的可以设置水上娱乐活动等；结合滨水景观设置的露天表演舞台常位于公园的中部，成为全园布局的重点，成为公园的文化娱乐中心。

由于是人流集中的区域，文化娱乐区内要考虑足够的道路、广场、可利用的自然地形和生活服务设施；妥善组织交通，避免文化娱乐区内各项活动之间的相互干扰，各项活动内容可以借树木、建筑、山石等加以阻隔；为避免不必要的园内拥挤，尽可能在条件允许的情况下接近公园的出入口，甚至单独设专用出入口；文化娱乐区内游人密度大，要考虑设置足够的道路广场和餐厅、冷饮部、小卖部、厕所等生活服务设施。文化娱乐区用地在人均 30 平方米左右较为适宜。

（5）儿童活动区。儿童活动区宜选在公园出入口附近，并与园内的主要路线有简捷明确的联系，便于儿童辨别方向。儿童活动区的规模按公园用地面积的大小、公园的位置、儿童的人数、公园用地的地形条件与现状条件来确定。

儿童活动的性质多以运动为主，活动区内游戏设施的布置要活泼、自然，最好能与自然环境结合。不同年龄的儿童要分开活动。以不同的设施满足不同的活动内容，如供学龄前儿童使用的沙坑、转椅、跷跷板，学龄儿童的游戏场、戏水池、少年宫或少年之家、障碍游戏区、儿童体育馆、运动场、集会及小组活动场、少年阅览室、科技活动园地等。儿童活动区用地应达到人均 50 平方米左右，并按照用地面积的大小确定设置内容。

对低龄儿童而言，他们的活动必然会受到成年人的保护，因此还要考虑成年人的休息和照看儿童的需要。儿童活动区内需设置盥洗、厕所、小卖部等服务设施。儿童活动区在设计中要重点考虑的是安全问题，游戏器械区地面以弹性为主。

（6）老人活动区。随着老龄化社会的到来，公园中的老年人比例越来越大，大多数的综合公园中都设有老人活动区。由于老人有其独特的心理特征及娱乐要求，老人活动区的规划设计应该根据老人的特点，进行相应的环境及娱乐设施的设计。

老人活动区应考虑设在观赏游览区或安静休憩区附近，要求环境幽静、风景宜人。老人活动区内布局分为动态活动区和静态活动区。动态活动区以健身活动为主，进行球类、武术等活动；静态活动区主要供老人们晒太阳、下棋、聊天、观望、学习等。老人活动区的布置要有林荫、廊、花架等，以保证夏天有足够的遮阳、冬季有充足的阳光。考虑到老人的行为特征和活动方式，在老人活动区设计时应充分注意安全防护要求，道路广场注意平整、防滑，供老人使用的道路不宜太窄，考虑无障碍通行，以利于乘坐轮椅的老人使用。

（7）公园管理区。公园管理区是为公园经营管理的需要而设置的内部专用地区。公园管理区主要包括管理办公、生活服务、生产组织等方面内容。管理区是纯粹的功能性区域，通常有办公楼、车库、仓库等办公、服务建筑，也可能有花圃、苗圃、生产温室等生产性建筑与构筑物。这些内容应根据用地的情况及管理使用的方便，可以集中布置在一处，也可分布于数处。

公园管理区要设置在既便于执行公园的管理工作，又便于与城市联系的地方，园内外均要有专用的出入口，不应与游人混杂。

（8）服务设施区。服务设施区是为全园游人服务的，结合导游线路和公园活动项目分布，服务点则是按照服务半径和游人的多少设置，设施包括饮食小卖部、休息区、公用电话等。

4．道路系统

综合公园的道路系统主要是作为游览观赏之用，设计园路主要考虑组织游人达到各个景区、景点，并在游览的过程中体验对景、框景、左右视觉空间变化，以及园路造型、竖向高低给人的心理感受等。园路联系公园内不同的分区，组织交通，引导游览，同时又是公园景观、骨架、脉络、景点纽带、构景的要素。园路的基本形式呈现出并联、串联、放射状等样式。园路主要分为主要道路、次要道路和游步道三种。

（1）主要道路。主要道路连接公园内的不同分区、主要建筑设施、风景点，常处理成道路系统中的主环，游人可以避免走回头路。大型公园的道路宽度为 5 ～ 7 米，中、小型公园的道路宽度为 2 ～ 5 米。经常有机动车通行的主路宽度一般在 4 米以上，道路不宜有过大的地形起伏，不宜设置台阶，保证车辆的通行。

（2）次要道路。次要道路是各区内的道路，是联系全园的主要道路，引导游人到各景点、专类园。大型公园的道路宽度为 3.5 ～ 5 米，中、小型公园的道路宽度为 1.2 ～ 3.5 米。次要道路丰富了景观层次，铺地选材、路线设计、节点处理等都与景观相得益彰。

（3）游步道。游步道是供游人漫步游览的道路，分布在全园各处，引导游人深入园内的各个偏僻的角落。大型公园的游步道宽度为 1.2 ～ 3 米，中、小型公园的游步道宽度为 0.9 ～ 2.0 米。

无论是主要道路、次要道路或游步道，都应有各自的系统。道路的处理宜丰富，可使游人在游览过程中体会不同的空间感受，观赏不同的景色。道路的具体形式也可因周围景色的不同而各不相同，可以是穿越疏林草地的林间小道，也可以是水边序堤，还可以是跨越水面的小桥、攀附于峭壁上的栈道等。

5. 建筑景观设计

建筑是综合公园的组成要素，在观赏和功能方面都存在着不同程度的要求。建筑选址和造型十分重要，在公园的布局和组景中能起到控制和点景作用，即使是在以植物造景为主的点景中，也有画龙点睛的作用。

公园建筑造型包括体量、空间组合、形式细节等，必须与周边环境相融合，注重景观功能的综合效果。一般体量要轻巧、空间相互渗透。对于功能复杂、体量较大的建筑，化整为散，采用庭院式布局，可以取得功能与景观相宜的效果。

6. 植物景观配置规划

植物是公园最主要的组成部分，也是公园景观构成的最基本因素，植物景观配置规划是综合公园规划设计较为重要的一项内容，对公园整体绿地景观的形成、良好生态环境和游憩环境的创造起着极为重要的作用。

公园的植物配置规划，必须从公园的功能要求来考虑，结合当地气候条件、植物造景要求、游人活动要求、全园景观布局要求来进行合理的植物配置设计。

首先，利用公园用地内的原有树木形成整个公园的绿地植物骨架。在重要地区如出入口、主要景观建筑附近、重点景观区、主干道的行道树等，宜选用移植大苗来进行植物配置；其他地区，则可用合格的出圃小苗；快生与慢长的植物品种相结合种植，以尽快形成绿色景观效果。

其次，为了使公园的植物构景风格统一，在植物配置中，一般应选择几种适合公园气氛和主题的植物作为基调树，分布于整个公园，这样可以协调各种植物景观，使公园景观取得一个和谐一致的形象。常见的乡土树种能为公园创造良好的绿色生态环境。另外，在统一全园植物景观的前提下，还应结合各功能区及景区的不同特征，选择与环境特征相适应的植物进行配置，使各区特色突出而不相雷同。

公园出入口区人流量大、气氛热烈，植物配置上选择色彩明快、树形活泼的植物，如花卉、开花小乔木、花灌木等。色彩鲜艳明快的花灌木能给公园增添热闹气氛。

安静休闲区以自然式绿化配置为主，采用密林的绿化方式，在密林中设置散步小路，并设置休息设施，还可设疏林草地、空旷草坪等。结合优美自然景色的植被绿化为游人休憩观赏提供良好的景观场所。

儿童活动区配置的花草树木应结合儿童的心理及生理特点，做到品种丰富、颜色鲜艳，同时不能种植有毒、有刺以及有恶臭的浆果之类的植物。

文化娱乐区人流集中，建筑和硬质场地较多，一般采用规则式的绿化种植，可设开阔的大草坪，留出足够的活动空间，选择一些观赏性较高的植物，并重点考虑植物配置与建筑和铺地等人工元素之间的协调、互补和软化关系。

公园管理区一般应考虑隐蔽和遮挡视线的要求，选择一些枝叶茂密的常绿高灌木和乔木，使整个区域遮映于树丛之中。绿地掩映的管理用房，与公园周围环境更显和谐。

10.6 儿童公园景观营造

10.6.1 儿童公园的定义

儿童公园是指专为少年儿童设置的城市专类公园，拥有部分或完善的设施，主要目的是为少年儿童创造并提供游戏、娱乐、科普教育、体育活动等户外活动为主的良好环境和场所，增强体魄、提高智力、完善性格、增长知识，促进儿童全面发展。

10.6.2 儿童户外活动的特点

（1）聚集性。游戏内容会根据儿童年龄的不同分为各自的小集体。

（2）季节性。儿童户外活动受季节影响较大，春秋季节活动多于冬夏季节，晴天活动多于阴雨天。

（3）时间性。放学后、午饭后和晚饭前后是各年龄段儿童户外活动的主要时间。周末、节假日是活动高峰，时间多集中在上午 9 ～ 11 点，下午 3 ～ 5 点。

（4）中心性。活动对象多集中在 2 ～ 7 岁的儿童，儿童特有的思维方式导致其在活动中表现出注意力集中，不易受周围环境影响，以自我为中心的思维状态。

不同年龄儿童特点的游戏行为见表 10-4。

表 10-4 不同年龄儿童特点的游戏行为

年龄	游戏种类	结伙游戏	组群内的场地		
			游戏范围	自立度	攀、登、爬
<1.5 岁	在沙坑、草坪、广场上玩	单独玩耍或与成年人在住宅附近玩耍	必须有保护和陪护	不能自立	不能
1.5 ～ 3.5 岁	沙坑、草坪、广场、固定游戏器械	单独玩耍，偶尔与其他孩子一起玩耍	在居住地附近，亲人能顾及	集中游戏场可自立，分散游戏场半自立	不能
3.5 ～ 5.5 岁	秋千、喜欢变化多样的器具、玩沙	结伙游戏，同伴多为邻居	游戏中心在居住地周围	集中游戏场可完全自立，分散游戏场可自立	部分能
6 ～ 7 岁	开始出现性别差异的游戏方式，女孩利用器具游戏，男孩以捉迷藏为主	结伙游戏，同伴成分增多	远离视线范围	有一定的自立能力	能
8 ～ 9 岁	女孩利用器具游戏，男孩喜欢运动性强的游戏	结伙游戏，同伴成分增多	以同伴为中心，会选择游戏场地和品种	能自立	完全能

10.6.3　儿童公园的分类

根据设置内容的不同，儿童公园可分为以下几类。

（1）综合性儿童公园。综合性儿童公园是供全市或地区少年休息、游戏娱乐、体育活动及进行文化科学活动的专业性公园。

综合性儿童公园内容比较全面，各项设施齐全，可以满足不同年龄段儿童多种活动的需求。设有各种球场、游戏场、小游泳池、电动游戏室、露天剧场、少年科技馆、阅览室等。根据服务范围及规模大小不同，综合性儿童公园分为市级儿童公园和区级儿童公园两种。

（2）特色性儿童公园。特色性儿童公园重点突出某一个主题，所有活动都围绕这一主题设置，并组成一个较完整的系统，形成某一特色。特色性儿童公园的尺度和特征非常接近儿童的接受能力，所创建的独特景观，有助于挖掘儿童的创造性及想象力。

（3）小型儿童公园。小型儿童公园占地小、设施简单，活动内容不求全面。在规划过程中，因地制宜，根据具体条件而有所侧重，但其主要内容仍然是体育、娱乐方面。其服务半径范围内，具有便于服务、管理简单等特点。

10.6.4　儿童公园的规划设计

儿童公园一般选择在交通方便但车流量不大的城市干道旁，与居住区联系密切的城市地段。为了使各项活动能顺利进行，儿童公园应有一定的用地规模，比较适宜的面积为 2 ～ 5 公顷。

儿童公园应选择日照、通风、排水良好、地形起伏不大，有较大面积的平坦区域，具有良好的生态环境和活动空间的地段更为有利。较完善的儿童公园不宜选择在有儿童活动场的综合公园附近，以免造成建设项目的重叠，资金的浪费。

1. 设计要点

儿童公园专为青少年开放，在设计时要重点考虑以下内容：

（1）按不同年龄儿童使用比例划分用地，活动区的用地有良好的日照及通风条件。

（2）儿童公园的道路规划要求主次系统明确，便于儿童辨别方向，顺利达到各活动区；最好在道路交叉处设图牌标注。园内路面宜平整防滑，主要道路考虑儿童骑自行车及儿童推车通行的要求。

（3）儿童公园的用地经过人工设计后具有良好的自然环境，绿化用地面积在 50% 左右，绿化覆盖率在 70% 以上。

（4）儿童公园的建筑、小品及各项活动设施要形象生动、造型优美、色彩鲜明，符合儿童的心理、行为及安全的要求，活动场地的题材要多样，主题要注重教育性、知识性、科学性、趣味性和娱乐性。

（5）有适当的服务及休息设施，供儿童及陪同儿童来园的成年人使用。

2．功能分区和设施

（1）幼儿活动区：学龄前儿童使用的区域。设置的设施有沙坑、草坪、广场、攀缘梯架、跷跷板、滑梯、秋千、转椅等。设置休息亭廊、凉亭等供家长休息使用，游戏场周围常用绿篱围合，出入口尽可能少；活动器械宜光滑，尽可能做成圆角，避免碰伤。

（2）学龄儿童活动区：儿童进行游戏活动的区域。设置的设施有集中活动场地、障碍活动场地、冒险活动设施，有条件的地方还可设开展室内活动的少年之家、科普展览室。

（3）体育活动区：集中进行体育活动的场地。设置的设施有各类球场（篮球场、排球场、网球场、棒球场、羽毛球场等）、游泳场、单杠、双杠、乒乓球台、攀岩墙等。

（4）娱乐和少年科学活动区：进行娱乐和科普知识宣传的区域。设置的设施有露天电影、露天表演、小植物园、小动物园、阅览室、科技馆等。

（5）自然景观区：有条件的情况下设计一些自然景观区，让少年儿童投身自然、接触自然、融入自然，使他们在这里能观赏自然美景、感受鸟语花香。

（6）办公管理区：包括儿童活动服务的后勤管理设施，如办公室、保管室、广播室等。管理区与各活动区有一定的隔离设施。

在具体的儿童公园规划中，由于规模不同，服务对象不同，可能会选取其中的部分功能区。休息亭廊、座椅、小卖部、厕所、垃圾箱等服务设施视具体情况分布于各区，以供陪同小孩的成年人使用。

3．游戏场设计要求

（1）儿童游戏场空间的基本构成要素是周围的建筑、小径、铺面、绿地、篱笆、矮墙、游戏器械、雕塑小品等。

（2）绿地设计需要突出和加强游戏场地的个性和趣味。树种的选择要考虑遮阳和构图效果，并营造亲切感。

（3）小径铺装材质多样，线形应注意活泼曲折、色彩强烈。

（4）矮墙、篱笆等构件构成围合空间，其色彩、质感应与整体环境协调，并注重儿童的心理特点。

（5）游戏器械是儿童活动的核心，可以围合空间，产生意想不到的效果。

4．植物配置

儿童公园一般靠近居住区附近，为儿童活动创造一个良好的绿化环境，公园的植物配置在注意保证场地有充分日照的前提下，适当种植行道树和遮阴树。同时，公园内各功能区之间有适当的绿化分隔，并在公园周围栽植浓密的乔、灌木作为屏障。

儿童公园的主要服务人群是少年儿童，需充分考虑其安全及其他生理及心理特点，在植物配置上要注意以下原则：

（1）忌用有毒、带伤害性的植物。忌用威胁儿童的健康及生命安全有毒植物，如凌霄、夹竹桃等；忌用容易刺伤儿童皮肤或挂破其衣裤的植物，如构骨、刺槐、蔷薇、仙人掌等；忌用有刺激性或有奇臭易使儿童发生过敏反应植物，如漆树等；忌用易招致病虫害、易落浆果污染场地的植物，如楠树、柿树等。

（2）选择不会影响儿童活动的树种。乔木选用高大荫浓的树种，分枝点不宜低于 1.8 米；

灌木选用萌发力强、直立生长的中、高型树种，这些树种生存能力强、占地面积小，不会影响儿童的游戏活动。夏季可使场地有大面积遮阴，并且枝叶茂盛，能多吸附一些灰尘和噪声，如北方的槐树、南方的榕树、银桦等。

（3）绿化布置手法应适合儿童心理。选用叶、花、果形状奇特、色彩新鲜、能引起儿童兴趣的树木，如扶桑、白玉兰、竹类等。

（4）植物配置上树种不宜过多。便于儿童记忆、辨认场地和道路，同时要有完整的主调和基调，创造全园既有变化但又完整统一的绿化环境。

10.7 动物园景观营造

10.7.1　动物园的定义

动物园是指在人工饲养条件下，以集中饲养动物展出为主要内容，对市民进行科普教育，对动物的习性、珍稀物种的繁育进行科学研究，并且具有良好设施，供市民参观、游览、休憩的城市专类公园。

10.7.2　动物园的分类

1. *按动物展出的方式分类*

（1）城市动物园。一般位于大城市的近郊区，用地面积大于 20 公顷，动物展出品种丰富、数量较多，展出形式比较集中，展出方式以人工兽舍组合动物室外运动场地为主，人与动物之间有一定的距离。

（2）野生动物园。多建于大城市远郊区，环境优美，面积较大，多至上百公顷，动物以群养、敞开放养为主，动物自由地在相对独立的区域活动。参观形式多以游客乘坐游览车的形式为主，参观路线穿过这些区域，人与动物有更亲密的接触和交流。例如，西安秦岭野生动物园，位于秦岭北麓浅山地带，距西安市区 28 千米，集野生动物移地保护、科普教育、旅游观光、休闲度假等功能于一体，是西北首家野生动物园。动物种类齐全，有兽类、鸟类、两栖类和爬行类动物，其庞大的动物种群、数量都是西北之最。

（3）夜间动物园。夜间开放，给游客提供不同的感受以观察夜间动物活动的真实面貌。最为著名的是新加坡夜间野生动物园。

2. *按动物饲养形式分类*

（1）综合性动物园。园内动物种类多，一般包括不同科属、不同生活习性、不同地域分布的许多动物，需要人为创造不同环境去适应不同种类的要求。大多数的动物园属于此类。

（2）专类动物园。多位于城市近郊，面积较小，一般为 5 ～ 20 公顷。专门收集某一类的动物，或某些习性相同的动物，供人们观赏，展出的动物品种不多，通常为富有地方特色的种类。如以猿猴类为中心的灵长类动物园，以鱼类为中心的水族类动物园，以昆虫类为中心的昆虫类动物园等。

（3）现代城市动物园。除具有动物园的本身职能外，兼具城市绿地功能，结合自然生态环境进行设计，以“沉浸式景观”设计为主，考虑动物与人类的关系，为现代主流动物园的类型。

（4）专业动物园。按照物种种类进行分类，有益于研究和繁殖物种，值得推广。

10.7.3 动物园的规划设计

1．*动物园的选址*

动物园作为城市公园绿地中的专类公园，由于其特殊性，对用地的选择有一些特殊的要求，主要表现在以下四个方面。

（1）地形方面。动物园用地需要满足来自不同生态环境的动物对生活环境的需要。宜选择在地形丰富，如山地、平地、湖泊、池沼等兼具地形，以创造适合动物的生活环境，营建良好的自然景观和绿化基础。

（2）交通方面。动物园的游人数量大，尤其是儿童数量占比例较高，且货物运输量也较大，需要与市区有方便的交通联系，宜选在交通比较方便的地段。

（3）安全卫生方面。由于动物时常会狂吠、吼叫或发出恶臭，而且通过粪便、饲料等可能传染疾病，宜布置在下游、下风地带，与居住区有适当的距离，且周围有必要的卫生防护地带。

（4）工程方面。有良好的地质基础、便于建设动物笼舍和开挖隔离沟或水池，并有充分的水源和安全经济的供电、供水、供气、通信等条件。

动物园用地应根据城市园林绿地系统的布局需要考虑确定。通常大中型动物园都选择在城市郊区或风景区内，并远离垃圾场等会产生污染的项目或企业，以满足动物需要安静、清新、洁净的环境需求。

2．*动物园的规模*

动物园的规模主要取决于动物园的类型、展出动物的数量与品种、动物展出的方式等因素，同时也与城市的性质与规模、自然环境现状条件及经济条件等因素相关。其具体的确定依据如下：

（1）保证有足够的动物笼舍面积，包括动物活动场地、饲料堆放场地、管理用地及游人参观游览等方面的面积。

（2）保证有足够的游人活动和休息的用地。

（3）方便办公管理，保证有足够的管理办公后勤服务性用地，有的还要考虑动物饲料的生产加工基地。

（4）保障各功能分区之间有适当距离和一定规模的绿地缓冲地段。

（5）为动物园未来的发展规划留出足够的预留用地，为长远期的扩展提供可能性。

3．*动物园规划设计的要点*

动物园的建设周期一般都比较长，必须遵循总体规划、分期建设、全面着眼、局部着手的原则。动物园的规划设计应注意科学性、艺术性和娱乐性相结合，分期建设、近期建设与远期规划相结合。动物园规划设计要点需要考虑以下内容：

（1）有明确的功能分区。交通互不干扰但又有联系。既要便于饲养、繁殖和管理动物，又能保证动物的展出和游人的参观休息。

（2）有清晰的游组织。游览路线应是建议性的，不应是强制性的。对园路合理分级分类，形成主要园路、次要园路、游览便道、园务管理、接待专用园路等，形成导游方向明确、等级清晰的道路游览系统，园务管理线路与游线不交叉干扰。游览路线设计要符合人行习惯（逆时针靠右走），避免让游人走回头路。

（3）符合动物的生活及活动习惯。对动物笼舍、展馆及绿化环境等进行合理设计，创造适合动物生活的空间以及景色宜人的公园环境。展览区的动物笼舍采取集中与分散相结合的方式布置，并且要与动物的室外活动场地同时布置，注意因地制宜，以便满足功能性和艺术性的要求。同时，注意构建主要动物笼舍和服务建筑等与出入口广场、游览路线有良好的联系，以保证全面参观和重点参观的游客均方便。

（4）注意动物展览与游人游览的安全性。采取有效的安全防护措施，笼舍要牢固，四周设坚固的围墙、隔离沟、防护带、安全网等，以防动物逃跑伤人。同时展览场与游人的距离宽度要合理，防止动物和游人的相互伤害。动物园还要有方便的出入口及专用的出入口，以保护游人能迅速安全地疏散。

（5）要有完善的商业、服务设施建设。动物园中儿童所占比例较大，在适当地段布置儿童游戏场地，并结合园林小品、绿化雕塑等创造丰富园景，还要重视动物科普馆的建设，馆内可设标本室、宣传室、阅览室、放映幻灯电影的小会堂等，有助于宣传教育。服务休息设施要有良好的景观，厕所、服务点等可结合在主要动物笼舍建筑内或附近，有利于游客使用和观瞻。但园内不宜设置俱乐部、影剧院、溜冰场等喧闹的文娱设施，以保证动物夜间安静休息。

（6）动物园规划能保证分期实施。动物园的建设投资大，周期长，一般需 10 ～ 20 年的时间才能建成。因此规划时应考虑分阶段实施的可能，同时要为动物园未来的发展提供可能性。

4．*动物园的功能分区*

一般的综合性动物园，由以下四大功能区组成。

（1）宣传教育、科学研究区。全园科普科研活动的中心，主要由动物科普馆组成。一般布置在出入口地段，交通方便，并有足够的游人活动场地，便于游人对动物的进化、种类、生活习性、生存环境有全面的了解。

（2）动物展览区。动物展览区是动物园的主要组成部分，由各种动物笼舍、动物馆舍及活动场地组成。它主要供游人参观游赏，在规划布局中应按一定的顺序，因借有利地形，合理安排各类动物展览区，使其相互间既有联系又有绿化隔离。

（3）服务休息区。服务休息区包括休息亭廊、接待室、餐厅、茶室、小卖部等。采取集中布置服务中心与分散服务点相结合的方式，均匀地分布于全园，便于游人使用，与动物展览区统筹布置。

（4）经营管理区。经营管理区包括饲料站、兽疗所、检疫站、行政办公室等。它一般设在隐蔽处，有绿化隔离，并有专用出入口解决运输及对外联系，同时与动物展览及动物科普科研区也要有方便的联系。

5．动物园的笼舍设计

动物园内笼舍为主要景点，所处地段要开阔，要有适当面积的广场。动物展出是动物园最主要的功能，展出效果的好坏与动物笼舍建筑的设计直接相关。随着对动物展出研究的深入以及投资的增加，动物笼舍建筑的设计也越来越多样。

（1）动物笼舍建筑。常见的动物笼舍可分为建筑式笼舍、网笼式笼舍、自然式笼舍和混合式笼舍布置方式。

① 建筑式笼舍：主要适用于不能适应当地生活环境，饲养时需特殊设备的动物。根据动物的生态习性，在建筑室内注重营造适于生活的环境。动物的活动及游人的参观活动等基本都在主体建筑内完成。

② 网笼式笼舍：将动物活动范围以铁丝网或铁栅栏等形式加以围隔。它适于终年室外露天展览的禽鸟类动物，也可作为临时过渡性的笼舍。笼内布置可仿照动物的生态环境，如上海动物园的猛禽笼、重庆动物园的鸟类展笼等。

③ 自然式笼舍：即在露天布置动物室外活动场，其他房间则做隐蔽处理。按动物的自然生长环境模式，通过人工塑造模仿自然生态环境，布置山水、绿化等，创造出适合该动物生活的自然环境，使动物自由地生活于其中。它既丰富了动物的生活环境，也提高了游客的游览兴趣，但占地较大，投资较高。自然式笼舍是大型野生动物园最常见的展览方式。

④ 混合式笼舍：是指采用上述两种以上的形式进行不同组合的形式。

（2）动物园笼舍设计要点，包括以下内容：

① 无论何种形式的动物笼舍，必须满足动物的生态习性、饲养管理和参观展览方面的要求。其中动物的生态习性是主要决定因素。它包括动物对笼舍建筑朝向、日照、通风、给排水、温度、室内外装修布置等方面的要求。同时动物笼舍设计应该从视觉、听觉和体感上让游客感到舒服。

② 动物笼舍应注重建筑设计的科学化、生态化与艺术化。因地制宜，结合地形、地貌、植被等自然因素，创造出不同的环境气氛。在建筑造型、色彩、尺度和材料的设计运用中，应考虑不同动物的不同个性特征，使笼舍所营造的气氛意境与展出动物的个性特征相符。

③ 要保证人与动物的安全。一方面要保证动物的安全，使动物不致互相伤害、不自相残杀、殴斗，传染疾病等；另一方面还要注意游人的安全，可使用玻璃、壕沟、铁丝网等形式将动物与人隔开。同时还应充分估计动物跳跃、攀登、飞翔、碰挡、推拉的最大威力，要避免动物出逃伤人。

6．动物园的游览线路

（1）展览顺序。动物园的游览线路除了遵循道路览线路原则外，还要考虑合理安排动物的展览顺序。一般动物园的动物展览布局方式主要有如下五种。

① 按动物的进化顺序安排。突出动物的进化系统，即由低等动物到高等动物，由无脊椎动物→鱼类→两栖类→爬行类→鸟类→哺乳类的顺序排列。在规划中可按动物生态习性、地理分布、游人爱好、建筑艺术等做局部调整。

在规划布局中可结合自然的地形地貌现状，因地制宜地安排笼舍，以利于饲养和展览动物，形成由数个动物笼舍组合而成的既有联系又有绿化隔离的动物展览区。

② 按游人爱好、动物珍贵程度、地区特产动物安排。如将金丝猴、猩猩、狮子、老虎、大象、熊、熊猫、长颈鹿等动物布置在全园的主要位置，突出布置在游线的重点位置。

③ 按动物的生活地区分布安排。按动物不同的生活地区，如亚洲、欧洲、美洲、非洲、大洋洲等分区，有利于创造不同景区的特色，给游人以明确的动物分布概念，让游人身临其境地感受动物的生态环境及生态习性。这样的展览安排一般投资较大，对管理水平的要求也较高。

④ 按动物的生态习性安排。按动物生活环境，如水生、高山、疏林、草原、沙漠、冰山等，一般把各种生态习性相似且无捕食关系的种类布置在一起，并以群养为主，更适应动物的自然生活习性。这种布置对动物生长有利，是一种较理想的布置方式，但人为创造这种景观环境困难较大。

⑤ 混合式排列。融合上述多种布局方式，兼顾动物进化系统、生活地区分布和方便管理等进行布局，较为灵活。

（2）游览线路规划。由于来动物园的游客年龄层次以儿童、青少年为主，活泼好动是他们的特点。游览线路要充分考虑他们的心理活动，合理安排展览顺序和陈列方式，避免沉闷单调。室内外展馆相互穿插，笼舍、展馆的排布与游客观赏、休憩的空间相互间隔等多样化的游线规划形式，避免游园过程中出现疲劳感，从而达到寓教于乐、娱乐身心的目的。

7. 动物园的绿化配置

动物园的绿化主要包括动物笼舍展览区的绿化，各区之间过渡地段的绿化以及动物园周边的卫生防护带、饲料场、苗圃的绿化等。

植物绿化除了遵循一般公园绿化的基本原则和满足基本的绿化功能外，首先，需要结合动物生态习性和生活环境，创造和模拟各种动物的自然生态模式，包括植物、气候、土壤、水体、地形等，从而保证来自世界各地的动物能安全、舒适地生活。如展览大熊猫的地段可配植多种竹类植物；展览大象、长颈鹿等热带地区的动物则可配植棕榈、芭蕉、椰子之类的植物等。

其次，展览区内的植物配置应形成一个良好的景观背景，尤其是对于具有特殊观赏肤色的动物，如梅花鹿、斑马、东北虎等。植物可选择动物生活环境品种，同时考虑植物在形、色、量上的协调以及与其他景观要素的协调，提高动物的观赏效果。

为了防止动物园的噪声和粪便等对周边区域的污染，在园的外围设置一定宽度的防污隔噪、防风、防菌、防尘、消毒的卫生防护林带。选择无毒、无刺、萌发力强、少病虫害的树种，以免动物中毒受伤，达到隔离污染源的目的。

10.8　城市湿地公园景观营造

10.8.1　城市湿地公园的定义

2017 年，中华人民共和国住房和城乡建设部印发了《城市湿地公园设计导则》的通知，对城市湿地公园的定义为：城市湿地公园是一种独特的公园类型，是指纳入城市绿地系统规划的、具有湿地的生态功能和典型特征的、以生态保护、科普教育、自然野趣和休闲游览为主要内容的公园。

城市湿地公园与水上公园、湿地自然保护区不同。湿地自然保护区重点强调保护，城市湿地公园提倡在保护的同时，强调利用湿地开展生态保护和科普活动的功能，充分利用湿地的景观价值和文化属性丰富居民休闲游乐活动的社会功能。

10.8.2 城市湿地公园的分类

城市湿地公园的科学分类是树立正确的规划设计理念、采取科学工程技术的基础。根据不同的分类标准，城市湿地公园有着不同的类型。

1. 按原有的场地状况划分

按原有的场地状况划分，湿地公园可分为天然湿地公园和人工湿地公园两类。天然湿地公园是指在原有的天然湿地的基础上，划分一定的范围开辟建设的城市湿地公园，通过建设不同类型的辅助设施（如观鸟厅、科普馆、游道）等，开展生态旅游和生态教育。人工湿地公园是指利用现有的或退化的湿地，通过人工恢复或重建湿地生态系统，按照生态学的规律来改造、规划和建设的城市湿地公园。

2. 按城市与湿地关系划分

按城市与湿地关系划分，湿地公园可分为以下类型：

（1）城中型湿地公园。湿地公园位于城区内，生态属性一般相对较弱，而社会属性（休闲、娱乐）相对较强。如四川成都府城河湿地公园以生态教育、展示与娱乐功能为主。

（2）城郊型湿地公园。湿地公园位于城郊，生态属性明显增强，社会属性有所减弱，或是生态属性与社会属性处于同等重要的地位。湿地公园在为城市提供生态服务和满足市民亲近自然的精神需求上发挥作用。如西安浐灞国家湿地公园，位于灞河与渭河交汇口区域，毗邻泾渭湿地省级自然保护区，分布在灞河的东西两岸，规划面积 5.81 平方千米，具备典型的河口湿地特征，是浐灞生态区湿地系统的重要组成部分，是国家 AAAA 级旅游景区。

（3）远郊型湿地公园。湿地公园位于城市的远郊，生态属性一般强于社会属性。例如，位于陕西合阳县东部，距县城 22 千米，面积 165 平方千米的洽川黄河湿地是黄河流域最大的河滨湿地，也是我国目前最大的河滩湿地、温泉湖泊型风景名胜区，2004 年 1 月国务院将合阳洽川风景名胜区批准为国家重点风景名胜区。景区一是有迷人的黄河湿地生态环境，15 万亩芦苇荡，宛如绿色的海洋，万亩荷塘镶嵌其中，呈现出一派江南的秀丽景色。二是有近百种珍稀鸟类，丹顶鹤、大鸨、黑鹳、天鹅、灰鹤苍鹭、鸳鸯等国家一、二级保护鸟类常年在此栖息、觅食。三是有神奇的瀵泉，景区内有堪称“华夏一绝”的瀵泉 7 眼，属地热温泉，水温常年保持在 30℃左右，水中富含锶、铜、硒等多种矿物元素。其中尤以处女泉最为神奇，入水不沉，泉涌沙动，如绸拂身，有“沙浪浴”的美称。

3. 按湿地基底环境特征划分

按湿地基底环境特征划分，湿地公园可分为以下类型：

（1）海滩型湿地公园。海滩型城市湿地包括永久性浅海水域，多数情况下低潮时水位低于 6 米，包括海湾和海峡。

（2）河口滨海型湿地公园。河口滨海型城市湿地主要有季节性、间歇性、定期性的河流、溪流、瀑布，也包括人工运河、灌渠、河口水域和河口三角洲水域。

（3）湖沼型湿地公园。利用大片湖沼湿地建设的城市公园。它包括永久性淡水湖、季节性淡水湖、间歇性淡水湖；漫滩湖泊、季节性及间歇性的咸水、半咸水、碱水湖及其浅滩；高山草甸、融雪形成的暂时性水域，包括灌丛沼泽、灌丛为主无泥炭积累的森林沼泽、泥炭森林沼泽；淡水泉及绿洲、温泉、地下溶洞水系。

（4）农田型湿地公园。湿地的部分区域用于农业种植、渔业养殖等，包括含有鱼塘和虾塘的城区或郊区湿地公园，含有稻田、水渠、沟渠的灌溉田和灌溉渠道湿地公园等。

（5）废弃地型湿地公园。它主要是工矿开采过程中遗留的废弃地所形成的湿地，包括采石坑、取土坑、采矿池，经人工修复后形成的城市湿地公园。

4. *按功能类型划分*

按功能类型划分，湿地公园可分为以下类型：

（1）自然保护类湿地公园。在原有湿地自然保护区的基础上，经过设施完善发展而成的城市湿地公园。以保护资源环境为主要目的，以较为完善的湿地生态系统为特点，充分反映自然湿地的特性。同时为满足人们接受湿地生态教育，适当添置科研科普、游览休憩设施。

（2）休闲旅游类湿地公园。根据当地湿地自然条件和国内外旅游市场需要，以展示湿地类型、结构、功能为基础，以湿地科研技术为依托，集知识性、科学性、娱乐性、参与性为一体，以湿地特色旅游为主的湿地公园。

（3）水生态保育类湿地公园。利用各类原有自然或人工水体经过改扩建而成的城市湿地公园，主要目的保护水体水源。

（4）废污回用类湿地公园。根据处理污水需要达到的目标，通过设计建造人工湿地，将湿地系统的处理功能、湿地的自然过程以及景观艺术结合在一起的城市湿地公园。

10.8.3　城市湿地公园的功能

城市湿地公园是基于生态保护的一种可持续性的湿地管理和利用方式。在湿地生态环境保护、推动社会经济可持续发展、为市民提供科研、休闲游憩场所等方面发挥着重要的功能和意义。

1. *保护和合理利用城市湿地的有效途径*

伴随着城市化进程，城市湿地正承受着来自各方的干扰，不可避免地面临着面积骤减、功能弱化、多样性丧失的趋势。城市湿地公园建设的实质是协调人与湿地资源之间的良好关系，最大限度地保存城市湿地，为生物提供更多生存空间，发挥湿地泄洪防洪、净化水质、补充水源、美化环境以及生态旅游的综合生态服务功能。

城市湿地公园是国家湿地保护管理体系的重要组成部分，与湿地自然保护区、湿地野生动植物保护栖息地以及湿地多用途管理区等共同构成了湿地保护管理体系。发展建设城市湿地公园，有助于在保护中实现合理利用，是落实国家湿地分级保护管理策略的一项具体措施，也是维护和扩大湿地面积行之有效的途径之一。

2. 发挥城市湿地生态效益，提升城市生态环境品质

城市湿地公园是在现有或退化的湿地上，通过人工恢复或重建的湿地生态系统，湿地生物多样性和湿地生态系统的完整性，为各种涉禽、游禽和小型哺乳动物，提供了丰富的食物来源，营造了良好的生态家园，全面提升城市生态环境品质。一定规模的湿地环境还能成为常住或迁徙途中鸟类的栖息地，为生态城市建设做出贡献。

3. 提供科研、环境保护教育和生态休闲游憩的场所

城市湿地公园优美的湿地自然景观，完善的功能服务设施和游览设施，能够很好地为公众提供科研、环境保护教育和生态休闲游憩场所。相对完整的湿地生态系统、丰富的动植物物种等，在自然科学教育和研究中都具有十分重要的作用。它可以为公众教育和科学研究提供对象、材料和试验基地；丰富的生物多样性和景观类型，可以用来开展环境监测、实验和对照科学研究等。

城市湿地公园为城市居民提供良好的生活环境和接近自然的休憩空间，促进人与自然的和谐相处，促进人们了解湿地的生态重要性，在环保和美学教育上都有重要的社会效益。

4. 丰富城市特色景观，促进区域经济和社会健康发展

城市湿地是城市周边最具美学和生态价值的自然版块之一，是城市特色景观的主要组成部分。湿地丰富的水体空间，水面多样的浮水和挺水植物，以及鸟类和鱼类，都充满大自然的灵韵，充分体现了人类欣赏自然、享受自然的本能和对自然的情感依赖。现代化、人工化的都市景观与充满野趣的湿地公园共同构成和谐丰富的城市人居环境。

城市湿地公园也是发展城市旅游业的重要载体，为区域经济和社会发展注入新的活力。一方面，公园的生态旅游能带来客观的经济收益；另一方面城市湿地公园的建设对区域的生态环境，生物多样性的保护等都具有促进作用，由此带来的综合效益更是不可估量。在旅游开展过程中带来的新思想、新文化和新理念也促进了当地社会的持续健康发展。

10.8.4 城市湿地公园的规划设计

1. 公园选址

(1) 城市湿地公园的选址应对地域的综合条件加以考虑，包括自然保护价值、野生动物的价值和潜力、土地利用变化的环境影响、土壤和基质的理化性状、植物生长的限制性，以及一系列的社会经济因素等。

这需要对场地周围多方面的因素进行整体分析，具体包括场地与污染源的位置关系，场地所受环境的干扰来源，与周围水域和居民区的距离，水体的来源形式，土地的使用形式，是否处在濒临物种保护区或历史风景保护区，在其所在位置地下层的自然属性等。

(2) 正确选择城市湿地公园的位置对湿地规划设计的影响重大。一般宜选择非市中心地带，交通方便而远离城市污染区的地方，沿城市活水如河道、湖泊等的上游地势低湿之处。替代性湿地应最大限度地靠近原有湿地的位置，以便整个水域功能的维护。还应确保交通与水电的便利，确保鸟类迁徙通道与鱼类产卵、鱼洄游水道的畅通，通过合理的用地规划，使它们能够发挥最大限度的综合效益。

2．规划原则

（1）生态优先和合理利用相协调原则。城市湿地公园是“自然—人—社会复合的生态系统”。建设城市湿地公园，生态优先和合理利用相协调原则的本质就是要寻找保护和利用的平衡点。生态优先，就是湿地公园要以生态学理论为基础，采取积极的保护策略，通过建立、健全不同层次生态系统，完善公园生态结构，增强物种的多样性，保证资源的可持续发展。合理利用就是要发挥湿地公园的生态效益、经济效益和社会效益，这是湿地公园区别于湿地保护区的一大特征。在湿地公园的规划过程中要处理好保护和利用的辩证关系，将各种保护和发展统筹考虑，根据资源的重要性、敏感性和适宜性，综合安排，协调发展，积极做到“以保护寻利用，以利用促保护”。

（2）多学科综合协作性原则。城市湿地公园设计涉及景观学、生态学、地理学、经济学、环境学等多方面的知识，具有多学科的综合性。设计系统应是花费最小的系统，即由植物、动物、微生物、土壤和水流组成的湿地系统，充分发挥自然能动性，利用自然能量，包括脉动水流及其他潜在的能量作为系统发展的驱动力。通过多学科的相互协作和合理配置，达到科学、合理、可持续的规划设计目的。

（3）突出湿地自然景观原则。湿地公园最大的特色在于具有优美的湿地景观，规划设计要凸显湿地自然景观美，遵循绿色和健康原则，充分体现湿地的清洁性、独特性、愉悦性和可观赏性的价值，让游客在感受湿地美景的同时，树立保护生态环境的意识。

（4）分级保护和分区管理原则。根据公园范围内湿地的敏感度级别实施分级保护，设置不同的功能区，如重点保护区、资源展示区、游览活动区以和研究管理区，各区的属性和特征不同，管理的方式也会存在较大差异。

3．功能分区

城市湿地公园包括重点保护区、资源展示区、游览活动区和研究管理区。

（1）重点保护区。重点保护区是城市湿地公园标志性核心区域。动植物种类丰富，敏感性强，生态系统比较完整，生态资源稀缺度高，设立的主要功能是保护野生动植物资源和生物多样性。针对候鸟及繁殖期的鸟类活动区还应设立季节性的临时禁入区；为充分保证生物的生息空间及活动范围，应在核心区外围划定适当的非人工干涉圈，采取较严格的管理措施，以充分保障生物的生息场所。

重点保护区划定面积应不少于公园面积 10%。区内严格控制游人的游憩活动，减少人的活动对湿地生态系统的干扰，以更好地保护野生动植物资源和生物多样性，但允许适当开展各项湿地科学研究、保护与观察工作。设立多个核心区节点，允许物种基因、能量、物质在生态走廊中流动。这些节点和生态走廊共同构成湿地公园的核心区。根据需要设置一些小型设施，为各种生物提供栖息场所和迁徙通道，所有人工设施都必须以确保原有生态系统的完整性和最小干扰为前提。

（2）资源展示区。资源展示区主要以湿地展示和科研教学为主，加强湿地生态系统的保育和恢复工作。通常的方法是在重点保护区周围划分辅助性的保护和管理范围，根据当地的经济发展需要，建立各种类型的人工生态系统，为本区域的生物多样性恢复进行示范。在生态敏感度较低的区域安排少量的步行游赏道路和相关设施，容纳少量人的活动，承载强度较低的游憩活动，设计的目的是给人创造体验自然湿地的机会，展开一些科研、教学和培训的活动。

（3）游览活动区。游览活动区属于湿地敏感度相对较低的区域，是城市湿地公园的主要活动区，硬件游憩设施较为丰富，能够承载一定强度的游憩活动，主要开展以湿地为主体的休闲、游览活动，区内展示森林、草坪、农田等风光类型，给人们提供一个近距离感受湿地景观的环境。

游览活动区内应控制娱乐、游憩活动的强度，尽量减少污染和噪声，避免游览活动对湿地生态环境造成破坏，同时，加强游人的安全保护工作，防止意外发生。

（4）研究管理区。研究管理区是公园内安排服务设施与科研设施的区域，设置在湿地敏感度较低的区域，主要提供公园管理和服务功能。与外部道路交通有便捷的联系，具备相应的水、电、能源、环保、抗灾等基础工程条件。所有建筑设施应尽量小体量、低层数、小密度、少耗能、少占地，用绿树浓荫覆盖。为保证环境的清新和水质的洁净，严禁将住宿、饮食、购物、娱乐、保健、机动交通等设施布置在有碍景观和影响环境质量的地段。

上述四个功能分区是湿地公园必须具有的区域，各个湿地公园还应根据资源与环境状况分别设定其他区域。

4．水环境规划设计

水环境规划设计是城市湿地公园规划的重点，其关键在于实现水的自然循环。

首先，从整体的角度出发，充分考虑城市水系的特点，将城市湿地公园的湿地内外的水系结合起来，保护和恢复河道网络，维护和恢复河道及滨水地带的自然形态，实现城市河道水系的连续性、完整性，改善作为湿地水源的河流、湖泊等的活力。

其次，注重维护水环境的自然状态，提高湿地的生态修复功能。城市湿地公园内部的水系统的分布主要受到现有基质现状的限制。在湿地生态系统相对完整的城市湿地公园的核心保护区，水系主要保持自然状态，水体的净化主要通过湿地的自我修复。在核心生态缓冲带主要是湿地的自然恢复和修复区，可以安排供游人观赏的设施。根据我国的传统理水理念，模拟自然水体的形式将其设计成湾、河、港、溪、瀑、泉等形式。

城市湿地公园水环境规划的重要环节是要改善湿地地表水与地下水之间的联系。在可能的情况下，适当开挖新的水系并采取可渗透的水底处理方式，形成地表水与地下水的相互补充，以利于整个园区地下水位的沟通与平衡；使湿地周围的土壤结构发生变化，土壤的孔隙度和含水量增加，从而形成多样性的土壤类型。

5．水岸规划设计

在城市湿地公园中，水岸环境是一种独特的线性空间，是水体与陆地的交界面，在整个湿地环境的空间形态中占据着重要的地位。

首先，驳岸的设计，应在满足防洪安全要求的前提下，协调好防洪与亲水，景观与生态的关系。现状自然湿地边缘恢复与重建的人工湿地岸线必须满足防洪安全的需要，岸线应足够牢固。根据年实际最高水位设计高地缓坡，使其成为丰水期和枯水期之间的缓冲带，达到调节水量的目的。

其次，由于“边缘效应”生物种类丰富。在对岸线规划时尽量应用自然形式，与周围的环境相协调，将岸线建成多种生物栖息地。将湖岸改造成为不规则的河湾，避免单调的直线岸线，延长岸线长度，并根据不同物种需要将湖岸改造成平缓型、陡峭型、泥泞型等多种类型，能为多样的边缘物种提供较完整的生态栖息地，并美化视觉效果。

在建造材料的选择上，尽可能使用生态驳岸的方式，避免使用混凝土等单调的人造材料，使工程在结构外观和功能上皆能符合生态、景观等方面的要求。相对于常见的钢筋混凝土的堤坝，生态性的驳岸能更好地完善水陆的自然衔接，采用自然材料，形成一种“可渗性”的界面。在丰水期，河水向堤岸外的地下水层渗透储存，缓解洪灾；在枯水期，地下水通过堤岸反渗入河，起着滞洪补枯、调节水位的作用。生态性的驳岸具有高孔隙率，可将湿地水岸边的生物与堤内的生物连成一体，构成一个完整的河流生态系统。这个河流生态系统通过食物链过程消减有机污染物，从而增加水体的自净功能，改善水质。

6．植物规划设计

良好的植物规划配置有助于维护稳定的湿地生态系统，创造优美的湿地视觉景观环境。

（1）植物选择。湿地的植物选择应尽量采用乡土植物，又称本土植物，不仅能减少人工养护管理时间与成本，而且能促使场地环境自我更新、自我养护。通过尽可能地模拟自然生态环境，将维护成本和水资源的消耗降到最低。

（2）植物配置。首先，根据所在区域的自然气候条件、湿地的用途及特征，遵循“适地适树”原则，选择适宜的植物。尽管水生植物是广域性和隐域性的，但是在具体操作中应该遵循因地制宜的原则，在不同的地点、不同的环境条件下，设计和建立适宜的水生、湿生植被。

其次，需要对湿地公园进行长期的定位监测和人为控制。由于在湿地的演化过程中，常伴随着外来物种的入侵，本地植物在生态系统内的物种竞争中失败甚至灭绝，并有可能对湿地的发展产生巨大影响，因此，在考虑植物种类的多样性时，应尽量采用本地植物。例如，湿地生态恢复区以调查的原始资料为基础，选择生长、繁殖和生存能力良好的植物种类，按照原有的湿地生长状况进行重建，严格控制原生状况没有的植物种类入内，以免造成外来物种的入侵。对外来物种入侵严重的地区，通过强行灭除、改造小地形、种植和修剪其他植物来控制其生长。

最后，需要关注植物群落的最大生物量。植物生产率的估算，主要是由最大生物量来决定的。植物群落的最大生物量是湿地生态系统健康的重要指标，也代表着湿地演替的相关阶段。

（3）植物种植。首先，尽可能地在水陆过渡地带保持一定的自然湿地生态环境作为缓冲区，采取适当的生态管理措施确保其自然演替和自然恢复过程，以利于湿地功能的发挥。

其次，植物群落的物种和组成应与湿地生态环境的自然演替过程以及顶级群落的发展相符合，以便有效地促进并加速其恢复过程。必要时应采取分阶段的种植模式，先营造先锋植物群落，待生态环境特点与条件改善后再构建目标植物群落。

最后，城市湿地公园中植被规划要以湿地功能类型为依据，在种植湿地植被时，应尽量保护现有的植物，既要保证湿地生态环境的多样性，又要能营造出不同季相及林相交错的湿地植物景观，使湿地公园生态系统的多样性与景观多样性得到充分的展示。

7．动物栖息地规划设计

动物是湿地公园生态系统的重要组成部分，它是食物链中一个不可缺少的元素。城市湿地公园的环境为野生动物提供了最大限度的栖息空间，通过设计与营造小型岛屿、隐湾以及合理的湿地植物群落等手段，既可为野生生物提供走廊和保护区，也增加了区域空间价值。

首先，在湿地恢复与重建过程中，必须保留一部分现有的生态环境，使现有的野生动物继续生存。例如设置游人无法到达，没有人为干扰的水上岛屿，保留石缝石滩昆虫栖息地等，给生物留一处乐土。

其次，了解和掌握野生动物的存留栖息规律，营造出各种不同的吸引野生动物的湿地景观，招引各种类型的动物来到这里，增加动物的物种和种群数量。

通过借助专业人员，在公园一些地域和景观中设计和安装特殊装置，如招鸟录音装置、投食装置、人工鸟巢等，吸引大量动物进入，使湿地公园成为野生动物的栖息乐园。通过人工养殖，无论在野生候鸟迁走的季节还是数量降低的时期，维护稳定的动物物种和群种，使游客都能感受到一个真正的湿地环境。

8. 土壤规划设计

土壤是湿地公园景观规划的要素之一，对湿地公园景观的营造起着重要的作用。土壤在土层剖面上是由不同材料叠加而成的，不同的土壤类型产生了不同的地表痕迹和景观类型。

湿地土壤的结构对湿地的恢复与重建起着重要的作用。沙土的营养物含量低，植物生长困难，容易使水体快速渗入地下，不宜设在最下层。黏土的矿物有利于防止水体快速渗入地下，并可限制植物根系或根茎穿透，通常采用黏土构筑湿地下层。

几千年形成的原生地貌是多样物种最适合的生态环境。应重视基地原生植被景观，大面积地改变原生地貌，换土、植草、移树等人工干扰行为都违背自然演替过程，只会造成自然物种的减少和景观的单调。在土壤条件差、景观要求高的地段，提倡小规模改良种植条件与景观环境，尽量减少换土种植，实现自然景观与人文景观的过渡与融合。

9. 道路规划设计

步道是城市湿地公园的基础设施。步道游览路线的设置本着保护湿地景观与物种的原则，固定线路，控制游人的活动区域，或由导游指导，最大限度地减少人类活动对湿地自然生态的影响。

城市湿地公园内的道路系统不必拘泥于某种形式，只需要在尊重自然条件的前提下综合解决交通问题。公园内禁止机动车，宜采用步行、自行车等生态的方式，道路的设置应结合等高线，灵活顺应水体或山体的地形变化，避免对营造安静、舒缓、休闲的湿地景观环境产生影响。对临水地带环境氛围要重点呵护，将市民健身活动的空间穿插在步行区和道路之间。

道路设施的铺路材料及施工做法也应采用因地制宜的方法。在植被丰富、土质松软地段，可用栈道、简易桥梁、架空观景台等设施，既解决游人通行游览问题，又利于动物活动和繁衍。在施工过程中应尽量采用装配施工方法，园外制作现场组装，以减少对自然环境的影响。在环境条件较差的地段，提倡修建简易路面，或路边少量换土种植，小规模改良景观环境，重视基地原生植被景观，并实现自然景观与人文景观的过渡与融合。

10. 建筑和设施规划设计

湿地公园的建筑数量和规模应严格控制，尽量减少对基地环境的影响。少建餐饮娱乐等服务设施和其他人工设施，多建利于动植物生息繁衍的生态性建筑。

湿地公园要多建有利于普及湿地保护知识的科普宣传设施，如观景塔、休闲廊架、亲水平台、风车等，使游客更全面地了解湿地生态景观。湿地公园可选用太阳能路灯、太阳能集热器、风力发电机等设施。

10.9　城市防灾公园景观营造

10.9.1　城市防灾公园的定义

防灾公园是指以地震为起因，发生街道火灾等二次灾害时，为保护国民的生命财产，强化城市防灾结构而规划建设的避震疏散功能比较完善的城市公园。防灾公园虽然是以防止地震灾害为主要目的，但也具有防止其他城市灾害的能力。与供公众游览休憩的普通公园相比，防灾公园更加注重对公园防灾功能的规划——避难功能、防火功能、医治伤员功能、基本生活物品预设时的供给功能、指挥与运输基地功能、信息中心功能等。防灾公园平时兼做城市普通公园，供居民及旅游者休闲、观赏或开展体育、文娱活动，严重灾害发生后启动公园避难与救援功能，发挥防灾公园的防灾减灾作用。

防灾公园视其规模与作用可用作中心避难疏散场所（面积在 50 公顷以上）、固定避震疏散场所（面积在 10 公顷以上）、紧急避震疏散场所（面积在 1 公顷以上）。防灾公园具有避震疏散场所功能的出入口形态、周围形态、公园道路、直升机场（中心避震疏散场所）、 防火树林带、供水与水源设施（抗震储水槽、灾时用水井、蓄水池与河流、散水设备）、临时厕所、通信与能源设施、储备仓库和公园管理机构。

10.9.2　城市防灾公园的功能

1. 避难及短暂生活场所

防灾公园的第一功能是为避难人员提供避难场所，并确保避难人员的基本生活条件。避难生活功能包括就寝功能、饮食功能、洗浴功能、排泄功能和安全功能五个方面。因此，防灾公园必须有可供居民避难的一定规模绿地或自由空间；有紧急提供被褥、衣物、食品、饮用水、生理用品和其他生活必需品的储备和供给能力；有备用的应急电源、供电网络、照明和供水设施；设置一定数量的临时厕所；提供居民交流信息与晾晒衣物的空间，并注意饮食安全、卫生安全等。

2. 防灾减灾功能

防灾公园作为一个灾害防御和应急避难场所，必须保证自身的安全性，具备较强的防灾减灾功能。首先，必须对防灾公园的选址进行详尽的调查研究。其次，通过防灾公园的绿地及水系布局，减轻或防止火灾的发生与蔓延；在防灾公园周边设置防灾隔离带、防火通道和消防通道等加强其防灾减灾的能力。

3. 情报收集和传播功能

防灾公园的指挥系统和通信系统，可以帮助应急指挥中心尽快掌握灾害的早期综合情报，发布应急疏散警告，确保避难疏散指挥机构对疏导人员、周边社区、单位之间的信息畅通，做出避难疏散的决策和具体实施措施，同时建立数据库，对应急避难信息进行收集和评估。

4. 物资运输集散功能

灾害发生后，救灾物资和居民生活必需品的紧急调运，抢险救灾部队和其他救援人员进入灾区或在灾区内实施救灾活动，都需要建立完善的物资运输系统；城市各部门调运的粮食、仪器等救灾物资从运送到分发完毕，也需要有一个足够大且交通便利的地点存放。防灾公园一般都位于交通便利的地方，大面积的绿地可作为救援直升机的停机坪，同时配有应急物资存储仓库、机动车停车场、满足机动车辆顺畅通行的道路和出入口等，这些都便于救灾物资的运送、集散与储存。

5. 医疗救护和卫生防御功能

医疗救护和卫生防御是救灾抢险工作重要的环节。伴随着灾害而来的，必然是不同程度的人员伤亡，应急抢险工作及时展开，可以最大限度地减少人员的伤亡和经济损失。在防灾公园中设置医疗站点和紧急医疗抢救中心，能更好地体现和贯彻防灾绿地的医疗救护功能；灾后蚊蝇、人畜尸体、废墟等容易传播细菌。防灾公园的绿地具有生态环境良好，自然通风，再加上植物本身的杀菌、净化空气的优势，比其他避难场所更加清洁、安全和卫生，更能有效地减少疫情发生，发挥重要的卫生防御功能。

6. 教育宣传功能

防灾公园在平时作为学习、宣传有关救灾避灾知识的场所，一方面可以提高市民的防灾意识，另一方面可以教授市民一些灾时的自救互救知识。许多事故灾害表明，由于缺少避难常识和防灾疏散演练，居民在面临突发灾难时，无法对现状做出理性的判断，会出现盲目趋同心理，结果造成生命、财产的严重损失。防灾公园可为城市居民提供应急避难基本知识教育和演练的场所，定期组织应急避难疏散演习，进行各种形式的防灾教育，并进行自救、互救实践，从而提高市民的自我保护和自救能力。

10.9.3 城市防灾公园的体系

一座城市需要合理规划布局各种类型的城市防灾公园。根据避难人员停留的时间与需求，构建由避难通道紧密联系，中心防灾公园、固定防灾公园和紧急防灾公园共同组成的防灾公园体系。

1. 中心防灾公园

中心防灾公园是在城市发生大地震、火灾等灾害时，用作抗震救灾指挥中心、医疗抢救中心、抢险救灾部队的营地、外援人员休息地等各种活动的据点。中心防灾公园的规划需要提供大面积的开放空间，作为安全生活的场所，提供灾后避难生活所需的设施，也是当地避难人员获得情报信息的场所。公园内拥有较完善的设施及可供庇护的场所，如公用电话、消防器材、厕所、预留安排救灾指挥房、卫生急救站及食品等物资储备库的用地、直升机停机坪等。

2．固定防灾公园

固定防灾公园是在发生大地震、火灾等灾害时，作为收容附近地区居民免受灾害、伤害，进行较长时间避难和集中救援的重要场所。自来水管、地下电线等基本设施是整个防灾公园体系规划中最重要的环节，对于受灾市民防灾避难以及避免和减少伤亡来说十分重要。

3．紧急防灾公园

紧急防灾公园是在发生大地震、火灾等灾害时，作为附近居民寻求紧急躲避的场所或到宽广区域避难场所的中转地点。它主要是针对个人自发性的避难行为，以指定区域内现有的开放空间为主要对象，设置在居民区、商业区等人员聚集区附近。

10.9.4　城市防灾公园的服务半径与规模

1．城市防灾公园的服务半径

防灾公园服务范围的确定需考虑避难人员的承受能力和人员的流动需求，以周围的或临近的居民委员会和单位划界，这样便于防灾公园的管理与有组织地疏散。但应考虑河流、铁路等的分割以及避震疏散道路的安全状况。

紧急避震疏散场所的防灾公园，服务半径为 500 米左右，步行 10 分钟之内到达；固定和中心避难疏散场所的防灾公园宜为 2 ～ 3 千米，步行 1 小时之内到达。

2．城市防灾公园的规模

防灾公园的规模与火流的性状有关，一般把大火按性状划分为：四周被火包围；两边被火包围；一边被火包围。根据国情，借鉴日本的相关经验，我国各级防灾公园的规模如下：

（1）中心防灾公园：场地面积一般≥ 50 公顷，短边在 300 米以上，即使公园四周发生严重大火，位于公园中心避难区的避难人群依然安全。

（2）固定防灾公园：场地面积为 10 ～ 50 公顷，短边在 300 米以上。总面积为 25 公顷的，公园两边发生严重火灾，避难者受到火灾威胁时，向无火灾的两边转移，避难人群有安全保障；总面积为 10 公顷的，公园一边发生严重火灾，避难者也有安全保障。

（3）紧急防灾公园：场地面积一般不小于 1 公顷，至少可容纳 500 人，包括城市居民附近的小公园、小花园、专业绿地等。

各级防灾公园用地可以各自连成一片，也可以由毗邻的多片用地构成。

10.9.5　城市防灾公园的人均有效避难面积

人均有效避难面积适宜，不仅能给避难者提供更大的活动空间和良好的卫生防疫条件，而且便于安全疏散和管理，使得在突发次生灾害，避难人群需要紧急撤离时，有更高的安全性。根据我国城市的实际情况，建议各级防灾公园人均有效面积如下：

（1）中心防灾公园：考虑避难人员一定时间段的生活空间需求，人均有效避难合理面积为 3 ～ 4 平方米，有条件的可以为 5 ～ 7 平方米。

（2）固定防灾公园：考虑避难人员睡眠时所需的面积，并且满足避难人员一定的生活活动空间需求，人均有效避难面积至少为 2 平方米。

（3）紧急防灾公园：考虑避难人员站立时所需的面积，人均有效避难面积≥ 1 平方米。

10.9.6 城市防灾公园的规划设计

1．布局原则

（1）综合防灾、统筹规划原则。除了防灾公园以外，广场、体育场、操场、停车场、学校、人防工程、寺庙、空地等都可选作避难场所。城市规划部门应当与综合防灾管理、市政园林、教育、体育、文物等部门共同规划各类城市灾害避难场所，在规划年限内把那些普通公园改造成防灾公园，以及建设规模、服务的社区范围等，构筑防灾公园防灾系统的具体措施。

（2）均衡布局原则。由于区域内的绿地分布并不均衡，人口密度也有区域差异，在发生城市灾害时，会发生有的避难场所人员爆满，形成安全隐患；有的避难场所人员较少，不能充分发挥避难场所的作用。为了使市民在发生灾害时能够迅速到达，防灾公园应综合考虑与人口密度相对应的合理、均衡布局，以居民步行 5 ～ 10 分钟到达为宜。

（3）平灾结合原则。“平灾结合”是规划设计防灾公园的基本原则。防灾公园平时应该由产权单位维护与管理，履行休闲、娱乐、健身、教育等功能，避难疏散道路、消防通道和防火隔离带平时作为交通、消防和防火设施，避震疏散时启动防灾机能。

（4）安全优先原则。城市防灾公园是集防灾避难、景观、生态等多功能于一体的载体。其景观、生态等非防灾功能与应急避难功能有时会发生冲突，如优美的山水景观、蜿蜒的游览路线，会阻碍避难时快速通行；为使灾害发生时避难人员顺利抵达防灾公园，首先必须满足安全性的原则。防灾公园的布局要有灵活性，要利于疏散，居民到达或进入防灾公园的路线要通畅，并且保证避难场所远离地震断裂带、洪水淹没区及各类危险建筑物倒塌范围等区域，在“安全优先”的基础上考虑景观效果。

2．避难空间规划

防灾公园的避难空间规划是指为确保居民安全避难，从防灾减灾的角度有效利用公园内的各种空间资源，统筹规划避难交通体系、设置防火林带、应急避难疏散区、地下人防空间等，合理利用公园的土地，以实现各个空间的防灾功能互补。

（1）出入口的设置。出入口设置具有避难时救援、消防、服务等紧急车辆出入的功能。

① 出入口分级。一般将公园出入口分为输送救援出入口，消防出入口、服务性出入口和紧急、避难出入口。

输送救援出入口：受灾地区救援人员及车辆运送物资、器材。

消防出入口：主要连接消防通道，作为消防车辆进出公园投入灭火行动出入口。

服务性出入口：垃圾车进出公园的出入口。

紧急避难出入口：作为避难人员紧急进出公园的无障碍出入口。

② 出入口规模与形式。在一般情况下，防灾公园至少有两个进口、两个出口。出入口位置必须配合周边避难道路规划，加强紧急开关位置的标示。为避免造成灾民逃生避难时的危险，

车辆进出口应无台阶、车障和较大的陡坡；人员进出口应无过高的台阶和障碍物，至少有一个进出口可以进出残疾人的轮椅。

步行专用避难道路的最小宽度为：道路两边落下物占据的宽度（1 米 + 1 米）+ 避难人行通道（7.5 米）≥ 10 米。

紧急防灾公园内外的避难道路宽度为 8 ～ 12 米或更宽。

固定或中心防灾公园内外的避难道路宽度为 15 米，有条件的地区可设定在 20 米。

各地区的人口密度、防灾公园的规划等情况都有所不同，应根据实际情况进行调整。

（2）避难通道的沿道。首先，避难通道应当避开易燃建筑物和可能发生的火源，沿道配有备用或急用的消防设施，还要有确保避难者安全的必要设施。其次，道路的占有物不要成为避难者的障碍，建筑物倒塌后废墟的高度按建筑物高度的 1/2 计算，两侧的建筑物倒塌后其废墟不应覆盖避难道路。避难通道沿途的建筑物要考虑耐震与不可燃化，尤其是周边街道火灾危险度高的路线、预计利用人数多的路线、避难距离长的路线，更要加强周边不可燃化建设。

在条件允许的情况下，避难通道的两侧有较宽的绿化隔离带，多种植抗倒伏的乔木，它能在灾时支撑出一条疏通的道路，如杨树、榆树、银杏等。

（3）避难道路的材料。避难道路的路面应采用耐久性好、耐高温、不易燃、不挥发有毒气体、透水性良好的材料，破损后易紧急维修，路面的强度及坡度应满足防灾、救灾车辆的使用要求。

3. 内部道路系统规划

为了配合避难、救援行动，防灾公园内部道路必须连接各避难空间、收容空间及园内救灾指挥据点，形成网络系统，地表高程变化平缓，减少高低差或阶梯的设置，绿带与通路间布置 20 米以上的防火间隔，利用植栽绿带的独特性引导避难人员逃生方向。

4. 应急避难疏散区规划

应急避难疏散区是确保避难者安全的场所、救援活动的场所和应急避难生活的场所。大部分人员在遇到震灾时都会选择逃离建筑物而到户外开放空间避难以及灾后短期生活，因此就人员避难需求及安全性来说，应急避难疏散区以公园中建筑物以外的户外或半户外开放空间较为适宜。

应急避难疏散区的有效面积根据避难人均避难面积、公园容纳的规模来设定。对疏散区的安全后退距离根据本地常年的风向和风速、周边环境的火灾危险度等因素弹性而慎重地确定。

广场内要有良好的雨水排放处理，尽量用土、草坪等柔软的铺装材料；救援活动设营地和棚宿区的表层材料最好用土类铺设。考虑到炊火和篝火，采用耐久性好的、易应急修补的材料，尽量不用易燃、易高温、易溶解并且发出有毒气体的材料。

5. 地下人防空间规划

地下人防空间可发挥战时防空、平时防灾的功能。如地下停车场平时作为面向社会的收费设施，战时用于停放指挥车、救护车及防化车等人防专用车辆；地下发电站平时供停电时应急照明使用，战时供人防工程使用；平战结合的地下医院可在发生重大灾难时协助救护伤员，地下仓库、商场可储备及供应救灾物资等。

隐蔽、封闭、隔离的地下空间，既有防御外来灾害的一方面，也有一旦发生灾害（尤其是火灾和水灾）造成严重损失后果的一面，因此要加强地下空间的防灾救灾技术措施与相应技术设备的建设，保障防灾功能更好的发挥。

6. 防火安全带规划

为了保证火灾发生时防灾公园防御能力，提高阻断火势的效果，防灾公园的周围应设置防火安全带。防火安全带是隔离公园与火源的中间地带，可以是空地、河流、耐火建筑以及防火树林带或其他绿化带等。紧急防灾公园防火安全带的宽度应宽于10米，固定防灾公园应宽于15米，中心防灾公园应大于25米，且园内应划分区块，区块之间也应设防火安全带。如果防灾公园周围有木制建筑物群且风速较大，应当加宽防火安全带。

7. 应急避难设施规划

应急避难设施的合理规划，是防灾公园避灾救难功能得以实现的重要条件。应急避难设施规划要综合考虑常规时期与非常规时期的因素，遵循以人为本、平灾结合、可持续发展、适用性、安全性等原则，以利于平时使用以及应急时避难人员的需求。

2008年12月1日实施的《地震应急避难场所场址及配套设施》（GB 21734—2008）中将避难场所的设施配置分为基本设施、一般设施和综合设施。基本设施包括应急棚宿区、应急医疗救护与卫生防御设施、应急供水设施、应急供电设施、应急排污设施、应急厕所设施、应急垃圾储运设施、应急通道设施、应急标志设施；一般设施包括应急消防设施、应急物资储备设施、应急指挥管理设施；综合设施包括应急停车场、应急停机坪、应急洗浴设施、应急通风设施、功能介绍设施等。

（1）应急指挥中心。应急指挥中心、是灾时指挥、监控避难救灾工作的中心。它的主要功能是对各种信息进行收集、传达、处理和分析，协调园内各避难空间的使用情况，并按照与防灾规划相协调的应急预案计划展开工作。

应急指挥中心设在公园内交通便捷、通信设施齐全，并具有一定标识性的场地或建筑内，要预先布置好各种防灾信息及操作系统管线。应急指挥中心设有指挥调度室与监控设备室，建筑具有抗震、防火、防风的特点。考虑到应急指挥中心用电量巨大，应在应急指挥中心地下设置小型的备用发电机。

（2）应急棚宿区。应急棚宿区设置于面积较大的广场和开阔的疏林草坪间。场地空间开敞便于帐篷的搭建，且空气流通较易满足防疫卫生的要求，同时利于人群的疏导。规划时应根据帐篷规格预算棚宿区容纳的避难人数，除必要部分用硬质材料以外，尽量用柔软的铺装材料，如用土、草坪。广场内要有良好的雨水排水处理系统。考虑次生火和炊火，尽量不要用易燃、易高温、易溶解并且发出有毒气体的材料。采用耐久性好的材料，一旦破损，容易应急修补。

（3）应急直升机停机坪。为了防止灾害发生，灾区救援无法自足时，要保证消防救援、医疗救护、应急救援物资的输送，恢复器材、信息收集等工作顺利进行，确保直升机紧急离着陆的场所。应急直升机停机坪的规划要按照有关飞行空域的基准，结合直升机预定的离着陆距离，确保离着陆空间。一般选择面积宽阔且结实耐用的铺装场地或草坪地中坚硬的地盘。

在干燥土的地盘上建造时，要考虑洒水设施，防止飞机起落时产生灰尘和风沙。停机坪的国际通用标志是圆圈内标注“工”字形字母。

（4）应急物资储备用房。灾害一旦发生，食品、生活必需品、药品、器材等会发生不同程度的暂时紧缺，应急物资储备设施是应急物资的集散点。应急物资包括水、食品等食品物资；衣物、被褥等生活物资；帐篷、据预设的避难人数，按人均一定比例进行配置。

根据《地震应急避难场所场址及配套设施》（GB 21734—2008 ）规定，应急物资储备设施在避难场所内或附近设置，离避难场所的距离小于 500 米。城市公园内的应急物资储备设施可以利用公园内或周边的饭店、商店、超市、药店、仓库等储备物资。一般靠近应急指挥中心或应急避难场所设置，交通条件良好；同时应注意平时的隐蔽性。对面积较大的公园，在布局上还应考虑均衡性，便于物资的及时发放。

（5）应急卫生防疫用房，包括应急防疫站应急医疗站和应急简易厕所。

① 应急防疫站。为防止避难场所内的疫情发生，应设置应急防疫站。防疫站应分为临时性防疫站和长期性防疫站，临时性防疫站搭建帐篷，长期性防疫站利用现有的防震建筑进行临时改造。应急防疫站一般紧邻棚宿区，以便对所需要救护的受伤人员实施治疗和转移。

② 应急医疗站。为保证避难的受伤人员得到及时的治疗，应根据公园情况，在服务建筑、地下空间等地方内暂时存放医疗救护设备，灾害时配备一定数量的医疗人员，形成应急医疗站。应急医疗站要考虑自行供水与紧急发电设备，适度预估灾害时救护人数，并预留相对应的户外广场、绿地等开放空间。

③ 应急简易厕所。应急简易厕所是平时不用而在紧急救灾时才用的厕所，灾害时的重要性仅次于饮水。考虑到灾难发生时人员避难的实际需求和平时公园绿化的美观效果，在正式厕所和应急避难疏散区附近，按照防疫、卫生及景观要求，设置暗坑式、拆装移动式等简易临时厕所。应急厕所的设置，尽量注意私密性，应急简易厕所之间的距离应小于 100 米，且设置在避难场所的下风口，距离棚宿区 30 ～ 50 米的地方应设置应急简易厕所。

8. 应急避难基础设施规划

（1）应急供水装置。防灾公园的物资储备中，维持生命的水是很重要的一项。公园的应急水源通过应急供水装置提供。应急供水装置包括抗震储水槽和应急水井，主要提供饮用水、消防用水和生活用水。

抗震储水槽主要用于预防灾害时断水，储藏饮用水、消防用水和生活用水。储水槽大多是地下埋设型，材料一般选择钢材(含不锈钢)、铸铁、陶瓷、混凝土等，选择时以储备水为目标。

应急水井主要用来向避难的居民提供生活用水，保证安全的水质。一旦自来水管道出现破裂，应急水井就能投入使用。应急水井主要有深水井和浅水井两种。根据水质条件，装设灭菌装置才能做饮用水用。靠水泵扬水，必须设置平时不常用的电源，构造材料要考虑耐震性。

（2）雨水排放设施与收集系统。由于受灾后降雨造成的滞水会给避难人员的生活带来很多不便，公园的雨水排放设施非常重要。为了不妨碍降雨或雨后的活动，在下坡处设置透水铺装、布置透水管，散水设施要考虑耐久性、透水性，应急棚宿区要考虑从帐篷流下来的雨水处理。

为了充分利用水资源，设置雨水系统的集水、处理、储存、回用等设施。结合公园地形、地貌设置暗沟收集雨水，然后通过装填砾石或其他滤料的渗水槽，将收集的雨水进行预处理后达到规定的水质标准，成为在一定范围内重复使用的非饮用水。

（3）能源与照明设施。一旦灾害发生，能源是应首先考虑的问题。与能源相关的设施是城市公园避灾救难体系不可缺少的设施，主要功能是解决公园的电力、热力、煤气等能源问题。其中最重要的是供电设施。

应急供电设施是提供公园内灾害发生时所有活动的用电，包括相关设施的动力用电、通信设备用电、照明标识设施用电、救助避难生活用电（供热、供燃气）等。灾害发生时城市公园的供电主要来源为公园自身的发电设施，包括具有多路电网的供电系统、太阳能供电系统、可移动发电机供电设施等。防灾公园应急指挥中心、应急医疗救护点的地下应设置小型备用发电机，并在疏散区、棚宿区及应急通道两侧都设置应急供电点，保证灾害发生时的电力供应。

（4）消防治安设施。在公园内人流较为集中的区域，如避难场所、疏散道路等地方，规划明显的应急消防设施。预埋应急消防管道、设置消防储水池是提供消防用水的主要措施。在公园的地下仓库中应储存一些消防备用器材。

为了准确掌握公园的使用情况及收集灾害信息和资料，在公园干道周边交通灯杆上装配应急监控装置。一旦公园作为应急避难场所投入使用，调度员就可以依据监控器所观测情况做出科学的调度。

（5）应急情报通信设施。应急情报通信设施是灾害发生时信息得以传播的主要途径，是组织和指挥避难救灾工作的基础。防灾公园的应急情报通信设施主要包括应急广播系统、应急通信设备、应急情报设备等。应急情报通信设施一般设置于疏散道路的节点、重要的避难场所等地方，覆盖整个公园，以保障及时向避难者传达重要的信息。应急情报通信设施最好是有线与无线相结合，保证灾害时的对外通信及防灾、救灾信息的传播及告示的发布。

（6）指示设施。避难场所的指示设施规划能有效地组织避难者的避难行为，有利于打造安全有序的避难环境。指示设施主要包括指示标志和内部区划图。

防灾公园的指示标志分为场所指示标志和道路指示标志两种。场所指示标志设置于相应的场地上，它可以直观、方便地反映场所的避难救灾功能。道路指示标志设置在公园入口、路口及广场等人流聚集处，标明避难所名称、级别、具体位置和前往的方向，并画出附近的避难道路，灾害发生时为疏导人群指明方向。

在防灾公园出入口及其他重要交通口设置内部区划图，明确给出避难场所、各种防灾设施以及道路的具体位置。

（7）管线布置。灾害发生时，公园内的给排水、电力系统等埋设管线会受到很大侵害，也会对公园的安全造成威胁。例如，道路埋设的输油管线与输气管线，其节点与弯管接点处相对属于高危险的破坏点，所在位置若距离重要据点进出口太近，则会对防灾公园的安全性构成威胁。为此，在公园修建之前应清查地下管线的分布与现况，研究埋设管线的深度、强度、管与管之间结合部位的构造等，优先详细掌握地下管线并予以必要的调整与路旁的指示标志安全控制，拟订灾后紧急应变方案。

9．*植被规划*

在出现地震或城市风灾时，高大树木可支撑倒塌的建筑物，浓密的枝叶能阻挡从建筑物上震掉或吹落的砖瓦、招牌；火灾时植物含有的大量树液和水分可降低热量，切断火势；尤其行道树可维持一定的逃生或救援通道的畅通，减少人员伤亡和经济损失。

在防灾公园中，为保护在公园避难的人们免受火灾燃烧和辐射热，防火植物配置采用 FPS 植栽。从火灾前面到避难广场，根据树木的耐火界限距离和人的耐火界限距离，分为三个地带：F 区（火灾危险带）、P 区（防火植被带）、S 区（避难广场），因为各区的功能不同，植物的配置也不同。

（1）F 区（火灾危险带）。F 区是指从火灾现场到树木的耐火界限距离的范围。当火灾规模较小时，植被带起到遮断热辐射墙壁的作用。生长于该区的植栽，尽量选择难于着火，叶片难于立即燃烧的树种。树叶表层的角质层厚、反射率高、水分保持力高等的特性综合发挥作用，成为该区域防火树木的最主要特征。适合该区域种植的树种有八仙花、东北红豆杉、夹竹桃、铁冬青、日本金松、珊瑚树、冬青卫矛、厚皮香、八角金盘、交让木、桃叶珊瑚、银杏、小叶青冈、女贞、刚竹、山茶花等。

（2）P 区（防火植被带）。P 区是指树木的耐火界限距离到人的耐火界限距离的范围。在 P 区设置防火植被带，通过遮断热辐射，保护公园内的避难广场（S 区）。

在 P 区选用具有高耐火性的树种为主体进行配置，并考虑植被作为热辐射的障壁，提高其一定的遮蔽度。植被在充分发挥防火功能的同时，也需考虑日常使用的要求，将耐火性高的常绿阔叶树与落叶树、花灌木有机结合与配置，在提高遮蔽度的同时，尽量维持树木一定的高度。该区域适合种植的树种有赤松、木桶、八仙花、罗汉松、野茉莉、槐树、香榧、夹竹桃、铁冬青、黑松、杨桐、茶梅、珊瑚树、冬青卫矛、厚皮香、八角金盘、交让木等。

（3）S 区（避难广场）。S 区是指人的耐火界限距离以下的场所在该区域，可根据需要种植一般的园林树木，而高大乔木有时会对避难广场的使用产生障碍，因此在树木配置时应当注意确保大型车辆进入防灾公园绿地的线路、临时直升机停机坪的畅通等。

10.10　植物园景观营造

10.10.1　植物园定义

植物园以种类丰富的植物构成美好的自然景观，供游人观赏游憩之用，同时也是进行科普教育和进行植物物种收集、比较、保存和培养等科学研究的园地。

10.10.2　植物园分类

1. 按收集植物的种类分类

（1）综合性植物园。规模较大，是世界上较普遍的一种类型。收集、栽培的植物范围广、种类多，内容丰富，并且植物按不同种属、不同地理环境、不同生态类型等分区，供游人游览观赏，可以进行相应的科普教育及研究。英国的邱园、剑桥大学植物园以及我国的北京植物园、上海植物园、南京中山植物园、昆明植物园、西双版纳植物园等均属此类。

（2）专业性植物园。根据一定的学科、专业内容布置的植物标本园、树木园、药圃等。一般规模较小，专门收集某一专业内容的不同品种的植物，供科学研究或仅满足个人爱好。如浙江林学院植物园、武汉大学树木园、广州中山大学标本园、南京药用植物园等。这类植物园大多数隶属于某大专院校或科研单位。

2．*按其业务性质的不同分类*

（1）以科研目的为主的植物园。侧重于科研的植物园大多是历史悠久、附属于大学或研究所的植物园。工作内容趋向于收集丰富的野生植物种类，提供科研素材，进行科研的同时还搞好园貌，定期对市民开放展览。

（2）以科普目的为主的植物园。主要任务是为广大群众开展植物学的普及知识教育。植物园对植物分类、分区栽种，并通过挂牌的形式对其名称及特性等进行介绍。许多植物园还定期举行植物方面的学术报告、专门设立展览室，派专业人员讲解。

（3）为专业目的服务的植物园。展出的植物侧重于某一专业的需要，如药用植物、竹藤本植物等，或者为适应某种特殊的环境而搜集和研究的植物。有些独立成园，有些成为植物园的一个园中园。

3．*按归属的不同分类*

（1）科学研究单位办的植物园。主要从事理论课题和生产实践中攻关课题的研究，是以研究为中心的植物园，如北京植物园南园属中国科学院植物研究所。

（2）高等院校办的植物园。主要任务是以教学示范为主，兼做少量科研。西北农林科技大学植物博物馆是在西北植物研究所标本馆基础上而建造的。该标本馆始建于 1936 年，珍藏有自 20 世纪 20 年代以来采自我国西北、华北、西南等地的植物标本 55 万余份，是我国馆藏量最为丰富的植物标本馆之一，也是我国西北地区收集最全、规模最大、建馆历史最为悠久的植物标本馆。该标本馆的馆藏标本不仅是植物种类异常丰富，涵盖了从地衣、苔藓、蕨类、裸子植物到被子植物的所有类群，而采集地点遍布全国，尤其是秦岭和黄土高原的植物标本最为详尽，其丰富程度和现有的珍藏价值在国内外享有盛誉，还藏有植物模式标本 300 余份，植物照片 3 000 余张。该标本馆先后出版和参与编写了《中国植物志》《秦岭植物志》《黄土高原植物志》《中国滩羊区植物志》《华北植物区系地理》等植物学专著，在秦岭地区和黄土高原地区乃至西北地区植物学研究中占据着重要地位。

（3）国家公立的植物园。服务对象广泛，主要功能是研究和科学普及并重，如美国国立华盛顿树木园、北京植物园、合肥市植物园等。

（4）私人捐赠或募集基金会承办的植物园。大多以收集和选育观赏植物为目的，在国外是较流行的一种做法，如美国哈佛大学阿诺尔德植物园、朗多德植物园等。

10.10.3 植物园的规划设计

1．*植物园的选址*

植物园的选址需要满足植物有一个良好的生存环境，同时要方便游人参观游览，需要考虑植物园与城市相关的位置及有适宜的自然条件，主要包括以下几点：

（1）周边环境。为了使植物生长良好，植物园的选址要远离工厂区、水源污染区等其他城市污染区，一般设在城市的上风、上游处，以避免植物遭受污染而影响生长。

（2）自然条件，包括土壤、地形、植被、水源和气候。

土壤：植物直接生长在土中，适宜的土壤条件是建造植物园的必备前提。植物园内的植物绝大部分是引进的外来植物，对土壤酸碱度、土壤结构等条件要求较高。一般选择土层深厚，土质疏松肥沃，排水良好，中性、无病虫害的土壤环境；一些特殊植物（如沙生、旱生、盐生、沼泽生的植物），则需要特殊的土壤。

地形：为了满足植物对不同生态环境和生活因子的需求，植物园一般要求有稍有起伏的较丰富的地形。最理想的地形条件是一些开旷、平坦、土层较深厚的河谷或冲积平原。

植被：宜选址在有丰富自然植被的地段。加速建园、维持郁郁葱葱的园景和保护调节自然环境等都十分有利。

水源：植物园中的水生植物、沼泽植物等均需生活在水中或低湿地带，靠水来维持，植物园中的苗圃、温室、实验地、办公与生活区等也经常消耗大量的水，所以植物园需要有充足的水源。

气候：是指植物园所在地因纬度与海拔高度而引起的各种气象变化的综合特点。植物园内要有适宜的温度和湿度，相近于迁地植物原产地的气候，以保证植物的存活及良好的长势。

2. 植物园规划设计的要点

植物园规划设计的要点包括以下内容：

（1）明确建园目的、性质与任务。

（2）根据不同的功能要求进行合理的功能分区，使各功能区之间既相互联系又互不干扰，一方面有利于植物的生长和展出，另一方面有利于游人的观赏和休憩。

（3）确定分区的用地面积。一般展览区用地面积较大，占全园总面积的 40% ～ 60%，苗圃及实验区用地占 25% ～ 35%，其他用地占 25% ～ 35%。

（4）有清晰的旅游路线组织。通过对园路进行分级、分类，形成合理的游览路线和供科研生产的专用流线。展览区面向公众开放，宜选在交通方便、游人易于到达的地方。科研实验和苗圃区，是进行科研和生产的场所，不向群众开放，应与展览区隔离，但是要与城市交通线有方便联系，并设有专用出入口。

（5）除了按植物学科的规律划分展区及进行植物配置外，还应充分考虑各区及整个植物园的景观效果，体现植物园规划的科学性和艺术性。

（6）保证分期实施的可能，同时还应为植物园未来的发展留出余地。

3. 植物园的功能分区

一般综合性植物园分为科普展览区、科普教育区、科研实验苗圃区和服务及职工生活区。

（1）科普展览区。科普展览区是植物园的主要组成部分，以满足植物园的观赏功能和植物学知识普及为主，将各种类型的植物及其生态环境展示出来，供人们参观、游赏、学习。按不同的分区原则及方法，可分为以下六个区域。

① 植物分类区。按照植物进化原则和分类系统，分科布置，反映出植物由低级到高级的进化过程，使参观者不仅能得到植物进化系统的概念，而且对植物的分类、各科属特征也有概括性了解。规划设计既要反映植物分类系统又要结合生态习性要求和园林艺术景观效果，形成具有科学性、艺术性的自然园林风貌。西北农林科技大学博览园占地面积近百亩，现保存北方及

南方树种计 98 科 281 属 603 种，其中国家Ⅰ级保护野生树种 7 科 8 属 10 红豆杉种，如享誉中外的国宝树种“中国鸽子树”珙桐，亿万年前就生长在地球上的植物“活化石”水杉，我国特有珍稀与现代药用价值很高的红豆杉、南方红豆杉以及青藏高原上的巨柏；国家Ⅱ级保护野生树种 14 科 17 属 21 种，如水青树、连香树、红豆树、紫椴、凹叶厚朴、降香黄檀等；陕西省重点保护野生树种 16 科 16 属 16 种，有庙台槭、秦岭冷杉、羽叶丁香、陕西紫茎、山白树、大血藤等。我国特有树种 17 科 21 属 22 种，有杜仲、油桐、老鸹铃、华榛、青檀、太白杨等。

② 树木区。用于展览本地区和引进国内外一些能在陆地生长的主要乔灌木树种。一般占地面积较大，用地的地形、小气候条件、土壤类型厚度都要求较高，以适应各种类型植物的生态要求。

除此之外，还有高山植物区、盐生植物区、森林生态区、热带亚热带植物区等。只有通过人工手段去创造植物适合的生态环境，才能在某一地区布置各种不同地域、不同植被类型的景观。常用人工气候室和展览温室相结合的方法，以人工模拟各种生态环境，进行植物展示。

③ 专类园区。把一些符合某种特定条件的植物搜集在一起，进行集中展示的区域。这些植物一般具有一定特色、栽培历史悠久、品种丰富、应用广泛和有很高的观赏价值。最常见的专类园有松柏园、竹园、月季园、百草园、药用植物园、抗性植物园等。南京中山植物园中的药用植物园属于专类园区，占地面积为 2 公顷，收集药用植物有 700 余种，荟萃了原产我国的特产中草药小檗、喜树、七叶树、黄连等。英国皇家植物园邱园中的百草园，展示了 500 余种草，包括一年生草、多年生草和少量竹子、荻、蒲苇等观赏草，还有各种混合播种的草坪块，展示不同草种的颜色、质地、生长等特性。

④ 经济植物展览区。按照植物的经济用途布置，主要展示野生植物和栽培植物的经济用途，为农业、医药、林业以及园林结合生产提供参考资料，并加以推广。一般按照用途分区布置，如药用植物、纤维植物、油料植物、淀粉植物、橡胶植物、含糖植物等，多以绿篱或园路为界。

⑤ 抗性植物展览区。随着工业高速度的发展，环境污染问题越来越严重。植物具有吸收氟化氢、二氧化硫、二氧化氮等有害气体的特性，但是其抗有毒物质的强弱、吸收有毒气体的能力大小，常因树种不同而不同。展览区主要是将对大气污染物质有较强抗性和吸收能力的树种挑选出来，按其抗毒的类型、强弱分组移植进行展览，为绿化选择抗性树种提供可靠的科学依据。

⑥ 示范区。示范区是指在植物园中设立可为园林设计及建设起到示范作用的区域。通过场地设计、植物配植、种植方式等的示范使园林设计者、园林植物经营者和一般游客得到园林布景知识方面的启发。一般包括花坛展览区、果树蔬菜作物示范区、庭院绿化示范区、绿篱展览区、家庭花园示范区等。

（2）科普教育区。科普教育区是集中设置科学普及教育的内容及设施的区域。它包括少年儿童园艺活动区、读书园、植物学家及名人纪念园、标本馆、植物博览馆、植物图书馆、报告厅、露天表演台等。

（3）科研实验苗圃区。科研实验苗圃区是提供科学研究和生产的区域。它一般不对外开放，仅供专业人员参观学习。如建立专供引种驯化、杂交育种、植物繁殖使用的温室，设有专门的实验苗圃、繁殖苗圃、移植苗圃、原始材料圃等。

（4）服务及职工生活区。为方便游客，植物园设置包括餐饮、小卖部及其他服务设施的服务区。在远离市区的植物园，还应设立相对隔离的职工生活区，包括宿舍、食堂、淋浴室、综合服务商店等。

4．植物园的建筑设计

植物园建筑因其功能不同，可分为展览性建筑、科学研究用建筑、园林景观建筑和服务性建筑。

（1）展览性建筑。展览性建筑包括展览温室、植物博物馆、科普宣传廊等。展览温室和植物博物馆是植物园中的主要建筑，游人比较集中，靠近主要入口或次要入口，位于重要的展览区内，常构成全园的构图中心。科普宣传廊应根据需要，分散布置在各区内。

（2）科学研究用建筑。科学研究用建筑包括图书资料室、标本室、实验室、工作间、气象站等。苗圃的附属建筑还有繁殖温室、繁殖荫棚、车库等，应布置在苗圃实验区内。

（3）园林景观建筑（含小品）。园林景观建筑主要作为园林点景和游人休憩之用，如亭、廊、榭、塔、小桥、桌椅、园灯等。

（4）服务性建筑。服务性建筑包括植物园办公室、招待所、接待室、茶室、小卖部、食堂、休息亭廊、花架、厕所、停车场等。

5．植物园的交通系统

道路交通系统不仅对植物园各区起着联系、分隔、引导作用，同时也是园林构图中一个不可忽视的因素。从形式上来看，植物园的道路有规则线型和自由曲线型两种。一般与建筑及广场相连的道路采用规则线形，而联系各区的其他道路则采用自由曲线形。植物园道路两旁多采用自然式植物配置形式，除了主干道对坡度有一定的限制，其他两级道路大多顺应地形起伏，草坪与道路相接，灌木、乔木等植物种植靠后，创造开阔、丰富的植物景观。

按不同的道路宽度可将植物园的道路分为三种。

（1）主干道。道路宽度为 4 ～ 7 米，是园中的主要交通路线。引导游人进入各个展览区及建筑物，并作为主要区域或主要展区的分界线及联系纽带。

（2）次干道。道路宽度为 2 ～ 4 米，是各展区内的主要道路。一般不通行大型车辆，必要时可通行小型车辆。将展区中的小分区或专类园联系起来，多数是小分区或专类园的界线及联系纽带。

（3）游览步道。道路宽度为 1.5 ～ 2 米，是深入各小区内部的道路。一般不通行车辆，以步行为主，是为方便游人近距离观赏植物及日常养护管理工作的需要而设置的，也起分界线的作用。

6．植物园的排灌系统

植物园内的植物品种丰富，且养护条件要求较高。植物要想有良好的生长，必须有合理、完善的排灌系统，保证天旱时可人工灌溉，天涝时即时排水，因此排灌系统的规划是植物园规划的重要组成部分，应与植物园的总体布局同时进行。

参考文献 References

[1] 唐延强，陈孟琰，费飞，等. 景观规划设计与实训［M］. 上海：东方出版中心，2008.
[2] 刘永福，曾令秋，等. 景观设计与实训［M］. 沈阳：辽宁美术出版社，2009.
[3] 孙迪，胡宇鹏，李慧倩，等. 景观师成长的 ABCD［M］. 北京：机械工业出版社，2011.
[4] 胡先祥. 景观规划设计［M］. 北京：机械工业出版社，2008.
[5] 蔡永洁. 城市广场［M］. 南京：东南大学出版社，2006.
[6] 赵慧宁，赵军. 城市景观规划设计［M］. 北京：中国建筑工业出版社，2011.
[7] 李婷，马军山. 杭州上城区道路绿化景观设计研究［D］. 杭州：浙江农林大学，2011.
[8] 吴晓松，吴虑. 城市景观设计［M］. 北京：中国建筑工业出版社，2009.
[9] 胡佳. 城市景观设计［M］. 北京：机械工业出版社，2013.
[10] 刘翰林. 景观竞赛［M］. 常文心，译. 沈阳：辽宁科学技术出版社，2012.
[11] 俞孔坚，李迪华. 可持续景观［J］. 城市环境设计. 2007（1）：9-14.
[12] ［日］芦原义信. 街道的美学［M］. 尹培桐，译. 天津：百花文艺出版社，2006.
[13] 李宏利. 邢同和. 当今历史环境困境的主体利益根源［J］. 城市建筑. 2007（2）：12-14.
[14] ［美］马修 · 卡恩. 绿色城市：城市发展与环境［M］. 孟凡玲，译. 北京：中信出版社，2008.
[15] ［美］约翰 · 奥姆斯比 · 西蒙兹. 大地景观：环境规划设计手册［M］. 程里尧，译. 北京：中国水利水电出版社，知识产权出版社，2008.
[16] ［美］弗瑞德 · A · 斯迪特. 生态设计——建筑 · 景观 · 室内 · 区域可持续设计与规划［M］. 汪芳，吴冬青，等译. 北京：中国建筑工业出版社，2008.
[17] ［美］迈克尔 · 索斯沃斯，［美］伊万 · 本 - 约瑟夫. 街道与城镇的形成［M］. 李凌虹，译. 北京：中国建筑工业出版社，2006.
[18] ［美］詹姆士 · 科纳. 论当代景观建筑学的复兴［M］. 吴琨，韩晓晔，译. 北京：中国建筑工业出版社. 2008.
[19] ［美］查尔斯 · E · 阿瓜尔，［美］贝蒂安娜 · 阿瓜尔. 赖特景观［M］. 朱强，李雪，等，译. 北京：中国建筑工业出版社，2007.